"十二五"国家重点图书出版规划

物联网工程专业系列教材

教育部产学合作协同育人项目成果

物联网信息安全

第2版

桂小林 编著

INFORMATION SECURITY OF IOT

机械工业出版社
China Machine Press

图书在版编目（CIP）数据

物联网信息安全 / 桂小林编著 . -- 2 版 . -- 北京：机械工业出版社，2021.5（2023.11 重印）
（物联网工程专业系列教材）
ISBN 978-7-111-68061-1

I. ①物… II. ①桂… III. ①物联网 – 信息安全 – 高等学校 – 教材 IV. ① TP393.4 ② TP18

中国版本图书馆 CIP 数据核字（2021）第 075106 号

　　本书采用分层的架构思想，自底而上介绍物联网信息安全的相关技术，主要包括物联网安全体系、物联网信息安全基础、物联网感知安全（含 RFID 安全技术和二维码安全技术）、物联网接入安全、物联网系统安全、物联网隐私安全、区块链及其应用等内容，涉及数据加密技术、消息摘要技术、信任管理技术、身份认证技术、访问控制技术、安全协议技术、入侵检测技术、隐私保护技术、区块链技术等知识点。

　　本书既可以作为高校"网络与信息安全""物联网信息安全"等课程的教材，也可以作为物联网工程师、信息安全工程师、计算机安全工程师等技术人员的参考书。

出版发行：机械工业出版社（北京市西城区百万庄大街 22 号　邮政编码：100037）
责任编辑：朱　劼　张梦玲　　　　　　　　　责任校对：殷　虹
印　　刷：保定市中画美凯印刷有限公司　　　版　　次：2023 年 11 月第 2 版第 6 次印刷
开　　本：185mm×260mm　1/16　　　　　　印　　张：21
书　　号：ISBN 978-7-111-68061-1　　　　　定　　价：79.00 元

客服电话：（010）88361066　68326294

前　言

物联网被称为继计算机、互联网之后世界信息产业的第三次浪潮。《国务院关于加快培育和发展战略性新兴产业的决定》将以物联网、云计算为代表的新一代信息技术列为重点培育和发展的战略性新兴产业;《"十三五"国家科技创新规划》和《"十三五"国家战略性新兴产业发展规划》对培育和发展以物联网、云计算为代表的新一代信息技术战略性新兴产业做了全面部署。

但随着物联网的普及和各种新型网络计算模式(如云计算、边缘计算、智能计算等)的出现,信息安全问题面临更加严峻的挑战。在物联网、云计算、大数据和人工智能环境中,跨域使用资源、外包服务数据、远程检测和控制系统等新需求的出现,使得感知安全、数据传输安全和系统安全变得更加复杂,并呈现出不同于以往的新特征,需要研发新的安全技术以支撑这种开放网络应用环境。因此,需要大量熟悉物联网信息安全理论和技术的人才来保障物联网安全、稳定地运行和工作。

本书是按照《高等学校物联网工程专业规范(2020 版)》[⊖]对"物联网信息安全"课程的教学要求编写的。本书具有如下特点:

- 充分考虑物联网工程专业的特点和课程需求,结合物联网工程专业的内涵、知识领域和知识单元的要求,科学合理地安排本书内容,以提升学生对物联网信息安全的认知和理解能力。
- 采用分层架构的思想,从物联网信息安全体系开始,自底向上地论述物联网感知安全、物联网接入安全、物联网系统安全、物联网隐私安全、区块链及其应用等。
- 在介绍传统物联网信息安全技术的基础上,增加同态加密、隐私保护、区块链和云安全等物联网安全新技术,以确保教材内容的先进性。
- 作为一门对工程性、实践性有较高要求的课程,本书不仅全面、系统地介绍物联网信息安全的理论知识,还与360、新大陆等企业合作,从实际项目中凝练出适

⊖ 该书已由机械工业出版社出版,书号为 978-7-111-66851-0。——编辑注

合教学的云安全、物联网系统安全等方面的案例，使学生了解物联网安全技术在实际工作中的应用。

本书内容丰富，安排合理，难易适度，既可作为普通高等学校物联网工程专业、计算机科学与技术专业、信息安全专业、网络工程专业的"物联网信息安全"或"网络与信息安全"等相关课程的教材，也可作为高职高专相关专业的"物联网信息安全技术"课程的教材，还可作为物联网工程师、网络工程师、信息安全工程师、计算机工程师、网络安全用户及互联网爱好者的学习参考书或培训教材。

为配合教学，本书为用书教师免费提供电子教案和习题解答，需要者可从 www.cmpedu.com 下载。

本书的修订和编写得到了西安交通大学物联网信息安全课程组各位老师的支持，参与本书前期材料收集工作的有桂小林（第 1～7 章）、张学军（3.5 节、6.2 节、6.3 节）、赵建强（4.7 节）、桂若伟（3.4 节、3.6 节、第 7 章）、夏新文（文档整理校对）。机械工业出版社的编辑为本书的出版也付出了辛勤的劳动，在此一并表示感谢。

本书的编写得到了教育部 – 奇虎 360 产学合作协同育人项目和教育部 – 新大陆产学合作协同育人项目的支持。在本书准备和编写的过程中参考了大量书刊和网上资料，吸取了多方面的宝贵意见和建议，在此对相关作者深表感谢。限于编者水平，书中难免有疏漏和不当之处，敬请同行和读者批评指正。

教 学 建 议

教学章节	教学要求	学　时
第 1 章 物联网安全体系	了解物联网的概念与特征 了解物联网的安全威胁 理解物联网的信息安全体系结构 熟悉物联网的主要安全手段	讲授 2 学时
第 2 章 物联网信息安全基础	理解物联网数据的安全特征 掌握密码学的概念及其发展历史 掌握古典置换加密的原理 掌握流密码与分组密码的概念 掌握 DES 算法原理并能够在物联网中应用 掌握 RSA 算法原理并能够在物联网中应用 了解哈希函数与消息摘要原理	讲授 6 ～ 8 学时 实践 2 学时
第 3 章 物联网感知安全	了解物联网感知层的安全问题 掌握 RFID 的物理安全机制和逻辑安全机制 掌握 RFID 的主要安全认证协议的工作原理 了解无线传感器网络的常用安全技术 掌握二维码支付的工作原理 掌握基于二维码的身份验证方法 了解二维码在实际生活中的应用	讲授 8 ～ 10 学时 实践 2 学时
第 4 章 物联网接入安全	掌握物联网接入安全的含义 掌握信任管理的概念、模型和计算方法 掌握身份认证的概念和方法 掌握访问控制的概念和方法 掌握公钥基础设施（PKI）的实现案例 实践基于 VPN 的网络远程接入方法	讲授 10 学时 实践 2 学时
第 5 章 物联网系统安全	理解物联网系统的安全威胁 了解恶意攻击的概念、原理与方法 掌握入侵检测的概念、原理与方法 掌握攻击防护技术的概念与原理 掌握病毒攻击与病毒查杀原理 了解木马攻击原理 掌握防火墙的工作原理，实践防火墙的配置过程 了解几种典型的网络安全通信协议	讲授 8 ～ 10 学时 实践 0 ～ 2 学时

（续）

教学章节	教学要求	学　时
第 6 章 物联网隐私安全	掌握隐私安全的概念 了解隐私安全与信息安全的联系和区别 掌握隐私度量方法 掌握数据库隐私保护技术 掌握位置隐私保护技术 掌握数据隐私保护方法 实践外包数据加密计算案例	讲授 10 学时 实践 2 学时
第 7 章 区块链及其应用	了解区块链的概念及其产生与发展历程 了解区块链的结构 理解区块链的工作原理 理解区块链的共识机制及其典型算法 理解区块链智能合约的原理 理解区块链的典型应用	讲授 4～6 学时 实践 0～2 学时
总课时	建议授课课时	48～56 学时
	建议实践课时	8～12 学时

目　录

第1章　物联网安全体系

一方面，物联网技术快速发展和广泛应用，已经影响到人们生活的各个方面，从智能小区、智慧校园到智慧城市，感知设备不断收集用户的各种数据，数据安全和风险问题日益突出；另一方面，物联网是一个融合计算机、通信、控制和智能等技术的复杂系统，涉及的安全问题更加多样和复杂，需要从全新的视角来研究。本章主要论述物联网的基本概念和特征，探讨物联网的信息安全现状和面临的信息安全威胁，研究物联网的信息安全体系。

1.1　物联网的概念与特征

物联网（Internet of Things，IoT）代表了计算与通信技术发展的方向，被认为是继计算机、互联网之后信息产业领域的第三次发展浪潮。最初，IoT 是指基于互联网利用射频识别（Radio Frequency IDentification，RFID）技术、电子产品编码（Electronic Product Code，EPC）标准在全球范围内实现的一种网络化物品实时信息共享系统。后来，IoT 逐渐演化成融合传统网络、传感器、Ad Hoc 无线网络、普适计算和云计算等信息与通信技术（Information and Communications Technology，ICT）的完整的信息产业链。

1.1.1　物联网的概念

顾名思义，物联网是一个将所有物体连接起来形成的物-物相连的互联网络。作为新技术，物联网尚没有确切、统一的定义。一个被普遍接受的定义为：

> 物联网是通过使用射频识别、传感器、红外感应器、全球定位系统、激光扫描器等信息采集设备，按约定的协议，把任何物品与互联网连接起来，进行信

息交换和通信，以实现智能化识别、定位、跟踪、监控和管理的一种网络（或系统）。

从上述定义可以看出，物联网是对互联网的延伸和扩展，其用户端延伸到世界上的任何物品。在物联网中，一把牙刷、一个轮胎、一座房屋，甚至是一张纸巾都可以作为终端，即世界上的任何物品都能连入网络；物与物之间的信息交互不再需要人工干预，物与物之间可实现无缝、自主、智能的交互。换句话说，物联网以互联网为基础，主要解决人与人、人与物和物与物之间的互联和通信。

除了上面的定义之外，物联网在国际上还有如下几个代表性描述。

国际电信联盟： 从时–空–物的三维视角来看，物联网是一个能够在任何时间（Anytime）、任何地点（Anyplace），实现任何物体（Anything）互联的动态网络，它包括个人计算机（PC）之间、人与人之间、物与人之间、物与物之间的互联。

欧盟委员会： 物联网是计算机网络的扩展，是一个实现物–物互联的网络。这些物体可以有 IP 地址，能够嵌入复杂系统中，通过传感器从周围环境获取信息，并对获取的信息进行响应和处理。

中国物联网发展蓝皮书： 物联网是一个通过信息技术将各种物体与网络相联，以帮助人们获取所需物体相关信息的巨大网络。物联网使用射频识别、传感器、红外感应器、视频监控、全球定位系统、激光扫描器等信息采集设备，通过无线传感网、无线通信网络（如 WiFi、WLAN 等）把物体与互联网连接起来，实现物与物、人与物之间实时的信息交换和通信，以达到智能化识别、定位、跟踪、监控和管理的目的。

1.1.2 物联网的体系结构

认识任何事物都要有一个从整体到局部的过程，对于结构复杂、功能多样的系统更是如此，物联网也不例外。因此，我们需要先了解物联网的整体结构，然后进一步讨论其中的细节。物联网采用开放型体系结构，不同的组织和研究群体提出了不同的物联网体系结构。但不管是三层体系结构还是四层体系结构，其关键技术是相通的。本节将介绍一种物联网四层体系结构，物联网的三层体系结构可在此基础上进行组合而实现。

1. 物联网四层体系结构

目前，国内外研究人员在描述物联网体系结构时，多采用 ITU-T 在 Y.2002 建议中描述的泛在传感器网络（Ubiquitous Sensor Network，USN）体系结构作为基础，它自下而上分为感知网络层、泛在接入层、中间件层、泛在应用层 4 个层次，如图 1-1 所示。

USN 分层框架的一个最大特点是依托下一代网络（Next Generation Network，NGN）的特点，各种传感器在靠近用户的地方组成无所不在的网络环境，用户在此环境中使用各种服务，NGN 则作为核心基础设施为 USN 提供支持。

显然，基于 USN 的物联网体系结构主要描述了各种通信技术在物联网中的作用，不能完整反映出物联网系统实现中的功能集划分、组网方式、互操作接口、管理模型等，不利于物联网的标准化和产业化，因此需要进一步提取实现物联网系统的关键技术和方法，设计一个通用的物联网系统体系结构模型。

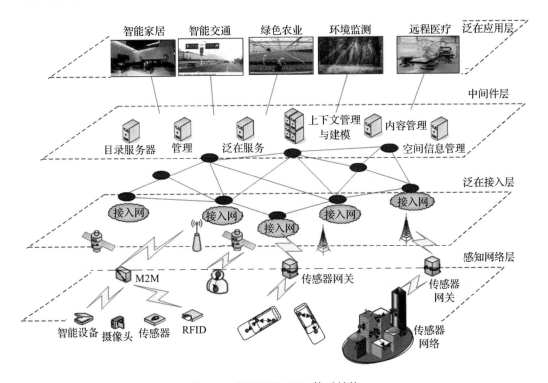

图 1-1　物联网的 USN 体系结构

图 1-2 给出了一种通用的物联网四层体系结构。该结构侧重物联网的定性描述而不是协议的具体定义，因此，物联网可以划分为一个包含感知控制层、数据传输层、数据处理层、应用决策层的四层体系结构。

该体系结构借鉴了 USN 的思想，采用自下而上的分层架构。各层功能描述如下。

（1）感知控制层

感知控制层简称感知层，它是物联网发展和应用的基础，包括条形码识别器、各类传感器（如温湿度传感器、视频传感器、红外线探测器等）、智能硬件（如电表、空调等）和接入网关等。各种传感器感知目标环境的相关信息，并自行组网传递到网关接入点，网关将收集到的数据通过数据传输层提交到数据处理层进行处理。数据处理的结果可以反馈到本层，作为实施动态控制的依据。

（2）数据传输层

数据传输层负责接收感知层数据，并将数据传输到数据处理层，以及将数据处理结果返回感知层。数据传输层包括各种接入网络与设备，如短距离无线网络、移动通信网、互联网等，并实现不同类型网络间的融合，确保物联网感知与控制数据高效、安全和可靠地传输。此外，该层还提供路由、格式转换、地址转换等功能。

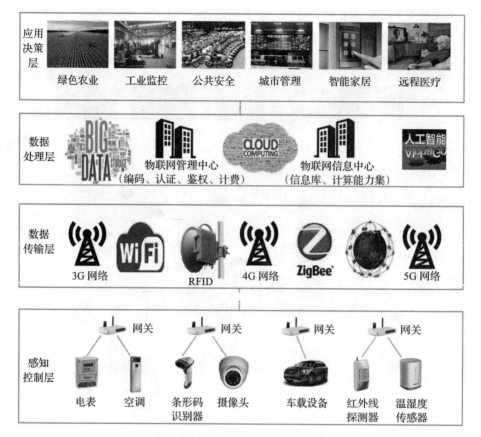

图 1-2 物联网的四层体系结构

（3）数据处理层

数据处理层提供物联网资源的初始化，监测资源的在线运行状况，协调多个物联网资源（计算资源、通信设备和感知设备等）之间的工作，实现跨域资源间的交互、共享与调度，实现感知数据的语义理解、推理、决策，提供数据的查询、存储、分析、挖掘等功能。该层利用云计算（Cloud Computing）、大数据（Big Data）和人工智能（AI）等技术实现感知数据的高效存储与深度分析。

（4）应用决策层

应用决策层利用经过分析处理的感知数据，为用户提供不同类型的服务，如检索、计算和推理等。物联网应用可分为监控型（物流监控、污染监控）、控制型（智能交通、智能家居）、扫描型（手机钱包、高速公路不停车收费）等。该层针对不同应用类型定制匹配的服务。

此外，物联网在每一层中还包括一些与服务质量相关的指标，如安全、容错、管理等，这些指标贯穿物联网系统的各个层次，为用户提供安全、可靠和可用的应用支持。

2. 物联网三层体系结构

显然，在物联网的四层体系结构中，数据处理层和应用决策层可以合二为一，称为应用决策层，这样物联网四层体系结构就变成了三层体系结构，即感知控制层、数据传输层、应用决策层。

1.1.3 物联网的特征

2009 年，当时的中国移动总裁王建宙指出，物联网应具备三个特征：一是全面感知；二是可靠传递；三是智能处理。图 1-3 给出了物联网的三大特征描述。

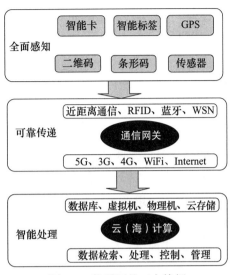

1. 全面感知

"感知"是物联网的核心。物联网是由具有全面感知能力的物体和人组成的，为了使物体具有感知能力，需要在物体上安装不同类型的识别装置，包括电子标签、条形码与二维码等，或者通过传感器、红外感应器等感知其物理属性和个性化特征。利用这些装置或设备，可随时随地获取物品信息，实现全面感知。

图 1-3 物联网的三大特征

2. 可靠传递

数据传递的稳定性和可靠性是保证物–物相联的关键。由于物联网是一个异构网络，不同的实体遵守的协议、规范可能存在差异，需要通过相应的软、硬件转换这些协议，保证在物体之间实时、准确地传递信息。为了实现物与物之间的信息交互，对不同传感器的数据进行统一处理，必须开发出支持多协议格式转换的通信网关。通过通信网关，将各种传感器的通信协议转换成预先约定的统一的通信协议。

3. 智能处理

物联网的目的是实现对各种物体（包括人）的智能化识别、定位、跟踪、监控和管理等。这就需要智能信息处理平台的支撑，通过云（海）计算、人工智能等技术，对海量数据进行存储、分析和处理，针对不同的应用需求，对物品实施智能化控制。

由此可见，物联网融合了各种信息技术，突破了互联网的限制，将物体接入信息网络，实现了"物–物相联的互联网"。物联网支撑信息网络向全面感知和智能应用两个方向拓展、延伸和突破，从而影响国民经济和社会生活的方方面面。

1.1.4 物联网的起源与发展

物联网的起源可以追溯到 1995 年，比尔·盖茨在《未来之路》一书中对信息技术未来的发展进行了预测，描述了物品接入网络后的一些应用场景，这可以说是物联网概念最早的雏形。但是，由于受到当时无线网络、硬件及传感器设备发展水平的限制，这一概念并未引起足够的重视。

1999 年，美国 MIT（麻省理工学院）的 Auto-ID 实验室提出电子化产品代码（Electronic Product Code，EPC）的概念，研究利用射频识别等信息传感设备将物体与互联网连接起来，实现了从网络上获取物体信息的自动识别技术，率先提出了"物联网"的概念，并构建了物 – 物互联的物联网解决方案和原型系统。

2005 年，国际电信联盟发布《ITU 互联网研究报告 2005：物联网》，指出了网络技术正沿着"互联网—移动互联网—物联网"的轨迹发展，无所不在的"物联网"通信时代即将来临，信息与通信技术的目标已经从任何时间、任何地点连接任何人发展到连接任何物品，而万物互联就形成了物联网。

欧盟委员会于 2007 年 1 月启动了第七个科技框架计划（2007—2013 年），该框架下的 RFID 和欧洲物联网研究总体协调组（European Research Cluster on the Internet of Things）发布了《物联网战略研究路线图》研究报告，提出物联网是未来互联网的组成部分，可以被定义为基于标准的和可互操作的通信协议、具有自配置能力的动态的全球网络基础架构。物联网中的"物"都具有标识、物理属性和实质上的个性，它们使用智能接口，实现与信息网络的无缝整合。

2009 年，IBM 提出了"智慧地球"的研究设想，认为 IT 产业下一阶段的任务是把新一代 IT 技术充分运用到各行各业之中。具体地说，就是把感应器嵌入和装备到电网、铁路、桥梁、隧道、公路、建筑、供水系统、大坝、油气管道等各种设施和物体中，并且被普遍连接，形成物联网。

2012 年，ITU 对"物联网""设备""物"分别做了标准化的定义和描述。在这里，"物联网"是指，信息社会全球基础设施（通过物理和虚拟手段）将基于现有和正在出现的、信息互操作和通信技术的物质相互连接，以提供先进的服务。通过标识、数据捕获、处理和通信能力，物联网充分利用物体向各项应用提供服务，同时确保满足安全和隐私要求。从广义角度来说，物联网可被视为技术和社会影响方面的愿景。"设备"是指，物联网中具有强制性通信能力和选择性传感、激励、数据捕获、数据存储与数据处理能力的设备。"物"是指，物理世界（物理装置）或信息世界（虚拟事物）中的对象，这些对象是可以标识并整合到通信网中的。

在我国，中国科学院于 1999 年启动了传感网的研究。2009 年 8 月，我国首次提出了"感知中国"的理念。

2010 年 3 月，在我国政府工作报告中，提出要"大力发展新能源、新材料、节能环保、生物医药、信息网络和高端制造产业。积极推进新能源汽车、'三网'融合取得实质性进展，加快物联网的研发应用。"

2010 年 6 月，教育部批准开设"物联网工程"本科专业。

2010 年 10 月，在国务院发布的《关于加快培育和发展战略性新兴产业的决定》中，明确将物联网列为我国重点发展的战略性新兴产业之一，大力发展我国物联网产业成为具有战略意义的重要决策。

2011 年 3 月，在国务院发布的《"十二五"规划纲要》中，多次强调了推动物联网关键技术研发和在重点领域的应用示范。

2011 年 4 月，财政部、工业和信息化部发布《物联网发展专项资金管理暂行办法》，通过政府专项资金支持物联网技术研究与产业化、标准研究与制定、应用示范与推广、公共服务平台建设等物联网项目。

2011 年 11 月，工业和信息化部发布《物联网"十二五"发展规划》，明确在智能工业、智能农业、智能物流、智能交通、智能电网、智能环保、智能安防、智能医疗、智能家居九大重点领域开展物联网应用示范。

2013 年 2 月，国务院发布了《关于推进物联网有序健康发展的指导意见》，明确指出：实现物联网在经济社会各领域的广泛应用，掌握物联网关键核心技术，基本形成安全可控、具有国际竞争力的物联网产业体系，成为推动经济社会智能化和可持续发展的重要力量。

2013 年 2 月，国务院印发《国家重大科技基础设施建设中长期规划》，提出建设涵盖云计算服务、物联网应用、空间信息网络仿真、网络信息安全、高性能集成电路验证以及量子通信网络等的开放式网络试验系统。

2013 年 9 月，国家发改委会同多部委发布《物联网发展专项行动计划（2013—2015年）》，包括 10 个物联网发展专项计划，涵盖顶层设计、标准制定、技术研发、应用推广、产业支撑、商业模式、安全保障、政府扶持措施、法律法规保障与人才培养。

2013 年 11 月，国家发展改革委下发《关于组织开展 2014—2016 年国家物联网重大应用示范工程区域试点工作的通知》，支持各地结合经济社会发展实际需求，在工业、农业、节能环保、商贸流通、交通能源、公共安全、社会事业、城市管理、安全生产等领域，组织实施一批示范效果突出、产业带动性强、区域特色明显、推广潜力大的物联网重大应用示范工程区域试点项目，推动物联网产业有序健康发展。

2015 年 10 月，在《中共中央关于制定国民经济和社会发展第十三个五年规划的建议》中，将"实施'互联网＋'行动计划，发展物联网技术和应用，发展分享经济，促进互联网和经济社会融合"，作为"十三五"期间我国拓展网络经济空间的重要方式。

2016 年 5 月，在中共中央与国务院发布的《国家创新驱动发展战略纲要》中，将"推动宽带移动互联网、云计算、物联网、大数据、高性能计算、移动智能终端等技术研发和综合应用，加大集成电路、工业控制等自主软硬件产品和网络安全技术攻关和推广力度，为我国经济转型升级和维护国家网络安全提供保障"作为"战略任务"之一。

2016 年 8 月，在国务院发布的《"十三五"国家科技创新规划》"新一代信息技术"的"物联网"专题中提出："开展物联网系统架构、信息物理系统感知和控制等基础理论研究，攻克智能硬件（硬件嵌入式智能）、物联网低功耗可信泛在接入等关键技术，构建物联网共性技术创新基础支撑平台，实现智能感知芯片、软件以及终端的产品化"的任务。在"重点研究"中提出了"基于物联网的智能工厂""健康物联网"等研究内容，并将"显著提升智能终端和物联网系统芯片产品市场占有率"作为发展目标之一。

2016 年 12 月，国务院印发《"十三五"国家战略性新兴产业发展规划》，提出实施网络强国战略，加快建设"数字中国"，推动物联网、云计算和人工智能等技术向各行业全面融合渗透，构建万物互联、融合创新、智能协同、安全可控的新一代信息技术产业体系。

2017 年 6 月，工业和信息化部发布《关于全面推进移动物联网（NB-IoT）建设发展的通知》，明确建设广覆盖、大连接、低功耗移动物联网，以 14 条举措全面推进 NB-IoT 建设发展，到 2020 年建设 150 万 NB-IoT 基站、发展超过 6 亿的 NB-IoT 连接总数，进一步夯实物联网应用基础设施。

2018 年 6 月，工业和信息化部发布了《关于开展 2018 年物联网集成创新与融合应用项目征集工作的通知》，围绕物联网重点领域应用、物联网关键技术和服务保障体系建设，征集一批具有技术先进性，示范效果突出、产业带动性强、可规模化应用的物联网创新项目。

1.2　物联网安全问题分析

1.2.1　物联网的安全问题

物联网安全问题的来源是多方面的，包括传统的网络安全问题、计算系统的安全问题和物联网感知过程中的安全问题等。下面简要论述物联网系统面临的一些典型安全问题。

1. 物联网中标签扫描引起的信息泄露

由于物联网的运行与标签扫描紧密相关，而物联网设备的标签中包含身份验证和密钥等重要的信息，在扫描过程中标签能够自动回应读写器，但是不会将查询的结果告知所有者。这样，物联网标签在被扫描时可以向附近的读写器发布信息，并且射频信号不受建筑物和金属物体的阻碍，与物品连在一起的标签内的私密信息就可能被泄露。在标签扫描中，个人隐私的泄露不仅会造成个人的损失，甚至会危害到国家安全。

2. 物联网射频标签受到恶意攻击

物联网之所以能够得到广泛的应用，主要原因在于大部分应用不依靠人来完成，这样既节省人力又能提高效率。但是，这种无人化的操作给恶意攻击者提供了可乘之机，攻击者很可能对射频扫描设备进行破坏，甚至能够在实验室里获取射频信号，对标签进行篡改、伪造等，这些都会威胁到物联网的安全。

3. 标签用户可能被跟踪定位

射频识别标签只能对符合工作频率的信号予以回应，但是不能区分非法与合法的信号，这样，恶意的攻击者就可能利用非法的射频信号干扰正常的射频信号，还可能对标签所有者进行定位跟踪，给被跟踪和定位的相关人员带来生命、财产安全方面的隐患，甚至可能泄露国家机密，使国家利益遭受重大损失。

4. 物联网的不安全因素可能通过互联网进行扩散

物联网建立在互联网基础之上，而互联网是一个复杂多元的平台，其本身就存在安全隐患，如病毒、木马和漏洞等，物联网自然也会受到这些安全隐患的威胁，因为恶意的攻击者有可能利用互联网对物联网进行破坏。在物联网中已经存在的安全问题，也会通过互联网进行扩散，将不利影响扩大。

5. 缺乏核心技术带来很大的安全隐患

我国的物联网技术发展基本与世界同步，但我国对物联网信息安全技术的研究起步较晚，很多技术和标准体系都不完备，这很容易给恶意攻击者提供机会，在技术方面设置陷阱，对物联网系统进行破坏，影响物联网系统安全。

6. 物联网加密机制有待健全

目前，网络传输加密用的是逐跳加密，这种方法只对受保护的链进行加密，中间的任何节点都可被解读，从而造成信息的泄露。在业务传输中，通常使用端到端的加密方法，这种方法不对源地址和目的地址保密，也会造成安全隐患。加密机制的不健全不仅会威胁物联网安全，甚至可能威胁国家的网络安全。

7. 物联网的安全隐患会增加工业控制网络的安全风险

物联网应用面向社会上的各行各业，有效地解决了远程监测、控制和传输问题。但物联网在感知、传输和处理阶段的安全隐患可能会延伸到实际的工业制造网络中。通过在物联网终端、物联网感知节点、物联网传输通路上长期潜伏，攻击者可伺机对工业物联网实施攻击，破坏工业系统安全，进而威胁国家智能制造系统的安全。

1.2.2 物联网的安全特征

针对物联网的上述安全问题，目前已经研究出许多有针对性的技术手段和解决方案。但需要说明的是，物联网作为一个应用整体，将各个层独立的安全措施简单相加不足以提供可靠的安全保障。而且，物联网与几个逻辑层所对应的基础设施之间存在许多本质区别，有其自身特征。最基本的特征体现在以下方面：

1）已有的针对传感网、互联网、移动网、安全多方计算、云计算等的安全解决方案在物联网环境中只能部分适用。首先，物联网中的传感网的数量和终端物体的规模是单个传感网无法相比的；其次，物联网中的终端设备或器件的处理能力有很大差异，它们之间可能需要相互作用；再次，物联网所处理的数据量将比现在的互联网和移动网都大得多。

2）即使分别保证了感知控制层、数据传输层和应用决策层的安全，也不能保证物联网整体的安全。这是因为：首先，物联网是融合几个层次于一体的大系统，许多安全问题来源于系统整合；其次，物联网的数据共享对安全性提出了更高的要求；再次，物联网的应用对安全提出了新要求，比如隐私保护不是单一层次的安全需求，却是物联网应用系统不可或缺的安全需求。鉴于以上原因，对物联网需要重新规划并制定可持续发展的安全架构，使物联网在发展和应用过程中，其安全防护措施能够得到不断完善。

1.2.3 物联网的安全需求

在物联网系统中，主要的安全威胁来自以下几个方面：传感器节点接入过程中的安全威胁、数据传输过程中的安全威胁、数据处理过程中的安全威胁、物联网应用过程中的安全威胁等。这些威胁是全方位的，有些来自物联网的某一个层次，有些来自物联网的多个层次。不管安全威胁的来源与途径如何多样化，都可以将物联网的安全需求归结为如下几类：物联网感知安全、物联网接入安全、物联网通信安全、物联网系统安全和物联网隐私安全。

1. 物联网感知安全

物联网感知层的核心技术是传感器、条形码和 RFID。传感器在输出电信号时，容易受到外界干扰甚至破坏，导致感知数据出错，导致物联网系统工作异常。黑白相间、形似迷宫的二维码已经深入人们的日常生活。随着智能手机的普及，二维码已成为连接线上、线下的重要通道，犯罪分子常利用二维码传播手机病毒和不良信息进行诈骗等犯罪活动，严重威胁着消费者的财产安全。

RFID 技术由于使用电磁波进行通信并且可存储大量数据，对于黑客而言具有很高的价值，所以其安全隐患较多。例如，攻击者有可能通过窃听电磁波信号而"偷听"到传输内容；无源 RFID 系统中的 RFID 标签会在收到 RFID 读写器的信号后主动响应，发送"握手"信号。因此，若攻击者先伪装成一个读写器靠近标签，就可以在标签携带者毫无觉察的情况下读取标签信息，然后将从标签中偷到的信息——"握手"暗号发送给不合法的 RFID 读写器，进而实现各种攻击。

显然，物联网的感知节点接入和用户接入离不开身份认证、访问控制、数据加密和安全协议等信息安全技术。

2. 物联网接入安全

在接入安全中，感知层的接入安全是重点。首先，一个感知节点不能被未经过认证和授权的节点或系统访问，这涉及感知节点的信任管理、身份认证、访问控制等方面的安全需求。在感知层，由于传感器节点受到能量和功能的制约，其安全保护机制较差，并且由于传感器网络尚未完全实现标准化，其中消息和数据传输协议没有统一的标准，无法提供一个统一、完善的安全保护体系。因此，传感器网络除了可能遭受与现有网络相同的安全威胁外，还可能受到恶意节点的攻击、传输的数据被监听或破坏、数据的一致性差等安全威胁。

3. 物联网通信安全

由于物联网中的通信终端呈指数增长，而现有的通信网络的承载能力有限，当大量的网络终端节点接入现有网络时，会给通信网络带来更多的安全威胁。首先，大量终端节点的接入肯定会带来网络拥塞，而网络拥塞会给攻击者带来可乘之机，如对服务器实施拒绝服务攻击；其次，由于物联网中设备传输的数据量较小，一般不会采用复杂的加密算法来保护数据，因此会导致数据在传输过程中遭到攻击和破坏；最后，感知层和网络层的融合也会带来一些安全问题。另外，在实际应用中，大量使用无线传输技术，而且大多数设备都处于无人值守的状态，都会造成信息安全得不到保障，数据很容易被窃取和恶意泄露。

4. 物联网系统安全

随着物联网的发展和普及，物联网系统的软、硬件维护费用日益增加，个人和部分企业的设备已无法满足自身需求，需要通过云计算、网格计算、普适计算、边缘计算等构建物联网应用系统。这些系统虽然解决了个人和企业的设备需求，但也带来了对设备和数据失去直接控制的危险。物联网系统种类多，遭受病毒、木马等恶意软件攻击的风险更大，因此在构建物联网数据处理系统时需要充分考虑安全协议的使用、防火墙的应用和病毒查杀工具的配置等。物联网系统不仅可能面临系统内部的攻击，还面临来自网络的外部攻击，如分布式拒绝服务（Distributed Denial of Service，DDoS）攻击和高级持续性威胁（Advanced Persistent Threat，APT）攻击。因此，物联网系统中的安全问题更加复杂。

5. 物联网隐私安全

物联网的应用领域非常广泛，已经影响到现实生活中的各行各业。由于物联网系统本身的特殊性，除了有传统网络的安全需求（如认证、授权、审计等）外，还有物联网数据的隐私保护需求等。一方面，物联网系统在服务过程中会产生大量的位置和轨迹数据，如何在提供高效服务的情况下保护位置和轨迹隐私是隐私保护技术需要解决的问题之一；另一方面，随着物联网的发展和普及，数据呈现爆炸式增长，个人和企业会将自身的数据外包给云计算平台，如何保证外包数据的安全性也面临巨大挑战。由于传统的加密算法在对密文的计算、检索方面的表现不尽人意，故需要研究可在密文状态下进行检索和运算的加密算法。

1.2.4　物联网的安全现状

国内外学者已针对物联网的安全问题进行了大量研究，在物联网感知、传输和处理等环节均开展了相关工作，但这些研究大部分是针对物联网的各个层次的，还没有形成完整统一的物联网安全体系。

在感知层，感知设备有多种类型，为确保其安全性，目前主要进行加密和认证工作，利用认证机制避免标签和节点被非法访问。感知层加密已经有了一些技术手段，但是还不足以应对更高的安全需求。

在传输层，主要研究节点到节点的机密性，利用节点与节点之间严格的认证以保证端到端的机密性，利用密钥有关的安全协议支持数据的安全传输。

在应用层，目前的主要工作是研究数据库安全访问控制技术，但还需要加强研究其他相关的安全技术，如信息保护技术、信息取证技术、数据加密检索技术等。

在物联网安全隐患中，用户隐私的泄露是对用户危害最大的隐患，所以在制定对策时首先要考虑如何对用户的隐私进行保护。目前，主要利用加密和授权认证等方法，只让拥有解密密钥的用户读取通信中的用户数据以及用户的个人信息，从而保证传输过程不被监听。但是，这样也使加密数据的使用变得极为不便，因此需要研究支持密文检索和运算的加密算法。

另外，物联网信息安全的核心技术主要掌握在世界上比较发达的国家手中，这始终会对没有掌握这些核心技术的国家造成安全威胁。因此，要解决物联网的安全隐患，我国应该加大投入力度，集中力量开展物联网信息安全关键技术研究，攻克技术难关，将物联网信息安全的核心技术掌握在自己手中。

1.3 物联网信息安全体系

本节将介绍信息安全的基本概念、信息安全在物联网系统中的应用等问题，阐述物联网信息安全的技术手段。

1.3.1 信息安全的概念

信息安全（Information Security）是一个广泛而抽象的概念。从信息安全的发展来看，在不同的时期，信息安全有不同的内涵。即使在同一时期，由于角度不同，对信息安全的理解也不尽相同。国际、国内对信息安全的论述大致可分为两类：一类是指广义上的信息系统的安全；另一类是指特定行业体系的信息系统（比如一个国家的银行信息系统、军事指挥系统等）的安全。也有观点认为这两类定义都不够全面，还应该包括一个国家的社会信息化状态不受外部的威胁与侵害，以及一个国家的信息技术体系不受外部的威胁和破坏。因为信息安全首先是一个国家宏观的社会信息化状态是否处于自主控制之下、是否稳定的问题，其次才是信息技术安全的问题。国际标准化组织和国际电工委员会在"ISO/IEC 17799：2005"协议中对信息安全是这样描述的："保持信息的保密性、完整性、可用性；另外，也可能包含其他特性，例如真实性、可核查性、抗抵赖和可靠性等"。

在没有严格要求的情况下，信息安全的概念经常与计算机安全、网络安全、数据安全等概念交叉使用。原因是，随着计算机技术、网络技术的发展，信息的表现形式、存储形式和传播形式都在发生变化，但大部分信息是在计算机内进行存储、处理，在网络上传播，计算机安全、网络安全以及数据安全都是信息安全的内在要求或具体表现形式，这些因素相互关联、关系密切。信息安全的概念与这些概念有相同之处，也存在差异，主要区别在于实现安全所使用的方法、策略以及领域不同，信息安全强调的是数据的机密性、完整性、可用性、可认证性以及不可否认性，不管数据是以电子方式存在还是以印刷或其他方式存在。

随着技术的发展，信息安全的内容不断变化。从信息安全发展的过程来看，在计算机出现以前，信息安全以保密为主，密码学是信息安全的核心和基础。随着计算机的出现和计算机技术的发展，计算机系统安全和保密成为信息安全的重要内容。网络出现之后，网络技术的发展使得由计算机系统和网络系统结合而成的更大范围的信息系统的安全保密成为信息安全的主要内容。目前，信息安全的内容主要包括以下方面。

1）硬件安全。保证信息存储、传输、处理等过程中各类计算机硬件、网络硬件以及存储介质的安全。要保护这些硬件设施不受损坏，能正常地提供各类服务。

2）软件安全。保护信息存储、传输、处理的各类操作系统、应用程序以及网络系统不被篡改或破坏，不被非法操作或误操作，功能不会失效，不被非法复制。

3）运行服务安全。保证网络中的各个信息系统能够正常运行并能及时、有效、准确地提供信息服务。通过监测网络系统中各种设备的运行状况，及时发现各类异常因素并及时报警，采取修正措施保证网络系统正常对外提供服务。

4）数据安全。保证数据在存储、处理、传输和使用过程中的安全，即数据不会被偶然或恶意地篡改、破坏、复制和访问等。

1.3.2　物联网信息安全技术

物联网信息安全是指物联网系统中的信息安全技术，包括物联网各层的信息安全技术和物联网总体系统的信息安全技术。从技术方面来讲，物联网信息安全主要包括以下几个方面。

1. 信息加密技术

从安全技术的角度看，物联网信息加密的相关技术包括以确保使用者身份安全为核心的认证技术，确保安全传输的密钥建立及分发机制，以及确保数据自身安全的数据加密、数据安全协议等数据安全技术。因此在物联网安全领域，数据安全协议、密钥建立及分发机制、数据加密算法设计以及认证技术是关键部分。

物联网信息加密技术用于保证信息的可靠性，即系统具有在规定条件下和规定时间内完成规定功能的特性。可靠性主要有三种测试度量标准：抗毁性、生存性和有效性。其中，抗毁性要求系统在被破坏的情况下仍然能够提供服务；生存性要求系统在遭到随机破坏或者网络结构变化时仍然能够保持可靠性；有效性主要表现在软硬件环境等方面。

2. 身份认证与授权技术

物联网的感知节点接入和用户接入离不开身份认证、访问控制等信息安全技术。物联网的可用性要求系统服务具有可以被授权实体访问并按需求使用的特性。可用性是系统面向用户的安全性，要求系统在需要提供服务时，能够允许授权实体使用，或者在系统部分受损及需要降级使用时，仍然能够提供有效服务。可用性一般用系统正常服务时间和整体工作时间之比来衡量。

物联网的保密性要求信息具有只能被授权用户使用、不被泄露的特征。常用的保密技术包括防侦收（使攻击者侦收不到有用信息）、防辐射（防止有用信息辐射出去）、信息加密（用加密算法加密信息，即使对手得到加密后的信息也无法解密信息）、物理保密（利用限制、隔离、控制等各种物理措施保护信息不被泄露）。

物联网授权要求信息具有完整性，即要求信息具有未经授权不能改变的特性。也就是，信息在存储或传输的过程中不会被偶然或蓄意删除、篡改、伪造、乱序、重放进而被破坏和丢失的特性。完整性要求保持信息的原样，即信息能正确生成、存储和传输。

3. 安全控制技术

物联网安全控制要求信息具有不可抵赖性，即在信息交互过程中所有的参与者都不能否认或者抵赖曾经完成的操作和承诺的特性。利用信息源证据可以防止发送方否认已发送信息，利用接收证据可以防止接收方否认已经接收到的信息。

物联网安全控制要求信息具有可控性，即信息传播及内容具有可控制的特性。在物联网中表现为对标签内容的访问必须具有可控性。

物联网除了要面对一般无线网络所面临的信息泄露、信息篡改、重放攻击、拒绝服务攻击等多种威胁外，还要面对传感节点容易被攻击者物理操纵并获取存储在传感节点中的所有信息，进而控制部分网络的威胁。因此，必须通过一些技术方案来提高传感器网络的安全性能，如在节点通信前进行身份认证；设计新的密钥协商方案，使得即使少数节点被操纵，攻击者也不能或很难从获取的节点信息推导出其他节点的密钥信息；对传输信息加密来解决窃听问题；保证网络中的传感信息只能被可信实体访问，保证网络的私密性，采用一些跳频和扩频技术减轻网络堵塞问题等。

4. 安全审计技术

物联网安全审计要求物联网具有保密性与完整性。保密性要求信息不能被泄露给未授权的用户，完整性要求信息不能因各种原因而破坏。影响信息完整性的主要因素有：设备故障、误码（由传输处理、存储精度、干扰等造成）、攻击等。

5. 隐私保护技术

除上述安全指标之外，物联网还需要考虑隐私的问题。当今社会，无论是公众人物还是普通百姓，尊重个人隐私已经成为共识和共同需要，但隐私的定义却模糊不清。一般认为最早关注隐私权的文章是美国 Samuel D. Warren 和 Louis D. Brandeis 的 *The Right to Privacy*。此文发表于 1890 年 12 月出版的 *Harvard Law Review* 上。这篇论文首次提出了保护个人隐私，以及个人隐私权不受干扰等观点，这篇文章对后来隐私侵权案件的审判和隐私权的研究产生了重要的影响。隐私涵盖的内容很广泛，而且对不同的人、不同的文化和民族，隐私的内涵也不相同。

1.3.3　物联网信息安全体系结构

体系结构（Architecture）用来描述一组部件以及其各个部件之间的相互关系。物联网信息安全体系结构是指用来描述物联网系统安全部件的组成和各部件之间的相互关系的框架和方法。当前，国内外关于物联网安全体系结构的研究取得了长足进步，相关协议和关键技术正逐步统一和被各行业认可。

物联网系统在发展过程中，根据不同的业务需求，融合了信息技术（Information Technology，IT）、通信技术（Communication Technology，CT）和服务技术（Service Technology，ST）中的几个。技术融合的同时，不可避免地引入了这些技术本身所具有的安全漏洞。从本质上看，物联网整合了互联网和其他局部网络，导致网络结构和网络协议更加复杂，传统的信息安全技术无法为物联网提供足够的安全保障甚至完全不适合，物联网的网络安全防护面临着更多的挑战。

物联网系统虽然依据具体需求细化出了工业物联网、车联网等多个应用子集，但其基本的安全需求依旧是数据采集安全、数据传输安全、数据处理安全以及数据应用安全的综合保障。物联网安全最终要做到的是，能够保证信息的完整性、真实性、隐私性和机密性。同时，在物联网系统中，数据一般采取云存储方式，所以一旦数据遭到破坏，恢复起来将非常困难。而且，所存储的数据之间可能没有关联，即使某一历史数据被篡改也很难被发现。

物联网的价值在于让物体也拥有了"智慧"，从而实现人与物、物与物之间的信息交互，这是全面感知、可靠传输和智能处理的叠加。从信息和网络安全的角度看，物联网是一个多网并存、异构融合的网络/系统，不仅存在与传感器网络、移动通信网络和互联网同样的安全问题，还存在特殊的安全问题，如隐私保护、异构网络认证与访问控制、信息存储与管理等问题。

目前，针对物联网体系结构已经有许多保障信息安全的解决方案。需要再次强调的是，物联网作为一个应用整体，各个层次的独立安全措施简单相加并不能提供可靠的安全保障，物联网与几个逻辑层所对应的基础设施之间也存在许多本质的区别。

考虑到物联网安全的总体需求是物理安全、信息采集安全、信息传输安全和信息处理安全的综合，安全的最终目标是确保信息的机密性、完整性、真实性和网络的容错性，因此给出了图 1-4 所示的一种物联网的三层安全体系结构，该结构由感知层安全、传输层安全及应用层安全构成。

物联网安全技术的不足以及频发的物联网系统安全事故已经引起了各国的高度重视，不仅企业及研究机构积极投入物联网安全技术的研究，各国也出台相应的政策，投入物联网信息安全防护技术的研究中。与此同时，区块链技术也引起了物联网安全领域研究者的注意。物联网发展至今，催生了一批信息安全防护技术，不同的安全技术致力于解决不同的安全威胁。下面将逐层分析物联网面临的安全威胁并介绍相应的信息安全技术。

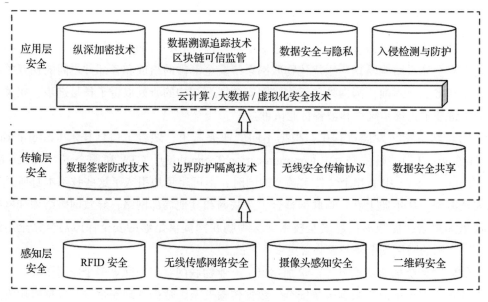

图 1-4　物联网安全体系结构

1. 物联网感知层安全

感知层作为物联网体系结构中最基础的一层，主要包括数据采集和数据短距离传输两部分。感知层首先通过传感器装置（红外、超声、温湿度等传感器）、图像及视频捕捉设备等采集外部物理世界的数据，然后通过 RFID、二维码、蓝牙、ZigBee 等短距离传输技术传递数据。因此，物联网感知层安全主要包括 RFID 系统安全和无线传感器网络安全。

对于 RFID 系统面临的非法复制、非法跟踪等安全问题，安全人员提出了信息加密、身份隐私保护等安全技术。无线传感器网络则又存在更多的安全威胁，相应的安全技术有节点认证、数据签名、密钥管理和抗拒绝服务攻击等。

在感知层，主要通过各种安全服务和各类安全模块提供安全机制，对不同的传感器网络可以选择不同的安全机制来满足其安全需求。因为传感器网络的应用领域非常广泛，不同应用对安全的需求也不相同。金融和民用系统对于信息被窃听和篡改比较敏感；而军事或商业应用领域，除了要求信息可靠性以外，还需要考虑被俘节点、异构节点入侵的抵抗力。所以不同应用的安全性标准是不同的。在普通网络中，安全目标往往包括数据的保密性、完整性及认证性三个方面，但是由于无线传感器网络中节点的特殊性和应用环境的特殊性，其安全目标及重要程度略有不同。

在无线传感器网络基站和节点之间通过加 / 解密及认证技术来保护信息安全，密码技术用于保证整个网络信息的真实性、机密性和完整性。然而，当网络中一个节点或者更多节点被侵入时，许多基于密码技术的算法的安全性将会降低。由于这些节点此时拥有一些密钥，但其他节点不知道它们已被入侵，还把它们当作合法的节点，导致之前的安全防护措施失效。在此情况下，感知层也需要入侵检测机制。

2. 物联网传输层安全

物联网中的传输层介于感知层与应用层之间，负责两个层次之间的数据交互。物联网不仅要求传输层具有互联功能，还要求它能无障碍、高可靠、高安全性地传输感知层采集到的数据。为了实现这一目的，要求传统的互联技术与传感器网络、移动通信技术等相互融合，随着这些技术的融合，物联网传输层面临的安全威胁也随之增加。要保证传输层中数据的隐私性与完整性，往往在传输前要采用密码学技术对数据进行加密处理。

传输层的安全可分为端到端机密性和节点到节点的机密性。对于端到端的机密性，需要建立端到端认证机制、端到端密钥协商机制、密钥管理机制和机密性算法选取机制等。在这些安全机制中，根据需要可以增加数据完整性验证。对于节点到节点的机密性，需要建立节点间的认证和密钥协商协议，这类协议要重点考虑效率与隐私问题。机密性算法和数据完整性验证可以根据需求选取或省略。考虑到网络体系结构安全的需求，还需要建立不同网络环境的认证衔接机制。综合来说，传输层安全主要涉及加密机制、数据签名机制、数据完整性机制、实体认证机制、访问控制机制、信息过滤机制、路由控制机制、公证机制、主动防御、节点认证等。

3. 物联网应用层安全

物联网应用层提供了丰富多样的服务体验，涉及智能交通、智能家居、智能制造、智慧农业、智能电网、智能物流等行业。应用层主要解决的是信息处理与人机交互的问题。根据物联网的不同领域，应用层需要提供差异化的业务支撑平台；对于不同的业务支撑平台，信息安全需求也有所差异。

在物联网系统中，应用层处理的信息是海量且多样的，需要大量存储空间，在进行海量数据处理时，面临云存储安全和大数据隐私安全问题。比如，可能会遇到数据一致性、可靠性不足等系统自身问题；也可能会遭受网络攻击、内部人员恶意倒卖信息，导致物联网数据隐私泄露、数据篡改，甚至数据丢失等一系列问题。这些问题将严重影响物联网的正常使用并阻碍物联网的发展。

物联网应用层的信息安全技术相对成熟，无论是系统自身安全还是抵御非法入侵方面都取得了一定的成果。比较常用的有数据冗余备份、可靠的消息认证机制及密钥管理方案、安全审计、抗网络攻击、入侵检测和病毒检测等安全技术。

总体来看，物联网系统要求其信息安全技术具有去中心化、去信任化的特点，同时应该降低成本，尽量不引入额外的安全防护设备，而是充分利用物联网系统中网络节点本身的算力开展研究，并利用这些算力提升物联网的健壮性和抗攻击能力。区块链技术恰好符合这些要求，分布式的设计使得区块链本身就是一个由多方维护的弱中心化的网络系统，其特有的共识机制能够利用网络节点的多余算力完成安全验证工作。因此，研究如何使用区块链技术来实现物联网信息安全是一项最新挑战。

本章小结

　　本章对物联网和信息安全的概念进行了详细描述，给出了物联网和信息安全的定义；详述了物联网的概念、特征与体系结构，分析了物联网面临的信息安全威胁，讨论了信息安全的概念和物联网环境下的信息安全技术。

本章习题

1.1 简述物联网的概念。

1.2 简述物联网的特征。

1.3 通过调研来说明物联网的起源与发展。

1.4 简述物联网在中国的发展历程。

1.5 举例说明物联网在智能制造中的作用。

1.6 通过调研来说明中国在基于物联网的智能制造方面取得的主要成就。

1.7 什么是信息？什么是信息安全？

1.8 信息安全的基本属性是什么？

1.9 实现信息安全需要遵循哪些原则？

1.10 举例说明信息系统面临的安全威胁。

1.11 举例说明物联网系统面临的安全威胁。

1.12 分析并调研物联网的安全需求。

1.13 物联网系统中涉及的隐私包括哪些内容？

1.14 简述物联网的主要安全问题。

1.15 什么是体系结构？

1.16 简述物联网的信息安全体系结构。

第 2 章　物联网信息安全基础

随着物联网的快速发展，物联网安全已成为制约物联网全面发展的重要因素。物联网安全技术与互联网安全技术相比，更具大众性和普适性，与所有人的日常生活密切相关，这就要求物联网采用低成本、简单、易用、轻量级的安全解决方案。本章将阐述物联网信息安全的基础理论和技术，重点包括密码学、哈希函数等数据安全基础知识。

2.1　物联网数据安全基础

物联网中的各种传感器产生各类数据，数据类型复杂，数据特征差异大。数据安全需求随着应用对象的不同而不同，需要有一个统一的数据安全标准。参考信息系统中的数据安全保护模型，物联网数据安全也要遵循数据机密性（Confidentiality）、完整性（Integrity）和可用性（Availability）三原则（即 CIA 原则），以提升物联网的数据安全保护能力。

（1）数据机密性

数据机密性是指通过加密等手段，保护数据免遭泄露，防止信息被未授权用户分析并获取。例如，加密一份工资单可以防止没有密钥的人读取其内容。如果用户需要查看其内容，必须先解密它。只有密钥的拥有者才能够将密钥输入解密程序。然而，如果将密钥输入解密程序时，其他人读取到该密钥，那么这份工资单的机密性就被破坏了。

（2）数据完整性

数据完整性是指数据的精确性（Accuracy）和可靠性（Reliability）。通常使用"防止非法的或未经授权的数据改变"来表达完整性。也就是说，完整性是指数据不因人为的因素而改变其原有的内容、形式和流向。数据完整性包括内容完整性（即信息内容）和来源完整性（即数据来源，常通过认证来保证）。数据来源完整性又涉及来源的准确性和可信性。例如，某媒体刊登了从某机构泄露的数据信息，却声称数据来自另一个信息源，虽然数据按原样刊登（即保证了数据完整性），但是数据来源不正确（即破坏了来源完整性）。

（3）数据可用性

数据可用性是指所期望的数据或资源的使用能力，即保证数据资源能够提供既定的功能，无论何时何地，只要需要即可使用，不会因系统故障或误操作等导致资源丢失或妨碍对资源的使用。可用性是系统设计中的一个重要方面，它之所以与安全相关，是因为恶意用户可能会蓄意使数据或服务失效，导致拒绝用户对数据或服务的访问。

2.1.1　物联网数据的安全特征

物联网系统中的数据大多是应用场景中的实时感知数据，其中不乏国家重要行业的敏感数据，物联网应用系统中的数据安全是保障物联网健康发展的重要因素。

信息与网络安全的目标是保证信息的机密性、完整性和可用性。这个要求也贯穿于物联网的数据感知、数据汇聚、数据融合、数据传输、数据处理与决策等环节，但出与传统信息系统安全也存在一定的差异性。

首先，在数据采集与数据传输安全方面，感知节点通常结构简单、资源有限，无法支持复杂的安全功能。另外，感知节点及感知网络种类繁多，采用的通信技术多样，相关的标准规范不完善，尚未建立统一的安全体系。

其次，在物联网数据处理安全方面，许多物联网相关的业务支撑平台对于安全的策略导向是不同的，不同规模、不同平台类型、不同业务分类也给物联网相关业务层面的数据处理安全带来了全新的挑战。另外，我们还需要从机密性、完整性和可用性角度分别考虑物联网中信息交互的安全问题。在数据处理过程中同样存在隐私保护问题，要通过建立访问控制机制，实现隐私保护下的物联网数据处理工作。

总之，物联网的安全特征体现了感知信息的多样性、网络环境的复杂性和应用需求的多元性，给安全研究提出了新的挑战。物联网以数据为中心的特点和与应用密切相关的特性，决定了物联网总体安全目标包括以下几个方面。

1）保密性。避免非法用户读取机密数据，一个感知网络不应泄露机密数据到相邻网络。

2）数据鉴别。避免物联网节点被恶意注入虚假信息，确保信息来源于正确的节点。

3）访问控制。避免非法设备接入物联网中。

4）完整性。通过校验来检测数据是否被修改，确保信息被非法（未经认证的）改变后能够被识别。

5）可用性。确保感知网络的信息和服务在任何时间都可以提供给合法用户。

6）新鲜性。保证接收到的数据的时效性，确保接收到的信息是非恶意节点发送的。

在物联网环境中，一般情况下，数据将经历感知、传输、处理的生命周期。在整个生命周期内，除了面临一般信息网络的安全威胁外，还面临其特有的威胁，要确保物联网数据安全，离不开数据加密和隐私保护等基础技术。

2.1.2　密码学的基本概念

密码是一种用来进行信息混淆的技术，可将正常、可识别的信息转变为非法用户无法识别的信息。下面简要介绍密码学的发展历程和数据加密模型。

1. 密码学的产生与发展

密码学的发展大致可以分为三个阶段。

（1）古典密码体制

1949 年之前是密码学发展的第一阶段。在这个阶段，主要采用古典密码体制。古典密码体制是通过某种方式进行文字置换，这种置换一般是通过某种手工或机械变换方式完成的，同时使用了简单的数学运算。虽然在古典加密方法中已体现了密码学的若干要素，但它更像是一门艺术，而不是一门科学。

大约 4000 年以前，在古埃及，一位擅长书写者在贵族的墓碑上书写铭文时有意使用了变形的象形文字而不是普通的象形文字，从而揭开了有文字记载的密码史。这篇颇具神秘感的碑文已具备了密码的基本特征：将一种符号（明文）用另一种符号（密文）代替。

公元前 5 世纪，古斯巴达人使用了一种叫作天书（Skytale）的器械，这是人类历史上最早使用的密码器械。"天书"是一根用草纸条、皮条或羊皮纸条紧紧缠绕的木棍。密信自上而下写在羊皮纸条上，然后把羊皮纸条解开送出。当把羊皮纸条重新缠在一根直径和原木棍相同的木棍上时，字就会一圈圈地跳出来，如图 2-1

图 2-1　天书密码

所示。如果不知道木棍的粗细就不可能解密羊皮纸条上的内容。

公元前 4 世纪前后，希腊著名作家艾奈阿斯在其著作《城市防卫论》中曾提到一种被称为"艾奈阿斯绳结"的密码。它的做法是从绳子的一端开始，每隔一段距离打一个绳结，绳结之间的距离不等，不同的距离表示不同的字母。

古罗马凯撒大帝时代曾使用过一种"代替式密码"，在这种密码中，每个字母都用其后的第三个字母（按字母顺序）代替。直到第二次世界大战时，日本海军还在使用这种代替式密码。

16 世纪，意大利数学家卡尔达诺发明了一种保密通信方法，称为"卡尔达诺漏格板"。漏格板是一张用硬质材料（如硬纸、羊皮、金属等）做成的板，上面挖了一些长方形的孔，即漏格。将其覆盖在密文上，即可从漏格中读出明文。

大约在 1793 年，托马斯·杰斐逊发明了一种轮子密码机。转动轮子使明文中的所有字母全部排列在一条直线上，这时圆柱体的其他 25 行字母也因这一行的固定而被固定了，任选这 25 行中的一行发出去，就为密文。

ENIGMA 密码机最初是由一个叫胡戈·科赫的荷兰人发明的。该密码机起初主要是供想保护自己生意秘密的公司使用，但其销路一直不理想。后来德国人将其改装用于军事领域，使之更为复杂可靠。德国在战争期间共生产了 10 多万部"谜"密码机。1940年，经过盟军密码学专家的不懈努力，ENIGMA 密码机被攻破，盟军从而掌握了德军的许多机密，而德国军方却对此一无所知。

（2）对称密码体制

从 1949 年到 1975 年是密码学发展的第二阶段。1948 年，香农发表了论文 *A Mathematical Theory of Communication*。香农理论的重要特征是论述了熵（Entropy）的概念，他证明熵与信息内容的不确定程度有等价关系。香农提出的信息熵为密码学的发展带来了新气象。借由信息熵可以定量地分析解密一个加密算法所需要的信息量，这标志着密码学进入了信息论时代。1949 年，香农发表了题为《保密系统的通信理论》的著名论文，把密码学置于坚实的数学基础之上，这标志着密码学成为一门学科，也是密码学的第一次飞跃。在该时期，密码学主要用在政治、外交、军事等方面，因此其研究多秘密地进行，相关理论的研究工作进展不大，公开发表的密码学论文很少。

从 1973 年开始，美国国家标准局开始研究国防部之外的其他部门可以使用的计算机系统数据加密标准，并于 1973 年 5 月和 1974 年 8 月先后两次向公众发出了征集加密算法的公告。1977 年，美国国家标准局确定了联邦数据处理标准（FIPS），将其命名为 DES（Data Encryption Standard，DES），并授权在非密级政府通信中使用。随后，该算法在国际上广泛流传开来。DES 实际上是数据加密算法（Data Encryption Algorithm，DEA）的标准之一，很多时候大家对 DES 和 DEA 不做区分，但二者其实是不同的概念。此外，美国于 1994 年颁布的密钥托管加密标准（EES）和数字签名标准（DSS）以及 2001 年颁布的高级数据加密标准（AES）都是密码学发展史上重要的里程碑。

（3）公钥密码体制

从 1976 年至今，是密码学发展的第三阶段。1976 年，W. Diffie 和 M. Hellman 在《密码编码学新方向》一文中提出了公开密钥的思想，这是密码学的第二次飞跃。

密码学出现之后，产生了两个分支，即密码编码学（Cryptography）和密码分析学（Cryptanalytics）。前者编制密码以保护秘密信息，而后者则研究加密消息的破译以获取信息，二者相辅相成。

现代密码学（包括密码学发展的第二、三阶段）除了包括密码编码学和密码分析学外，还包括密钥管理、安全协议、哈希函数等内容。由于密钥管理包括密钥的产生、分配、存储、保护、销毁等环节，秘密寓于密钥之中，因此密钥管理在密码系统中至关重要。随着密码学的进一步发展，涌现了大量新技术和新概念，如零知识证明、盲签名、量子密码学等。

2. 数据加密模型

在密码学中，伪装（变换）之前的信息是原始信息，称为明文（Plaintext）；伪装之后的信息看起来是一串无意义的乱码，称为密文（Ciphertext）。把明文伪装成密文的过程称为加密（Encryption），该过程使用的数学变换称为加密算法；将密文还原为明文的过程称为解密（Decryption），该过程使用的数学变换称为解密算法。

　　加密与解密通常需要参数控制，该参数称为密钥，有时也称为密码。加、解密密钥相同称为对称性或单钥型密钥，不同时就称为不对称或双钥型密钥。

　　图 2-2 给出了一种传统的保密通信机制的数据加密模型。该模型包括一个用于加 / 解密的密钥 k，一个用于加密变换的数学函数 E_k，一个用于解密变换的数学函数 D_k。已知明文消息 m，发送方通过数学函数 E_k 得到密文 C，即 $C = E_k(m)$，这个过程称为加密；加密后的密文 C 通过公开信道（不安全信道）传输，接收方通过数学函数 D_k 得到明文 m，即 $m = D_k(C)$。为了防止密钥 k 泄露，需要通过其他秘密信道对密钥 k 进行传输。

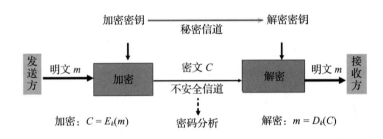

图 2-2　数据加密模型

3. 密码攻击方法

　　密码分析是指相关人员在不知道解密密钥及加密体制细节的情况下，对密文进行分析并试图获取可用信息的行为。密码分析除了依靠数学、工程、语言学等知识外，还要靠经验、统计、测试、眼力、直觉，甚至是运气来完成。

　　破译密码就是通过分析密文来推断该密文对应的明文或者所用密码的密钥的过程，也称为密码攻击。破译密码的方法有穷举法和分析法。穷举法也称为强力法或暴力法，即利用所有可能的密钥进行测试和破译。只要具备足够的时间和计算资源，穷举法总是可以成功的。但在实际中，任何一种安全的实际密码都会设计得使穷举法不可行。

　　分析法有确定性和统计性两类。

　　1）确定性分析法是利用一个或几个已知量（已知密文或者明文—密文对），用数据关系表示出所求的未知量。

　　2）统计分析法是利用明文的已知统计规律进行破译的方法。

　　密码分析的主要研究目标是加密消息的破译和消息的伪造，从中也可以发现密码体制的弱点。荷兰的 Kerckhoffs 在 19 世纪就阐明了密码分析的一个基本假设：秘密必须全部寓于密钥当中。Kerckhoffs 假设密码分析者已经掌握密码算法及其实现的全部详细资料。当然，在实际的密码分析中，密码分析者并不总是拥有这些详细的信息。例如，在第二次世界大战时期，美国人就是在未知上述信息的情况下破译了日本人的外交密码。

在密码分析技术的发展过程中，产生了各种各样的攻击方法。根据密码分析者占有的明文和密文条件，这些攻击方法可分为以下四类。

（1）已知密文攻击

密码分析者有一些消息的密文，这些消息都是使用同一加密算法进行加密的。密码分析者的任务是根据已知密文恢复尽可能多的明文，或者通过分析进一步推算出加密消息的加密密钥和解密密钥，以便采用相同的密钥破解出其他被加密的消息。

（2）已知明文攻击

密码分析者不仅知道一些消息的密文，而且知道这些消息的明文，分析者的任务是用加密的消息推导出加密密钥和解密密钥，或者推导出一个算法，此算法可以对用同一密钥加密的任何新消息进行解密。

（3）选择明文攻击

密码分析者不仅知道一些消息的密文和相应的明文，还可以选择被加密的明文，这种方法比已知明文攻击更有效。因为密码分析者能选择特定的明文块加密，这些块可能产生更多关于密钥的信息。分析者的任务是推导出用来加密消息的加密密钥和解密密钥，或者推导出一个算法，此算法可以对同一密钥加密的任何新消息进行解密。

（4）选择密文攻击

密码分析者能够选择不同的密文，并可以得到对应的密文的明文。例如，密码分析者通过存取一个防篡改的自动解密盒，可以推导出加密密钥和解密密钥。

2.1.3　流密码与分组密码

1. 流密码

流密码（Stream Cipher）也称为序列密码，它是对称密码算法的一种。流密码具有实现简单、便于硬件实施、加/解密处理速度快、没有或只有有限的错误传播等特点，因此在实际应用中，特别是在专用或机密机构中保持着优势。典型的应用领域包括无线通信、外交通信。

1949 年，香农证明了只有一次一密的密码体制是绝对安全的，这为流密码技术的研究提供了有力的支持。流密码方案的发展是模仿一次一密系统的尝试，或者说"一次一密"的密码方案是流密码的雏形。如果流密码使用的是真正随机方式、与消息流长度相同的密钥流，则此时的流密码就是一次一密的密码体制。若能以一种方式产生一个随机序列（密钥流），这个序列由密钥确定，则利用这样的序列就可以进行加密，也就是将密钥、明文表示成连续的符号或二进制，对应地进行加密，加/解密时一次处理明文中的一个或几个比特。

流密码可以看成连续的加密，这里明文是连续的，密钥也是连续的，如图 2-3 所示。

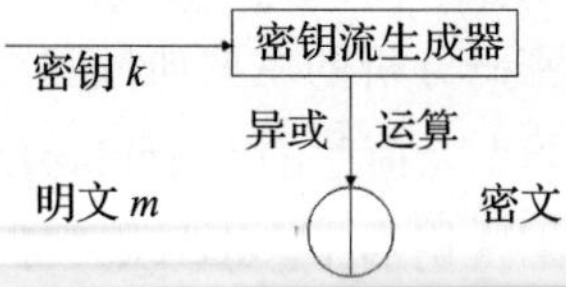

密钥流生成器输出一系列比特流：z_1, z_2, z_3, …，z_i。密钥流和明文流 m_1, m_2, m_3, …，m_i 进行异或运算产生密文比特流。

图 2-3　流密码原理图

$$c_i = m_i \oplus z_i$$

在解密端，密文流与完全相同的密钥流异或运算恢复出明文流。

$$m_i = c_i \oplus z_i$$

常见的流密码算法如下：

1）RC4 算法：该算法是由 Rivest 于 1987 年开发的，它已被广泛应用于 Windows、Lotus Notes 和其他软件中。

2）A5 算法：该算法是数字蜂窝移动电话系统（GSM）采用的流密码算法，主要用于加密从终端到基站的通信数据。

2. 分组密码

分组密码是指数据在密钥的作用下一组一组等长地被处理，且通常情况下明文和密文等长。这样做的好处是处理速度快、节约存储、避免带宽浪费，因此，它也成为许多密码组件的基础。另外，由于其固有的特点（高强度、高速率、便于软硬件实现）而成为标准化进程的首选体制。分组密码又可分为三类：代替密码、移位密码和乘积密码。随着计算技术的发展，早期的代替密码和移位密码已无安全性可言，将二者有机结合形成的乘积密码可有效地增加密码强度。若在应用乘积密码时，对明文运用轮函数，迭代多次产生密文，即可称之为迭代分组密码。DES 就是典型的迭代分组密码。

分组密码的加密变换一般是由一个简单的函数 F 迭代若干次后形成的，其结构如图 2-4 所示。

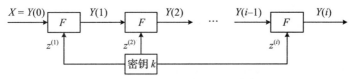

图 2-4　以轮函数 F 构造的迭代密码

其中，$Y(i-1)$ 是第 i 轮置换的输入，$Y(i)$ 是第 i 轮的输出，$z^{(i)}$ 是第 i 轮的子密钥，k 是种子密钥。每次迭代称为一轮，每轮的输出是输入和该轮子密钥的函数，每轮子密钥由 k 导出。函数 F 称为轮函数，一个选择恰当的轮函数通过多次迭代可实现对明文的混淆和扩散。

2.2　古典置换密码

密码学的经典密码体制（或称古典密码体制）采用手工或者机械操作实现加 / 解密，因此相对简单。回顾和研究这些密码体制的原理和技术，对于理解、设计和分析现代密码学仍然有借鉴意义。置换（Transposition）是一种古典的数据加密、编码方法，是现代很多密码的基础。

2.2.1　置换加密思想

置换密码（Transposition Cipher）又称为换位密码，是指根据一定的规则重新排列明文，打破明文的结构特性，从而起到加密的作用。置换密码的特点是保持明文的所有字符不变，只是通过置换打乱了明文字符的位置和次序。也就是说，这种方式改变了明文的结构，不改变明文的内容。

置换密码的原理有点像拼图游戏。在拼图游戏中，所有的图块都在，但排列的位置不正确。置换加密法设计者的目标是：设计一种方法，使你在知道密钥的情况下，能很容易地将图块正确排序；而如果没有这个密钥，就不可能完成这项工作。密码分析者的目标是在没有密钥的情况下重组拼图，或从拼图的特征中发现密钥。然而，这两种目标都很难实现。

置换是一个简单的换位操作，每个置换都可以用一个置换矩阵 E_k 来表示。每个置换都有一个与之对应的逆置换 D_k。

有如下四种类型的置换密码。

1. 单表置换密码

单表置换密码就是明文的一个字符被相应的一个密文字符代替。加密过程是从明文字母表到密文字母表的一一映射。

（1）凯撒密码

凯撒密码的原理是每一个明文字母都用字母表中其后面的第三个字母代替，对于最后一个字母，则从头开始算。实际上，字母可以被在它后面的第 n 个字母所代替，在凯撒密码中，n 就是 3。下面给出一个凯撒密码的例子。

- 明文：meet me after the toga party
- 密文：phhw ph diwhu wkh wrjd sduwb

如果已知某给定密文是采用凯撒密码加密的，通过穷举攻击很容易破解它，因为只要测试所有 25 种可能的密钥即可。

凯撒密码可以采用如下形式化定义：假设 m 是原文，c 是密文，则加密函数为 $c = (m + 3) \bmod 26$，解密函数为 $m = (c - 3) \bmod 26$。

（2）移位变换

根据凯撒密码的特征，不失一般性，我们可以定义移位变换加 / 解密方法如下：假设 m 是原文，c 是密文，k 是密钥，则加密函数为 $c = (m + k) \bmod 26$，解密函数为 $m = (c - k) \bmod 26$。显然，如果 $k = 3$ 就是凯撒密码。

例如：已知明文字符串 "CHINA"，当 $k = 3$ 时，其加密后的字符串为 "FKLQD"；$k = 4$ 时，其加密后的字符串为 "GLMRE"。

（3）仿射密码

仿射密码是凯撒密码和乘法密码的结合。假设 m 是原文，c 是密文，a 和 b 是密钥，则加密函数为 $c = E_{a,b}(m) = (am + b) \bmod 26$，解密函数为 $m = D_{a,b}(c) = a^{-1}(c - b) \bmod 26$。

这里，a^{-1} 是 a 的逆元，$a \cdot a^{-1} = 1 \bmod 26$。

例如：已知 $a = 7$，$b = 21$，对 "security" 进行加密，对 "vlxijh" 进行解密。

首先，对 26 个字母用 $0 \sim 25$ 进行编码。编码表如图 2-5 所示，则 s 对应的编号是 18，代入公式可得：$7 * 18 + 21 \ (\bmod\ 26) = 147 \bmod 26 = 17$，对应字母 "r"，以此类推。"security" 加密后的密文为 "rxjfkzyh"。

同理，查表可得字母 "v" 的编号为 21，则代入解密函数后得：$7^{-1}(21 - 21) = 0$，对应字母 a；查表可得字母 "1" 的编号为 11，则代入解密函数后得：$7^{-1}(11 - 21) \bmod 26 = 7^{-1}(-10) \bmod 26 = -150 \bmod 26 = 6$，对应字母 "g"。以此类推，"vlxijh" 解密后的结果为 "agency"。

字母	a	b	c	d	e	f	g	h	i	j	k	l	m
数字	0	1	2	3	4	5	6	7	8	9	10	11	12
字母	n	o	p	q	r	s	t	u	v	w	x	y	z
数字	13	14	15	16	17	18	19	20	21	22	23	24	25

图 2-5　26 个字母编码示意图

2. 同音置换密码

同音置换密码与简单置换密码相似，唯一的不同是某个字符的明文可以映射成密文的几个字符之一，例如字母 A 可能对应于 5、13、25 或 56，字母 B 可能对应于 7、19、31 或 42，所以，同音置换的密文并不唯一。

3. 多字母组置换密码

多字母置换密码是将字母成组加密，例如 "ABA" 可以被加密为 "RTQ"，ABB 可以被加密为 "SLL" 等。在第一次世界大战中英国人就采用了这种密码。

4. 多表置换密码

多表置换密码由多个简单的置换密码构成，例如，可能有 5 个不同的简单置换密码，单独用一个字符来改变明文的每个字符的位置。多表置换密码有多个单字母密钥，每一个密钥用来加密一个明文字母。第一个密钥加密明文的第一个字母，第二个密钥加密明文的第二个字母，等等。在所有的密钥用完后，再循环使用这些密钥。若有 20 个单字母密钥，那么明文中每隔 20 个字母就被同一密钥加密，这称为密码的周期。在经典密码学中，密码周期越长越难破译，但使用计算机能够轻易破译具有很长密码周期的置换密码。

在置换密码中，数据本身并没有改变，它只是被安排成另一种不同的格式。

2.2.2　置换加密实例

置换加密法的分类如图 2-6 所示。

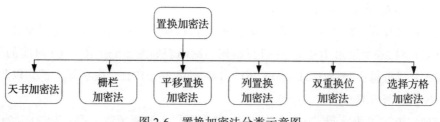

图 2-6　置换加密法分类示意图

置换加密法使用的密钥通常是一些几何图形，它决定了重新排列字母的方式。

1. 栅栏加密法

栅栏（Rail-fence）加密法不是按从上到下的方式，而是采用对角线方式来填写明文和读取密文。在这种加密法中，明文按 Z 字形的方式填写在矩形的对角线上，再按行读取生成密文。例如，如果矩形的高为 3，长为 11，那么明文"this is a test"在该矩形中的填写如图 2-7 所示，按行读取所生成的密文是"tiehsstsiat"。

t				i				e		
	h		s		s		t		s	
		i				a				t

图 2-7　栅栏加密法示意图

同样的过程也可以应用于其他几何图形。例如，在一个固定大小的矩形中，可以将明文填写成一个三角形，然后，按列读取生成密文。图 2-8 所示的是将明文"You must do that now"填写在一个 7×4 的矩形中，按列读取后生成的密文是"tuhoauttrndnvow"。

			y			
		o	u	m		
	u	s	t	d	o	
t	h	a	t	n	o	w

图 2-8　三角加密法示意图

2. 平移置换加密法

置换加密法的一种简单实现是平移置换加密法，其过程很像洗一副纸牌。在平移置换加密法中，将密文分成固定长度的块。通常，块越大越不容易破译。设块大小为 s，置换函数 f 用于从 1 到 s 中选取一个整数，每个块中的字母根据 f 重新排列。这种加密方法的密钥就是（s，f）对应的具体数值。例如，假设 s 为 4，f 为（2，4，1，3），这意味着第 1 个字符移到位置 2，第 2 个字符移到位置 4，第 3 个字符移到位置 1，第 4 个字符移到位置 3。

比如，利用平移置换加密法为明文"The only limit to our realization of tomorrow will be our doubts of today"加密。首先设置密钥（s, f）的数组，比如 s 设为 7，明文将分成块，每块包含 7 个字母，位置不足则用空字符填满。然后根据给定的函数 $f = （1, 2, 3, 5, 7, 6, 1）$ 将每个块重新排列，生成对应的密文，如图 2-9 所示。

图 2-9　平移置换加密法明文和密文示例

可以用密文攻击法和已知明文攻击法来破解置换加密法。密文攻击法通过查看密文块来找出可能生成可读单词的排列方式。一旦发现了某个块的置换方式，就可以应用到密文的所有块中。如果密码分析者熟悉颠倒字母顺序来构成单词的方法，破解置换加密法就是一项简单的工作了。

已知明文攻击法就更简单了。如果已知明文中可能包含的一个单词，可采用已知明文攻击法分三个步骤破解：

1）找出包含与已知单词相同字母的块。

2）通过比较已知单词与密文块，确定置换方式。

3）在密文的其他块上测试前面得出的置换方式。

3. 列置换加密法

在列置换加密法中，明文按行填写在一个矩形中，而密文则以预定的顺序按列读取矩形中的字母来生成。例如，如果假设加密矩形是 4 列 5 行，那么短语"encryption algorithms"采用列置换加密法时，可以如在图 2-10 所示的矩形中进行直观表示。

1	2	3	4
e	n	c	r
y	p	t	i
o	n	a	l
g	o	r	i
t	h	m	s

图 2-10　列置换矩形示例

对于列置换加密法，按一定的顺序读取列可以生成密文。对于图 2-10 这个示例，如果读取顺序是 4、1、2、3，那么密文就是："rilis eyogt npnoh ctarm"。这种加密法要求填满矩形，因此，如果明文的字母不够，可以添加"x""q"或空字符。

这种加密法的密钥是列数和读取列的顺序。如果列数很多，记起来可能会比较困难，因此可以将它表示成一个关键词，以方便记忆。该关键词的长度等于列数，而其字母顺序决定读取列的顺序。

例如，关键词"general"有 7 个字母，意味着矩形有 7 列。按字母顺序进行排列，因此由关键词 general 给定的读取列顺序为：4、2、6、3、7、1、5。

图 2-11 给出了列置换加密法的示例。该示例对明文字符串"the only limit to our realization of tomorrow will be our doubt soft today"进行加密，以"comput"作为密钥（对应的列置换顺为 132465）。由于密钥长度为 6，所以我们将字符串去掉空格后，每 6

个字符分为一组，每组写成一行，总共分为 10 行，如图 2-11 左下图所示。然后，按照加密顺序"132465"依次读取图中的第 1、3、2、4、6、5 列，即获得加密结果，如图 2-11 右下图所示

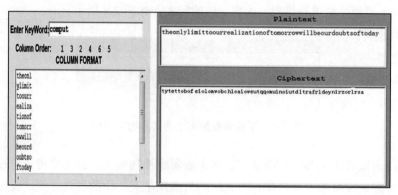

图 2-11　列置换加密方法示意图

对于列置换加密的破译，强力攻击法需要尝试所有可能的列和行，代价较高且收获甚微。正确的方法是将问题分解。可以通过三步来破解列置换加密法。第一，尝试找出换位矩形的可能大小（需要多少行和多少列）；第二，尝试确定这些可能的矩形中哪个是正确的；第三，知道了正确的矩形后，尝试重新排列矩形列，以便还原消息。

（1）列的可能大小

这是攻击法的第一步。因为列置换加密法完全是列换行，因此密文字符的数目必须是行数乘以列数的积（如果明文跨了多个矩形，那么就是该数的因数）。例如，假设截获的消息有 153 个字符。153 可以分解为 3×51，51×3，17×9 或 9×17。假设这个消息是在一个矩形中换位的，那么这 4 个积肯定定义了其大小，也就是说，这个矩形有 3 行 51 列、51 行 3 列、17 行 9 列或 9 行 17 列。没有其他矩形可以完全填满这 153 个字符。由于 3×51 或 51×3 的列和行相差较大，不太可能是加密用的矩形。最有可能的是 17×9 或 9×17。因此，下一步就是找出这两个方案中哪个是正确的。

（2）确定正确的矩形

这个过程基于以下事实：矩形的每行表示的是标准英语的一行。明文的所有字母仍出现在密文中，它们只是错位了而已。因此可以依靠英语的常见属性来检测密文最可能的排列。例如，英语中的每句话包含大约 40% 的元音字母。如果某个矩形的元音字母分布满足每行 40% 的标准，那么，这种推测很可能是正确的。

对于 9×17 的矩形，有 9 行，因此每行应有大约 3.6 个元音字母。将密文填入这个矩形中，并计算每行的元音字母数目。计算出实际的元音字母数与期望的元音字母数之差的绝对值，并将这些差值相加，可生成该矩形的得分。差值总和最小的方案为最佳方案。

（3）还原列的顺序

破解列置换加密法的最后一步是找出列的正确顺序。这是通过颠倒字母顺序来构成词的过程，需要充分利用字母的一些特征，如引导字符、连字集加权等。

4. 铁轨法

根据列置换加密法的加密原理衍生出一些变种，比如铁轨法、路游法等，它们要求明文的长度必须是 4 的倍数，否则要在明文最后加上一些字母以达到这个条件。将明文按从上到下的顺序分两行逐行写出，由左而右再由上而下地依序写出的字母序列为密文（在写明文时也可以写成三行或四行等，写法不同，解法也不同）。

我们来看一个例子。假设明文为"STRIKE WHILE THE IRON IS HOT"。首先，该明文不满足条件，故在尾端加上字母"E"使明文的长度变成 4 的倍数。接着，将明文按照从上到下的顺序逐行写出：

S R K W I E H I O I H T

T I E H L T E R N S O E

由左而右再由上而下地按顺序写出字母，可得到密文：SRKWIEHIOIHTTIEHLTERNSOE。

铁轨法的解密过程也非常简单。对于上例，将密文按每 4 个字母分为一组，其间用空格隔开：

SRKW IEHI OIHT TIEH LTER NSOE

因为知道加密的顺序，接收方可将密文用一条直线分为两个部分：

SRKW IEHI OIHT | TIEH LTER NSOE

然后左右两部分依序轮流读出字母便可以还原成明文了。

路游法可以说是铁轨法的一种推广。此方法也必须先将明文的长度调整为 4 的倍数，之后将调整过的明文按由左至右再由上至下的顺序（此顺序称为排列顺序）填入矩阵方格中。依照事先规定的路径（称为游走路径）来游走矩阵并输出所经过的字母，即为密文。路游法的安全性主要取决于排列路径与游走路径的设计，必须注意的是，排列路径与游走路径绝不能相同，否则无法加密。比如，以前例明文 STRIKE WHILE THE IRON IS HOT 为例，将其放入如图 2-12 所示的矩阵。

S	T	R	I	K	E
W	H	I	L	E	T
H	E	I	R	O	N
I	S	H	O	T	E

图 2-12　加密明文矩阵示意图

如果以如图 2-13 所示游走路径，则可以得到密文：ETNETOEKILROHIIRTHESIHWS。

5. 中断列换位法

法国在一战时期使用了一种换位算法，称为中断列换位法。在这种加密法中，先读取某些预定的对角线字母，再读取各列，读取各列时忽略已读的字母。例如，如图 2-14 所示，首先读取

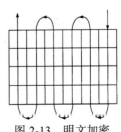

图 2-13　明文加密
游走路径示意图

对角线的字母，再按照第 1 行数字从小到大读取各列，得到的密文结果为“HAIK AITO SK EEB IC TWHS SWE PAN IRR”。

4	2	7	1	3	5	6
T	*H*	I	S	I	S	*A*
W	E	*A*	K	C	*I*	P
H	E	R	*I*	*T*	W	A
S	B	R	*O*	*K*	E	N

图 2-14　中断列换位法示意图

6. 双重换位加密法

双重换位加密法，正如其名字所暗示的那样，其先用换位法将明文加密，然后再次用换位法将第一次换位加密的密文加密。这两次换位所使用的关键词可以相同。经两次换位后。明文字母的位置完全被打乱了。

一战时期，德国使用过一种著名而复杂的双重换位加密法。它可以将一个关键词转换成一个数字序列（使用字母顺序方法）。例如关键词“next time”的数字序列见图 2-15。

N	E	X	T	T	I	M	E
5	1	8	6	7	3	4	2

图 2-15　短语 next time 转换成数字序列

我们再看一个略复杂的例子。首先将明文（比如“Bob I need to see you at the office now Alice”）填写在这个矩形中，见图 2-16。

5	1	8	6	7	3	4	2
b	o	b	i	n	e	e	d
t	o	s	e	e	y	o	u
a	t	t	h	e	o	f	f
i	c	e	n	o	w	a	l
i	c	e					

图 2-16　将明文填写至矩形中

然后将这些列填写在相同的数字序列下面，见图 2-17。

5	1	8	6	7	3	4	2
o	o	t	c	c	d	u	f
l	e	y	o	w	e	o	f
a	b	t	a	i	i	i	e
h	n	n	e	e	o	b	s
t	e	e	x	j			

图 2-17　依据所在序列数依次填写明文

最后，按列的顺序读取这些字母，就生成密文“oebne ffes deio uoib olaht coaex cwiej tytne”。

通常会生成没有完全填充满的列换位，这使密码破解变得更加困难。但是，在第一次世界大战爆发之前，法国已经开始准备加密工作了，并且提供了大量人力和物力。他们最初的成就是开发了一个功能强大的无线通信分析系统。法国人的努力得到了回报，他们破解了德国用双重换位加密法加密的很多消息。

2.3　对称加密算法 DES

DES 是第一个并且是最重要的现代对称加密算法，是美国国家标准局于 1977 年公布的由 IBM 公司研制的加密算法，主要用于与国家安全无关的信息加密。在公布后的二十多年里，DES 在世界范围内得到了广泛的应用，经受住了各种密码分析和攻击，显示出了令人满意的安全性。世界范围内的银行普遍将它用于资金的安全转账，国内的 POS、ATM、磁卡及智能卡、加油站、高速公路收费站等领域曾主要采用 DES 来实现关键数据的保密。

2.3.1　DES 加密算法的原理

DES 采用分组加密方法，将待处理的消息分为定长的数据分组。比如，将待加密的明文按 8 个字节分为一个分组，8 个二进制位为一个字节，即每个明文分组为 64 位二进制数据，每组单独进行加密处理。在 DES 加密算法中，明文和密文均为 64 位，有效密钥长度为 56 位。也就是说，DES 加密和解密算法输入 64 位的明文 / 密文消息和 56 位的密钥，即可输出 64 位的密文 / 明文消息。DES 的加密和解密算法相同，只是解密子密钥与加密子密钥的使用顺序相反。

DES 算法加密过程的描述如图 2-18 所示，主要包括三步。

1）对输入的 64 位的明文分组进行固定的"初始置换"（Initial Permutation, IP），即按固定的规则重新排列明文分组的 64 位二进制数据，再将重排后的 64 位数据按前后 32 位分为独立的左右两个部分，前 32 位记为 L_0，后 32 位记为 R_0。我们可以将这个初始置换写为

$$(L_0，R_0) \leftarrow IP（64\,位分组明文）$$

因初始置换函数是固定且公开的，故初始置换并无明显的密码意义。

2）进行 16 轮相同函数的迭代处理。将上一轮输出的 R_{i-1} 直接作为 L_i 输入，同时将 R_{i-1} 与第 i 个 48 位的子密钥 K_i 经"轮函数 f"转换后，得到一个 32 位的中间结果，再将此中间结果与上一轮的 L_{i-1} 做异或运算，并将得到的新的 32 位结果作为下一轮的 R_i。如此往复，迭代处理 16 次。每次的子密钥不同，16 个子密钥的生成与轮函数 f 会单独介绍。可以将这一过程写为

$$L_i \leftarrow R_{i-1}$$
$$R_i \leftarrow L_{i-1} \oplus f(R_{i-1}, K_i)$$

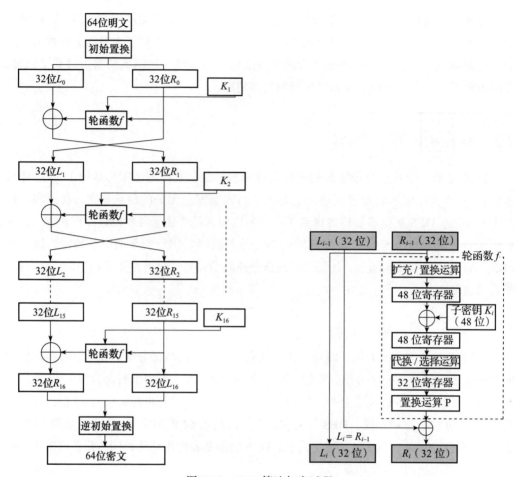

图 2-18 DES 算法加密过程

这个运算的特点是交换两个半分组，一轮运算的左半分组的输入是上一轮运算的右半分组的输出，交换运算是一个简单的换位密码，目的是获得很大程度的"信息扩散"。显而易见，DES 的这一步是代换密码和换位密码的结合。

3）将第 16 轮迭代结果的左右两半组 L_{16}、R_{16} 直接合并为 64 位（L_{16}，R_{16}），输入到初始逆置换来消除初始置换的影响。这一步的输出结果即为加密过程的密文。可将这一过程写为

$$输出 64 位密文 \leftarrow IP^{-1}(L_{16}, R_{16})$$

需要注意的是，对于最后一轮输出结果的两个半分组，在输入初始逆置换之前，还需要进行一次交换。如图 2-18 所示，在最后的输入中，右边是 L_{16}，左边是 R_{16}，合并后左半分组在前，右半分组在后，即（L_{16}，R_{16}），进行了一次左右交换。

1. 初始置换 IP 和初始逆置换 IP^{-1}

表 2-1 和表 2-2 分别是 DES 的初始置换及初始逆置换表。置换表中的数字为 1～64，共 64 个，意为输入的 64 位二进制明文或密文数据的每一位从左至右的位置序

号。置换表中的数字位置为置换后数字对应的原位置数据在输出的 64 位序列中的新的位置序号。比如表中第一个数字 58，表示输入 64 位明 / 密文二进制数据的第 58 位，而 58 位于第一位，则表示将原二进制数的第 58 位换到输出的第 1 位。

表 2-1　DES 的初始置换表 IP

58	50	42	34	26	18	10	2	60	52	44	36	28	20	12	4
62	54	46	38	30	22	14	6	64	56	48	40	32	24	16	8
57	49	41	33	25	17	9	1	59	51	43	35	27	19	11	3
61	53	45	37	29	21	13	5	63	55	47	39	31	23	15	7

表 2-2　DES 的初始逆置换表 IP^{-1}

40	8	48	16	56	24	64	32	39	7	47	15	55	23	63	31
38	6	46	14	54	22	62	30	37	5	45	13	53	21	61	29
36	4	44	12	52	20	60	28	35	3	43	11	51	19	59	27
34	2	42	10	50	18	58	26	33	1	41	9	49	17	57	25

2. 轮函数 f

DES 的轮函数如图 2-19 所示，可描述为如下四步。

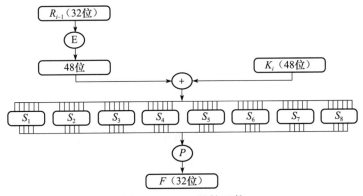

图 2-19　DES 的轮函数

1）经 E 盒（Expansion Box）变换将输入的 32 位数据扩展为 48 位。其扩展 E 变换如表 2-3 所示，表中元素的意义与初始置换基本相同，按行顺序，从左至右共 48 位。比如，第一个元素为 32，表示 48 位输出结果的第一位数据为原输入 32 位数据中的第 32 位上的数据。

E 盒的真正作用是确保最终的密文与所有的明文有关，具体原理不在此详述。

2）将第一步输出结果的 48 位二进制数据与 48 位子密钥 K_i 按位做异或运算，结果自然为 48 位。然后，将运算结果的 48 位二进制数据自左到右每 6 位分为一组，共分为 8 组。

表 2-3 E 盒扩展表

32	1	2	3	4	5
4	5	6	7	8	9
8	9	10	11	12	13
12	13	14	15	16	17
16	17	18	19	20	21
20	21	22	23	24	25
24	25	26	27	28	29
28	29	30	31	32	1

3）将 8 组 6 位的二进制数据分别输入 8 个不同的 S 盒，每个 S 盒输入 6 位数据，输出 4 位数据（S 盒相对复杂，后面单独阐述），然后将 8 个 S 盒输出的 8 组 4 位数据依次连接，重新合并为 32 位数据。

4）将上一步合并生成的 32 位数据经 P 盒（Permutation Box）置换，输出新的 32 位数据。P 盒置换如表 2-4 所示。

P 盒置换表中的数字与前面的基本上相似。按行的顺序，从左到右，表中第 i 个位置对应的数据 j 表示输出的第 i 位为输入的第 j 位数据。P 盒的 8 行 4 列与 8 个 S 盒在设计准则上有一定的对应关系，但从应用角度来看，依然是按行的顺序。

表 2-4 P 盒置换

16	7	20	21
29	12	28	17
1	15	23	26
5	18	31	10
2	8	24	14
32	27	3	9
19	13	30	6
22	11	4	25

P 盒输出的 32 位数据即为轮函数的最终输出结果。

3. S 盒

S 盒（Substitution Box，替换盒）是 DES 的核心部分。通过 S 盒定义的非线性替换，DES 实现了明文消息在密文消息空间上的随机非线性分布。S 盒的非线性替换特征意味着，给定一组输入—输出值，很难预计所有 S 盒的输出。

共有 8 种不同的 S 盒，每个 S 盒将接收的 6 位数据通过定义的非线性映射变换为 4 位的输出。一个 S 盒有一个 4 行 16 列数表，它的每个元素是一个 4 位二进制数，通常表示为十进制数 0 ~ 15。8 个 S 盒如图 2-20 所示，IBM 公司已经公布 S 盒与 P 盒的设计准则，感兴趣的读者可以查阅相关资料。

S 盒的替代运算规则是：设输入的 6 位二进制数据为 $b_1b_2b_3b_4b_5b_6$，则以 b_1b_6 组成的二进制数为行号，$b_2b_3b_4b_5$ 组成的二进制数为列号，取出 S 盒中行列交点处的数，并转换成二进制输出。由于表中十进制数的范围是 0 ~ 15，以二进制表示正好 4 位。下面以 6 位输入数据 011001 经 S1 盒变换为例进行说明，如图 2-21 所示。

示例取出 1 行 12 列处元素 9，9=(1001)₂，故输出为 1001。

S1	0	1	2	3	4	5	6	7	8	9	10	11	12	13	14	15
0	14	4	13	1	2	15	11	8	3	10	6	12	5	9	0	7
1	0	15	7	4	14	2	13	1	10	6	12	11	9	5	3	8
2	4	1	14	8	13	6	2	11	15	12	9	7	3	10	5	0
3	15	12	8	2	4	9	1	7	5	11	3	14	10	0	6	13

S2	0	1	2	3	4	5	6	7	8	9	10	11	12	13	14	15
0	15	1	8	14	6	11	3	4	9	7	2	13	12	0	5	10
1	3	13	4	7	15	2	8	14	12	0	1	10	6	9	11	5
2	0	14	7	11	10	4	13	1	5	8	12	6	9	3	2	15
3	13	8	10	1	3	15	4	2	11	6	7	12	0	5	14	9

S3	0	1	2	3	4	5	6	7	8	9	10	11	12	13	14	15
0	10	0	9	14	6	3	15	5	1	13	12	7	11	4	2	8
1	13	7	0	9	3	4	6	10	2	8	5	14	12	11	15	1
2	13	6	4	9	8	15	3	0	11	1	2	12	5	10	14	7
3	1	10	13	0	6	9	8	7	4	15	14	3	11	5	2	12

S4	0	1	2	3	4	5	6	7	8	9	10	11	12	13	14	15
0	7	13	14	3	0	6	9	10	1	2	8	5	11	12	4	15
1	13	8	11	5	6	15	0	3	4	7	2	12	1	10	14	9
2	10	6	9	0	12	11	7	13	15	1	3	14	5	2	8	4
3	3	15	0	6	10	1	13	8	9	4	5	11	12	7	2	14

S5	0	1	2	3	4	5	6	7	8	9	10	11	12	13	14	15
0	2	12	4	1	7	10	11	6	8	5	3	15	13	0	14	9
1	14	11	2	12	4	7	13	1	5	0	15	10	3	9	8	6
2	4	2	1	11	10	13	7	8	15	9	12	5	6	3	0	14
3	11	8	12	7	1	14	2	13	6	15	0	9	10	4	5	3

S6	0	1	2	3	4	5	6	7	8	9	10	11	12	13	14	15
0	12	1	10	15	9	2	6	8	0	13	3	4	14	7	5	11
1	10	15	4	2	7	12	9	5	6	1	13	14	0	11	3	8
2	9	14	15	5	2	8	12	3	7	0	4	10	1	13	11	6
3	4	3	2	12	9	5	15	10	11	14	1	7	6	0	8	13

S7	0	1	2	3	4	5	6	7	8	9	10	11	12	13	14	15
0	4	11	2	14	15	0	8	13	3	12	9	7	5	10	6	1
1	13	0	11	7	4	9	1	10	14	3	5	12	2	15	8	6
2		4	11	13	12	3	7	14	10	15	6	8	0	5	9	2
3	6	11	13	8	1	4	10	7	9	5	0	15	14	2	3	12

S8	0	1	2	3	4	5	6	7	8	9	10	11	12	13	14	15
0	13	2	8	4	6	15	11	1	10	9	3	14	5	0	12	7
1	1	15	13	8	10	3	7	4	12	5	6	11	0	14	9	2
2	7	11	4	1	9	12	14	2	0	6	10	13	15	3	5	8
3	2	1	14	7	4	10	8	13	15	12	9	0	3	5	6	11

图 2-20　8 种不同的 S 盒

S1	0	1	2	3	4	5	6	7	8	9	10	11	12	13	14	15
0	14	4	13	1	2	15	11	8	3	10	6	12	5	9	0	7
1	0	15	7	4	14	2	13	1	10	6	12	11	9	5	3	8
2	4	1	14	8	13	6	2	11	15	12	9	7	3	10	5	0
3	15	12	8	2	4	9	1	7	5	11	3	14	10	0	6	13

图 2-21　S 盒替代运算规则

4. DES 的子密钥

由前述可知，DES 加密过程中需要 16 个 48 位的子密钥。子密钥由用户提供 64 位密钥，经 16 轮迭代运算依次生成。DES 子密钥的生成算法如图 2-22 所示，主要分为如下三个阶段。

1）用户提供 8 个字符密钥，转换成 ASCII 码的 64 位，经置换选择 1（如表 2-5 所示），去除了 8 个奇偶校验位，并重新排列各位，表中各位置上的元素意义与前面的置换相同。由表可知，舍去了 8、16、24、32、40、48、56、64 位，重新组合后得到 56 位。由于舍去规则是固定的，因此实际使用的初始密钥只有 56 位。

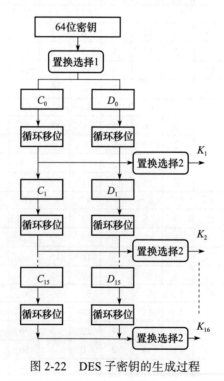

图 2-22　DES 子密钥的生成过程

2）将上一步置换选择后生成的 56 位密钥分成左右两个部分，前 28 位记为 C_0，后 28 位记为 D_0。然后分别将 28 位的 C_0、D_0 循环左移位一次，移位后分别得到的 C_1、D_1

作为下一轮子密钥生成的位输入。每轮迭代循环左移位的次数遵循固定的规则，每轮左移次数见表 2-6。

表 2-5 置换选择 1

57	49	41	33	25	17	9
1	58	50	42	34	26	18
10	2	59	51	43	35	27
19	11	3	60	52	44	36
63	55	47	39	31	23	15
7	62	54	46	38	30	22
14	6	61	53	45	37	29
21	13	5	28	20	12	4

表 2-6 循环左移次数

迭代次数	1	2	3	4	5	6	7	8	9	10	11	12	13	14	15	16
移位次数	1	1	2	2	2	2	2	2	1	2	2	2	2	2	2	1

3）将 C_1、D_1 合并得到 56 位数据（C_1，D_1），经置换选择 2（如表 2-7 所示），也就是经固定的规则置换选出重新排列的 48 位二进制数据，即子密钥 k_1。

表 2-7 置换选择 2

14	17	11	24	1	5	3	28
15	6	21	10	23	19	12	4
26	8	16	7	27	20	13	2
41	52	31	37	47	55	30	40
51	45	33	48	44	49	39	56
34	53	46	42	50	36	29	32

将 C_1、D_1 作为下一轮的输入，迭代上述的 2）和 3）两个阶段，即可得到 k_2。这样经 16 轮迭代即可生成 16 个 48 位的子密钥。

5. DES 的解密算法

DES 的解密算法与加密相同，只是子密钥的使用次序相反。也就是说，第一轮用第 16 个子密钥，第二轮用第 15 个子密钥，以此类推，最后一轮用第 1 个子密钥。

2.3.2 DES 的安全性

自从 DES 被采纳为美国联邦标准以来，其安全性一直受到质疑。DES 的安全性完全依赖于密钥，与算法本身没有关系，主要涉及密钥的互补性、弱密钥与半弱密钥、密文—明文相关性、密文—密钥相关性、S 盒的设计和密钥搜索技术等。

1. 弱密钥问题

由密钥 k 确定的加密函数与解密函数相同 [即，$DES_k(\cdot) = DES^{-1}_k(\cdot)$]，则密钥 k 称为弱密钥。DES 至少有 4 个弱密钥：0101010101010101、1f1f1f1f0e0e0e0e、e0e0e0e0f1f1f1f1 和 fefefefefefefefe。

2. 半弱密钥问题

对于密钥 k，存在一个不同的密钥 $k*$，满足 $DES_k(\cdot) = DES_{k*}(\cdot)$，则密钥 $k*$ 称为半弱密钥。DES 的半弱密钥是指子密钥生成过程中只能产生两个不同的子密钥或四个不同的子密钥，互为对合。DES 至少有 12 个半弱密钥。

3. S 盒的设计原理

S 盒的设计原理一直没有公开，为了保证 DES 的安全性，需要遵循如下原则。

1）所有 S 盒的每一行是 0，1，…，15 的一个置换。

2）所有 S 盒的输出都不是输入的线性函数或仿射函数。

3）S 盒的输入改变任意一位都会导致输出中至少两位发生变化。

4）对于任何输入 x（6 位），$S(x)$ 与 $S(x \oplus 001100)$ 至少有两位不同。

5）对于任何输入 x（6 位），$S(x)$ 与 $S(x \oplus 00ef00)$ 不相等，e、f 取 0 或 1。

6）对于任意一个输入位保持不变而其他五位变化时，输出中 0 和 1 的数目几乎相等。

4. DES 的攻击与破译

早期，DES 算法实际使用 56 位密钥，共有 $2^{56} \approx 7.2 \times 10^{16}$ 种可能。一台每毫秒执行一次 DES 加密的计算机，要搜索一半的密钥空间，需要用一千年时间才能破译出密文。所以，在 20 世纪 70 年代的计算机技术条件下，穷举攻击是明显不太实际的。在当时，DES 是一种非常成功的密码技术。

随着计算机速度的快速提升和网络技术的快速发展，56 位的密钥显得太短，无法抵抗穷举攻击，尤其是 20 世纪 90 年代后期。1997 年美国科罗拉多州程序员利用 Internet 上的 14 000 多台计算机，花费 96 天时间，成功破解 DES 密钥。更为严重的是，1998 年，电子前哨基金会 (Electronic Frontier Foundation，EFF) 设计出专用的 DES 密钥搜索机，该机器只需要 56 个小时就能破解一个 DES 密钥。更糟的是，电子前哨基金会公布了这种机器设计的细节，随着硬件速度的提高和造价的下降，使得任何人都能拥有一台自己的高速破译机，最终必然导致 DES 毫无价值。1998 年年底，DES 停止使用。

克服短密钥缺陷的一个解决办法是使用不同的密钥，多次运行 DES 算法。这样的方案称为加密 – 解密 – 加密三重 DES 方案，即 3DES，如图 2-23 所示。这种方案采用两组 56 位密钥，实现二次加密。1999 年，3DES 颁布为新标准。

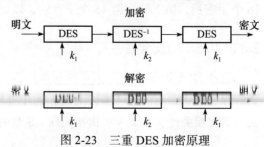

图 2-23　三重 DES 加密原理

2.4　公钥加密算法 RSA

本节介绍公钥密码系统的思想和特点，包括 RSA 算法的理论基础、工作原理和实现过程，并通过一个例子说明了该算法是如何实现的。最后，概括说明 RSA 算法目前存在的一些缺点和解决方法。

2.4.1　公钥密码系统

随着移动互联网的快速发展，物联网信息的保密问题变得越来越重要，无论是个人信息通信还是电子商务发展，都离不开数据安全技术。数据安全技术是一门综合学科，涉及信息论、计算机科学和密码学等知识，主要任务是研究计算机系统和通信网络内信息的保护方法，从而实现系统内信息的安全性、保密性、真实性和完整性。传统的基于对称密钥的加密技术由于加密和解密密钥相同，密钥容易被恶意用户获取或攻击，于是加密密钥和解密密钥分离的公钥密码系统开始在网络系统上得到应用。目前，广泛流行的公钥密码算法是 RSA 算法，下面对该算法的原理进行介绍。

1. 单钥密码算法和公钥密码算法

在说明公钥密码系统之前，我们先来了解一下不同的加密算法。目前，加密算法按密钥方式可分为单钥密码算法和公钥密码算法。

（1）单钥密码

单钥密码又称为对称式密码，是一种比较传统的加密方式，其加密运算和解密运算使用的密钥相同，信息的发送者和接收者在进行信息的传输与处理时，必须共同持有该密码。因此，通信双方都必须获得这个密钥，并保持该密钥的秘密性。

单钥密码系统的安全性依赖于以下两个因素：第一，加密算法必须足够强，仅仅基于密文本身无法解密信息；第二，加密方法的安全性依赖于密钥的秘密性，而不是算法的秘密性。因此，我们没有必要确保算法的秘密性（事实上，现实中使用的很多单钥密码系统的算法都是公开的），但是一定要保证密钥的秘密性。

从单钥密码的这些特点容易看出，它的主要问题有两点：第一，密钥量问题。在单钥密码系统中，每一对通信者需要一对密钥，当用户增加时，必然会导致密钥量成倍增长，因此在网络通信中，大量密钥的产生、存放和分配将是一个难以解决的问题。第二，密钥分发问题。在单钥密码系统中，加密的安全性完全依赖于对密钥的保护，但是由于通信双方使用的是相同的密钥，人们又不得不相互交流密钥，因此为了保证安全性，人们必须使用另外的安全信道来分发密钥，例如使用专门的信使来传送密钥。这种做法的代价是相当大的，甚至是非常不现实的，尤其在计算机网络环境下，人们使用网络传送加密的文件，却需要另外的安全信道来分发密钥，显然这是非常不明智甚至是荒谬可笑的。

（2）公钥密码

正因为单钥密码系统存在难以解决的缺点，所以发展一种新的、更有效、更先进的密码体制显得尤为迫切和必要。在这种情况下，出现了一种新的公钥密码体制，它突破性地解决了密钥分发问题，事实上，在这种体制中，人们甚至不用分发需要严格保密的密钥。这项突破被誉为密码史上自单码替代密码发明以后最伟大的成就。这一全新的思想是 20 世纪 70 年代由美国斯坦福大学的学者 Diffie 和 Hellman 提出的。该体制与单钥密码最大的不同是：在公钥密码系统中，加密和解密使用不同的密钥（相对于对称密钥，人们把它叫作非对称密钥），这两个密钥之间存在着相互依存关系，即用其中一个密钥加密的信息只能用另一个密钥进行解密。这使得通信双方无须事先交换密钥就可进行保密通信。其中，加密密钥和算法是对外公开的，每个人都可以通过这个密钥加密文件然后发给收信者，这个加密密钥也称为公钥；收信者收到加密文件后，就可以使用他的解密密钥解密，这个密钥是由收信者掌管的，并不需要分发，因此又称为私钥，这就解决了密钥分发的问题。

2. 公钥加密算法的思想

为了说明公钥加密算法的思想，我们可以考虑如下的类比。

假设有两个在不安全信道中通信的人 Alice（收信者）和 Bob（发信者），他们希望能够安全地通信而不被他们的敌手 Oscar 破坏。Alice 想到了一种办法，她使用一种锁（相当于公钥），任何人只要轻轻一按锁就可以锁上，但是只有使用 Alice 的钥匙（相当于私钥）才能够打开。Alice 对外发送无数把这样的锁，任何人（比如 Bob）想给她寄信时，只需找到一个箱子，然后用一把 Alice 的锁将箱子锁上再寄给 Alice，那么除了拥有钥匙的 Alice，任何人（包括 Bob 自己）都不能再打开箱子。即使 Oscar 能够找到 Alice 的锁，或者能在通信过程中截获这个箱子，如果没有 Alice 的钥匙他也不可能打开箱子。但由于 Alice 的钥匙并没有分发，因此 Oscar 无法得到这把"私人密钥"。

从以上介绍可以看出，公钥密码体制的思想并不复杂，实现它的关键是确定公钥和私钥及加 / 解密的算法，也就是说如何找到"Alice 的锁和钥匙"。假设在这种体制中，PK 是公开信息，作为加密密钥；SK 需要由用户自己保存，作为解密密钥。加密算法 E 和解密算法 D 也是公开的。虽然 SK 与 PK 成对出现，但不能根据 PK 计算出 SK。它们需满足如下条件。

1）加密密钥 PK 对明文 X 加密后，再用解密密钥 SK 解密，即可恢复出明文，或写为：$DSK(EPK(X)) = X$。

2）加密密钥不能用来解密，即 $DPK(EPK(X)) \neq X$。

3）在计算机上可以容易地产生成对的 PK 和 SK。

4）从已知的 PK 实际上不可能推导出 SK。

5）加密和解密运算可以对调，即 $EPK(DSK(X)) = X$。

从上述条件可看出，在公钥密码体制下，加密密钥不等于解密密钥。加密密钥可对外公开，任何用户都可通过公开信道获取加密密钥，而解密密钥是保密的，只有用它才能将密文解密或复原。

虽然解密密钥理论上可由加密密钥推算出来，但这种算法实际上是不可能实现的，或者虽然能够推算出来，但要花费很长的时间而变得不可行。所以，将加密密钥公开也不会危害密钥的安全。

显然，这种体制的思想很简单，如何找到一个适合的算法来实现这个系统却是一个困扰密码学家们的难题。因为 PK 和 SK 是一对存在相互关系的密钥，所以就很可能从其中一个推导出另一个。如果敌手 Oscar 能够从 PK 推导出 SK，那么这个系统就不再安全了。这个难题甚至造成公钥密码系统的发展停滞了很长一段时间。

3. 单向陷门函数

为了解决这个问题，密码学家们考虑了数学上的单向陷门函数，下面给出它的非正式定义。

Alice 的公开加密函数应该是容易计算的，而计算其逆函数（即解密函数）是困难的（对于除 Alice 以外的人）。许多形式为 $Y = f(x)$ 的函数对于给定的自变量 x 值很容易计算出函数 Y 的值，而由给定的 Y 值在很多情况下依照函数关系 $f(x)$ 计算 x 值则十分困难。这种容易计算但难于求逆的函数，通常称为单向函数。在加密过程中，我们希望加密函数 E 为一个单项的单射函数，以便解密。虽然目前还没有一个函数能被证明是单向的，但是有很多单射函数被认为是单向的。

例如，如下一个函数被认为是单向的。假定 n 为两个大素数 p 和 q 的乘积，b 为一个正整数，那么定义 f: $f(x) = x^b \bmod n$。

如果我们要构造一个公钥密码体制，仅给出一个单向的单射函数是不够的。从 Alice 的观点来看，并不需要 E 是单向的，因为它需要用有效的方式解密所收到的信息。因此，Alice 应该拥有一个陷门，其中包含容易求出 E 的逆函数的秘密信息。也就是说，Alice 可以有效解密，因为她有额外的秘密知识，即 SK 和能够提供解密的函数 D。因此，我们称一个函数为一个陷门单向函数，如果它是一个单向函数，并在具有特定陷门的知识后容易求出其逆。

考虑上面的函数 $f(x) = x^b \bmod n$，我们能够知道，对于合适的取值 a，其逆函数 f^{-1} 有类似的形式 $f(x) = x^a \bmod n$。陷门就是利用 n 的因数分解，有效算出正确的指数 a（对于给定的 b）。

根据以上陷门单向函数的思想，学者们提出了许多种公钥加密的方法，它们的安全性都是基于复杂的数学难题。根据所基于的数学难题，目前至少有以下三类系统被认为是安全和有效的：大整数因数分解系统（代表性的有 RSA）、椭圆曲线离散对数系统（ECC）和离散对数系统（代表性的有 DSA）。

2.4.2 RSA 算法原理

如果没有 RSA 算法，现在的网络世界将毫无安全可言，也不可能有现在的网上交易。

1976 年以前，所有的加密方法都使用对称加密算法，即加密和解密使用同一套规则。例如，甲使用密钥 A 加密，将密文传递给乙，乙仍使用密钥 A 解密。如果密钥 A 在甲传递给乙的过程中泄露，或者根据已知的几次密文和明文推导出密钥 A，则甲乙之间的通信将毫无秘密。

1976 年，美国计算机学家 Whitfield Diffie 和 Martin Hellman 提出了一种崭新构思，可以在不传递密钥的情况下，完成解密，这被称为 Diffie-Hellman 密钥交换算法。

假如甲要和乙通信，甲使用公钥 A 加密，然后将密文传递给乙，乙使用私钥 B 解密得到明文。其中，公钥可以在网络上传递，私钥只有乙拥有，不在网络上传递，这样即使知道了公钥 A 也无法解密。反过来也一样。只要私钥不泄露，通信就是安全的，这就是非对称加密算法。

1977 年，三位数学家 Rivest、Shamir 和 Adleman 设计了一种算法，可以实现非对称加密。这种算法用他们三个人的名字命名，即 RSA 算法。直到现在，RSA 算法仍是最广泛使用的"非对称加密算法"。毫不夸张地说，只要有计算机网络的地方，就有 RSA 算法。

下面以一个简单的例子来描述 RSA 算法。

1. 生成密钥对，即公钥和私钥

1）随机找两个质数 P 和 Q，P 与 Q 越大越安全。

比如 $P = 67$，$Q = 71$。计算它们的乘积 $n = P \times Q = 4757$，转化为二进制数 1001010010101，该加密算法为 13 位，实际算法是 1024 位或 2048 位，位数越长，算法越难被破解。

2）计算 n 的欧拉函数 $\phi(n)$。

$\phi(n)$ 表示在小于等于 n 的正整数之中，与 n 构成互质关系的数的个数。例如，在 1～8 中，与 8 形成互质关系的是 1、3、5、7，所以 $\phi(n) = 4$。如果 $n = P \times Q$，P 与 Q 均为质数，则 $\phi(n) = \phi(P \times Q) = \phi(P-1)\phi(Q-1) = (P-1)(Q-1)$。本例中 $\phi(n) = 66 \times 70 = 4620$，这里记为 m，$m = \phi(n) = 4620$。

3）随机选择一个整数 e，条件是 $1 < e < m$，且 e 与 m 互质。

公约数只有 1 的两个整数叫作互质整数，这里我们随机选择 $e = 101$。请注意不要选择 4619，如果选这个数，则公钥和私钥将变得相同。

4）找到一个整数 d，使得 $e \times d$ 除以 m 的余数为 1。

也就是说，找到一个整数 d，使得 $(e \times d) \% m = 1$，等价于 $e \times d - 1 = y \times m$（$y$ 为整数）。找到 d，实质上就是对二元一次方程 $e \times x - m \times y = 1$ 求解，本例中 $e = 101$，$m = 4620$，即 $101x - 4620y = 1$，这个方程可以用"扩展欧几里得算法"求解，此处省略具体求解过程。

总之，算出一组整数解 $(x, y) = (1601, 35)$，即 $d = 1601$。至此，密钥对生成完毕。不同的 e 生成不同的 d，因此可以生成多个密钥对。

本例中，公钥为 $(n, e) = (4757, 101)$，私钥为 $(n, d) = (4757, 1601)$，仅 $(n, e) = (4757, 101)$ 是公开的，其余数字均不公开。可以想象，如果只有 n 和 e，如何推导出 d？目前只能靠暴力破解，位数越长，暴力破解的时间越长。

2. 加密生成密文

比如，甲要向乙发送汉字"中"，就要使用乙的公钥加密汉字"中"。以 UTF-8 方式将这个字编码为 [e4 b8 ad]，转换成十进制为 [228, 184, 173]。要想使用公钥 $(n, e) = (4757, 101)$ 加密，要求被加密的数字必须小于 n，被加密的数字必须是整数，字符串可以取 ASCII 值或 Unicode 值，因此将"中"字编码的三个字节 [228, 184, 173] 分别加密。

假设 a 为明文，b 为密文，则按下列公式计算出 b：

$$a\text{^}e \,\% \, n = b$$

计算 [228, 184, 173] 的密文：$228\text{^}101 \% 4757 = 4296$，$184\text{^}101 \% 4757 = 2458$，$173\text{^}101 \% 4757 = 3263$。那么 [228, 184, 173] 加密后得到密文 [4296, 2458, 3263]。如果没有私钥 d，很难从 [4296, 2458, 3263] 中恢复出 [228, 184, 173]。

3. 解密生成明文

乙收到密文 [4296, 2458, 3263] 后，用自己的私钥 $(n, d) = (4757, 1601)$ 解密。

假设 a 为明文，b 为密文，则按下列公式计算出 a：

$$a\text{^}d \,\% \, n = b$$

密文 [4296, 2458, 3263] 按公式解密如下：$4296\text{^}1601\% 4757 = 228$，$2458\text{^}1601\% 4757 = 184$，$3263\text{^}1601\% 4757 = 173$。那么密文 [4296, 2458, 3263] 解密后得到 [228, 184, 173]。将 [228, 184, 173] 再按 UTF-8 解码为汉字"中"，至此解密完毕。

在上述加密和解密的过程中，我们使用了费尔马小定理的两种等价描述。

4. RSA 算法的安全性

最后，我们考虑一个问题：有没有可能在已知 (n, e) 的情况下推导出 d？

根据以上密钥生成过程，如果想知道 d，需要知道欧拉函数 $\phi(n)$；如果想知道欧拉函数 $\phi(n)$，需要知道 P 和 Q；要想知道 P 和 Q，需要对 n 进行因数分解。

对于本例中的 4757，可以轻松进行因数分解，但对于大整数进行因数分解是一件很困难的事情，目前除了暴力破解还没有更好的办法。如果以目前的计算能力，破解需要 50 年以上，那么就认为这个算法就是安全的。

维基百科对 RSA 算法的安全性是这样描述的：对极大整数做因数分解的难度决定了 RSA 算法的可靠性。换言之，对一个极大整数做因数分解越困难，RSA 算法越可靠。

假如有人找到一种快速进行因数分解的算法，那么 RSA 的可靠性就会下降，但找到这种算法的可能性非常小。现在，只有短 RSA 密钥才可能被暴力破解。到目前为止，世界上还没有可靠的攻击 RSA 算法的方式。

只要密钥长度足够长，用 RSA 加密的信息实际上是不能被解破的。目前已经破解的最大整数为：1230186684530117755130494958384962720772853569595334792197322
45215172640050726365751874520219978646938995647494277406384592519255732630345373154826850791702612214291346167042921431160222124047927473779408066535141959745985690214313 = 334780716989568987860441698482126908177047949837137685689124313889828837938780022876147116525317430877378144679994489 * 3674604366679959042824463379962795263227915816434308764267603228381573966651127923337341714339681027009279873630891 7。

即 232 个十进制位，768 个二进制位。实际应用中，RSA 的密钥长度为 1024 位，重要场合使用的密钥长度为 2048 位。可以预测，在计算机架构没有取得突破性进展的情况下，未来半个世纪内 2018 位的 RSA 将不可破解。

5. RSA 算法的优缺点

（1）RSA 算法的优点

RSA 算法是第一个能同时用于加密和数字签名的算法，也易于理解和操作。RSA 从提出到现在已近二十年，经历了各种攻击的考验，逐渐为人们接受，被认为是目前最优秀的公钥方案之一。该算法的加密密钥和加密算法分开，使得密钥分配更为方便。它特别适合计算机网络环境的需求。网上的用户可以将加密密钥用电话簿的方式印出。如果某用户想与另一用户进行保密通信，只需从公钥簿上查出对方的加密密钥，用这个密钥对所传送的信息加密后发出即可。对方收到信息后，用仅为自己所知的解密密钥将信息解密就能了解报文的内容。由此可看出，RSA 算法解决了大量网络用户密钥管理的难题，这是公钥密码系统相对于对称密码系统最突出的优点。

（2）RSA 算法的缺点

RSA 算法也有其固有的缺点。首先，用 RSA 算法产生密钥很麻烦，受到素数产生技术的限制，难以做到一次一密；其次，RSA 的安全性依赖于大整数的因数分解，但并没有从理论上证明破译 RSA 的难度与大整数分解难度等价，而且密码学界多数人士认为因数分解不是 NPC（Non-deterministic Polynomial Complete）问题。

目前，人们已能分解 140 多个十进制位的大素数，这就要求使用更长的密钥，速度更慢。另外，人们也在积极寻找攻击 RSA 的方法，如选择密文攻击，一般攻击者是将某一信息加以伪装（Blind），让拥有私钥的实体签署。然后，经过计算就可得到想要的信息。实际上，攻击利用的都是同一个弱点，即乘幂保留了输入的乘法结构 $(XM)_d = X_d * M_d \bmod n$。

这个问题来自公钥密码系统的最有用的特征：每个人都能使用公钥，但从算法上无法解决这一问题。因此，采用 RSA 算法时，保证安全性的主要措施有两个：一是采用好的公钥协议，保证工作过程中实体不会对其他实体任意产生的信息解密，不会对自己一无所知的信息签名；二是把别人对阳空人送来的随机文档签名，签名时首先使用单向哈希函数对文档进行哈希处理，或同时使用不同的签名算法。除了利用公共模数，人们还尝

试利用解密指数或 $\phi(n)$ 等实施攻击。

此外，由于 RSA 的分组长度太大，为保证安全性，n 至少要在 600 位以上，这使运算代价很高，尤其是速度较慢，比对称密码算法慢几个数量级。而且，随着大数分解技术的发展，这个长度还在增加，不利于数据格式的标准化。目前，SET(Secure Electronic Transaction) 协议中要求 CA 采用 2048 位的密钥，其他实体使用 1024 位的密钥。

为了提高 RSA 算法的速度，目前人们广泛使用单钥、公钥密码结合使用的方法。单钥密码加密速度快，用它来加密较长的文件，然后用 RSA 给文件密钥加密，从而极好地解决了单钥密码的密钥分发问题。

2.4.3　RSA 算法的数论基础

由前面可知，RSA 算法用到了数论中的知识，下面简要介绍 RSA 算法中的几个相关术语及其定理，帮助大家理解 RSA 算法的原理。

（1）素数

素数又称质数，指在大于 1 的自然数中，除了 1 和自身外，不能被其他自然数整除的数。例如，$15 = 3 \times 5$，所以 15 不是素数；又如，$12 = 6 \times 2 = 4 \times 3$，所以 12 也不是素数。13 除了表示为 13×1 以外，不能表示为其他任何两个自然数的乘积，所以 13 是一个素数。

（2）互素数

公约数只有 1 的两个自然数叫作互质数，即互素数。两个自然数是否互为素数的判别方法主要有以下几种（不限于此）：

1）两个质数一定是互质数。例如，2 与 7、13 与 19。

2）一个质数如果不能整除另一个合数，那么这两个数为互质数。例如，3 与 10、5 与 26。

3）1 不是质数也不是合数，它与任何一个自然数都是互质数。如 1 和 9908。

4）相邻的两个自然数是互质数，如 15 与 16。

5）相邻的两个奇数是互质数，如 49 与 51。

6）大数是质数的两个数是互质数，如 97 与 88。

7）小数是质数，大数不是小数的倍数的两个数是互质数。如 7 和 16。

8）两个数都是合数（且差较大），小数所有的质因数都不是大数的约数，这两个数是互质数。例如 357 与 715，$357=3 \times 7 \times 17$，3、7 和 17 都不是 715 的约数，这两个数为互质数。

（3）模运算

模运算是整数运算，有一个整数 m，以 n 为模做模运算，可表示为 $m \bmod n$。模运算的原理是，使 m 被 n 整除，只取所得的余数作为结果。例如，$10 \bmod 3 = 1$，$26 \bmod 6 = 2$，$28 \bmod 2 = 0$，等等。模运算有如下性质：

1）同余式：若 $a \bmod n = b \bmod n$，则正整数 a、b 同余。

2）对称性：若 $a = b \bmod n$ 则 $b = a \bmod n$。

3）传递性：若 $a = b \bmod n$，$b = c \bmod n$，则 $a = c \bmod n$。

（4）逆元

逆元是模运算中的一个概念，我们通常说 A 是 B 模 C 的逆元，实际上是指 $A * B = 1 \bmod C$，也就是说 A 与 B 的乘积模 C 的余数为 1，可表示为 $A = B^{-1} \bmod C$。

例如，计算 7 模 11 的逆元，可表示为 $7^{(-1)} \bmod 11 = 8$，因为 $7 \times 8 = 5 \times 11 + 1$，所以 7 模 11 的逆元是 8。

（5）欧拉函数

给定任意正整数 n，计算在小于等于 n 的正整数中有多少个与 n 构成互质关系的方法叫作欧拉函数，以 $\phi(n)$ 表示。例如，$\phi(8) = 4$，因为在 $1 \sim 8$ 中，与 8 形成互质关系的有 1、3、5、7。$\phi(n)$ 的计算方法并不复杂，下面分情况讨论。

第一种情况：如果 $n = 1$，则 $\phi(1) = 1$。因为 1 与任何数（包括自己）都构成互质关系。

第二种情况：如果 n 是素数，则 $\phi(n) = n-1$。因为质数与每一个小于它的数都构成互质关系。

第三种情况：如果 n 是素数的某一个次方，如 $n = p^k$，p 为素数，$k \geq 1$，则 $\phi(p^k) = p^k - p^{k-1}$。

例如，$\phi(8) = \phi(2^3) = 2^3 - 2^2 = 4$。这是因为只有当一个数不包含素数 p 时，才能与 n 互质。而包含素数 p 的数一共有 p^{k-1} 个，即 $1 \times p$、$2 \times p$、$\cdots$、$p^{(k-1)} \times p$。

第四种情况：如果 n 可以分解成两个互质的整数之积，例如，$n = p1 \times p2$，则 $\phi(n) = \phi(p1 \times p2) = \phi(p1) \times \phi(p2)$，即积的欧拉函数等于各个因子的欧拉函数之积。例如，$\phi(56) = \phi(7 \times 8) = \phi(7) \times \phi(8) = 6 \times 4 = 24$。

第五种情况：对于任意大于 1 的整数，都可以写成一系列素数的积 $n = p_1^{k_1} p_2^{k_2} \cdots p_r^{k_r}$，则 $\phi(\mathrm{n}) = \phi(p_1^{k_1}) \phi(p_2^{k_2}) \cdots \phi(p_r^{k_r})$。

（6）费马小定理

著名的费马（Fermat）小定理有两种表示方法。

表示方法 1：如果正整数 a 与质数 p 互质，因为 $\phi(p) = p-1$，则欧拉函数也可以写成 $a^{p-1} \bmod p = 1$，或 $a^{p-1} \equiv 1 \pmod p$。例如，$4^{7-1} \bmod 7 = 4096 \bmod 7 = 1$。

若 m 是素数，则 $a^p \bmod m = a$，例如，$4^7 \bmod 7 = 16384 \bmod 7 = 4$。

表示方法 2：如果正整数 a 和 n 互质，则 n 的欧拉函数 $\phi(n)$ 可以令下面的式子成立：

$$a^{\phi(n)} \bmod n = 1 \text{ 或 } a^{\phi(n)} \equiv 1 \pmod n$$

即 a 的 $\phi(n)$ 次方减去 1 能够被 n 整除。比如，3 和 7 互质，$\phi(7) = 6$，$(3^{6-1})/7 = 104$。

（7）欧几里得算法

欧几里得算法的核心问题是：如何求解 a 和 b 的最大公约数？

求解 a 和 b 的最大公约数的古典解决是利用辗转相除法进行迭代。

例如，求 $a = 15$ 和 $b = 12$ 的最大公约数，解决方法如下。

第 1 步：$a = 12$，$b = 15 - (15/12) \times 12 = 3$。

第 2 步：$a = 3$，$b = 12 - (12/3) \times 3 = 0$。

第 3 步：$b = 0$，辗转相除法结束，$a = 3$ 为最大公因数。

用以上辗转相除法进行迭代求最大公约数的 C 语言代码为：

```
int gcd(int a, int b)
{   if (!b) return a;
    elsle { gcd(b, a%b); }
}
```

在这里，gcd(int a, int b) 就是利用欧几里得算法求解 a 和 b 的最大公约数的函数。

（8）扩展欧几里得算法

扩展欧几里得算法是欧几里得算法的扩展。除了计算 a、b 两个整数的最大公约数之外，此算法还能找到整数 x、y（其中一个很可能是负数）。

在谈到最大公因数时，我们都会提到一个基本的事实，即给出两个整数 a 与 b，必存在整数 x 与 y 使得使它们满足贝祖等式：$ax + by = \gcd(a, b)$。

扩展欧几里得算法可以用来计算模反元素（也叫模逆元），而模反元素在 RSA 加密算法中有举足轻重的地位。

扩展欧几里得算法也是一个迭代算法，该算法的递归过程的伪代码如下：

```
int exgcd(int a, int b, int &x, int &y)
{   if (b ==0)
    {   x = 1; y = 0;        return a;        }
    else
    {   int r = exgcd(b, a%b, y, x);
        int t = y; y = x - (a/b)*y;
        x = t;
        return r;
    }
}
```

2.4.4　新型公钥密码体制 ECC

除了经典的 RSA 算法外，还有一些新型公钥密码算法，椭圆曲线加密体制是其中的典型代表。

目前，绝大部分公钥系统都采用 RSA 算法，但是，安全使用 RSA 算法所要求的位长度不断增加（从 512 位增加到 2048 位），RSA 算法的信息处理量和计算负载越来越大。这种不断增加的计算负载对于需要进行大量安全交易的电子商务网站而言，是个巨大负担。20 世纪 80 年代中期，椭圆曲线理论被引入数据加密领域，逐步形成一个挑战 RSA 系统的公钥系统，即椭圆曲线密码学（Elliptic Curve Cryptography，ECC）。

ECC 是基于椭圆曲线数学模型的一种公钥密码方法。1985 年，V. Miller 和 N. Koblitz 分别独立提出了椭圆曲线密码体制，从而掀起人们对椭圆曲线研究的高潮，并且围绕椭圆曲线密码体制的快速算法、安全性和实现开展了大量研究工作。ECC 的理论依据就是定义在椭圆曲线点群上的离散对数问题的难解性。ECC 之所以如此受到人们的重视，主要是由于其良好的密码特性，如安全强度高、密钥长度小、带宽要求低、加解密快。

椭圆曲线点群上的离散对数问题可以描述为：给定群中的点 P 和 Q，求数 k，使得 $kP = Q$。

目前，解决该问题的最快算法比解决标准的离散对数问题的最快算法要慢得多。

椭圆曲线密码体制可从如下几点加以描述。

（1）密码参数

设 E 是一个定义在 Z_p（$p > 3$ 的素数）上的椭圆曲线，令 $\alpha \in E$，则由 α 生成的子群 H 满足其上的离散对数问题是难处理的，那么选取 b，计算 $\beta = b\alpha$，则可以得到私钥为 $k_2 = b$，公钥为 $k_1 = (\alpha, \beta, p)$。

（2）加密算法

对于明文 m，随机选取正整数 $k \in Z_{p-1}$，则密文 c 为 $c = e_{k_1}(x, k) = (y_1, y_2)$。其中，$y_1 = k\alpha$，$y_2 = x + k\beta$。

（3）解密算法

对密文 $(y_1、y_2)$ 进行如下运算，可以获得明文 m：

$$m = d_{k_2}(y_1, y_2) = (y_2 - \alpha y_1)$$

例如，令 $y^2 = x^3 + x + 1$ 是 Z_{23} 上的一个方程，设 $\alpha = (6, 4)$，取私钥 $b = 3$，则 $\beta = b\alpha = (7, 12)$。

若明文 $m = (5, 4)$，如果随机选取 $k = 2$，那么 $y_1 = k\alpha = (13, 7)$，$y_2 = m + k\beta = (6, 4) + 2(7, 12) = (5, 19)$，最终得到密文为 $y = (y_1, y_2) = ((13, 7), (5, 19))$。

解密时，$m = y_2 - by_1 = (5, 19) - 3 \times (13, 7) = (5, 4)$。

2.5 哈希函数

哈希函数可以将任意长度的消息或者明文映射成一个固定长度的输出摘要。由于这类协议简单，对系统硬件资源的需求不高，因此适合在 RFID 等场合认证中使用。常用的 Hash 函数有 MD5、SHA-1 等。

2.5.1 哈希函数的概念

哈希（Hash）一般也翻译为散列、杂凑，是指把任意长度的输入（又叫作预映射 Pre-image）通过某种算法变换成固定长度的输出。其中，使用的算法称为哈希算法（或散列算法），输出称为哈希值或散列值。这种转换是一种压缩映射，也就是说，哈希值的空间通常远小于输入的空间，不同的输入可能会哈希成相同的输出，所以不可能从哈希值来确定唯一的输入值。

所有哈希函数都有如下基本特性：如果两个哈希值是不相同的（根据同一函数），那么这两个哈希值的原始输入也是不相同的。这个特性使哈希函数具有确定性的结果。另一方面，哈希函数的输入和输出不是一一对应的，如果两个哈希值相同，那么两个输入值很可能相同，但不能肯定二者一定相等（可能出现哈希碰撞）。输入一些数据计算出哈希值，然后部分改变输入值，一个具有强混淆特性的哈希函数会产生一个完全不同的哈希值。

典型的哈希函数都有无限定义域（比如任意长度的字节字符串）和有限的值域（比如固定长度的位串）。在某些情况下，哈希函数可以设计成具有相同大小的定义域和值域间的一一对应。一一对应的哈希函数也称为排列。可逆性可以通过使用一系列的对于输入值的可逆"混合"运算而得到。

哈希函数能使对一个数据序列的访问过程更加迅速有效。通过哈希函数，数据元素将被更快地定位。常用哈希函数有以下几种：

- **直接寻址法**。取关键字或关键字的某个线性函数值为哈希地址。即 $H(\text{key}) = \text{key}$ 或 $H(\text{key}) = a*\text{key} + b$，其中 a 和 b 为常数（这种哈希函数叫作自身函数）。
- **数字分析法**。分析一组数据，比如一组员工的出生年月日，发现出生年月日的前几位数字大致相同，这样的话，出现冲突的概率就会很大。但是，我们发现年月日的后几位（表示月份和具体日期的数字）差别很大，如果用后几位的数字来构成哈希地址，则发生冲突的概率会明显降低。因此数字分析法就是找出数字的规律，尽可能利用这些数据来构造冲突概率较低的哈希地址。
- **平方取中法**。取关键字平方后的中间几位作为哈希地址。
- **折叠法**。将关键字分割成位数相同的几部分，最后一部分位数可以不同，然后取这几部分的叠加和（去除进位）作为哈希地址。
- **随机数法**。选择一随机函数，取关键字作为随机函数的种子，生成随机值作为哈希地址，通常用于关键字长度不同的场合。
- **除留余数法**。取关键字被某个不大于哈希表表长 m 的数 p 除后所得的余数为哈希地址，即 $H(\text{key}) = \text{key MOD } p, p \leqslant m$。不仅可以对关键字直接取模，也可在折叠、平方取中等运算之后取模。对 p 的选择很重要，一般取素数或 m，若 p 选得不好，很容易产生碰撞。

由于哈希函数的应用的多样性，因此要为某一应用设计专门的哈希函数。一个好的加密哈希函数应该有"单向"操作的性质：对于给定的哈希值，不能通过某种方法计算出原始输入。也就是说，很难伪造。为加密哈希设计的函数，如 MD5，已被广泛地用作检验哈希函数。这样，下载软件的时候，要对照验证代码之后才能下载正确的文件部分。验证代码有可能因为环境因素的变化（如机器配置或者 IP 地址的改变）而有变动，以保证源文件的安全性。

哈希算法在信息安全方面的应用主要体现在以下 3 个方面。

（1）文件校验

我们比较熟悉的校验算法有奇偶校验和 CRC 校验，这两种校验并没有抗数据篡改的能力，它们能在一定程度上检测并纠正数据传输中的信道误码，但不能防止对数据的恶意破坏。

MD5 算法的"数字指纹"特性使它成为应用广泛的一种文件完整性校验和 (Checksum) 算法，不少 UNIX 系统有提供计算 MD5 Checksum 的命令。

（2）数字签名

哈希算法是现代密码体系中的一个重要组成部分。由于非对称算法的运算速度较慢，因此在数字签名协议中，单向哈希函数扮演着重要的角色。对于哈希值（又称"数字摘要"）进行数字签名，在统计上可以认为与对文件本身进行数字签名是等效的。

（3）鉴权协议

鉴权协议也称为挑战—认证模式。在传输信道可被侦听但不可被篡改的情况下，这是一种简单而安全的方法。

2.5.2　消息摘要

MD5（Message Digest Algorithm 5）全称是消息摘要 5。MD5 算法作为一种经典的单向哈希函数，在文件校验、数字签名、版权协议、身份认证以及数据加密中都有着广泛的应用。

1. 单向哈希函数

单向哈希函数，又称哈希函数或杂凑函数，是一种把任意长度的输入消息串变化成固定长度的输出串的函数这个输出串称为该消息的哈希值。也可以说单向哈希函数用于找到一种数据内容和数据存放地址之间的映射关系。由于输入值大于输出值，因此不同的输入一定有相同的输出，但是因为空间非常大，很难找出，所以可以把哈希函数值堪称伪随机数。

目前常见的单向哈希函数有：

- MD5（Message Digest Algorithm 5）。是 RSA 数据安全公司开发的一种单向哈希算法，MD5 被广泛使用，可以用来把不同长度的数据块进行暗码运算成一个 128 位（bit，比特，16 字节）的数值。
- SHA（Secure Hash Algorithm）。SHA 可以对任意长度的数据运算生成一个 160 位（bit，比特，20 字节）的数值。目前根据位的不同有 SHA-1（160 位），SHA-2（SHA-256 为 256 位，SHA-384 为 384 位，SHA-512 为 512 位）等不同的 SHA 算法。
- MAC（Message Authentication Code）。消息认证代码，是一种使用密钥的单向函数，可以用它们在系统上或用户之间认证文件或消息。HMAC（用于消息认证的密钥哈希法）就是这种函数的一个例子。
- CRC（Cyclic Redundancy Check）。循环冗余校验码，CRC 校验由于实现简单检错能力强，被广泛使用在各种数据校验应用中。占用系统资源少，用软硬件均能实现，是进行数据传输差错检测的一种很好的手段。

单向哈希函数有一个输入和一个输出，其中输入称为消息（M），输出称为哈希值（h），单向哈希函数主要用于封装或者数字签名的过程当中，它必须具有如下几个性质：

- 给定 h，根据 $H(M) = h$ 计算 M 在计算上是不可行的；
- 给定 M，要找到另一消息 M'，并满足 $H(M) = H(M')$ 在计算上是不可行的。

上述特性中的任何弱点都有可能破坏使用单向哈希函数进行封装或者签名的各种协议的安全性。Hash 函数的重要之处就是赋予 M 唯一的"指纹"。如果用户 A 用数字签名算法 $H(M)$ 进行签名，而 B 能产生满足 $H(M) = H(M')$ 的另一消息 M'，那么 B 就可以声称 A 对 M 进行了签名。

Hash 函数除了需要上述性质外还需要的性质有：

- 给定 M，很容易计算 h。
- 随机找到两个消息 M 和 M'，使 $H(M) = H(M')$ 在计算上不可行，即具有抗碰撞性。

2. MD5 算法特点与步骤

MD5 是在 20 世纪 90 年代初由麻省理工学院的计算机科学实验室和 RSA Data Security Inc 发明的，经历了 MD2、MD3 和 MD4 几个发展阶段。Rivest 在 1989 年开发出 MD2 算法。在这个算法中，首先对信息进行数据补位，使信息的字节长度为 16 的倍数。然后，将一个 16 位的检验和追加到信息末尾，并且根据这个新产生的信息计算出哈希值。后来，Rogier 和 Chauvaud 发现，如果忽略了检验，将和 MD2 产生冲突。用 MD2 算法加密后结果是唯一的（即不同信息加密后的结果不同）。

为了加强算法的安全性，Rivest 在 1990 年开发出 MD4 算法。该算法同样需要填补信息以确保信息的位长度减去 448 后能被 512 整除（信息的位长度 mod 512=448）。然后，添加一个以 64 位二进制表示的信息的最初长度。信息被处理成 512 位迭代结构的区块，而且每个区块要通过三个不同步骤进行处理。Den boer 和 Bosselaers 以及其他人很快发现了攻击 MD4 版本中第一步和第三步的漏洞。MD4 就此被淘汰。

1991 年，Rivest 开发出技术上更为成熟的 MD5 算法。它在 MD4 的基础上增加了"安全 – 带子"（Safety-Belt）的概念。虽然 MD5 比 MD4 复杂度高，但更为安全。这个算法由四个和 MD4 设计有少许不同的步骤组成。在 MD5 算法中，消息摘要的大小和填充的必要条件与 MD4 完全相同。

消息摘要泛指字符串（Message）的哈希变换，就是把一个任意长度的字符串变换成一定长的大整数。这种变换只与字节的值有关，与字符集或编码方式无关。MD5 能够将任意长度的"字符串"变换成一个 128 字节的大整数，并且它是一个不可逆的字符串变换算法，换句话说，即使看到源程序和算法描述，也无法将一个 MD5 的值变换回原始的字符串。从数学原理上说，这是因为原始的字符串有无穷多个，其功能类似不存在反函数的数学函数。

（1）MD5 算法的特点

MD5 具有如下特点：

- 压缩性。对于任意长度的数据，算出的 MD5 值的长度都是固定的。

- 容易计算。很容易从原数据计算出 MD5 值。
- 抗修改性。对原数据进行任何改动，哪怕只修改 1 个字节，得到的 MD5 值都有很大区别。
- 强抗碰撞。已知原数据和其 MD5 值，想找到一个具有相同 MD5 值的数据（即伪造数据）是非常困难的。

（2）MD5 算法的步骤

MD5 算法的原理如图 2-24 所示。MD5 算法可以简述为：MD5 以 512 位分组来处理输入的信息，且每一分组又被划分为 16 个 32 位子分组，经过了一系列处理后，算法的输出由四个 32 位分组组成，将这四个 32 位分组级联后将生成一个 128 位哈希值，最后的哈希值就是要输出的结果。

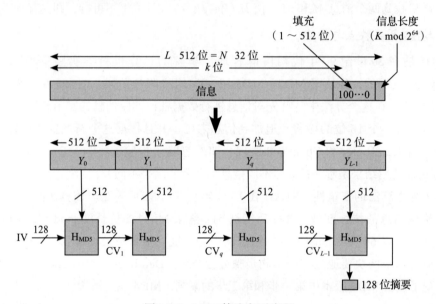

图 2-24　MD5 算法主要流程

MD5 算法可以分为五步，分别是添加填充位、填充长度、初始化缓冲区、循环处理数据和输出。

步骤 1：添加填充位

在 MD5 算法中，首先需要对信息进行填充，使其位长对 512 求余的结果等于 448。填充必须进行，即使其位长对 512 求余的结果等于 448。因此，信息的位长（Bits Length）将被扩展至 $N \times 512 + 448$，N 为一个非负整数，可以是零。填充由一个 1 和后续的 0 组成。

步骤 2：填充长度

以字符串为例，对一个字符串进行 MD5 加密，先从字符串的处理开始，首先将字符串每 512 位分割成一个分组，形如 $N \times 512 + R$，最后不足 512 位的 R 部分填充一个 1，再补 0，直到补足 512 位。

　　此外，末尾应预留出 64 位记录字符串的原长度。这里应注意，R 为 0 时也要补位，这时候补 512 位，最高位 1，形如 1000…00。如果 R 超出 448，除了要补满这个分组外，还要再补上一个 512 位的分组（因为超过 448 位则不能留出 64 位来存放字符串的原长）。此时，最低的 64 位用来存放之前字符串的长度 length（长度为字符个数 ×8 位）的值，如果 length 值的二进制位数大于 64 位，则只保留最低的 64 位。经过这两步的处理，信息的位长 = $N \times 512 + 448 + 64 = (N + 1) \times 512$，即长度恰好是 512 的整数倍。这样做是为了满足后面处理中对信息长度的要求。

步骤 3：初始化缓冲区

　　一个 128 位的 MD 缓冲区用来保存中间和最终哈希函数的结果。它可以表示为 4 个 32 位的寄存器（A，B，C，D）。寄存器初始化为以下的十六进制值：

$$A = 67452301，B = EFCDAB89$$
$$C = 98BADCFE，D = 10325476$$

　　寄存器中的内容采用小数在前的格式存储，即将字的低字节放在低地址字节上，如下所示：

$$A: 01\ 23\ 45\ 67\ \ B: 89\ AB\ CD\ EF$$
$$C: FE\ DC\ BA\ 98\ \ D: 76\ 54\ 32\ 10$$

步骤 4：循环处理数据

　　循环处理数据的流程如图 2-25 所示。这一步以 512 位的分组为单位处理消息。包括四轮处理。四轮处理具有相似的结构，但每次使用不同的基本逻辑函数，记为 F、G、H、I。

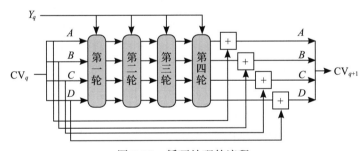

图 2-25　循环处理的流程

　　每一轮以当前的 512 位分组（即图中的 Y_q）和 128 位缓冲区 A、B、C、D 作为输入，并修改缓冲区的内容。每次使用 64 元素表 $T[1…64]$ 中的 1/4。该 T 表由 sin 函数构造而成。T 的第 i 个元素表示为 $T[i]$，其值等于 $2^{32} \times abs(\sin(i))$ 的整数部分，其中 i 是弧度。$abs(\sin(i))$ 是一个 0 ~ 1 之间的数，T 的每一个元素是一个可以表示成 32 位的整数。每轮的处理使用不同的基础逻辑函数，如下所示：

$$F(X, Y, Z) = (X \wedge Y) \vee (\neg X \wedge Z)$$
$$G(X, Y, Z) = (X \wedge Z) \vee (Y \wedge \neg Z)$$

$$H(X, Y, Z) = X \oplus Y \oplus Z$$
$$I(X, Y, Z) = Y \oplus (X \lor \lnot Z)$$

其中，$\land$ 表示按位与，$\lor$ 表示按位或，$\lnot$ 表示按位反，$\oplus$ 表示按位异或。

以第一轮操作为例，每一轮的操作过程如图 2-26 所示，第一轮进行 16 次操作。每次操作对 a、b、c 和 d 中的三个进行一次非线性函数运算，然后将所得结果加上第四个变量、文本的一个子分组 M_i 和一个常数 t_i。再将所得结果向左环移一个不定的数 S_i，并加上 a、b、c 或 d 中之一。最后用该结果取代 a、b、c 或 d 中之一。基础逻辑函数 F 是一个逐位运算的函数，H 是逐位奇偶操作符。

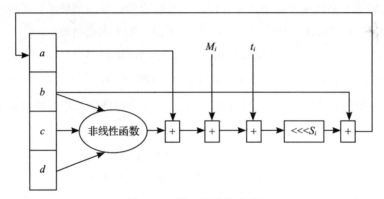

图 2-26　第一轮操作流程

首先，定义 FF$(a, b, c, d, M_i, s, t_i)$ 代表操作 $a = b + ((a + F(b, c, d) + M_i + t_i) <<s)$，同理可以定义剩下三轮的操作 GG、HH 和 II 如下：

GG$(a, b, c, d, M_i, s, t_i)$ 表示 $a = b + ((a + G(b, c, d) + M_i + t_i) <<<s)$

HH$(a, b, c, d, M_i, s, t_i)$ 表示 $a = b + ((a + H(b, c, d) + M_i + t_i) <<<s)$

II$(a, b, c, d, M_i, s, t_i)$ 表示 $a = b + ((a + I(b, c, d) + M_i + t_i) <<<s)$

然后，可以得到第一轮的所有操作为：

FF$(a, b, c, d, M_0, 7, 0xd76aa478)$

FF$(d, a, b, c, M_1, 12, 0xe8c7b756)$

FF$(c, d, a, b, M_2, 17, 0x242070db)$

FF$(b, c, d, a, M_3, 22, 0xc1bdceee)$

FF$(a, b, c, d, M_4, 7, 0xf57c0faf)$

FF$(d, a, b, c, M_5, 12, 0x4787c62a)$

FF$(c, d, a, b, M_6, 17, 0xa8304613)$

FF$(b, c, d, a, M_7, 22, 0xfd469501)$

FF$(a, b, c, d, M_8, 7, 0x698098d8)$

FF$(d, a, b, c, M_9, 12, 0x8b44f7af)$

FF$(c, d, a, b, M_{10}, 17, 0xffff5bb1)$

FF(b, c, d, a, M_{11}, 22, 0x895cd7be)

FF(a, b, c, d, M_{12}, 7, 0x6b901122)

FF(d, a, b, c, M_{13}, 12, 0xfd987193)

FF(c, d, a, b, M_{14}, 17, 0xa679438e)

FF(b, c, d, a, M_{15}, 22, 0x49b40821)

同理，可以得到剩下三轮的操作过程，即在将 A、B、C、D 四个幻数按照循环内操作处理之后循环左移一位，从而让四个标准幻数有相同的变换次数，使得数据的影响尽可能平均分布，保证每一位数据的变化都可以引起尽量多的对应的哈希值的位的变化。

第二轮的所有操作为：

a = GG(a, b, c, d, M_1, 5, 0xf61e2562)

b = GG(d, a, b, c, M_6, 9, 0xc040b340)

c = GG(c, d, a, b, M_{11}, 14, 0x265e5a51)

d = GG(b, c, d, a, M_0, 20, 0xe9b6c7aa)

a = GG(a, b, c, d, M_5, 5, 0xd62f105d)

b = GG(d, a, b, c, M_{10}, 9, 0x02441453)

c = GG(c, d, a, b, M_{15}, 14, 0xd8a1e681)

d = GG(b, c, d, a, M_4, 20, 0xe7d3fbc8)

a = GG(a, b, c, d, M_9, 5, 0x21e1cde6)

b = GG(d, a, b, c, M_{14}, 9, 0xc33707d6)

c = GG(c, d, a, b, M_3, 14, 0xf4d50d87)

d = GG(b, c, d, a, M_8, 20, 0x455a14ed)

a = GG(a, b, c, d, M_{13}, 5, 0xa9e3e905)

b = GG(d, a, b, c, M_2, 9, 0xfcefa3f8)

c = GG(c, d, a, b, M_7, 14, 0x676f02d9)

d = GG(b, c, d, a, M_{12}, 20, 0x8d2a4c8a)

第三轮的所有操作为：

a = HH(a, b, c, d, M_5, 4, 0xfffa3942)

b = HH(d, a, b, c, M_8, 11, 0x8771f681)

c = HH(c, d, a, b, M_{11}, 16, 0x6d9d6122)

d = HH(b, c, d, a, M_{14}, 23, 0xfde5380c)

a = HH(a, b, c, d, M_1, 4, 0xa4beea44)

b = HH(d, a, b, c, M_4, 11, 0x4bdecfa9)

c = HH(c, d, a, b, M_7, 16, 0xf6bb4b60)

d = HH(b, c, d, a, M_{10}, 23, 0xbebfbc70)

a = HH(a, b, c, d, M_{13}, 4, 0x289b7ec6)

b = HH(d, a, b, c, M_0, 11, 0xeaa127fa)

$c = \mathrm{HH}(c, d, a, b, M_3, 16, 0\mathrm{xd4ef3085})$

$d = \mathrm{HH}(b, c, d, a, M_6, 23, 0\mathrm{x04881d05})$

$a = \mathrm{HH}(a, b, c, d, M_9, 4, 0\mathrm{xd9d4d039})$

$b = \mathrm{HH}(d, a, b, c, M_{12}, 11, 0\mathrm{xe6db99e5})$

$c = \mathrm{HH}(c, d, a, b, M_{15}, 16, 0\mathrm{x1fa27cf8})$

$d = \mathrm{HH}(b, c, d, a, M_2, 23, 0\mathrm{xc4ac5665})$

第四轮的所有操作为：

$a = \mathrm{II}(a, b, c, d, M_0, 6, 0\mathrm{xf4292244})$

$b = \mathrm{II}(d, a, b, c, M_7, 10, 0\mathrm{x432aff97})$

$c = \mathrm{II}(c, d, a, b, M_{14}, 15, 0\mathrm{xab9423a7})$

$d = \mathrm{II}(b, c, d, a, M_5, 21, 0\mathrm{xfc93a039})$

$a = \mathrm{II}(a, b, c, d, M_{12}, 6, 0\mathrm{x655b59c3})$

$b = \mathrm{II}(d, a, b, c, M_3, 10, 0\mathrm{x8f0ccc92})$

$c = \mathrm{II}(c, d, a, b, M_{10}, 15, 0\mathrm{xffeff47d})$

$d = \mathrm{II}(b, c, d, a, M_1, 21, 0\mathrm{x85845dd1})$

$a = \mathrm{II}(a, b, c, d, M_8, 6, 0\mathrm{x6fa87e4f})$

$b = \mathrm{II}(d, a, b, c, M_{15}, 10, 0\mathrm{xfe2ce6e0})$

$c = \mathrm{II}(c, d, a, b, M_6, 15, 0\mathrm{xa3014314})$

$d = \mathrm{II}(b, c, d, a, M_{13}, 21, 0\mathrm{x4e0811a1})$

$a = \mathrm{II}(a, b, c, d, M_4, 6, 0\mathrm{xf7537e82})$

$b = \mathrm{II}(d, a, b, c, M_{11}, 10, 0\mathrm{xbd3af235})$

$c = \mathrm{II}(c, d, a, b, M_2, 15, 0\mathrm{x2ad7d2bb})$

$d = \mathrm{II}(b, c, d, a, M_9, 21, 0\mathrm{xeb86d391})$

步骤 5：输出

处理完所有 512 位分组后，将 A、B、C、D 级联输出，输出时应考虑当前机器环境是大端序（Big-Endian，也称大字节序、高字节序，即低位字节放在内存的高地址端，高位字节放在内存的低地址端）还是小端序（Little-Endian，也称小字节序、低字节序，即低位字节放在内存的低地址端，高位字节放在内存的高地址端），并注意字节序的转换。最后输出的结果就是 128 位消息摘要。

2.5.3　数字签名

1999 年，美国通过立法规定数字签名（Digital Signature）与手写签名在美国具有同等的法律效力。数字签名是由公钥密码发展而来，通过某种密码运算生成一系列符号及代码，由此组成电子密码进行签名，以代替书写签名或印章。

数字签名的目的是验证电子文件的原文在传输过程中有无变动，确保所传输电子文件的完整性、真实性和不可抵赖性。数字签名是目前电子商务、电子政务中普遍应用、技术成熟、可操作性强的一种电子签名方法。它采用了规范化的程序和科学化的方法，用于鉴定签名人的身份以及对一项电子数据内容的认可。

在 ISO 7498-2 标准中，数字签名被定义为：附加在数据单元上的一些数据，或是对数据单元所做的密码变换，这种数据和变换允许数据单元的接收者用于确认数据单元来源和数据单元的完整性，并保护数据，防止被人（例如接收者）进行伪造。

美国电子签名标准（DSS）对数字签名的解释如下：利用一套规则和一个参数对数据计算获得结果，用此结果能够确认签名者的身份和数据的完整性。

1. 数字签名的作用

数字签名机制作为保障网络信息安全的重要手段之一，可以解决伪造、抵赖、冒充和篡改问题。数字签名的目的之一就是在网络环境中代替传统的手工签字与印章，其作用可归纳为以下几项。

1）防冒充或伪造。只有签名者自己知道私钥，其他人不可能构造出正确的私钥。

2）可鉴别身份。由于传统的手工签名一般在双方见面的情况下完成的，双方对身份一清二楚。但在网络环境中，接收方必须能够鉴别发送方所宣称的身份。

3）防篡改。在传统的手工签名场景下，如果要签署一份 50 页的合同文本，仅在合同末尾签名，那么某一方就可能偷换其中的几页，另一方可能完全不知情。而对于数字签名，签名与原有文件已经形成了一个混合的整体数据，不可能被篡改，从而保证了数据的完整性。

4）防重放。在数字签名中，通过给签名报文添加流水号、时间戳，可以防止重放攻击。例如，A 向 B 借钱并写了一张借条给 B，当 A 还钱的时候，肯定要向 B 索回借条并销毁，不然，恐怕 B 会再次用借条要求 A 还钱。数字签名可避免这种情况发生。

5）防抵赖。由于数字签名可以鉴别身份，不可冒充伪造，所以只要保管好签名的报文，就相当于保存了手工签署的合同文本，签名者就无法抵赖。但如果接收者在收到对方的签名报文后却声称没有收到的话，这时候就要预防接收者抵赖的情况发生。在数字签名体制中，需要接收者返回一个自己的签名，表示收到了报文，或者可以引入第三方机制进行存证，使得双方均不可抵赖。

6）机密性。有了机密性保证，中间人攻击就失效了。手工签字的文件（比如文本）是不具备保密性的，文件一旦丢失，其中的信息就可能被泄露。数字签名可以加密要签名的消息，当然，如果签名的报文不要求机密性，也可以不用加密。

2. 数字签名的过程

数字签名的实现原理很简单。假设 A 要发送一个电子文件给 B，A、B 双方只需经过下面三个步骤即可完成数字签名：

1）A 用其私钥加密文件，这也是签名过程。

2）A 将加密的文件送到 B。

3）B 用 A 的公钥解密 A 送来的文件。

数字签名技术是保证信息传输的保密性、数据交换的完整性、发送信息的不可否认性、交易者身份的确定性的一种有效的解决方案，是保障计算机信息安全性的重要技术之一。

在实际应用中，可以利用哈希函数和公钥算法生成一个加密的消息摘要（即数字签名）附在消息后面，从而确认信息的来源和数据信息的完整性，并保护数据，防止接收者或者他人进行伪造。当通信双方发生争议时，仲裁机构就能够根据信息上的数字签名进行正确的裁定，从而实现防抵赖性的安全服务。其过程如图 2-27 所示。

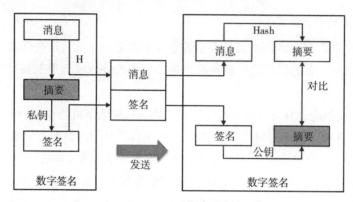

图 2-27　数字签名过程

数字签名的过程描述如下：

1）信息发送者采用哈希函数对消息生成数字摘要。

2）将生成的数字摘要用发送者的私钥进行加密，生成数字签名。

3）将数字签名与原消息结合在一起发送给信息接收者。

4）信息的接收者收到信息后，将消息与数字签名分离开。

5）用发送者的公钥解密签名得到的数字摘要，同时对原消息用相同的哈希算法生成新的数字摘要。

6）比较两个数字摘要，如果相等则证明消息没有被篡改。

数字签名可以解决否认、伪造、篡改和冒充等问题。单向哈希函数不可逆的特性保证了消息的完整性，如果信息在传输过程中遭到篡改或破坏，接收方根据接收到的报文还原出来的消息摘要不同于用公钥解密得出的摘要。由于公钥与私钥通常与某个人是相对应的，因此可以根据密钥来查出对方的身份，提供认证服务，同时也保证了发送者的不可抵赖性。因为保证了消息的完整性和不可否认性，所以凡是需要对用户的身份进行判断的情况，都可以使用数字签名来解决。

本章小结

本章对物联网安全体系和物联网的信息安全基础知识进行了详细描述。首先从物联网感知、传输、处理和应用四个角度介绍了物联网的安全体系，然后介绍了物联网数据安全相关的知识，包括密码学的基本概念、置换和替换算法、DES 加解密算法和 RSA 加密算法等；最后介绍了哈希函数的定义和消息摘要的原理。

本章习题

2.1　什么是物联网信息安全三原则？

2.2　简述密码学发展三个阶段的主要特征。

2.3　密码编码学和密码分析学的主要功能是什么？

2.4　简述密码模型的结构，说明流密码和分组密码的区别。

2.5　什么是密码算法、加密算法、解密算法？

2.6　简述对称密钥和非对称密钥的特点。

2.7　设 26 个英文字母 a, b, c, …, z 的编码依次为 0, 1, …, 25。已知单表仿射变换为 $c = (7m + 5) \bmod 26$，其中 m 是明文的编码，c 是密文的编码。试对明文 "computer" 进行加密，得到相应的密文。

2.8　分组密码的基本特征是什么？简述其加解密过程。

2.9　给定 DES 的初始密钥为 k = (FEDCBA9876543210)（十六进制），试求出子密钥 $k1$ 和 $k2$。

2.10　研究和分析流密码体制设计的关键要素是什么？

2.11　已知流密码的密文串 1010110110 和相应的明文串 0100010001，并且知道密钥流是由一个 3 级线性反馈移位寄存器产生的，试找出该密码系统使用的密码。

2.12　在公钥密码体制中，每个用户端都有自己的公钥 PK 和私钥 SK。若任意两个用户端 A、B 按以下方式进行通信：A 发送给 B 的信息为 (EPKB(m), A)，B 返回给 A 的信息为 (EPKA(m), B)，以使 A 确信 B 收到了报文 m。攻击者 V 能用什么方法获得 m？

2.13　简述哈希函数的特点。

2.14　说明 MD5 的工作原理。

2.16　举例说明 MD5 的在文件存储中的应用方式。

2.17　设哈希函数输出空间大小为 2160，找到该哈希函数的一个碰撞概率大于 1/2 所需要的计算量是多少？

2.18　分析和研究 MD5 算法的缺陷，讨论 MD5 的主要应用。

第 3 章   物联网感知安全

物联网通过传感器、RFID、条形码和视觉检测等技术获取物理世界的各种信息。这些信息包含丰富的内容，如果被恶意用户获取，将带来巨大的安全隐患。感知层作为物联网的重要信息来源，其安全程度决定了整个物联网的安全水平。本章讲述物联网感知中的安全问题，包括 RFID 安全与隐私保护、无线传感器网络的安全机制、二维码的安全与隐私保护等内容。

3.1   物联网感知层安全概述

感知层安全是物联网中最具特色的部分。物联网中感知节点数量庞大，相较于传统通信网络，感知节点大多部署在无人监控的环境中，呈现出多源异构性。而且，各个节点所具有的能量及智能化程度有限，难以实现完备的安全保护。可见，物联网感知层安全技术的最大特点是"轻量"，不管是密码算法还是各种协议，都要求不能复杂。轻量级安全技术带来的结果是感知层的安全等级比网络层和应用层要弱，所以在应用时，需要在网络层和感知层之间部署安全汇聚设备。通过安全汇聚设备增强信息的安全性之后，再与网络层交换，从而防止安全上出现短板。

3.1.1   物联网感知层的安全威胁

物联网感知层的任务是感知外界信息，完成物理世界的信息采集、捕获和识别。感知层的主要设备包括：RFID 系统、各类传感器（如温度、湿度、红外、超声、速度等）、图像捕捉装置（摄像头）、全球定位系统、激光扫描仪等。这些设备收集的信息通常具有明确的应用目的，例如，公路摄像头捕捉的图像信息主要用于交通监控；使用手机摄像头可以和朋友通过视频电话聊天或在网络上面对面交流；使用导航仪可以轻松了解当前位置及到达目的地的路线；使用 RFID 技术的汽车无钥匙系统可以自由地开关车

门等。但是，各种感知系统在给人们生活带来便利的同时，也存在安全和隐私问题。例如，通过摄像头进行视频对话或监控虽然给人们生活提供了方便，但也可能被具有恶意企图的人用于监控个人的生活，导致个人的隐私泄露。近年来，黑客利用或控制网络摄像头泄露用户隐私的事件时有发生。

根据物联网感知层的功能和应用特征，物联网感知层面临的安全威胁有以下几类。

1. 物理捕获

感知设备大多安装在户外，并且位置分散，容易遭到物理攻击导致被篡改和仿冒等安全问题。RFID 标签、二维码等的嵌入使接入物联网的用户很容易被扫描、追踪和定位，造成用户隐私信息的泄露。RFID 是一种非接触式自动识别技术，它通过无线射频信号自动识别目标对象并获取相关数据，无须人工干预。由于 RFID 设计和应用的目标是降低成本和提高效率，因此大多采用"系统开放"的设计思想，安全措施不强，恶意用户可能会通过合法的读写器读取 RFID 标签，导致 RFID 数据获取和数据传输面临严重的安全威胁。另外，RFID 标签的可重写性使标签中数据的安全性、有效性和完整性无法得到保证。

2. 拒绝服务

物联网节点遭到攻击后会拒绝提供相应的数据传输服务，导致网络性能大幅下降。因为感知层要接入外部网络（如互联网），难免会受到来自外部网络的攻击。目前，最主要的攻击包括非法访问和拒绝服务攻击（DoS）。由于感知节点资源受限，计算和通信能力都比较弱，所以对抗 DoS 的能力比较弱。

3. 病毒木马

考虑到采用安全防护措施的成本和便利性等因素，某些感知节点很可能不会采取安全防护措施或者采取很简单的安全防护措施，导致假冒和非授权服务访问等问题。例如，物联网感知节点的操作系统或者应用软件过期后，系统漏洞无法及时得到修复，就会给物体标识、识别、认证和控制带来问题。

4. 数据泄露

物联网通过大量的感知设备收集到的数据种类繁多、内容丰富，如果保护不当，将出现隐私泄露、数据冒用或劫持等问题。如果对感知节点所感知的信息不采取安全防护措施或者安全防护措施的强度不够，这些信息很可能被第三方非法获取，造成很大的危害。

3.1.2 物联网感知层的安全机制

针对物联网感知层面临的安全威胁，目前采用的物联网安全保护机制主要有以下几种。

1. 物理安全机制

常用的 RFID 标签价格低，但安全性差，我们可以是牺牲部分标签的功能来实现安全控制。物理安全机制是物联网感知层有别于物联网其他部分的安全机制，也是本章讨论的重点之一。

2. 认证授权机制

认证授权机制用于证实身份的合法性，以及交换的数据的有效性和真实性。主要包括内部节点间的认证授权管理和节点对用户的认证授权管理。在感知层，RFID 需要通过认证授权机制实现身份认证。

3. 访问控制机制

访问控制机制的作用体现在用户对于节点自身信息的访问控制和对节点所采集数据信息的访问控制，以防止未授权的用户对感知层进行访问。常见的访问控制机制包括强制访问控制（MAC）、自主访问控制（DAC）、基于角色的访问控制（RBAC）和基于属性的访问控制（ABAC）等。

4. 加密机制

加密是所有安全机制的基础，是实现感知信息隐私保护的重要手段之一。密钥管理需要实现密钥的生成、分配、更新和传播。RFID 身份认证机制需要加密机制来保证。

5. 安全路由机制

安全路由机制保证当网络受到攻击时，仍能正确地进行路由发现和构建。安全路由机制主要包括数据保密和鉴别机制、数据完整性和新鲜性校验机制、设备和身份鉴别机制以及路由消息广播鉴别机制等。

3.2 RFID 的安全分析

本节通过分析 RFID 的起源与发展和 RFID 的组成，探讨 RFID 面临的安全风险与主要问题。

3.2.1 RFID 的起源与发展

RFID 是一种非接触式全自动识别技术，可以通过射频信号自动识别目标对象并获取相关数据，无须人工干预，可以工作于各种恶劣环境。在 20 世纪 30 年代，美军就将该技术应用于飞机的敌我识别。在第二次世界大战期间，英国为了识别返航的飞机，在盟军的飞机上装备了一个无线电收发器，控制塔上的探询器向返航的飞机发射一个询问信号，飞机上的收发器接收到这个信号后，回传一个信号给探询器，探询器根据接收到的回传信号来识别是否为自己的飞机。这是有记录的第一个 RFID 识别系统，也是 RFID 的第一次实际应用。

1948 年，Harry Stockman 发表了题为"利用反射功率进行通信"一文，奠定了 RFID 系统的理论基础。在过去的半个多世纪里，RFID 技术的发展经历了以下几个阶段：20 世纪 50 年代是 RFID 技术和应用的探索阶段；20 世纪 60 到 80 年代，方向散射理论以及其他电子技术的发展为 RFID 技术的商业应用奠定了基础，同时出现了第一个 RFID 商业应用系统——商业电子防盗系统；20 世纪 90 年代末，为了保证 RFID 设备和系统之间相互兼容，不断对 RFID 技术进行标准化，全球电子产品码协会（EPC Global）应运而生，RFID 技术开始渐渐应用于社会的各个领域；21 世纪初，RFID 标准已经初步形成，有源电子标签、无源电子标签及半无源电子标签均得到发展。

RFID 技术的基本原理是利用电磁信号和空间耦合（电感或电磁耦合）的传输特性实现对象信息的无接触传递，进而实现对静止或移动物体的非接触自动识别。与传统的条形码技术相比，RFID 技术具有以下优点：

1）**快速扫描**。条形码一次只能扫描一个，而 RFID 读写器可同时读取数个 RFID 标签。

2）**体积小、形状多样**。RFID 在读取时不受尺寸与形状的限制，不需要为了读取精度而要求纸张的尺寸和印刷品质。此外，RFID 标签不断往小型化与形态多样化方向发展，能更好地用于不同产品。

3）**抗污染能力和耐久性好**。传统条形码的载体是纸张，因此容易被损毁，而 RFID 标签对水、油和化学药品等物质具有很强的耐腐蚀性。此外，由于条形码是贴附于塑料袋或外包装纸箱上，特别容易受到折损，而 RFID 是将数据存储在芯片中，因此可以免受损毁。

4）**可重复使用**。条形码印刷后就无法更改，RFID 标签则可以不断新增、修改、删除其中存储的数据，方便信息的更新。

5）**可穿透性阅读**。在被覆盖的情况下，RFID 能够穿透纸张、木材和塑料等非金属或非透明的材质，在通信时有很好的穿透性。而条形码扫描器必须在近距离、没有物体遮挡的情况下，才可以辨识条形码。

6）**数据容量大**。一维条形码的容量通常是 50 字节，二维条形码最多可存储 2 ～ 3000 字符，RFID 最大的容量则有数兆字节（MB）。随着存储介质的发展，数据容量也有不断扩大的趋势。未来物品所携带的数据量会越来越大，对 RFID 标签的容量的需求也相应增加。

7）**安全性**。由于 RFID 承载的是电子信息，其数据内容可由密码保护，因此内容不易被伪造及改变。

目前，RFID 技术已广泛应用于工业自动化、智能交通、物流管理和零售业等领域。尤其是近几年，借着物联网的发展契机，RFID 技术展现出新的技术价值。

3.2.2　RFID 的关键技术

RFID 技术利用感应、无线电波或微波实现非接触双向通信，以达到识别及数据交换的目的，其关键设备包括标签、读写器、天线和 RFID 中间件。

1. RFID 标签

RFID 标签由耦合元件及芯片组成，每个标签具有全球唯一的电子编码，通过附着在物体上标识目标对象。标签内编写的程序可根据应用需求进行实时读取和改写。通常，RFID 标签的芯片体积很小，厚度不超过 0.35mm，可以印制在塑料、纸张、玻璃等材质的外包装上，也可以直接嵌入商品内。标签与读写器之间通过电磁耦合进行通信。与其他通信系统一样，标签可以看作一个特殊的收发机。标签通过天线收集读写器发射到空间的电磁波，芯片对标签接收到的信号进行编码、调制等各种处理，实现对信息的读取和发送。

根据标签的供电方式、工作方式等的不同，RFID 的标签有 6 种分类方式。

1）按标签供电方式分类，可分为无源和有源。

2）按标签工作模式分类，可分为主动式、被动式和半主动式。

3）按标签读写方式进行分类，可分为只读式和读写式。

4）按标签工作频率分类，可分为低频、中高频、超高频和微波。

5）按标签封装材料分类，可分为纸质封装、塑料封装和玻璃封装。

6）按标签工作模式分类，可分为主动式、被动式和半主动式。

RFID 标签的工作频率属性决定着 RFID 系统的工作方式、识别距离等，典型的工作频率有 125kHz、134kHz、13.56MHz、27.12MHz、433MHz、900MHz、2.45GHz、5.8GHz 等。

低频标签的典型工作频率有 125kHz 和 134kHz，一般为无源标签，其工作方式主要是通过电感耦合方式与读写器进行通信，阅读距离一般小于 10cm。低频标签的典型应用有动物识别、容器识别、工具识别和电子防盗锁等。与低频标签相关的国际标准有：ISO 11784/11785；ISO 18000-2。低频标签的芯片一般采用 CMOS 工艺，具有省电、廉价的特点，工作频段不受无线电频率管制约束，可以穿透水、有机物和木材等介质，适合近距离、低速、数据量较少的应用场景。

中高频电子标签的典型工作频率是 13.56MHz，同低频标签一样，它也通过电感耦合方式进行通信。高频标签一般做成卡状，用于电子车票、电子身份证等。相关的国际标准有 ISO 14443、iSO 15693、ISO 18000-3 等，适用于较高的数据传输率。

超高频与微波频段的电子标签简称为微波电子标签，其工作频率包括 433.92MHz、862 ～ 928MHz、2.45GHz、5.8GHz。微波电子标签可分为有源与无源标签两类。当工作时，电子标签位于读写器天线辐射范围内，读写器为无源标签提供射频能量，或将有源标签唤醒。超高频电子标签的读写距离可以达到几百米，其典型特点主要集中在是否无源、是否支持多标签读写、是否适合高速识别等应用上。微波电子标签的数据存储量在 2kb 以内，多应用于移动车辆、电子身份证、仓储物流等领域。

2. RFID 读写器

RFID 读写器又称 RFID 阅读器，是利用射频技术读写电子标签信息的设备，通常由天线、射频接口和逻辑控制单元三部分组成。读写器是标签和后台系统的接口，其接收范围受多种因素影响，如电波频率、标签的尺寸和形状、读写器功率、金属干扰等。读写器利用天线在周围形成电磁场，发射特定的询问信号，当电子标签感应到这个信号后，就会给出应答信号，应答信号中含有电子标签携带的数据信息。读写器读取数据后对其进行处理，之后将数据返回给后台系统，进行相应操作处理。读写器主要包括以下功能。

1）与电子标签之间进行通信。

2）与后台程序之间进行通信。

3）对读写器与电子标签之间传送的数据进行编码、解码。

4）对读写器与电子标签之间传送的数据进行加密、解密。

5）能够在读写器作用范围内实现多标签的读取和识别，具有防碰撞功能。

由于 RFID 支持"非接触式自动快速识别"，因此标签识别成为相关应用的基本的功能，广泛应用于物流管理、安全防伪、食品行业和交通运输等领域。实现标签识别功能的典型 RFID 应用系统包括 RFID 标签、阅读器和交互系统三个部分。当物品进入阅读器天线辐射范围后，物品上的标签接收到阅读器发出的射频信号，发送存储在芯片中的数据。阅读器读取数据、解码并进行相应的数据处理，然后将数据发送到交互系统，交互系统根据逻辑运算判断标签的合法性，针对不同规定进行相应的处理和控制。

3.2.3　RFID 的安全问题

RFID 技术虽然获得了广泛应用，但是由于 RFID 标签本身的特点以及射频信道的开放性，导致 RFID 系统中存在一定的安全问题。2008 年 8 月，美国麻省理工学院的三名学生就破解了波士顿地铁卡，由于世界各地的公共交通系统都采用几乎同样的智能卡技术，因此使用这种破解方法可以实现"免费搭车游世界"。近年来更不时出现类似的破解事件。

针对 RFID 系统的攻击的主要目的是盗取标签数据和篡改 RFID 信息。当 RFID 用于个人身份标识时，攻击者可以从标签中读出唯一的电子编码，获得使用者的个人信息；当 RFID 用于物品标识时，攻击者可以通过阅读器确定哪些目标更值得关注。由于 RFID 标签与阅读器之间通过无线广播的方式进行数据传输，攻击者通过无线监听就能够得到传输的信息及具体的内容，进而使用这些信息进行身份欺骗或者偷窃。例如，由于用户携带不安全的 RFID 标签而导致个人或组织的敏感信息泄露；如果用户佩戴有 RFID 标签的服饰（如手表）或随身携带有 RFID 标签的药物，攻击者就可以用 RFID 阅读器获得标签中的信息，从中不仅可以获得用户个人财产的信息，还可以据此推断出用户的个人喜好与疾病等私密信息。

信息篡改是指攻击者将窃听到的信息进行修改后，在接收者不知情的情况下再将信息传给原本的接收者的攻击方式。信息篡改是一种未经授权而修改或擦除 RFID 标签上数据的方法。攻击者通过信息篡改可以让标签传达他们想要传达的信息。攻击者恶意破坏合法用户的通信内容，阻止合法用户建立通信链接，然后将修改后的信息传给被攻击者，企图欺骗接收者相信该信息是由合法用户发送的。

我们可以将对 RFID 系统的攻击分为针对标签和阅读器的攻击以及针对后端数据库的攻击。针对标签和阅读器的攻击包括窃听、中间人攻击、重放攻击、物理破解、拒绝服务攻击；针对后端数据库的攻击包括标签伪造或复制、RFID 病毒攻击。

1）窃听。标签和阅读器之间通过无线广播的方式进行数据传输，攻击者可能窃听到传输的内容。如果没有对这些内容采取相应的保密措施，攻击者就能够得到在标签和阅读器之间传输的信息并掌握其具体含义，进而可能利用这些信息进行身份欺骗或者其他破坏活动。

2）中间人攻击。价格低廉的超高频 RFID 标签一般通信距离较短，不容易实现直接窃听，攻击者可以通过中间人攻击窃取信息。被动的 RFID 标签收到来自阅读器的查询要求后会主动响应，发送证明自己身份的信息，因此攻击者可以伪装成合法的阅读器靠近标签，在标签携带者不知情的情况下读取信息，然后获取的信息直接或者经过处理后发送给合法的阅读器，达到各种攻击目的。在攻击过程中，标签和阅读器都以为攻击者是正常通信流程中的另一方。

3）重放攻击。攻击者可能将标签回复记录下来，然后在阅读器询问时播放回复以欺骗阅读器。例如，主动攻击者重放窃听到的用户的某次消费过程或身份验证记录，或将窃听到的有效信息经过一段时间以后再次传送给信息的接收者，骗取系统的信任，达到攻击的目的。这种攻击是复制两个当事人之间的一串信息流，并且重放给一个或多个当事人。

4）物理破解。由于 RFID 系统通常包含大量系统内的合法标签，因此攻击者可以很轻松地读取系统内标签。廉价标签通常没有防破解机制，攻击者很容易破解标签并掌握其中的安全机制和所有隐私信息。一般在物理破解之后，标签将被破坏，不能再继续使用，但这种攻击的技术门槛较高，不容易实现。

5）拒绝服务攻击（淹没攻击）。拒绝服务攻击是通过发送不完整的交互请求来消耗系统资源，当数据量超过其处理能力就会拒绝提供服务，扰乱识别过程。例如，当系统中多个标签发生通信冲突，或者一个专门用于消耗 RFID 标签读取设备资源的标签发送数据时，就会发生拒绝服务攻击。

6）标签伪造或克隆。虽然有的 RFID 卡片复制起来非常容易且价格低廉，但其中保存的大多是最简单的没有经过加密的数据，而对于护照、药品等使用的保存了敏感信息的 RFID 标签，伪造起来非常困难，即使这样，在某些场合下这种 RFID 标签仍然会被复制或克隆。

7）RFID 病毒攻击。RFID 标签本身不能检测所存储的数据是否有病毒，因此攻击者可以事先把病毒代码写入标签中，然后让合法的阅读器读取其中的数据，从而将病毒植入系统中。当病毒或者恶意程序入侵到数据库后，就会迅速传播并破坏整个系统。

8）屏蔽攻击。屏蔽是指用机械的方法来阻止 RFID 标签阅读器读取标签。例如，使用法拉第网罩或护罩阻挡某一频率的无线电信号，使阅读器不能正常读取标签。攻击者还有可能通过电子干扰手段来破坏 RFID 标签读取设备对 RFID 标签的正确访问。

9）略读。略读是在标签所有者不知情或没有得到标签所有者同意的情况下读取存储在 RFID 标签上的数据。攻击者可以通过一个特别设计的阅读器与 RFID 标签进行交互，从而得到标签中存储的数据。这种攻击之所以会发生，是因为大多数标签在不需要认证的情况下就能够广播存储的数据内容。

总之，攻击者实施攻击的目的不外乎三个：盗取 RFID 标签数据、扰乱 RFID 读写或篡改 RFID 信息。

3.2.4 RFID 的隐私问题

根据 RFID 的隐私信息来源，可以将 RFID 的隐私安全威胁分为如下三类：

- **身份隐私威胁**。攻击者能够推导出参与通信的节点的身份。
- **位置隐私威胁**。攻击者能够知道一个通信实体的物理位置或粗略地估计出到该实体的相对距离，进而推断出该通信实体的隐私信息。
- **内容隐私威胁**。由于消息和位置已知，攻击者能够确定通信所交换的信息的意义。

为了保护 RFID 系统的安全，需要建立相应的安全机制，以实现如下的安全目标：

- **真实性**。RFID 标签和 RFID 读写器能够认证数据发送者的真实身份，识别恶意节点。
- **数据完整性**。RFID 读写器能确保接收到的数据是没有被篡改或者伪造的，能够检验数据的有效性。
- **不可抵赖性**。RFID 标签或 RFID 读写器能够确保节点无法否认它所发出的消息。
- **新鲜性**。RFID 标签或 RFID 读写器能够确保接收到的数据的实时性。

3.3 RFID 的安全机制

显然，RFID 隐私保护与成本之间是相互制约的，在低成本的被动标签上提供确保隐私的增强技术面临诸多挑战。现有的 RFID 隐私增强技术可以分为两类：一类是通过物理方法阻止标签与阅读器之间通信的隐私增强技术，即物理安全机制；另一类是通过逻辑方法增加标签安全机制的隐私增强技术，即逻辑安全机制。

通过分析 RFID 隐私安全威胁可知，RFID 隐私威胁的根源是 RFID 标签的唯一性和标签数据的易获得性。因此，为了保证 RFID 标签的隐私安全，需要从如下几个方面入手。

1）**保证 RFID 标签 ID 匿名性**。标签匿名性（Anonymity）是指标签响应的消息不会暴露出标签身份的任何可用信息。加密是保护标签响应信息的方法之一，尽管标签的数据经过了加密，但如果加密的数据在每轮协议中都固定，攻击者仍然能够通过唯一的标签标识分析出标签的身份，这是因为攻击者可以通过固定的加密数据来确定每一个标签。因此，使标签信息隐蔽是确保标签 ID 匿名性的重要方法。

2）保证 RFID 标签 ID 随机性。正如前面的分析，即便对标签 ID 信息加密，但因为标签 ID 是固定的，未授权扫描也可能侵害标签持有者的定位隐私。如果标签的 ID 为变量，标签每次输出都不同，攻击者不可能通过固定输出获得同一标签信息，从而在一定范围内解决 ID 追踪问题和信息推断的隐私威胁问题。

3）保证 RFID 标签前向安全性。所谓 RFID 标签的前向安全，是指攻击者即使获得了标签存储的加密信息，也不能回溯当前信息而获得标签历史数据。也就是说，攻击者不能通过结合当前数据和历史数据对标签进行分析以获得用户隐私信息。

4）增强 RFID 标签的访问控制性。RFID 标签的访问控制是指根据需要确定读取 RFID 标签数据的权限。通过访问控制，可以避免未授权 RFID 读写器对标签扫描，并保证只有经过授权的 RFID 读写器才能获得 RFID 标签相关隐私数据。访问控制对于实现 RFID 标签隐私保护具有重要的作用。

为了实现上述目标，保证 RFID 的隐私安全，防止隐私泄露，可以采用 RFID 的物理安全机制、逻辑安全机制和综合安全机制等隐私保护方法。

3.3.1　RFID 的物理安全机制

通过无线技术进行 RFID 隐私保护是一种物理性手段，可以防止 RFID 读写器非法获取标签数据。RFID 的物理安全机制包括电磁屏蔽方法、无线干扰方法、天线可分离的方法等。

1. 基于电磁屏蔽的方法

利用电磁屏蔽原理，把 RFID 标签置于由金属薄片制成的容器中，可能屏蔽无线电信号，从而使阅读器无法读取标签信息，标签也无法向阅读器发送信息。在电磁屏蔽中，最常使用的就是法拉第网罩。法拉第网罩可以有效屏蔽电磁波，无论是外部信号还是内部信号，都无法穿越法拉第网罩。对被动标签来说，在没有接收到查询信号的情况下就没有能量和动机来发送响应信息；对于主动标签来说，它的信号也无法穿过法拉第网罩，因此攻击者所携带的阅读器无法接收到其发送的信号。因此，把标签放入法拉第网罩内可以阻止攻击者通过扫描 RFID 标签来获取用户的隐私数据。这种方法的缺点是在使用标签时需要把标签从相应的法拉第网罩中取出，失去了使用 RFID 标签的便利性。另外，如果要提供广泛的物联网服务，不能总是让标签处于屏蔽状态，而应该有更多的时间使标签能够与阅读器自由通信。

2. 基于无线电的主动干扰方法

能主动发出无线电干扰信号的设备可以使附近 RFID 系统的阅读器无法正常工作，从而达到保护隐私的目的。这种方法的缺点在于其可能会产生不必要的干扰，使得在其附近的其他 RFID 系统（甚至其他无线系统）不能正常工作。

3. 天线可分离的 RFID 标签方法

利用 RFID 标签物理结构上的特点，IBM 推出了可分离的 RFID 标签。其基本设计理念是使无源标签上的天线和芯片可以方便地拆分。这种可分离的设计可以使消费者改变电子标签的天线长度，从而大大缩减标签的读取距离。如果用手持的阅读设备，必须要紧标签才能读取到信息。这样，没有顾客本人的许可，距离较远的阅读器设备不可能获取信息。缩短天线后，标签本身还是可以运行的，这样就方便了货物的售后服务和退货时的产品识别。但是，可分离标签的制作成本比较高，标签制造的可行性也有待进一步研究。

以上安全机制是通过牺牲 RFID 标签的部分功能为代价来换得隐私保护的能力。这些方法可以在一定程度上起到保护低成本的 RFID 标签的目的，但是由于验证、成本和法律等的约束，物理安全机制还是存在各种缺点。

3.3.2　RFID 的逻辑安全机制

RFID 的逻辑安全机制主要包括改变 RFID 标签 ID 唯一性的方法、信息隐藏方法和同步方法。

1. 改变标签 ID 唯一性方法

改变 RFID 标签输出信息的唯一性是指 RFID 标签在每次响应 RFID 读写器的请求时，返回不同的 RFID 序列号。无论是跟踪攻击还是穷举攻击，很大程度上是由于 RFID 标签每次返回的序列号相同而导致的。因此，解决 RFID 隐私保护问题的另外一个方法是改变序列号的唯一性。改变 RFID 标签数据需要技术手段的支持，根据所采用技术的不同，主要包括基于标签重命名的方法和基于密码学的方法。

1）基于标签重命名的方法。这种方法会改变 RFID 标签响应读写器请求的方式，每次返回一个不同的序列号。例如，在购买商品后，可以去掉商品标签的序列号但保留其他信息（例如产品类别码），也可以为标签重新写入一个序列号。由于序列号发生了改变，攻击者就无法通过简单的攻击来破坏隐私性。但是，与销毁等隐私保护方法相似，序列号改变后带来的售后服务等问题需要借助其他技术手段来解决。

例如，下面的方案可以让顾客暂时更改标签 ID。当标签处于公共状态时，存储在芯片 ROM 里的 ID 可以被阅读器读取；当顾客想要隐藏 ID 信息时，可以在芯片的 RAM 中输入一个临时 ID；当 RAM 中存储临时 ID 时，标签会利用这个临时 ID 回复阅读器的询问；只有把 RAM 重置，标签才显示其真实 ID。这个方法会给顾客使用 RFID 带来额外的负担，同时临时 ID 的更改也存在安全问题。

2）基于密码学的方法。这是指通过应用加解密等方法，确保 RFID 标签序列号不会被非法读取。例如，采用对称加密算法和非对称加密算法对 RFID 标签数据以及 RFID 标签和阅读器之间的通信进行加密，使得一般攻击者无法知道密钥而难以获得数据。同样，在 RFID 标签和读写器之间进行认证也可以避免非法读写器获得 RFID 标签数据。

例如，典型的密码学方法是利用哈希函数给 RFID 标签加锁。该方法使用 metaID 来代替标签的真实 ID，当标签处于封锁状态时，它将拒绝显示电子编码信息，只返回使用哈希函数产生的哈希值。只有发送正确的密钥或电子编码信息，标签才会利用哈希函数确认后进行解锁。哈希锁（Hash Lock）是一种抵制标签未授权访问的隐私增强型协议，由麻省理工学院和 Auto-ID Center 在 2003 年共同提出。整个协议采用单向密码学哈希函数实现简单的访问控制，因此，可以保证较低的标签成本。使用哈希锁机制的标签有锁定和非锁定两种状态。在锁定状态下，标签使用 metaID 响应所有的查询；在非锁定状态下，标签向阅读器提供自己的标识信息。

由于这种方法较为简单和经济，因此受到了普遍关注。但是，由该协议过程可知，协议采用静态 ID 机制，metaID 保持不变，且 ID 以明文形式在不安全的信道中传输，非常容易被攻击者窃取。攻击者可以计算或者记录（metaID，key，ID）的组合，并在与合法的标签或者阅读器的交互中假冒阅读器或者标签，实施欺骗。Hash-Lock 协议并不安全，因此研究者提出了各种改进的算法，如随机哈希锁（Randomized Hash Lock）、哈希链（Hash Chain）协议等，相关协议的工作原理将在 3.4 节重点阐述。

另外，为防止 RFID 标签和阅读器之间的通信被非法监听，可以通过公钥密码体制实现重加密（Re-Encryption），即对已加密的信息进行周期性再加密。这样，由于标签和阅读器间传递的加密 ID 信息变化很快，标签电子编码信息很难被窃取，非法跟踪难以实现。由于 RFID 资源有限，因此使用公钥加密 RFID 的机制比较少见。

近年来，随着技术的发展，出现了一些新的 RFID 隐私保护方法，包括基于物理不可克隆函数（Physical Unclonable Function，PFU）的方法、基于掩码的方法、带方向的标签、基于策略的方法、基于中间件的方法等。

从安全的角度来看，基于密码学的方法可以从根本上解决 RFID 隐私问题，但是由于成本和体积的限制，在普通 RFID 标签上难以实现典型的加密方法（如数据加密标准算法）。因此，基于密码学的方法虽然具有较强的安全性，但给成本等带来了巨大的挑战。

2. RFID 信息隐藏方法

隐藏 RFID 标签是指通过某种保护手段，避免读写器获得 RFID 标签数据，或者阻止读写器获取标签数据。隐藏 RFID 标签的方法包括基于代理的方法、基于距离测量的方法、基于阻塞的方法等。

1）基于代理的 RFID 标签隐藏技术。在基于代理的 RFID 标签隐藏技术中，被保护的 RFID 标签与读写器之间的数据交互不是直接进行的，而是借助于第三方代理设备（如 RFID 读写器）进行的。因此，当非法读写器试图获得标签的数据时，实际响应是由这个第三方代理设备发送的。由于代理设备的功能比一般的标签强大，因此可以实现加密、认证等很多在标签上无法实现的功能，从而增强隐私保护。基于代理的方法可以很好地保护 RFID 标签的隐私，但是需要额外的设备，因此成本高，实现起来较为复杂。

2）基于距离测量的 RFID 标签隐藏技术。基于距离测量的 RFID 标签隐藏技术是指

RFID 标签测量自己与读写器之间的距离，依据距离的不同而返回不同的标签数据。一般来说，为了隐藏自己的攻击意图，攻击者与被攻击者之间需要保持一定的距离，而合法用户（如用户自己）可以近距离获得 RFID 标签数据，因此，如果标签可以知道自己与读写器之间的距离，就可以认为距离较远的读写器具有攻击意图的可能性较大，因此对其返回一些无关紧要的数据，而当接收到近距离的读写器的请求时，则返回正常数据。通过这种方法，可以达到隐藏 RFID 标签的目的。基于距离测量的标签隐藏技术对 RFID 标签有很高的要求，而且实现距离的精确测量也非常困难。此外，如何选择合适的距离作为评判合法读写器和非法读写器的标准，也是一个非常复杂的问题。

3）基于阻塞的 RFID 标签隐藏技术。基于阻塞的 RFID 标签隐藏技术是指通过某种技术来妨碍 RFID 读写器对标签数据的访问。阻塞可以通过软件实现，也可以通过一个 RFID 设备来实现。此外，通过发送主动干扰信号，也可以阻碍读写器获得 RFID 标签数据。与基于代理的标签隐藏方法相似，基于阻塞的标签隐藏方法成本高、实现复杂，而且如何识别合法读写器和非法读写器也是一个难题。

3. RFID 同步方法

阅读器可以将标签所有可能的回复（表示为一系列的状态）预先计算出来，并存储到后台的数据库中。在收到标签的回复时，阅读器可以直接从后台数据库中进行查找和匹配，达到快速认证标签的目的。在使用这种方法时，阅读器需要知道标签的所有可能的状态，即和标签保持状态的同步，保证可以根据标签其状态预先计算和存储标签的回复。同步方法的缺点是攻击者可以多次攻击一个标签，使得标签和阅读器失去彼此的同步状态，从而破坏同步方法的基本条件。具体来说，攻击者可以"杀死"某个标签或者让这个标签的行为与没有受到攻击的标签不同，从而识别这个标签并实施跟踪。同步方法的另一个问题是标签的回复可以预先计算并存储以备后续匹配，这和回放的方法是相同的。攻击者可以记录标签的一些回复数据并回放给第三方，以达到欺骗第三方阅读器的目的。

3.3.3　RFID 的综合安全机制

RFID 的物理安全与逻辑安全相结合的机制主要包括改变 RFID 标签关联性方法。所谓改变 RFID 标签与具体目标的关联性，就是取消 RFID 标签与其所依附物品之间的联系。例如，购买粘贴有 RFID 标签的钱包后，该 RFID 标签与钱包之间就建立了联系，要改变它们之间的关联，需要采用技术或非技术手段，取消它们之间已经建立的关联（如将 RFID 标签丢弃）。改变 RFID 标签与具体目标的关联性的基本方法包括丢弃、销毁和睡眠。

1）丢弃（Discarding）。丢弃是指将 RFID 标签从物品上取下来后遗弃。例如，购买带有 RFID 标签的物品后，将附带的 RFID 标签丢弃。丢弃不涉及技术手段，因此简单、易行，但是丢弃的方法存在很多问题。首先，采用 RFID 技术不仅为了销售，还涉及售后、维修等环节，丢弃 RFID 标签后，在退货、换货、维修、售后服务等方面可能面临很多问题；其次，丢弃后的 RFID 标签会面临垃圾收集的威胁，无法解决隐私问题；最后，如果处理不当，丢弃 RFID 标签也会带来环保等问题。

2）销毁（Killing）。销毁是指让 RFID 标签进入永久失效状态，可以是毁坏 RFID 标签的电路，也可以是销毁 RFID 标签的数据。例如，如果破坏了 RFID 标签的电路，该标签不仅无法向 RFID 读写器返回数据，而且即使对其进行物理分析也无法获得相关数据。销毁需要借助技术手段或特定的设备来实现，对普通用户而言存在一定的困难。与丢弃相比，由于标签已经无法继续使用，因此不存在垃圾收集等威胁。但在标签被销毁后，也会面临售后服务等问题。

kill 命令机制是一种从物理上毁坏标签的方法。RFID 标准设计模式中包含 kill 命令，执行 kill 命令后，标签所有的功能都将丧失，从而使得标签不会响应攻击者的扫描行为，进而防止对标签的跟踪。例如，在超市购买完商品后，即在阅读器获取标签的信息并经过后台数据库的认证操作之后，就可以"杀死"消费者所购买的商品上的标签，从而起到保护消费者隐私的作用。完全杀死标签就可以防止攻击者的扫描和跟踪，但是这种方法破坏了 RFID 标签的功能，无法让消费者继续享受以 RFID 标签为基础的物联网的服务。比如，如果商品售出后，标签上的信息无法再次使用，那么售后服务以及与此商品相关的其他服务项目也就无法进行了。另外，如果 kill 命令的识别序列号（PIN）被泄露，攻击者就可以使用这个 PIN 来"杀死"超市中相关商品上的 RFID 标签，进而将对应的商品带走而不会被觉察到。

3）睡眠（Sleeping）。睡眠是指通过技术或非技术手段让标签进入暂时失效状态，需要的时候可以重新激活标签。这种方法具有显著的优点，由于可以重新激活，因此避免了售后服务方面的问题，也不会存在垃圾收集威胁和环保等问题。但与销毁一样，需要在专业人员的帮助下才能实现标签睡眠。

3.4 RFID 的安全认证协议

随着物联网的广泛应用，RFID 的安全问题日益突出，针对 RFID 安全问题的安全认证协议相继提出。在这些安全认证协议中，比较常用的是基于哈希运算的安全认证协议，它对消息的加密通过哈希算法实现。

三次握手的认证协议是 RFID 系统认证的一般模式。第一次握手时，读写器向标签发送信息，当标签接收到信息后，可以明确接收功能是正常的；第二握手时，标签向读写器发送信息作为应答，当读写器接收到信息后，可以明确发送和接收功能都正常；第三次握手时，读写器向标签发送信息，当标签接收到信息后，可以明确发送功能是正常的。通过三次握手，就能明确双方的收发功能均正常，也就是说，保证了建立的连接是可靠的。在这种认证过程中，属于同一应用的所有标签和读写器共享同一密钥，所以三次握手的认证协议存在安全隐患。为了提高 RFID 认证的安全性，研究人员设计了大量 RFID 安全认证协议。RFID 安全认证协议的核心是哈希函数。下面介绍几种典型的 RFID 安全认证协议。

3.4.1 Hash-Lock 协议

Hash-Lock 协议是一种隐私增强技术。它不直接使用真正的节点 ID，而是使用临时节点 ID，这样做的好处是能够保护真实的节点 ID。

为了防止数据信息泄露和被追踪，MIT 的 Sarma 等人提出了基于不可逆哈希函数加密的安全协议 Hash-Lock。RFID 系统中的电子标签内存储了两个标签 ID，即 metaID 与真实标签 ID，metaID 与真实 ID 通过哈希函数计算标签的密钥 key 而实现一一对应，即 metaID = Hash（key），后台应用系统中的数据库对应存储了标签的三个参数：metaID、真实 ID 和 key。

当读写器向标签发送认证请求时，标签先用 metaID 代替真实 ID 发送给读写器，然后标签进入锁定状态。当读写器收到 metaID 后，发送给后台应用系统，后台应用系统查找相应的 key 和真实 ID 后返还给标签。标签将接收到 key 值进行哈希函数取值，然后判断其与自身存储的 metaID 值是否一致。如果一致，标签就将真实 ID 发送给读写器开始认证；如果不一致，则认证失败。

Hash-Lock 协议的流程如图 3-1 所示。

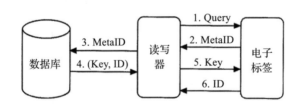

图 3-1　Hash-Lock 协议

Hash-Lock 协议的执行过程如下：

1）读写器向标签发送 Query 认证请求。

2）标签将 metaID 发送给读写器。

3）读写器将 metaID 转发给后台数据库。

4）查询后台数据库，如果找到与 metaID 匹配的项，则将该项的（key，ID）发送给读写器，其中 ID 为待认证标签的标识，metaID = Hash(key)；否则，返回读写器认证失败信息。

5）读写器将接收后台数据库的部分信息 key 发送给标签。

6）标签验证 metaID = Hash(key) 是否成立，如果成立，则将其 ID 发送给读写器。

7）读写器比较从标签接收到的 ID 是否与后台数据库发送过来的 ID 一致，如一致，则认证通过；否则，认证失败。

由上述过程可以看出，Hash-Lock 协议中没有 ID 动态刷新机制，并且 metaID 保持不变，ID 是以明文的形式通过不安全的信道传送的，因此 Hash-Lock 协议非常容易受到假冒攻击和重传攻击，攻击者也很容易对标签进行追踪。也就是说，Hash-Lock 协议没有达到其安全目标。

通过对 Hash-Lock 协议过程的分析，不难看出该协议没有实现对标签 ID 和 metaID 的动态刷新，并且标签 ID 以明文的形式进行传输，还是不能防止假冒攻击、重放攻击以及跟踪攻击。而且，此协议在数据库中搜索的复杂度是呈 $O(n)$ 线性增长的，还需要 $O(n)$ 次的加密操作，在大规模 RFID 系统中应用不理想。所以，Hash-Lock 虽然没有达到预想的安全效果，但是提供了一种很好的安全思想。

3.4.2　随机化 Hash-Lock 协议

由于 Hash-Lock 协议的缺陷导致其没有达到预想的安全目标，因此 Weiss 等人对 Hash-Lock 协议进行了改进，采用了基于随机数的询问 – 应答机制。随机化 Hash-Lock 协议其协议流程如图 3-2 所示。

该方法的思想如下：电子标签内存储了标签 ID_i 与一个随机数产生程序，电子标签接到读写器的认证请求后将 $(H(ID_i \| R), R)$ 一起发给读写器，R 由随机数程序生成。在收到电子标签发送过来的数据后，读写器请求获得数据库所有的标签 ID_1，ID_2，$\cdots$，ID_n。读写器计算是否有一个 $ID_k (1 \leqslant k \leqslant n)$ 满足 $H(ID_k \| R) = H(ID_i \| R)$，如果有，将 ID_k 发给电子标签，电子标签收到 ID_k 后，与自身存储的 ID_i 进行对比，做出判断。

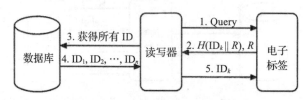

图 3-2　随机化 Hash-Lock 协议

随机化 Hash-Lock 协议的执行过程如下：

1）读写器向标签发送 Query 认证请求。

2）标签生成一个随机数 R，计算 $H(ID_k \| R)$，其中 ID_k 为标签的标识，标签将 $(R, H(ID_k \| R))$ 发送给读写器。

3）读写器向后台数据库提出获得所有标签标识的请求。

4）后台数据库将库中的所有标签标识 $(ID_1, ID_2, \cdots, ID_n)$ 发送给读写器。

5）读写器检查是否存在某个 $ID_j (1 \leqslant j \leqslant n)$，使得 $H(ID_j \| R) = H(ID_k \| R)$ 成立；如果有，则认证通过，并将 ID_j 发送给标签。

6）标签验证 ID_j 与 ID_k 是否相同，如果相同，则认证通过。

在随机化 Hash-Lock 协议中，认证通过后的标签标识 ID_k 仍以明文的形式通过不安全信道传送，因此攻击者可以对标签进行有效的追踪。同时，一旦获得了标签的标识 ID_k，攻击者就可以对标签进行假冒。当然，该协议也无法抵抗重传攻击。因此，随机化

Hash-Lock 协议也是不安全的。不仅如此，每一次标签认证时，后台数据库都需要将所有标签的标识发送给读写器，二者之间的数据通信量很大，因此该协议也不实用。

3.4.3　Hash 链协议

由于以上两种协议的不安全性，日本电报电话公司（NTT）提出了基于密钥共享的询问 – 应答安全协议，即 Hash 链（Hash-Chain）协议，该协议具有完美的前向安全性。与以上两个协议不同的是，该协议通过两个哈希函数 H 与 G 来实现，H 的作用是更新密钥和产生秘密值链，G 用来产生响应。每次认证时，标签会自动更新密钥。

标签与标签读写器的认证过程如图 3-3 所示。

1）读写器向标签发送 Query 认证请求。

2）标签根据当前密钥 S_i 计算 $G(S_i)$，将 $G(S_i)$ 发送给读写器，并用 $H(S_i)$ 更新自己的密钥。

3）读写器将 $G(S_i)$ 发送给数据库。

4）数据库对所有的标签记录进行计算，如果找到了满足 $G(H^{i-1}(S_i))$ 的标签记录，则通过验证，并将对应的 ID 值发送给读写器。

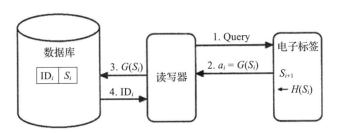

图 3-3　Hash 链协议

该方法满足了不可分辨和前向安全性。G 是单向方程，因此攻击者能获得标签输出，但是不能从 a_i 获得 S_i。G 输出随机值，攻击者能观测到标签输出，但不能把 a_i 和 a_{i+1} 联系起来。H 也是单向方程，攻击者能篡改标签并获得标签的密钥值，但不能从 S_{i+1} 获得 S_i。该算法的优势很明显，但是计算和比较的工作量太大。为了识别一个 ID，后台服务器不得不计算 ID 列表中的每个 ID。假设有 N 个已知的标签 ID 在数据库中，数据库就要进行 N 次 ID 搜索、$2N$ 次哈希方程计算和 N 次比较。计算机处理负载随着 ID 列表长度的增加线性而增加，因此该方法也不适合存在大量射频标签的情况。

为了克服上述情况，NTT 又提出了一种能够减少可测量性的时空内存折中方案，其协议流程如图 3-4 所示。该方案本质上也是基于共享密钥的询问 – 应答协议。但是，在该协议中，当使用两个不同哈希函数的读写器发起认证时，标签总是发送不同的应答。值得提出的是，作者声称该折中的 Hash 链协议具有完美的前向安全性。

在系统运行之前，标签和后台数据库首先要预共享一个初始密钥值 $S_{t,1}$（这里 t 是 ID 的编号），则标签和读写器之间执行第 j 次 Hash 链的过程如下：

1）读写器向标签发送 Query 认证请求。

2）标签使用当前的密钥值 $S_{i,j}$ 计算 $a_{i,j} = G(S_{i,j})$，并更新其密钥值为 $S_{i,j} + 1 = H(S_{i,j})$，标签将 $a_{i,j}$ 发送给读写器。

3）读写器将 $G(S_{i,j})$ 转发给后台数据库。

4）数据库对所有的标签记录 $ID_t(1 \leq t \leq n)$ 进行计算，如果找到某条标签记录满足 $G(H_{i-1}(S_{t,i}))$，则通过验证，并将对应的 ID 值发送给读写器。否则，认证失败。

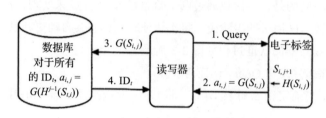

图 3-4　折中的 Hash 链协议

实质上，在该折中的 Hash 链协议中，标签成为一个具有自主更新能力的主动式标签。同时，该折中的 Hash 链协议是一个单向认证协议，它只能对标签身份进行认证。不难看出，该协议非常容易受到重传攻击和假冒攻击，只要攻击者截获某个 $a_{i,j}$，就可以进行重传攻击，伪装标签通过认证。此外，每一次标签认证发生时，后台数据库都要对标签进行 j 次哈希运算，因此计算载荷很大。同时，该协议需要两个不同的哈希函数，增加了标签的制造成本。

3.4.4　基于哈希的 ID 变化协议

基于哈希的 ID 变化协议与 Hash 链协议相似，每一次应答中的 ID 交换信息都不相同。该协议可以抗重传攻击，因为系统使用了一个随机数 R 不断地对标签标识进行动态刷新，还对 TID（最后一次应答号）和 LST（最后一次成功的应答号）信息进行更新，其协议流程如图 3-5 所示。

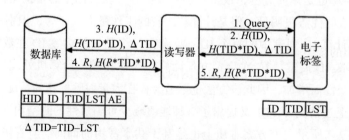

图 3-5　基于哈希的 ID 变化协议

基于哈希的 ID 变化协议的执行过程如下：

1）读写器向标签发送 Query 认证请求。

2）标签将当前应答号加 1，并将 H(ID)、H(TID*ID)、ΔTID 发送给读写器，可以使后台数据库恢复出标签的标识，ΔTID 可以使后台数据库恢复出（TID, H(TID*ID)）。

3）读写器将 H(ID)、H(TID*ID)、ΔTID 转发给后台数据库。

4）根据所存储的标签信息，后台数据库检查接收的数据的有效性。如果数据全部有效，则它产生一个秘密随机数 R，并将（R, H(R*TID*ID)）发送给读写器，然后数据库更新该标签的 ID 为 ID ⊕ R，并更新 TID 和 LST。

5）读写器将（R, H(R*TID*ID)）转发给标签。

6）标签验证所接收信息的有效性，如果有效，则认证通过。

通过以上的分析可以看出，该协议的一个弊端就是后台应用系统更新标签 ID、LST 的时间与电子标签更新的时间不同步，后台应用系统的更新是在第 4 步，而电子标签的更新是在第 5 步，而此刻后台应用系统已经更新完毕。如果攻击者在第 5 步进行数据阻塞或者干扰，会导致电子标签收不到（R, H(R*TID*ID)），造成后台存储标签数据与电子标签数据不同步，进而导致下次认证的失败。所以，该协议不适合分布式 RFID 系统环境，同时存在数据库同步的安全隐患。

3.4.5　数字图书馆 RFID 协议

David 等提出了数字图书馆 RFID 协议，该协议使用基于预共享密钥的伪随机函数来实现认证，协议流程如图 3-6 所示。图中，"?" 用于判定等式两边是否相等。

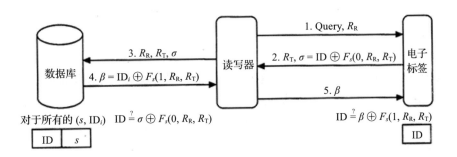

图 3-6　数字图书馆 RFID 协议

David 提出的数字图书馆 RFID 协议工作步骤如下：

1）当电子标签进入读写器的识别范围内，读写器向其发送 Query 消息以及读写器产生的秘密随机数 R_R，请求认证。

2）电子标签接到读写器发送过来的请求消息后，生成一个随机数 R_T，结合标签自身的 ID 和秘密值 k 计算出 $\delta = ID_i \oplus F_s(0, R_R, R_T)$，计算完成后电子标签将（$R_T, \delta$）一起发送给读写器。

3）读写器将电子标签发送过来的数据（R_t, δ）转发给后台数据库。

4）后台数据库查找库中存储的所有标签 ID，确认是否存在一个 $ID_j(1 \leq j \leq n)$ 满足 $ID_j = \delta \oplus F_s(0, R_R, R_T)$ 成立，若有，则认证通过，同时计算 $b = ID_i \oplus F_s(1, R_R, R_T)$ 并

传输给读写器。

5）读写器将 B 发送给电子标签，电子标签对收到的 B 进行验证，看它是否满足 ID $=$ $B \oplus \mathrm{ID}_i \oplus F_s(1, R_\mathrm{R}, R_\mathrm{T})$，若满足，则认证成功。

到目前为止，David 的数字图书馆 RFID 协议还没有出现明显的安全漏洞，唯一不足的是为了实现该协议，电子标签必须内嵌伪随机数生成程序和加解密程序，增加了标签设计的复杂度，设计成本也相应提高，不适合低成本的 RFID 系统。

3.4.6 分布式 RFID 询问 – 应答认证协议

该协议是 Rhee 等人基于分布式数据库环境提出的询问 – 应答的双向认证 RFID 系统协议。其协议流程如图 3-7 所示。

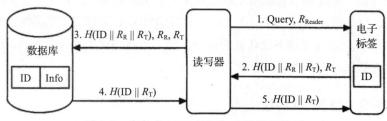

图 3-7 分布式 RFID 询问 – 应答认证协议

该协议的工作步骤如下：

1）当电子标签进入读写器的识别范围时，读写器向其发送 Query 消息以及读写器产生的秘密随机数 R_R，请求认证。

2）电子标签收到读写器发送过来的请求后，生成一个随机数 R_T，并且计算出 $H(\mathrm{ID} \| R_\mathrm{R} \| R_\mathrm{T})$，ID 是电子标签的 ID，$H$ 为电子标签和后台数据库共享的 Hash 函数。然后，电子标签将（$H(\mathrm{ID} \| R_\mathrm{R} \| R_\mathrm{T}), R_\mathrm{T}$）发送给读写器。

3）读写器收到电子标签发送来的（$H(\mathrm{ID} \| R_\mathrm{R} \| R_\mathrm{T}), R_\mathrm{T}$）后，添加之前自己生成的随机数 R_R 并一同发给后台数据库（$H(\mathrm{ID} \| R_\mathrm{R} \| R_\mathrm{T}), R_\mathrm{T}, R_\mathrm{R}$）。

4）后台数据库收到读写器发来的数据后，检查数据库存储的标签 ID 中是否存在一个 $\mathrm{ID}_j(1 \le j \le n)$ 满足 $H(\mathrm{ID}_j \| (R_\mathrm{R} \| R_\mathrm{T}) = (H(\mathrm{ID} \| R_\mathrm{R} \| R_\mathrm{T}), R_\mathrm{T})$，若有，则认证通过，并且后台数据库把 $H(\mathrm{ID}_j \| R_\mathrm{T})$ 发送给读写器。

5）读写器把 $H(\mathrm{ID}_j \| R_\mathrm{T})$ 发送给电子标签进行验证，若 $H(\mathrm{ID}_j \| R_\mathrm{T}) = H(\mathrm{ID} \| R_\mathrm{T})$，则认证通过，否则认证失败。

跟数字图书馆 RFID 协议一样，目前为止还没有发现该协议存在明显的安全缺陷和漏洞，不足之处在于成本太高，因为一次认证过程需要两次哈希运算，读写器和电子标签都需要内嵌随机数生成函数和模块，不适合低成本 RFID 系统。

3.4.7 低成本认证协议

低成本认证协议（Low Cost Authentication Protocol，LCAP）是基于标签 ID 动态刷

新的询问－应答双向认证协议。与前面提到的其他同类协议不同，它每次执行之后都要动态刷新标签的 ID，协议的工作原理如图 3-8 所示。

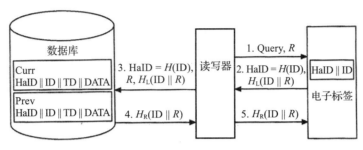

图 3-8　低成本认证协议

该协议的流程如下：

1）当电子标签进入读写器的识别范围时，读写器向其发送 Query 消息以及读写器产生的秘密随机数 R，请求认证。

2）电子标签收到读写器发送来的数据后，利用哈希函数计算出 HaID = H(ID) 以及 H_L(ID||R)，其中 ID 为电子标签的 ID，H_L 表示哈希函数映射值的左半部分，即 H(ID||R) 的左半部分，之后电子标签将（HaID(ID) 和 H_L(ID||R)）一起发送给读写器。

3）读写器收到（HaID，H_L(ID||R)）后，添加之前发送给电子标签的随机数 R，将（HaID，H_L(ID||R)，R）发送给后台数据库。

4）后台数据库收到读写器发送过来的数据后，检查数据库存储的 HaID 是否与读写器发送过来的一致，若一致，利用哈希函数计算 R 和数据库存储的 HaID 的 H_R(ID||R)，H_R 表示哈希函数映射值的右半部分，即 H(ID||R) 的右半部分，同时后台数据库更新 HaID 为 H(ID $\oplus$ R)，ID 为 ID $\oplus$ R。之前存储的数据中的 TD 数据域设置为 HaID = H(ID $\oplus$ R)，然后将 H_R(ID||R) 发送给读写器。

5）读写器收到 H_R(ID||R) 后转发给电子标签。电子标签收到 H_R(ID||R) 后，验证其有效性，若有效，则认证成功。

通过以上流程的分析不难看出，LCAP 与基于哈希的 ID 变化协议有同样的问题，就是标签 ID 更新不同步。后台数据库在第 4 步完成更新，而电子标签更新是在其更新之后的第 5 步，如果因攻击者攻击导致第 5 步不能成功，就会造成标签数据不一致，造成本次认证以及下一次认证的失败。因此，它不适用于分布式数据库 RFID 系统。

以上几种安全协议可分为两种，即单项认证和双向认证。单项认证协议只对标签的合法性进行认证，条件是读写器和后台数据库是绝对安全的，主要代表有哈希锁协议和随机化哈希锁协议。这种协议认证速度快，成本低，但是安全性也低。双向认证协议是读写器、后台数据库对标签验证的同时，标签也对读写器、后台数据库进行验证。这类协议成本高，安全性强。

表 3-1 给出了几种 RFID 安全协议的抗攻击能力的比较。

表 3-1　几种 RFID 安全协议的抗攻击能力比较

安全协议	防止窃听攻击	防推理攻击	防拒绝服务攻击	防重放攻击	防欺骗攻击	防位置跟踪攻击
哈希锁	x	x	v	x	x	x
随机哈希	v	v	x	x	x	v
哈希链	v	v	x	x	x	v
ID 变化	v	v	x	v	x	v
数字图书馆	v	v	v	x	v	v
分布式询问 – 应答	v	v	v	v	v	v
LACP	v	v	v	x	v	v

3.5　无线传感器网络安全

由于无线传感器网络（Wireless Sensor Network，WSN）本身的特点和约束，使得传统网络的安全技术及方案很难直接应用到 WSN 上，但是无线传感器网络的安全目标也是解决信息的机密性、完整性和新鲜性、消息认证、广播 / 组播认证、入侵监测以及访问控制等问题。对于某些把安全性放在第一位的场合或者能量约束较低的场合，使用软件优化实现公钥密码是可行的。但大多数情况下，传感器节点有限的计算能力和存储能力使得有效、成熟的基于公钥体制的安全协议和算法不适合在 WSN 中实现。

实际上，绝大多数安全方案都采用对称密码。选择对称密码时不仅要考虑密码算法的安全性，还要考虑加密时间以及采用不同操作模式对通信开销的影响。另外，密钥的长度、分组长度对通信量的影响也不容忽视。不管是对称加密算法还是非对称加密算法，都要使用密钥确保安全通信，因此密钥管理非常重要。密钥管理是所有安全服务的基础，也是安全管理中最困难、最薄弱的环节。

经验表明，从密钥管理途径进行攻击比单纯地破译密钥算法的代价要小得多。因此，引入密钥管理机制进行有效的控制对增加网络的安全性非常重要。密钥管理包括密钥的产生、分配、存储、使用、重构、失效以及撤销等过程。

除了密钥管理，安全路由是另一个需要考虑的安全问题。它主要涉及信息的安全传送和接收，对顺利实现网络功能、延长网络寿命至关重要。研究表明，在设计阶段考虑安全性是为路由提供安全保障的最好方式。密钥的交换需要使用广播消息认证技术，而现有的消息认证技术都依赖于公钥密码，计算开销很高。因此，安全路由协议（如 SPINS）的设计必须要综合考虑技术及成本等因素。另外，WSN 中存在大量冗余数据，为了节省能源和延长网络寿命，需要考虑数据融合。而且，为了确保数据的完整性和机密性，必须确保数据融合技术是安全的，这可以通过密码技术来实现。需要指出的是，安全数据融合的设计要综合考虑 WSN 资源有限、安全路由、密码特点等因素，而且数据融合算法要灵活、能够适应有不同安全级别要求的数据。

3.5.1　WSN 安全概述

1. WSN 的体系结构

无线传感器网络是由部署在特定区域内的大量廉价的微型传感器节点，采用无线通信方式形成的一个多跳自组织网络。WSN 中大量具有传感器、数据处理单元及通信模块的智能节点散布在感知区域，通过节点间的自组织方式协同地实时监测、感知和采集网络内的各种数据，并对这些数据进行处理，并将这些数据传回基站。

传感器节点一般由 4 部分构成，即感知模块、处理模块、传输模块和电源模块。根据应用的需要，可能还包括其他基于应用的模块，如移动模块、电源产生模块和定位模块等。

感知模块由传感器和数模转换器构成。数模转换器的作用是把模拟信号转换为数字信号；处理模块和小型存储器关联，用于管理传感节点相互合作的过程；传输模块通过连接各个节点形成网络；电源模块为传感器节点提供能量，它可以是单个电池，也可以是能够充电的电源装置；移动模块和定位模块根据应用需要添加。

在 WSN 中，节点使用的协议栈涉及物理层、数据链路层、网络层、传输层和应用层。物理层负责频率选择、载波频率的产生、信号探测、调制和数据加密；数据链路层负责数据流的多路复用、数据帧探测、媒体访问、差错控制等，同时确保点到点和点到多点的连接；网络层负责分配地址和数据包的转发；传输层负责确保数据报的可靠传输；应用层负责和终端用户的交互。

2. WSN 的安全目标

和传统计算机网络的安全目标相同，WSN 最终的安全目标是能够在有威胁的情况下提供数据机密性、完整性和新鲜性保证，确保通信实体和消息源的可认证性，以及通信服务的可用性和访问控制以及通信行为的抗抵赖性等。在存在内部攻击者时，要保证每一个消息的机密性、完整性和可靠性是不现实的，这种情况下 WSN 的安全目标是保证网络能提供基本的服务，如执行信息收集和传输信息到基站等。WSN 的安全目标以及实现此目标的主要技术见表 3-2。

表 3-2　无线传感网络的安全目标

目标	意义	主要技术
机密性	保证网络中的敏感信息不泄露给未授权实体	信息加 / 解密
完整性	保证信息在传输的过程中没有被篡改或出错	数据完整性鉴别、哈希、签名
可用性	保证传感器网络在遭受 DoS 攻击时，主要功能仍能够保持正常	冗余、入侵检测、容错、容侵、网络自愈和重构
新鲜性	保证传感器网络节点接收的数据都是发送方最新发送的数据	网络管理、入侵检测、访问控制
抗抵赖性	确保传感器节点对自己的行为不能抵赖	签名、身份认证、访问控制
点到点认证性	保证用户收到的信息来自可信节点而非有害节点	广播认证、信任管理
前向保密性	保证离开传感器网络的节点不能够再读取任何网络的信息	群组密钥管理、密钥更新
后向保密性	保证加入的传感器节点不能够读取先前传输的信息	群组密钥管理、密钥更新

3. WSN 的安全攻击及防御措施

同传统计算机通信网络一样，无线传感网络的安全威胁主要来自各种攻击。无线传感网络一般由成百上千个传感节点以多跳自组织的方式组成，这些节点资源受限（计算能力、存储能力有限，通信带宽很小，电源能力受限）且多被部署在非受控域内，无线信道的广播特性和自组织的组网特性使得无线传感网络比其他网络更容易受到攻击和威胁。对于大规模的传感器网络，监督和保护每一个传感器节点都免受物理和逻辑攻击是不现实的。对无线传感网络的攻击依据网络分层的观点可以分为物理层攻击、数据链路层、网络层攻击、传输层攻击以及应用层攻击等；依据攻击者能力的不同可为传感级攻击和电脑级攻击；依据节点访问权限的不同可分为内部攻击和外部攻击，外部攻击又可以进一步分为主动攻击和被动攻击。表 3-3 列出了传感器网络各个层次容易遭受的攻击和防御措施。

表 3-3　传感网络中的攻击和防御措施

网络层次	攻击和威胁	防范措施
物理层	拥塞攻击 篡改和物理破坏	扩频通信、消息优先级、低占空比、区域映射、模式转换 防篡改、伪装隐藏、MAC 鉴别
MAC 层	冲突攻击 消耗攻击 非公平竞争	纠错码 限制数据报发送速度 短帧和非优先级策略
网络层	路由信息的欺骗、篡改或回放攻击 选择性转发 黑洞攻击 巫师攻击 蠕虫攻击 Hello 洪泛攻击 假冒应答攻击 Rushing 攻击	出口过滤、认证、监测 冗余路径、探测机制 认证、监测、冗余机制 认证、探测机制 认证、包控制 认证、验证双向链路 认证、多径路由 随机转发
传输层	洪泛攻击 失步攻击	客户端谜题 认证

4. WSN 的安全评价

除了实现安全目标外，还需要一些评价指标来评估一个安全方案是否适合无线传感网络。

- 弹性。在一些节点被攻击后，安全模式仍能为网络提供和保持一定安全级别的服务。
- 抵抗性。在一些节点被攻击后，能阻止敌方通过节点复制攻击完全控制网络。
- 可伸缩性。既要有可伸缩性又不能损害安全需求。
- 自组织和灵活性。由于节点的部署环境和任务不断变化，自组织和灵活性也是必须要考虑的重要因素。
- 鲁棒性。在网络出现遭到攻击和节点失效等异常情况时仍能正常持续地运行。

- 能源消耗。必须使网络具有较好的能源效率，确保最大限度地提高节点和网络的寿命。
- 信息保证性。必须使网络具有给不同的终端用户传播不同安全级别信息的能力，且能根据网络的可靠性需求、延迟、成本等传输不同安全级别的信息。

3.5.2　WSN 的安全技术

传感器网络的安全技术包括安全框架、密钥管理、安全路由、入侵检测以及加密技术等。

1. WSN 的安全框架

WSN 的安全框架主要包括以下几种。

（1）SPINS 安全框架

SPINS 安全协议簇是最早出现的无线传感网络的安全框架之一，包含 SNEP 和 μTESLA 两个安全协议。SNEP 协议提供点到点通信认证、数据机密性、完整性和新鲜性等安全服务，μTESLA 协议提供对广播消息的认证服务，防止身份伪造对节点所造成的恶意攻击。SPINS 在每个节点中集成了 TinyOS 操作系统，而且所有节点都和基站进行通信。大多数 WSN 通信通过基站实现，包含三种类型，即节点到基站、基站到节点、基站到所有节点。SPINS 的主要目的是设计一个基于 SNEP 和 μTESLA 的密钥建立技术，防止敌方通过捕获节点向网络中的其他节点传播信息。这种模式中的每个节点在部署前都和基站共享一个初始化密钥。

SPINS 提供了点到点的加密和报文的完整性保护，通过对原始信息进行哈希运算实现了语义安全；通过使用计数器确保认证和数据新鲜性；通过使用消息认证码（MAC）提供数据完整性服务。MAC 由密钥加密数据、节点间的计数器值和加密数据混合计算得到。用计数器和密钥加密数据，节点间的计数器值就不用加密交换；通过节点间计数器同步或给报文加入另一个不依赖于计数器的报文鉴别码可以防止 DoS 攻击。SPINS 的特点是既保证了语义安全、回放攻击保护、数据认证和弱新鲜性，又减少了网络的通信开销。

SPINS 占用的内存少，提供了低复杂性的强安全特征，实现了认证路由机制和节点到节点间的密钥合作协议，在 30 个字节的包中仅需 6 个字节用于认证、加密和保证数据新鲜性，SPINS 的缺点是没有详细提出 WSN 的安全机制，并假设节点不会泄露网络中的所有密钥，也没有解决通过较强信号阻塞无线信道的 DoS 攻击等问题。在有确定延迟或可能的消息延迟时，释放密钥会有 μTESLA 开销。

（2）INSENS 安全框架

INSENS 是基于路由的无线传感网络安全机制，它的设计思想是在路由中加入容侵策略。INSENS 致力于为异构以及资源受限的传感器网络建立安全有效的基于树结构的路由。由于攻击者可能发起注入、篡改或阻塞网络数据传输，在最坏情况下甚至能够导致整个网络瘫痪，因此 INSENS 的主要目的是将入侵者的攻击破坏局部化，将其影响范围降到最小。它的主要策略包括：①及时发现入侵者。由于入侵行为的检测非常耗时，因此 INSENS 采用容侵的路由机制。在路由初始化阶段，每个节点保留多条到基站的路由。②针对传感器节点能源受限问题，用基站来寻找并建立路由。基站的作用就是计算路由。③在入侵者未被检测出来的情况下，尽量减少入侵造成的破坏。INSENS 包含路由发现和数据转发两个阶段。

（3）TinySec 安全框架

TinySec 是一个链路层加密机制，作为 TinyOS 平台上的一个安全组件，成为首先得以使用的传感器网络安全框架之一。TinySec 主要包括 TinySec 分块加密算法和密钥管理机制，支持基本的安全服务需求，即访问控制、数据完整性、数据机密等，其在能量、延迟、通信等方面的实现负载均低于 10%。传感器节点在发送一个消息前，首先加密数据，并附上 MAC 构成消息包。接收者收到该消息后，通过校验 MAC 进行完整性验证，接着可进行消息解密。TinySec 采用对称密码算法 RC5（或 Skipjack）和密码分组链接（Cipher Block Chainning，CBC）模式，分组长度为 128 位。TinySec 目前使用共享对称密钥机制，支持两种安全模式，即 TinySec-Auth 和 TinySec-AE。TinySec-AE 加密数据并计算 MAC 保证完整性；TinySec-Auth 仅仅计算 MAC，而不进行加密。TinySec-AE 提供了访问控制、数据完整性、数据保密性等安全服务，而 TinySec-Auth 不能保证数据保密性。

TinySec 的优点是实现了传感器网络链路层的安全协议，其能量消耗、延迟和带宽消耗比较小，为传感器安全进一步研究提供了基础平台；TinySec 的缺点是没有考虑资源消耗攻击、物理篡改和捕获节点攻击等问题。

（4）基于基站和节点通信的安全架构

Avancha 等人在传感器节点仅向计算能力很强且安全的基站报告数据的假设的基础上，提出了基站和节点通信的安全架构。该构架使用两种密钥：一种是基站和所有传感器共享的 64 位密钥。另一种是基站单独和每个传感器节点共享的密钥。在基站中存有路由表、密钥表和活动表。

（5）LEAP 框架

Sencun Zhu 等针对大规模分布式 WSN 提出了局部加密认证协议（LEAP）。LEAP 的特色是提供 4 密钥机制以满足不同安全需求，密钥机制可扩展。

（6）轻量级安全协议 LISP

Taejoon Park 等提出了一种轻量级的安全协议 LISP。LISP 由一个入侵检测系统和临时密钥 TK 管理机制组成。前者用于检测攻击节点，后者用于对 TK 的更新，防止网络通信被攻击。LISP 使用单向加密函数，每个传感器节点使用两个缓冲区存储密钥链，以实现密钥不断更新。因为流加密处理比较快，所以 Park 等人建议采用流密钥加密方法。周期性的密钥采用加密哈希算法。另外，LISP 使用传统的 CSMA 协议。

LISP 实现了高效的密钥重分配策略，在安全和能量消耗方面进行了折中。LISP 实现了认证、机密性、数据完整性、访问控制和可用性等，并支持入侵检测。

2. WSN 加密算法

在 WSN 的众多应用场合，敏感数据在传输过程中需要加密，但由于 WSN 缺乏网络基础设施且资源受限，使得传统网络中的密码算法很难直接应用 WSN，因此，选择合适的加密方法对 WSN 来说非常关键。选择 WSN 的加密算法时必须考虑其资源受限的特点，在选用前要从代码大小、数据大小、处理时间、能源消耗等方面对其进行仔细的评估。

加密是实现安全的基本方法，是 WSN 提供其他安全服务的基础。目前常用的密码技术有对称密钥密码技术和非对称密钥密码技术。对称密钥密码技术使用相同的加密和解密密钥；非对称密钥密码技术（又称公钥密码技术）使用不同的加密和解密密钥。相比较而言，一方面，公钥密码技术需要的计算资源比对称密钥密码技术更多；另一方面，公钥密码技术的密钥部署和管理比较困难。

（1）公钥加密算法

公钥加密算法在传感器网络应用中有特定的用途，如在需要第三方网络授权或身份认证等情况下，公钥加密算法具有抗节点捕获性、网络扩展性好以及撤销密钥方便等优点。但对传感器网络而言，该算法具有计算量大、消耗能量多、易于遭受 DoS 攻击等问题。研究表明，通过仔细的设计和优化，公钥加密技术（如 Diffie-Hellman 密钥协商协议、RSA 签名算法、椭圆曲线密码算法 ECC 等）可用于 WSN。在这方面，许多研究者进行了大量卓有成效的工作。Gum 等在 8 位微控制器上实现了 ECC 和 RSA，并比较它们的性能，Malan 等在 8 位、7.2828MHz 的 MICA2 节点上使用椭圆曲线密码实现了Diffie-Hellman 密钥交换。Gaubatz G 等在硬件上使用特殊的加密设计实现了加密算法。R. Watro 等人在 MICA2 节点上使用 TinyOS 操作系统实现了基于 RSA 的认证和密钥协商协议。Sizzle 使用 ECC 在传感器网络中实现了标准的 SSL。现有传感器网络访问控制主要是基于公钥体制。

（2）对称密钥加密算法

与公钥加密算法相比，对称密钥加密速度更快，而且消耗的能源更少。大部分WSN 的安全协议都是基于对称密钥的。TEA 和 RC5 是公认的适合传感器网络的轻量级对称加密算法。相比较而言，TEA 算法消耗的资源更少，但安全性还没有被严格审查；RC5 安全性相对较好，但要消耗的资源更多。从抵抗暴力破解的角度来看，有人建议采用 RC6，但计算和内存开销更大。Law 等对 TEA 和 RC5 进行了评估，提出了一个兼顾安全性、存储和能源效率的系统框架，并对 RC5、RC6、Rijndael、MISTY1、KASUMI、Camellia 从代码、数据存储和 CPU 周期三个方面在 IAR MSP430F149 系统上进行了比较。Ganesal 等在 Atmega103、Atmega128、M16C/10、SA1110、PXA250、UltraSparc2 等平台上对 RC4、IDEA、RC5、MD5 和 SHA1 等加密算法进行了一些性能评估实验。

3. WSN 密钥管理

密钥管理是确保网络服务和应用安全的核心机制，包括密钥的产生、分配、存储、使用、重构、失效及撤销等过程，其目标是在需要交换信息的节点之间建立所需的密钥。在 WSN 中，在大规模合法传感器节点间协商或共享密钥非常困难。因此，一定程度上，密钥管理是确保传感器网络安全通信的最大难题。

在安全通信信道建立之前，网络中密钥的分配问题是密钥管理中最核心的问题，也是近几年来传感器网络安全研究的热点。由于传感器网络资源受限的特点，其密钥管理通常需要解决以下几个方面的问题：

- 抗俘获攻击和安全性问题。
- 轻量级问题。
- 分布式网内处理问题。
- 网络安全扩展问题。
- 密钥撤销问题。

目前已经提出了很多传感器网络密钥管理模型，下面介绍几种常见的密钥管理模型。

（1）密钥预分配模型

在密钥预分配模型中，节点在部署之前会事先存储一个或多个初始密钥，部署之后就可以利用这些初始密钥建立安全通信。这种方法可以降低密钥管理的难度，尤其是对资源受限节点的密钥管理，所以无线传感器网络中很多的密钥管理都采用了这种模型。另外，相对于集中式密钥管理模型而言，这种方法的基站和节点之间的通信开销较小，基站不再是一个瓶颈问题，因此，密钥预分配管理模型也称为分布式密钥管理模型。

在传统网络中，解决密钥分配问题的主要方案有信任服务器分配模型、密钥分配中心模型以及其他基于公钥密码体制的密钥协商模型。信任服务器分配模型使用专门的服务器完成节点之间的密钥协商过程，如 Kerberos 协议；密钥分配中心模型属于集中式密钥分配模型。在传感器网络中，这两种模型很容易遭受单点失效和拒绝服务攻击。基于公钥密码体制的很多算法（如 Diffe-Hellman 密钥协商算法）因复杂的计算需求和较大的通信能量开销，都很难在传感器节点上实现。研究表明，在低成本、低功耗、资源受限的传感器节点上，现实可行的密钥分配方案是基于对称密码体制的预分配模型。这种模型在传感器网络布置之前完成密钥管理的大部分基础工作，网络运行之后的密钥协商只需要简单的协议过程，对节点能力的要求较低。

传感器网络密钥预分配模型根据分配方式可分为预安装模型、确定预分配模型和随机预分配模型。预安装模型无须进行密钥协商，其代表为主密钥模型和成对密钥模型。在主密钥模型中，网络中所有的节点预装相同的主密钥。该模型计算复杂度低，网络扩展容易，但安全性差，攻击者俘获任一节点中的主密钥就等于俘获整个网络。有人提出将主密钥存储在抗篡改的硬件里，以降低节点被俘获后主密钥泄露的危险，但这样会增加节点成本和开销，且抗篡改的硬件也可能被攻破。在成对密钥模型中，任意两个节点之间分配一个唯一的密钥，对有 N 个节点的网络，每个节点需存储 $N-1$ 个密钥，这对存储容量有限的传感器节点而言不现实且不易实现网络扩展。确定预分配模型通常基于数学方法，通过数学关系推导出共享密钥，可降低协议通信开销，且在安全范围内可提供无条件安全，有效地抵御节点被俘获的风险。随机预分配模型基于随机图原理，每个节点从一个较大密钥池中随机选择少量密钥构成密钥环，使得任何两个节点间都能以某一较大概率共享相同的密钥。这样，具有相同密钥的节点间可以进行安全通信。

（2）随机预分配模型

● **基本随机密钥预分配模型**

基本随机密钥预分配模型是由 Eschenaur 和 Gligor 最早提出的，其主要过程包括三个阶段：密钥预分配、共享密钥发现、路径密钥建立。

在密钥预分配阶段，首先基站产生一个大的密钥池 S 和每个密钥的标识 ID，然后，从密钥池中随机选择 K 个密钥及其对应的标识 ID 形成密钥环，并存入节点的存储器里。在共享密钥发现阶段，当网络的初始化时，每个节点向邻居节点广播自己密钥链中的密钥标识，只有与自己有共享密钥的节点才能建立连接。在路径密钥建立阶段，当节点与邻居节点之间没有共享密钥时，通过与其他邻居节点建立安全连接来指定共享密钥。

随机预分配模型可以有效缓解节点存储空间问题，网络的安全弹性较好，但共享密钥的发现过程比较复杂，同时存在安全连通问题。在实际应用中，密钥池的大小与网络连通性和安全性之间的关系比较微妙，密钥池越大，安全性越好，但密钥环存储需求会增加，否则两节点间能找到共享密钥的可能性会变小，安全通信的连通性会变差；密钥池越小，网络抗攻击的能力就越差。

● **q-composite 随机密钥预分配及其改进模型**

Chan 等在基本随机密钥预分配的基础上提出了 q-composite 随机密钥预分配模型，目的是增强安全性和网络弹性。不同于基本随机密钥预分配模型只共享 1 个密钥，q-composite 随机密钥预分配模型要求节点对之间至少共享 q $(q \geq 1)$ 个密钥才能建立安全通信。分析结果表明，当 q 值增大时，网络抗节点俘获的能力增加。但 q 值的增大将影响系统扩展性能，同时，为保证安全连通性，节点上需要存储更多的预分配密钥，共享密钥发现的复杂度也会提升。在该文中，Chan 等人还提出了随机密钥对预分配方案，它与基本随机密钥分配方案的不同之处在于：在密钥预分配阶段，每个 ID 以概率 p 和其他 ID 匹配，进而保证整个网络的安全连通概率达到 c。在该方案中，节点具有很强的自恢复能力，计算复杂度和通信量较小，但当一个节点被俘获后，与其直接通信的节点会被排除在网络之外。Du 和 Liu 等人进一步扩展了上述协议，以进一步提高网络的安全弹性。这两种协议都定义了一个确定的节点俘获阈值 λ，当被俘获的节点数小于 λ 时，网络是安全的。

● **使用部署知识或位置信息的密钥预分配模型**

在部署传感器节点之前，如果能够预先知道节点的部署知识或位置信息，就可以减少密钥分配的盲目性，借助部署知识（如哪些节点是相邻的）或位置信息，在相同网络规模、相同存储容量的条件下，可以提高节点间共享密钥的概率，也可以增强网络抗节点俘获的能力。Du 等通过利用部署知识和避免不必要的密钥分配，提高了随机密钥预分配模型的安全性能。在该模型中，假定节点是被成组部署的，并据此建立了部署模型：一是 N 个节点被分成 $t \times n$ 个尺寸相等的群 $G_{i,j}(i=1, \cdots, t; j=1, \cdots, n)$，被部署在标识为 (i, j) 的部署点处，让 (x_i, y_j) 表示 $G_{i,j}$ 的部署点；二是部署点被排列成一个网络；三是部署期间，节点 k 在群 $G_{i,j}$ 中的最终位置遵循概率分布函数 $f_k^v(x, y \mid k \in G_{i,j}) = f(x - x_i, y - y_j)$。依据对节点 k 的概率分布函数的分析，确立了密钥池的划分：S 代表全局密钥池，根据群 $G_{i,j}$ 把 S 划分为相邻部分有重叠的 $t \times n$ 个部分，用 $S_{i,j}$ 表示群 $G_{i,j}$ 使用的子密钥池（$i=1, \cdots, t; j=1, \cdots, n$），$S_{i,j}$ 的规模相同，所有 $S_{i,j}$ 组合起来即等于 S。建立密钥池 $S_{i,j}$ 的目的就是让相邻的密钥池共享更多的密钥，不相邻的密钥池共享较少的密钥。

- **多路密钥增强管理模型**

多路密钥增强的思想是由 Anderson 和 Perrig 首先提出的，Chan-Perrig-Song 提出的多路密钥增强模型建立在随机密钥预分配模型的基础之上。在节点密钥被俘获后，其他未被俘获的节点对之间的安全链路上也可能存在该共享密钥，从而使该安全链路存在严重的威胁的问题。多路密钥增强管理模型就是为了解决这个问题的。该模型的主要思想是：首先假定网络已通过随机密钥预分配模型来建立共享密钥，且通过共享密钥的建立会形成很多的安全链接，节点间的共享密钥在使用一段时间后或当有该密钥的节点被捕获后，能够在多个独立的路径上实现密钥的更新。密钥的更新可以在已有的安全链接上进行，但存在危险，因为攻击者有可能已知某链接的共享密钥，据此获得了新的通信密钥。这种方案更新密钥的安全性较高，除非攻击者知道所有独立路径才能计算出更新密钥。而且路径越多，密钥越安全，但随着路径长度的增加安全性会减弱，导致整条路径变得不安全。该模型采用 2 跳的多路径密钥加强体制，优点是路径发现开销小。该方案显著地增强了部分节点被俘获后的抵抗能力，但增加了通信负载。

（3）确定预分配模型

相对于随机密钥预分配模型，确定预分配模型可以保证两个中间节点能够共享一个或多个预分配密钥。确定预分配模型中的一些方案假设在节点部署之后有一个安全时间间隔，系统可以利用这个时间间隔建立安全链路并在相邻节点之间传输密钥。Chan 和 Perrig 提出了一个基于对等中间节点的密钥预分配方案（PIKE），它利用一个或多个节点作为可信的中间点来执行相邻节点间的密钥建立。和随机密钥预分配模型的密钥建立是随机的不同，PIKE 能够确保任何两个节点之间能够建立一个共享密钥。PIKE 协议的通信和存储开销为 $\sqrt{n}$（n 为网络中节点的数目）。尽管 PIKE 增强了网络的安全性能、解决了随机密钥预分配和结构化随机密钥预分配协议中高密度的需求，但是 PIKE 的部署更加复杂。

另一个确定性密钥预分配方案是 LEAP，它首次提出针对不同的数据提供不同的安全机制。这样，当网络部分节点被俘获后，其他节点之间的密钥不易泄露。为了降低密钥管理的开销，LEAP 协议支持四种类型的密钥：私钥、配对密钥、簇密钥和组密钥。其中，私钥为节点和基站共享，配对密钥为节点和其他节点共享，簇密钥为多个相邻节点共享，组密钥为网络中所有节点共享。

Lee 和 Stinson 提出了两个基于组合设计理论的确定预分配方案，即基于 ID 的单项函数方案（IOS）和确定多空间 Blom 方案（DMBS）。他们进一步讨论了组合系统在 WSN 确定密钥预分配设计阶段的使用，并分析了由分布式传感器网络产生的连通性及安全弹性相关的集合系统的组合性质。

确定预分配模型的共同缺点是计算开销大，且当被俘获节点数超过安全门限时，整个网络被攻击破坏的概率急剧上升。随机型密钥分配方法可避免上述缺点，即随着被俘获节点数量的增加，整个网络被攻破的概率不会出现急剧上升，而代价是增加了共享密钥的发现难度和相应的通信开销。同时，由于随机型密钥预分配基于随机图连通理论，因此在某些特殊场合（如节点分布稀疏或者密度不均匀），随机型密钥预分配不能保证网络的连通性。

可见，随机模型和确定模型各有侧重。因为节点可能是静止的，也可能是移动的，所以与应用相关的动态密钥预分配方案获得了更多关注。

（4）混合密码体制密钥管理模式

虽然大部分的密钥管理框架使用了一种密码体制，但仍有一些方案同时采用了对称密钥密码体制和非对称密钥密码体制。Huang 等提出了一个混合认证的密钥建立方案。为了获得良好的系统性能和较容易的密钥管理方案，该方案在节点使用对称密钥操作替代公钥操作，平衡了基站方面的公钥计算开销和节点方面的对称密钥密码计算开销。一方面，在节点方面使用对称密钥密码操作能够减轻随机点的计算密集型的椭圆曲线标量乘法的计算开销；另一方面，它认证了两个基于公钥证书的标识，避免了典型的基于纯对称密钥的密钥管理瓶颈问题，密钥分配和存储具有很好的扩展性。该方案在 Mitsubishi 的 M26C 处理器上实现，代码规模为 5.2KB，在节点上成功获得了 760ms 的处理时间，这个结果比很多基于公钥的密钥管理协议好。

（5）层次网络密钥管理模式

层次网络是指网络中的节点根据自身能力在网络中充当不同的角色：基站、簇头和普通节点。普通节点是资源受限最大的实体，主要负责从周围环境中收集数据并将其转发到最近的簇头。簇头比普通节点的资源多，主要负责收集和融合从邻近的普通节点传过来的数据，并将融合后的数据转发到一个基站。基站负责收集和处理从簇头传来的数据，并将处理结果转发到其他网络。为了平衡基站、簇头和普通节点之间的通信流量，一些密钥管理方法使用了层次结构，有些使用了网络的物理层次结构，而部分是在物理平面结构网络上逻辑实现了层次密钥管理模式。

（6）密钥感染模式

和密钥预分配模式不同，Anderson 等提议的密钥感染模式（Key Infection Scheme）不需要在节点中预先存储初始密钥，而是通过事先广播明文信息来建立安全链接密钥，并通过多条不相交的路径更新链接密钥。该模式基于如下假设：在网络部署阶段，网络内攻击者的设备很少（小于 3%）。这种模式本质上是不安全的，但相关分析表明，对已经识别出网络实际攻击模型的非关键商用传感器网络仍然具有足够的安全性。

（7）单项哈希模式

为了简化组节点加入和退出时密钥管理的难度，一些方案采用了单项哈希函数的变体，如基于单向累加器的组安全机制。该模式利用预部署过程、单向累加器的准交换属性和组播通信来维护组成员的秘密性，使用单向函数来简化组节点的加入和撤销。这些模式的优点是具有自愈性，适用于公钥认证，而且在不需要从组管理中心获取额外信息的情况下，合法用户可以在有损的移动网上从组播包和一些私有信息中恢复丢失的会话密钥。

3.5.3　WSN 的安全路由

路由对顺利实现网络功能和延长网络寿命至关重要，目前已经提出了许多传感器网络路由协议。以前路由协议的研究主要是以能量高效为目的，协议在设计时很少考虑安全问题。有研究指出，大部分现有的 WSN 路由协议容易遭受恶意攻击，包括路由信息欺骗、选择性转发、污水池攻击、女巫攻击、虫洞攻击、洪泛攻击、ACK 欺骗、流量分析攻击等。

现有的 WSN 路由协议及容易遭受的攻击见表 3-4。传感器网络受到这些攻击后，无法正确可靠地向目的节点传输数据且会消耗大量的节点能量，缩短了网络的寿命。因此，研究传感器网络的安全路由协议是非常重要的。

表 3-4　现有的传感器网络路由协议容易遭受的攻击

路由协议	容易遭受的攻击
TinyOS 信标	路由信息欺骗、选择性转发、污水池、女巫、虫洞、洪泛
定向扩散	路由信息欺骗、选择性转发、污水池、女巫、虫洞、洪泛
地理位置路由（GPSR、GEAR）	路由信息欺骗、选择性转发、女巫
聚簇路由协议（LEACH、TEEN、PEGSIS）	选择性转发、洪泛
谣传路由	路由信息欺骗、选择性转发、污水池、女巫、虫洞
能量节约的拓扑维护（SPAN、GAF、CEC、AFECA）	路由信息欺骗、女巫、洪泛

一个安全的 WSN 路由协议依赖于一个合适的密钥管理方案，密钥以及基站向整个网络广播的数据都需要认证才能保证其安全性。广播认证是最基本的安全服务之一，也是 WSN 安全路由协议常采用的认证方法之一。

1. 广播认证

µTESLA 是在传感器网络中实现认证流广播，防止恶意节点伪造身份导致攻击的广播认证协议。它使用单向密钥链，通过对称密钥延迟公布引入非对称性进行广播认证。其主要思想是先广播一个通过密钥 K_{MAC} 认证的数据包，然后公布密钥 K_{MAC}。这就保证

了在密钥 K_{MAC} 公布之前，没有人能够得到认证密钥的任何信息，也就无法在广播包正确认证之前伪造出正确的广播数据包。

μTESLA 协议的运行过程包括基站安全初始化、网络节点加入和数据包广播认证 3 个步骤。

1）基站安全初始化。基站随机选择初始密钥 K_N，计算任意密钥 K_{i+1} 的子密钥 $K_i=F(K_{i+1})$，$i=0, \cdots, N-1$，产生密钥链。其中，N 为密钥池的大小，F 为单项密钥生成函数；把网络生命期分成相等的时隙 I_i，并给每个时隙 I_i 分配相应的密钥 K_i。在一个同步时隙 I_i 内，基站发送的广播包都使用相同的密钥 K_i，并计算数据包的消息认证码 MAC，在延迟一定时间间隔后广播 K_i，密钥公布延迟定义为同步周期的整数倍。

2）节点加入。基站完成安全初始化后，节点 A 在时隙 I_i 内向基站 S 请求加入网络，并实现基站和节点时间同步，节点加入的过程可穿插在整个网络运行的任何时段。

3）数据包认证过程。有两种方法实现节点消息的认证广播。一是通过 SNEP 协议将消息发送给基站，由基站来广播；另一种方法是由节点广播消息。$A \rightarrow S:(N_M|R_A)$，$S \rightarrow A$：$(T_s|K_i|T_i|I_i|d)$，$MAC(K_{as}, N_M|T_s|K_i|T_i|I_i|d)$。其中 N_M 是一个随机数，表示使用强新鲜认证；R_A 是请求加入网络的数据包；T_s 是当前时间；T_i 当前同步间隔 I_i 的起始时间；d 是密钥发布延迟时间的大小，单位为 I_i。经过这样一轮认证过程，节点获得参与认证广播的所有信息。

有学者对 μTESLA 协议进行了扩展，提出多层 μTESLA。该协议引进了预定和广播初始化参数的方法替代 μTESLA 协议中用单播方式初始化安全参数的过程，并采用多层密钥链模型替代 μTESLA 使用超长密钥链发布任务，提高了网络对包丢失的容忍度和抗 DoS 攻击的能力。其基本思想是将认证分成多层，使用高层密钥链认证低层密钥链，低层密钥链认证广播数据包。

μTESLA 及其扩展提供了对基站的广播认证，但是它们不适用于本地广播认证。主要有几方面原因：首先，它们不能提供直接认证；其次，节点和基站之间的通信开销很大；另外，节点的包缓存需要更大的存储空间。

2. 安全路由协议

WSN 安全路由协议的作用是保证消息的完整性、真实性、有效性且消耗的能量较少。在仅仅有外部攻击时，达到这些目标是可能的，但有内部攻击和节点变节时，则很难达到这些目标。因此，需要采取相应的对策来保证路由协议的安全。采用链路层加密和认证能够保护 WSN 免受外部攻击，但这种方法不能抵御节点俘获攻击。如果每个节点和基站共享唯一的密钥（如 SPINS），则一个可信的基站可以探测到节点的身份欺骗。

为了应对恶意节点的选择性转发，多路径是一个理想的方法。为了支持拓扑维护，需要采用认证的方法保护本地的广播路由信息。虽然这些策略可以有效地防止外部攻击者欺骗、修改、重播路由信息，减少选择性转发的影响，但是这些策略不能有效地防止内部恶意节点的攻击。在传感器网络入侵容忍路由协议 INSENS 中，可以通过基站来认证路由信息，从而计算出每个节点的路由表。从基站到节点的广播信息可以通过单向哈希链认证。为了防止 DoS 攻击，单个节点不允许向整个网络广播信息。同时，为了增加节点的耐捕获性，可以采用冗余多路径路由方法。LKHW 协议用于保护定向扩散路由协议。为了提供更有效的安全路由协议，一些方法采用分簇结构和基于信誉的模式。在分簇结构中，传感器节点被分为不同的等级：低级的传感器仅仅感知和传播数据，高级的传感器发现到 sink 节点的最短路径、融合接收到的数据并进行转发，节点的级别可以动态地进行更新。这些安全路由协议的比较见表 3-5。

表 3-5　安全路由协议的比较

	机密性	点到点认证	广播认证	完整性	扩展性
SNEP	√	√	×	√	好
μTESLA	×	×	√	√	中等
多级 μTESLA	×	×	√	√	好
LEAP	√	√	√	√	中等
LKHW	√	×	×	×	有限
INSENS	√	√	×	√	中等

3.6　二维码安全技术

3.6.1　移动支付中的主要安全问题

在我们的生活中，使用二维码进行移动支付已经成为一种常态。但二维码的广泛使用也给了攻击者可乘之机，一些攻击者利用用户的好奇心理，将含有钓鱼网站或者恶意链接的 URL 封装成二维码的形式，发布在广告和网站等地方。普通用户很难发现其中的安全隐患，因为二维码图片只是一个黑白相间的二维表格，其中的信息需要解码后才能显现出来。因此，其危害的隐蔽程度要远远超过直接给出 URL 地址。

用户身份认证是第三方移动支付平台的一个重要组成部分。目前的用户身份认证方式有很多，例如，验证支付平台的用户账号密码、支付过程中提交和登录密码不同的支付密码以及用户交易过程中服务端为本次交易生成的手机验证码等。但由于手机 SIM 卡存在被复制的风险，犯罪分子可能利用复制的 SIM 卡获取验证短信，完成交易过程，使用户的资产受到损失。

在移动支付过程中，手机终端存在的安全漏洞和问题主要包括以下几类。

（1）移动终端数据拦截问题

移动终端通过无线网络进行数据传输，网络流量存在被拦截的可能性。由于无线通信采用无线电技术，数据以电磁波的形式在各个移动终端和路由器之间传输，攻击者获取数据更加容易，他们可以通过拦截数据实现身份窃取、信息披露以及重放攻击等行为。目前，解决该问题的手段主要有利用可信平台模块（TPM）或者对数据进行加密。

（2）恶意软件攻击手机问题

手机用户在浏览网页时，可能会在不经意间下载恶意软件，这些恶意软件会在用户进行支付的过程中拦截认证的数据，利用这些认证数据盗取用户身份验证参数，进而盗取用户银行账户内的存款。目前解决该问题的方法有对移动端的软件进行数字签名认证，此数字签名需要来自受信任的第三方，或者在移动端上安装反恶意软件、间谍软件、病毒防火墙等。

（3）交易双方身份认证问题

在基于移动设备的交易过程中，攻击者可以伪装成正常用户进行欺诈性交易，从而造成用户的财产受到损失。为了解决上述问题，在交易双方的用户身份认证方面，不仅可以采用动态口令进行移动支付，也可采用用户的生物特征（如面部识别、动作识别等）进行认证，还可采用基于随机数和用户指纹的双因素的认证手段。采用上述方法可以克服移动平台计算量的限制，抵御中间人攻击。

（4）智能手机和互联网定位功能问题

智能手机具有定位功能，一些恶意程序可以利用这些接口绕过并不完善的安全保护措施，获取用户的个人地理位置信息进行用户行为分析，从而攻破基于地理信息的用户支付保护措施。目前，解决该问题的手段主要是通过对访问地理信息实施用户控制的安全策略，Android 操作系统已经实现了这一功能。此外，可以采用对用户的地理位置等隐私信息进行加密的方法。

针对移动支付中的上述安全问题，目前的解决手段是建立恶意链接黑名单，针对扫描结果的 URL 地址进行验证，包括域名检查和 URL 地址恶意性判断等。

3.6.2　二维码的基本原理

二维条形码（简称二维码或二维条形码）的作用是将二进制数据以图形的方式表示出来。与一维条形码不同的是，一维条形码只在宽度上面记录二进制数据，而长度上并没有写入数据；而二维码在长度和宽度上均可以写入二进制数据，因此二维码的数据容量比一维条形码更大。另外，一维条形码不具备容错机制和定位点，在部分条形码被损坏的情况下，一维条形码不能还原出数据，具备容错机制的二维条形码可以完整地还原出其中的数据。

二维码按照排列方式可以分为堆叠式二维码和矩阵式二维码。不同种类的二维码的编码和解码方式是不同的。下面主要介绍移动支付中广泛使用的 QR 二维码（简称 QR 码）。

1. QR 码的编码

如图 3-9 所示是一个标准的 QR 二维码的结构图。

图 3-9 中各个位置的模块具有不同的功能，QR 码的编码主要包括以下几个阶段。

1）数据分析。在这个阶段需要明确进行编码的字符类型，按照规定将数据转换成符号字符，定义编码的纠错级别。纠错级别定义越高，写入的数据量越小。

2）数据编码。将步骤 1 中得到的符号字符位流分组，每 8 位表示 1 个字，得到一个码字序列。这个码字序列就完整地表示了二维码中写入数据的内容。

3）纠错编码。将之前得到的码字序列进行分块处理，根据第 1 步中定义的纠错级别和分块之后的码字序列得到纠错码字，将其添加到数据码字序列的尾部形成新的数据序列。

4）构造矩阵。将得到的分隔符、定位图形、校正图形和得到的新的数据序列放进矩阵中。

5）掩膜。利用掩膜图形平均分配到符号编码区域，使得二维码图形中的黑色和白色能够以最优的比例分布。

6）格式和版本信息。将编码过程中的编码格式和生成的版本等信息填入规定区域。

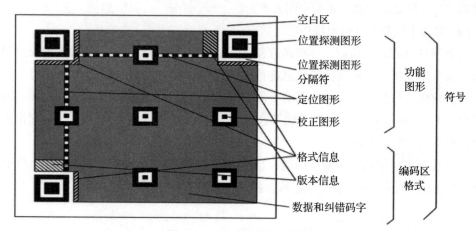

图 3-9　QR 二维码的结构图

2. QR 码的识读

目前，市面上使用的许多 APP 均支持二维码扫描，通过移动设备的摄像头对二维条形码进行扫描可以解析出其中写入的数据。识读过程包括三个步骤。

1）条形码定位。条形码定位包括预处理、定位、角度纠正、特征值提取等步骤。首先需要找到二维条形码的区域，相当于使用 APP 扫描二维码。然后，不同的条形码具有不同的结构特征，需要根据特征对条形码符号进行下一步处理。

2）条形码分割。二维码在经过边缘检测之后，边界并不是完整的，只有经过进一步修正才可以读出其中的数据。在读取数据之前，需要分割出一个完整的条形码区域。它的基本步骤就是从符号的小区域开始，这个小区域可以称为种子，为了修正条形码的边界，需要加大这个区域的范围，使得该范围能够包含二维条形码中的所有点。之后，可以使用凸壳计算出结果，再准确分割得到整个数据。

3）译码。译码时一般采用激光进行识别或者通过手机摄像头进行识别。针对一个完整的二维码，对二维码上每一个网格交点的图像进行识别，在完成网络采样之后根据设置的阈值来分配黑色和白色区域。一般情况下，使用二进制的"1"代表深色像素，"0"代表白色像素，从而得到二进制的序列值。对得到的序列值进行纠错和译码整理之后，按照条形码的逻辑编码规则将原始二进制序列值转换为数据码字，再根据数据码字得到 ASCII 码，这个过程恰好是数据编码过程的逆过程。

3. QR 码的主要功能与应用

QR 二维码的主要功能和应用包括获取数据、地址链接、提供验证、进行通信等。

（1）通过 QR 码识读获取的数据信息

获取二维码编码数据信息是指通过手机的摄像头作为二维码识别接口，通过解析软件获取二维码编码的数据信息。常见的应用包括电子名片、商品介绍等。以电子名片为例，用户可将个人信息（如姓名、手机号码、电子邮箱等内容）利用二维码编码软件生成二维码图案，打印成二维码名片。用户交换名片后，可以直接用扫描软件扫描二维码名片，将信息存储到存储卡中。

（2）通过 QR 码识读获取 URL 链接

二维码扫描的数据信息如果是一个 URL 链接，用户就可以直接通过链接进行访问操作，通过系统配置的默认浏览器或者下载软件进行网上冲浪或者数据下载。现在，很多电商会在纸质广告上打出其网站的链接信息，让用户可以方便地登录商家指定的网站。该种方式可以方便、有效地起到宣传作用。

（3）通过解析二维码内容完成验证功能

在一些电子券交易中，当用户完成支付后，商家可以通过短信给用户发送一个二维码商品凭证。当用户使用电子券时，只需要提供二维码凭证，服务人员就可以通过扫描二维码来确认客户是否已经支付。例如，在购买电影票或者在团购网站购买餐券的时候都可以应用该项服务。

（4）解析二维码通信

解析二维码得到的结果可能是电话号码、短信、电子邮箱等，用户可将这些信息用于短信投票、收发 Email、打电话等业务。

3.6.3　基于二维码的移动身份验证

移动验证模块的业务实现主要涉及移动端、浏览器客户端、Web 服务器、存储服务以及一个统一信息中心。整个移动验证模块业务方案的设计流程如下。

（1）获取二维码

当用户访问某一资源网站时，在未经过认证的情况下用户被重定向至统一认证登录页面，服务器会自动为该页面分配一个会话并用 SessionID 唯一标识该会话，同时生成与之对应的 QR 二维码图片。该二维码图片与 SessionID 是一一对应的关系并且两者都是唯一存在的。

（2）扫描二维码

在第 1 步中已经获取了该页面唯一的二维码信息，即该页面的 SessionID 标识，用户通过移动设备对页面中显示的二维码进行扫描。扫描完成之后，移动客户端会向服务器端发送验证信息，其中包括扫描获得的 SessionID，服务器端收到信息后，通过检索会话列表通知相应的会话客户端更新状态。与此同时，将该用户的登录状态与会话标识进行绑定。

（3）通知浏览器完成登录

实时更新浏览器端的页面状态，具体实现方法是采用 Long Pooling 来保持一个长链接，在服务器接收到数据之后会给 Web 客户端发送信息，通知页面完成了身份验证，提示用户进行进一步操作。

（4）本地浏览器绑定 Cookie

认证通过之后，浏览器会收到认证成功的消息以及登录凭证，本地浏览器需要将该凭证写入浏览器 Cookie 中。之后用户访问资源的过程中，所有的访问请求都将带有 Cookie 参数。

3.6.4　手机二维码安全检测

钓鱼网站和恶意链接每天都在更新，威胁着用户的支付安全。对于这些安全隐患，一般采取两种策略进行防护。第一种策略是通过分析钓鱼网站和恶意链接的域名信息判断一个链接地址 URL 的安全性。该方法通过获得最近的钓鱼网站和恶意链接的域名信息，建立黑名单，通过域名匹配的方式进行检查。同时，对常见的通过利用用户的不良使用习惯实施攻击的两种钓鱼网站进行防护。第二种策略是通过统计各种钓鱼网站和恶意链接的样本特征并进行提取，训练出两类 URL 分类器，从而判断一个链接的安全性。只有通过了两种安全策略的检查才能认为它是一个正常的 URL 地址。

URL 的一般格式为 "protocol :// hostname[:port] / path / [;parameters][?query]#fragment"。

各字段依次表示：传输数据的协议（protocol）、域名（hostname）、端口（port）、文件地址或者目录（path）、参数（parameters）、查询（query）以及片段（fragment）。

域名可由顶级域名、二级域名、三级域名组成。其中，三级域名一般为企业的名称，可由 26 个大小写英文字符、数字、"-""."等构成。

安全域名检查阶段包括 3 个步骤：钓鱼网站和恶意链接的黑名单匹配、检查域名顺序、计算域名相似度。具体处理流程如图 3-10 所示。

（1）精确匹配域名

将用户扫描二维码解析出来的一个字符串进行黑名单匹配，采用键树数据结构，这样在进行黑名单匹配的时候，匹配的次数不依赖于黑名单中 URL 地址的个数，仅依赖于目标串的长度。键树的逻辑结构有两种常见形式：二叉树和多重链表。使用二叉树来表示键树可以降低黑名单字符串对内存的消耗，而逻辑结构为多重链表形式的键树则在查找上具有性能优势。两者的区别在于寻找模式串中的下一个字符的实现方式为顺序查找还是随机查找。

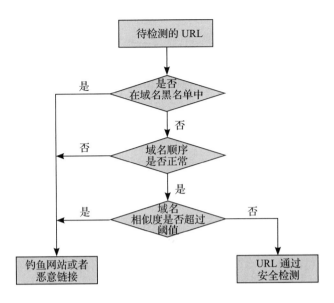

图 3-10　安全域名检查流程

（2）检查多级域名顺序

用户在使用移动终端进行扫码后会得到 URL 地址，但很多用户并不理解其格式含义。例如，对于"www.jd.158.com.cn"这种类型的钓鱼网站，用户看见"jd"后会下意识地认为该 URL 链接是某个常用的购物网站的链接。实际上，该域名是由多级域名构成，顶级域名与二级域名分别为"cn"和"com"，三级域名是 158，而不是普通用户所理解的"jd"，"158"可能就是一个恶意的域名。正常的网站一般不会以其他的网站域名作为自己域名中的一部分，这种形式的 URL 地址往往都是钓鱼网站用来欺骗用户的。因此，域名匹配分成两个步骤，第一步是统计常见的网上支付涉及的域名，包括常见的购物网站和银行等的域名；第二步是提取出 URL 域名中的三级域名部分，如果三级域名被分割符划分成多个不同的子项，其中子项个数为 n，且 $n > 1$，则需要将第 1 个子项至第 $n - 1$ 个子项分别与黑名单匹配。如果匹配成功，则认为该域名是一个具有欺诈性质的域名。

（3）计算域名相似度

攻击者通过修改正常的 URL 地址，使其与真正的 URL 地址相似，但是指向了一个恶意的链接。例如，将某网站链接"www.mall.com"修改成 www.ma11.com，即将英文字符"l"替换为数字"1"。对于这种模仿域名的攻击方式，可以采用基于计算 URL 操作次数的方法来计算用户 URL 地址与标准 URL 地址的相似度。

URL 操作次数指的是对于两个 URL 地址 url1 和 url2，以最少的插入、删除、修改操作将两个 URL 地址转换成相等的字符串。将用户扫描后得到的 URL 地址的域名内容与常见的网上交易的域名进行对比，如果两个域名不相等且相似度超过一定阈值，则认为是恶意链接或者钓鱼网站修改域名欺骗用户的行为。

3.6.5 二维码支付的应用

1. 二维码支付的分类及业务流程

使用支付宝和微信支付已经成为日常生活中不可或缺的重要组成部分。在实际应用中，根据用户使用的是扫码支付还是出示二维码支付，可以将二维码支付分为主动式扫码支付与被动式扫码支付。根据交易对象不同，可以分为用户与商户交互模式、用户与用户间的交互模式。

（1）用户主动扫码支付模式

用户主动扫码支付模式指的是付款时，消费者扫描商户提供的二维码，二维码信息通常显示在商户的 POS 终端或者直接打印在纸上。交易流程如图 3-11 所示。以医疗服务为例，主动式扫码支付是商户按支付协议生成支付二维码，用户再用支付软件的"扫一扫"功能完成支付的模式，该模式适用于自助挂号、自助购物等服务场景。

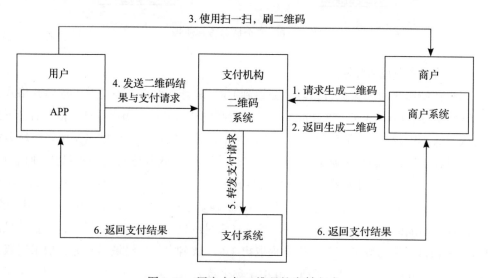

图 3-11　用户主扫二维码的支付方式

（2）用户出示二维码支付模式

用户出示二维码支付模式也称为用户被动式扫码支付模式，是线下商家通过扫码枪或其他条形码读取设备扫描用户手机 APP 上的二维码的支付模式，其交易流程如图 3-12 所示。以医疗服务为例，用户向医院系统展示支付条形码或二维码，医院系统使用红外线扫描枪扫描后完成支付。该模式适用于医院、超市等购物场景。

上面主要介绍的是用户与商户的交易模式。实际上，用户与用户的交互模式也基本类同。用户与用户之间的转账业务的交易流程与图 3-11 类似，只是将图中的商户修改为另一个用户即可。

2. 医疗系统的二维码支付流程

不管是用户扫码支付还是出示二维码支付，两种模式的扫码支付均能在十几秒甚至几秒内完成支付过程，在大大简化收费、试算、找零等过程的同时，既减少患者排队时间，又降低医院收到假币以及找零出错等风险，为收费管理提供了创新解决方案。

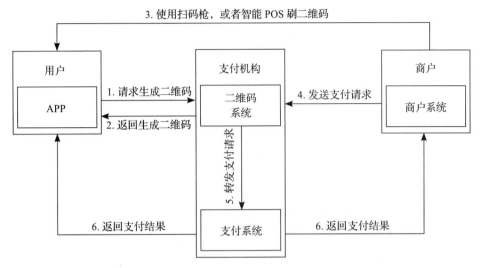

图 3-12　用户主扫二维码的支付方式

主动式扫码与被动式扫码的业务流程大同小异。下面仅以主动式扫码支付为例，详细介绍从生成支付二维码到用户进行扫码再到支付完成异步通知的整个流程。

（1）支付二维码生成

如图 3-13 所示，支付二维码生成过程主要分以下几个步骤：

1）医院收费终端系统根据患者 ID 号等就医凭证信息到 HIS 中获取相关费用信息，若为医保用户，则向医保中心系统发送试算请求并得到结果。

2）如果用户需要使用扫码支付进行结算，则终端收费系统开启 SOCKET 服务侦听并将患者信息、本机 IP 地址、SOCKET 侦听端口号及患者应收费用等信息打包成终端支付要素信息包提交至支付网关服务器。

3）支付网关服务器一方面保存终端支付要素信息以备支付完成后通知终端收费系统完成结算，另一方面根据支付宝 / 微信支付系统 API 调用规则，得到订单号与交易链接（code_url），并返回给终端收费系统。

4）终端收费系统在得到订单号与交易链接（code_url）后，把交易链接内容生成二维码图片展示给用户。

在支付二维码生成这个流程中，原来的收费终端程序只需要新增 SOCKET 服务侦听与提交终端支付要素信息包的 HTTP 请求操作，并在收到交易链接（code_url）后将其转化为二维码的功能，实现过程并不复杂。

（2）支付完成的异步通知

在用户扫描完支付二维码并完成支付授权后，支付宝 / 微信支付系统服务器将发起异步通知，告知交易发起方，交易已成功支付。其流程图如图 3-14 所示。

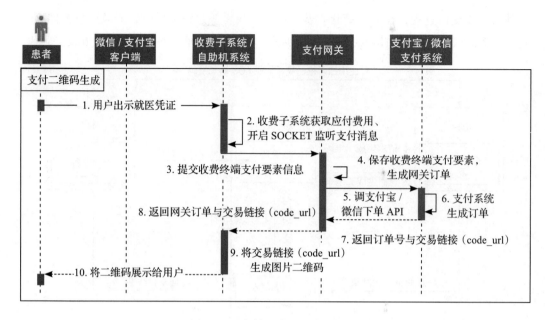

图 3-13　支付二维码生成流程图

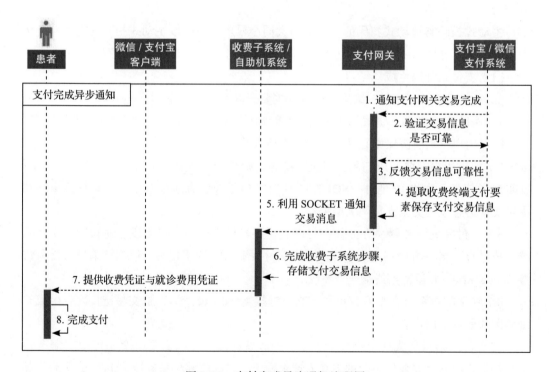

图 3-14　支付完成异步通知流程图

　　一旦用户成功支付，支付宝/微信支付系统服务器将发起异步通知，通知地址（notify_url）为调用下单 API 时定义的参数，如支付网关服务地址。支付网关服务器得到用户支付成功消息后，会先去验证该支付消息真实性。确认该支付成功消息真实存在后，支付网关会查找保存的终端支付要素信息，解析后与终端收费系统建立 SOCKET 连接，发送支付完成消息。终端收费系统得到支付完成消息，将支付费用信息提交至 HIS，完成收费系统接下来的步骤，打印相关凭证，完成整个收费支付过程。

在用户支付完成后，可能由于网络等原因导致支付网关服务器没有第一时间收到用户支付成功消息，可以在终端收费程序调用查询订单 API，查询订单的支付状态完成相应过程。

3. 二维码支付的安全性设计

在整个二维码支付流程中，安全具有至关重要的地位，一旦存在安全漏洞，整个企业的资金安全都将受到威胁。因此，可以通过以下安全策略来确保支付系统安全可靠、平稳地运行。

（1）网络安全

在网络安全方面，下一代防火墙、安全隔离网闸、支付网关的安全策略配置能确保网络稳定顺畅。防火墙作为第一道安全防线起着"看守员"的职责。对于不同的接口/区域，应当划分不同 IP 组别，对业务所需应用对象进行地址转换，并开启 DDoS 防护以防止遭受攻击后影响正常支付回调接口。下一代防火墙的 Web 应用防护和 IPS 功能可以有效地保护 DMZ 区服务器，弥补支付网关应用本身存在的漏洞可能引发的问题，如防止 SQL 注入、阻止 webshell 命令执行等。

安全隔离网闸由内端机、外端机以及数据迁移控制单元等组成，用于阻止来自外部的恶意攻击，也可以有效保护内网用户信息、防止泄露，进而减少病毒等恶意代码泛滥和传播的可能，确保受保护网络系统达到预期的安全等级。网闸也应当配置相应的对象组列表、服务列表及应用列表，制定详细明确规则，只允许特定源对象组访问目标对象组的特定应用或服务。

支付网关作为支付系统的核心，应能对所开放的服务进行审计和追溯。在支付网关管理端，能实时查看正在调用和历史调用的接口服务，记录每次调用所传递的数据内容，统计各接口服务调用次数，发现异常调用后应实时报警。

（2）数据安全

在数据安全方面，主要通过数据加密与数据防篡改技术来提升安全性。考虑到支付完成后需要通知各终端收费系统完成结算，从位于 DMZ 区的支付网关服务器与医疗网络区的各个终端收费系统建立连接会增加安全风险。因此，可以设计一套消息分发服务器，用于支付完成后将消息分发至各终端收费系统。系统中传输的消息均在安全套接层（SSL）下传输，消息内容经过对称加密，在内容中设置特定校验字段防止传输消息被篡改。

（3）交易安全

由于二维码扫码支付的交易业务存在于互联网环境下，存在 DNS 劫持、运营商插入广告、数据被窃取、正常数据被修改等安全风险，因此无论是医院还是支付服务商都需要最大限度地保证交易安全。通过签名算法与生成随机数算法可以保证交易订单的可靠性，通过 SSL 证书管理、HTTPS 服务器配置以及支付完成消息的验证机制可以在很大程度上保证交易的安全性。

本章小结

本章讲述了物联网感知中的相关安全问题，包括物联网感知层的安全威胁和安全机制、RFID 的物理安全机制和逻辑安全机制、基于哈希技术的 RFID 安全认证协议、无线传感器网络安全的感知安全和路由安全机制等。此外，分析了移动支付中的主要安全问题，讨论了基于二维码的移动身份验证与检测机制，并给出了一个二维码支付在医院的实现案例。

本章习题

3.1 物联网感知层面临的安全威胁有哪些，如何应对这些安全威胁？

3.2 物联网感知层的安全防护技术的主要特点是什么？

3.3 简述物联网中 RFID 的主要安全机制。

3.4 说明物联网中 RFID 的物理安全机制与逻辑安全的区别。

3.5 简述 RFID 隐私保护机制。

3.6 讨论 RFID 的主要安全协议，说明各类协议的优缺点。

3.7 简述 Hash-Lock 协议的工作原理，并编程实现。

3.8 简述随机 Hash-Lock 协议的工作原理，并编程实现。

3.9 分析 Hash-Lock 协议和随机 Hash-Lock 协议的差异，并说明它们的优缺点。

3.10 构建一种支持隐私保护的加密二维码，并开发相应的手机 APP。

3.11 分析和调研视频摄像数据进行交互时的安全管理方案。

3.12 详细说明无线传感网的安全目标有哪些？

3.13 传感网的安全攻击和防御措施有哪些？

3.14 参考相关文献，试说明传感网的六种安全框架。

3.15 试对传感网的密钥管理进行总结和详细的归类说明。

3.16 总结现有的传感器网络路由协议容易遭到各种攻击的原因。

3.17 简述二维码支付的分类方式与方法。

3.18 简述出示二维码支付的业务流程。

3.19 调研无人值守停车场的收费模式，并说明二维码支付在其中的作用。

第 4 章　物联网接入安全

物联网感知的结果需要通过多种方式接入并汇聚到网络中进行传输。在感知数据接入和汇聚过程中，汇聚节点需要识别感知节点的合法身份，保证感知数据来源的合法性。本章探讨物联网感知节点接入过程中的各种安全问题，包括感知节点的信任机制、身份认证机制、访问控制机制和数字签名机制等。

4.1　物联网接入安全概述

随着物联网的快速发展，智能终端和传感系统与外部网络的通信日益频繁，进入物联网系统内部的用户越来越多。当大量用户使用终端设备登录物联网系统时，安全管理和控制越来越困难、越来越复杂。

物联网系统中的感知节点或智能终端需要相互协作，并通过各种无线或有线网络接入互联网或专用网络。如何保证感知节点、智能终端和体系网络的接入的安全性和可靠性，是物联网必须解决的关键问题。

一方面，大量具有无线通信功能的感知节点需要通过多跳通信完成感知数据传输和协助处理，这些节点在相互接入之前需要进行有效的身份认证。只有通过身份认证的节点才能进行相互协作、传输数据和协同处理，从而有效保证感知数据不被未经认证的节点非法获取。

另一方面，感知节点数据需要借助各种有线和无线网络进行传输、通信，通信节点的身份认证也是物联网必须关注的安全问题。尽管物联网感知数据可以通过加密方式进行传输，即使攻击者获取到了加密的感知数据，短时间内也无法理解其实际内容。但随着计算机性能的快速提高，破解加密数据变得越来越容易。因此，感知数据的安全传输需要依赖网络可信链路，这时候网络链路中的通信节点就必须通过信任管理技术进行可信的身份验证，以确保链路节点工作的高效和可靠。

此外，感知数据最终需要应用于某种目的（如工业物联网、车联网、智慧农业和智能家居等），这时候需要用户深度参与感知数据的处理。如何保证参与感知数据处理和分析的用户安全、可靠，也是物联网系统必须面临的重要问题。

由此可见，物联网接入安全涉及面广，主要包括感知节点的安全接入、网络节点的安全接入和终端用户的安全接入三个方面。

4.1.1　感知节点的安全接入

感知层作为整个网络的数据来源，是构建物联网的基础。感知层的设备类型复杂，既有 RFID 和条形码等识别设备，也有红外传感器和视频摄像头等感知设备，各个设备节点之间通过有线或无线传感网络进行互联。因此，对感知层设备的管理和鉴权既是一项烦琐的工作，更是保障物联网网络安全的重中之重。目前采用的中心化管理方案不仅管理成本较高，而且接入设备的安全性难以检测。但目前对于感知层设备还没有特别理想的安全防护方案，因为感知层设备种类具有复杂性和多样性，面临的安全风险主要包括设备硬件简单、固件版本低、软件安全补丁更新不及时、存在权限漏洞等。

在物联网系统中，节点接入安全主要涉及 RFID 安全、感知节点接入安全和无线传感器接入安全等。要实现各种感知节点的安全接入，需要无线传感网络通过某种方式与互联网相连，使得外部网络中的设备可安全地对传感区域进行控制与管理。对物联网的每个感知节点进行唯一编址是一种可行的安全保障技术。目前，IPv4 正在向 IPv6 过渡，IPv6 拥有着巨大的地址空间，可以为每个感知节点预留一个 IP 地址。因此，为每个感知节点分配一个 IPv6 地址，并借用 IPv6 的安全机制，可以较好地保障物联网感知节点接入的安全性。

IPv6 已经将 IPSec 协议嵌入基础的协议栈中。通过启用 IPSec 服务实现安全通信，攻击者将难以采取中间人攻击的方法对通信过程进行劫持和破坏。同时，攻击者即使截取了节点的通信数据包，也会因为无法解码而难以窃取通信节点的真实信息。从整体来看，使用 IPv6 不仅能满足物联网的地址需求，还能满足物联网对节点移动性、节点冗余、基于流的服务质量保障的需求。

当前，基于 IPv6 主要有以下两种无线接入方式。

（1）代理接入方式

代理接入方式是指将感知协调节点通过基站（基站是一台计算机）接入互联网。传感网络把采集到的数据传给感知协调节点，再通过基站把数据通过互联网发送到数据处理中心，同时用一个数据库服务器缓存数据。用户可以通过互联网向基站发命令，或者访问数据中心。在代理接入方式中，传感器不能直接与外部用户通信，而是要经过代理主机对接收的数据进行中转。

代理接入方式的优点是安全性较高，利用 PC 作为基站减少了协调节点软硬件的复杂度及能耗。可在代理主机上部署认证和授权等安全技术，且保证了传感器数据的完整性。代理接入方式的缺点是以 PC 作为基站，造成代价、体积与能耗较大，不便于部署，在恶劣环境中不能正常工作等。

（2）直接接入方式

直接接入方式是指通过感知协调节点直接连接互联网与传感网络。协调节点可通过无线通信模块与传感网络节点进行无线通信，也可利用低功耗、小体积的嵌入式 Web 服务器接入互联网，实现传感网与互联网的隔离。这样，传感网就可以采用更加适合其特点的 MAC 协议、路由协议以及拓扑控制等协议，达到网络能量有效性、扩展性和简单性等目标。

直接接入方式可分为以下三类。

1）全 IP 方式：直接在无线传感网所有感知节点中使用 TCP/IP 协议栈，使无线传感网与 IPv6 网络之间可通过统一的网络层协议实现互联。对于使用 IEEE 802.15.4 技术的无线传感网，全 IP 方式指 6LoWPAN 方式，其底层使用 IEEE 802.15.4 规定的物理层与 MAC 层，网络层使用 IPv6 协议，并在网络层和 IEEE 802.15.4 之间增加适配层，用于对 MAC 层接口进行封装，屏蔽 MAC 层接口的不一致性，包括进行链路层的分片与重组、头部压缩、网络拓扑构建、地址分配及组播支持等。6LoWPAN 实现 IEEE 802.15.4 协议与 IPv6 协议的适配与转换工作，每个感知节点都定义了微型 TCP/IPv6 协议栈，用来实现互联网络节点间的互联。但 6LoWPAN 这种方式目前也存在很大争议。赞同方的理由是：通过若干感知节点连接到 IPv6 网络是实现互联最简单的方式；IP 技术的不断成熟为其与无线传感网的融合提供了方便等。反对方的理由是：因为 IP 网络以地址为中心，而传感网是以数据为中心，这就使得无线传感网络通信效率比较低且能源消耗太大。目前许多以数据为中心的网络系统设计方案都将路由功能放到了应用层或 MAC 层实现，不设置单独的网络层。

2）重叠方式。重叠方式是指在 IPv6 网络与传感网之间通过协议承载方式来实现互联。该方式可进一步分为 IPv6 over WSN 和 WSN over TCP/IP（v6）两种方式。IPv6 over WSN 方式提议在感知节点上实现 u-IP，此方法可使外网用户直接控制传感网中的特殊节点，这些节点必须支持 IPv6 协议，但并不是所有节点都支持 IPv6。WSN over TCP/IP（v6）方式将 WSN 协议栈部署在 TCP/IP 之上，IPv6 网络中的主机被看作虚拟的感知节点，主机可直接与传感网络中的感知节点进行通信，但缺点在于需要主机来部署额外的协议栈。

3）应用网关方式。这种方式通过在网关应用层进行协议转换来实现无线传感网与 IPv6 网络的互联。无线传感网与 IPv6 网络在所有层次的协议都可完全不同，这使得无线传感网可以灵活选择通信协议，但缺点是用户透明度低，不能直接访问传感网中特定的感知节点。

与传统方式相比，IPv6 能支持更大的节点组网，但对传感器节点的功耗、存储以及处理器能力等要求更高，因而成本更高。另外，IPv6 协议的流标签位于 IPv6 报头，容易被伪造，易产生服务盗用安全问题，因此，在 IPv6 中，流标签的应用需要开发相应的认证加密机制。同时，为了避免流标签使用过程中发生冲突，还要增加源节点的流标签使用控制机制，保证流标签在使用过程中不会被误用。

4.1.2 网络节点的安全接入

网络层负责感知层与应用层之间安全、稳定、高效的数据交互，面临中间人攻击、重放攻击、伪造数据包攻击等安全威胁，目前常采用数据加密、数字签名和深度包过滤等安全技术保障数据传输安全。简单的对称加密技术虽然能够满足物联网对实时性的要求，但安全性不足。数字签名技术虽然利用极难的数学算法保证了安全性，但由于物联网采用中心化结构，使得攻击者的攻击具有针对性，只需破坏或者欺骗相应的设备即可达到篡改和窃取数据的目的。对数据包做进一步解析的深度包过滤技术则太过复杂，要实现深度包过滤，首先要对应用层协议进行解析，由于协议的多样性（有些厂商甚至采用专有协议），使得协议解析工作量巨大。而且，在深度包解析过程中会对数据包内容完全解析，此时数据内容更容易泄露。

网络接入技术最终要解决的是如何将成千上万个物联网终端快捷、高效、安全地融入物联网应用业务体系中，这关系到物联网终端用户的切身利益，包括物联网服务的类型、服务质量、资费等，因此也是物联网建设中要解决的一个重要问题。

物联网通过大量的终端感知设备实现对客观世界的感知和控制。终端感知网络与服务器的连接要用到各类网络接入技术，涉及 GSM、TD-SCDMA、WCDMA、4G、5G 等蜂窝网络，以及 WLAN、WPAN 等专用无线网络和 Internet 等各种 IP 网络。物联网网络接入技术主要用于实现物联网信息的双向传递和控制，重点在于适应物联网物与物通信需求的无线接入网和核心网的网络改造和优化，以及满足低功耗、低速率等物与物通信特点的网络层通信和组网技术。

物联网中存在大量终端设备，需要为这些终端设备提供统一的网络接入。终端设备可以通过相应的网络接入网关接入到核心网，也可以重构终端，基于软件定义无线电（SDR）技术动态、智能地选择接入网络，再接入到移动核心网中。在终端技术、网络技术和业务平台技术方面，异构性、多样性是一个非常重要的趋势。随着物联网应用的发展，广阔的、局域的、车域的、家庭域的、个人域的各种物联网感知设备，从太空中的卫星到体内的医疗传感器，种类如此繁多、接入方式各异的终端如何安全、快捷、有效地进行互联互通并获取所需的各类服务已成为物联网发展研究的主要问题之一。

目前，网络接入控制技术将控制目标转向了计算机终端。从终端着手，通过管理员制定的安全策略，对接入内部网络的计算机进行安全性检测，拒绝不安全的计算机接入内部网络。主流的网络接入控制技术有思科公司的网络接入控制（Network Access Control，NAC）、微软公司的网络准入保护（Network Access Protection，NAP）、Juniper 公司的统一接入控制（Unified Access Control，UAC）、可信计算组（Trusted Computing Group，TCG）的可信网络连接（Trusted Network Connection，TNC）等。

1. 常用的网络接入控制技术

（1）NAC

NAC 是由思科公司主导的产业协同研究结果。NAC 可以提供保证端点设备在接入网络前完全遵循本地网络内需要的安全策略，并可保证不符合安全策略的设备无法接入网络以及设置可补救的隔离区供端点修正网络策略，或者限制其可访问的资源。NAC 主要由以下三部分组成。

1）客户端软件与思科可信代理。可信代理可以从多个安全软件组成的客户端防御体系收集安全状态信息，如杀毒软件、信任关系等，然后将这些信息传送到相连的网络中，在这里实施准入控制策略。

2）网络接入设备。网络接入设备包括路由器、交换机、防火墙及无线 AP 等。这些设备收集终端计算机请求信息，然后将信息传送到策略服务器，策略服务器决定是否采用授权及采取什么样的授权。网络将按照客户制定的策略实施相应的准入控制决策，即允许、拒绝、隔离或限制。

3）策略服务器。策略服务器负责评估来自网络设备的端点安全信息。

（2）NAP

NAP 是微软公司为 Windows Vista/7/10 设计的一套网络操作系统组件，它可以在访问私有网络时提供系统平台健康校验。NAP 平台提供了一套完整性校验方法来判断接入网络的客户端的健康状态，对不符合健康策略需求的客户端限制其网络访问权限。NAP 主要由以下部分组成。

1）适于动态主机配置协议和 VPN、IPSec 的 NAP 客户端计算机。

2）NAP 服务器。对于不符合当前系统运行状况要求的计算机采取强制受限网络访问，同时运行 Internet 身份验证服务（IAS），支持系统策略配置和 NAP 客户端的运行状况验证协调。

3）策略服务器。为 IAS 服务器提供当前系统运行情况，并包含可供 NAP 客户端访问以纠正其非正常运行状态所需要的修补程序、配置和应用程序。策略服务器还包括防病毒隔离和软件更新服务器。

4）证书服务器。向基于 IPSec 的 NAP 客户端颁发运行状况证书。

5）管理服务器。负责监控和生成管理报告。

（3）TNC

TNC 是建立在基于主机的可信计算技术之上的，其主要目的是通过使用可信主机提供的终端技术实现网络访问控制的协同工作。TNC 的权限控制策略采用终端的完整性校验。TNC 结合已存在的网络控制策略（如 802.1x、IKE 等）实现访问控制功能。

TNC 架构包括请求访问者（Access Requestor，AR）、策略执行者（Policy Enforcement Point，PEP）和策略定义者（Policy Decision Point，PDP）。这些都是逻辑实体，可以分布在任意位置。TNC 将传统接入方式的"先连接，后安全评价"变为"先安全评估，后连接"，大大增强了接入的安全性。TNC 由三个部分构成：

1）网络访问控制层。从属于传统的网络连接和安全层，支持现有的 VPN 和 802.1x 等技术。这一层包括 NAR（网络放弃访问请求）、PER（策略执行）和 NAA（网络访问授权）三个组件。

2）完整性评估层。这一层依据一定的安全策略评估 AR 和完整性状况。

3）完整性测量层。这一层负责收集和验证 AR 的完整性信息。

（4）UAC

UAC 是 Juniper 公司提出的统一接入控制解决方案。UAC 由多个单元组成。

1）Infranet 控制器。Infranet 控制器是 UAC 的核心组件，主要功能是将 UAC 代理应用到用户的终端计算机中，以便收集用户验证、端点安全状态和设备位置等信息；或者在无代理模式下收集此类信息并与策略相结合来控制网络、资源和应用的接入。随后，Infranet 控制器在分配 IP 地址前在网络边缘通过 802.1x 或在网络核心通过防火墙将这个策略传递给 UAC 执行点。

2）UAC 代理。UAC 代理部署在客户端，允许动态下载。UAC 代理提供的主机检查器功能允许管理员扫描端点并设置各种应用状态，包括但不限于防病毒、防恶意软件和个人防火墙等。UAC 代理可通过预定义的主机检查策略以及防病毒签名文件的自动监控功能来评估最新定义文件的安全状态。UAC 代理允许执行定制检查任务（如注册表和端口检查），并可执行 MD5 校验，以验证应用的有效性。

3）UAC 执行点。UAC 执行点包括 802.1x 交换机 / 无线接入点，或者 Juniper 网络公司防火墙。

2. 网络接入控制的新趋势

通过对上述网络接入控制技术的研究发现，终端设备安全接入与认证是网络安全接入中的核心技术，并呈现出新的趋势。

1）基于多种技术融合的终端接入认证技术。目前，对于主流的三类接入认证技术，网络接入设备一般采用 NAC 技术，而客户端则采用 NAP 技术，从而达到两者的互补。TNC 的目标是解决可信接入问题。从信息安全的远期目标来看，在接入认证技术领域，芯片、操作系统、安全程序、网络设备等多种技术缺一不可。

2）基于多层防护的接入认证体系。终端接入认证是网络安全的基础，为了保证终端的安全接入，需要从多个层面分别认证、检查接入终端的合法性和安全性。例如，通过网络准入、应用准入、客户端准入等层面的准入控制，强化各类终端事前、事中、事后接入核心网络的层次化管理和防护。

3）接入认证技术标准化、规范化。目前，虽然各核心设备厂商的安全接入认证方案技术原理基本一致，但各厂商采用的标准、协议以及相关规范各不相同。标准与规范是技术长足发展的基石，因此标准化、规范化是接入认证技术的必然趋势。

3. 满足多网融合的安全接入网关

多网融合环境下的物联网安全接入需要一套完整的系统架构，这种架构可以是一种泛在网多层组织架构。底层是传感器网络，通过终端安全接入设备或物联网网关接入承载网络。物联网的接入方式多种多样，通过网关设备可将多种接入手段整合起来，统一接入电信网络的关键设备上，网关可以满足局部区域短距离通信的接入需求，实现与公共网络的连接。同时，完成转发、控制、信令交换和编解码等功能，而终端管理、安全认证等功能保证了物联网的质量和安全。物联网网关的安全接入有三大功能。

1）实现协议转换，同时可以实现移动通信网络和互联网之间的信息转换。

2）接入网关可以提供基础的管理服务，为终端设备提供身份认证、访问控制等安全管理服务。

3）通过统一的安全接入网关，将各种网络进行互联整合，从而借助安全接入网关平台迅速开展物联网业务的安全应用。

总之，研究安全接入网关设计技术离不开统一建设标准、规范的物联网接入、融合的管理平台等方面的支持，还应充分利用新一代宽带无线网络，建立全面的物联网网络安全接入平台，提供覆盖广泛、接入安全、高速便捷、统一协议栈的分布式网络接入。

4.1.3　终端用户的安全接入

在物联网系统中，应用层负责物联网系统中数据的存储与处理，是物联网具体功能实现的关键点。如果用户管理不当或者数据存储策略不合理，就极易造成不法分子入侵、窃取隐私数据甚至利用物联网应用安装后门接管整个物联网系统的后果。如果采用的安全防护技术是比较传统的口令认证方式，攻击者就可以采用暴力破解的方式获取密码，从而取得相应权限。

在用户接入安全方面需考虑移动用户利用各种智能移动感知设备（如智能手机、PDA 等）通过有线或无线的方式如何安全接入物联网。无线网络环境下，因为数据传输的无方向性，尚没有非常有效的避免数据被截获的办法。除了使用更加可靠的加密算法外，通过某种方式实现信息向特定方向传输也是一个思路，如利用智能手机作为载体，通过使用二维码进行身份认证。

用户接入安全涉及多个方面，首先要对用户身份的合法性进行确认，这就需要身份认证技术；然后，在确定用户身份合法的基础上为用户分配相应的权限，限制用户访问系统资源的行为和权限，保证用户安全地使用系统资源；同时，在网络内部还需要考虑节点、用户的信任管理问题。

4.2　信任管理与计算

信任是信息安全的基石，是交互双方进行身份认证的基础。用户在访问物联网系统之前，首先要经过基于信任的身份认证系统来验证身份，然后根据用户凭证或行为决定用户是否能够访问某个资源。其中，用户凭证由安全管理员根据需要进行配置，用户行为则通过监控或观察获得。

4.2.1 信任

信任涉及假设、期望和行为，信任是与风险相联系的，并且信任关系的建立不可能总是全自动的，这意味着信任的定量测量比较困难。但是，信任可以通过级别进行度量和使用，以决定身份认证和访问控制的级别。信任的主要特征包括信任的动态性、不对称性、传递性、衰减性。

（1）信任的动态性

信任关系不是绝对的，而是动态变化的。实体 A、B 交互前，双方不存在信任关系，即 A 不信任 B 在某方面执行特定操作或者提供特定服务的能力。通过推荐或介绍，A 与 B 建立交互关系，如果 B 总能按照 A 的预期完成任务，A 对 B 的信任程度会逐渐提高。

（2）信任的不对称性

信任的不对称性又称为信任的主观性。实体 A 信任 B，不等价于 B 也信任 A；同样，实体 A 对 B 的信任程度也不一定和 B 对 A 的信任程度相同。信任可以是一对一、一对多甚至是多对多的关系。图 4-1 给出了这几种信任关系模式。

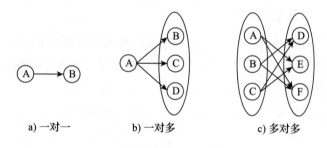

a) 一对一　　　　b) 一对多　　　　c) 多对多

图 4-1　信任关系模式

（3）信任的传递性

两个实体间存在多次交互的历史时，双方就可以根据对方的历史行为评价对方，这种信任关系称为直接信任；如果交互的双方事先不存在协作关系，或者交互的一方需要更多地了解另一方，往往会通过第三方实体的推荐信息来为信任决策提供参考，这种信任关系称为间接信任，即 A 信任 B，B 信任 C，那么 A 也信任 C。这种推荐关系说明信任在一定程度上具有传递性。

（4）信任的衰减性

信任有随时间衰减的趋势。在某一时刻 T，实体 A 信任实体 B，但是经过一段时间，如果 A 与 B 在该时间段内不存在交互关系，则随时间的推移，A 对 B 的认知程度下降，即不确定 B 当前是否能够如同时刻 T 那样可信，表现为 A 对 B 的信任程度降低。这说明在实体交互过程中，最近的交互活动更能反映实体的可信程度。

4.2.2　信任管理

1996 年，M. Blaze 为解决 Internet 上网络服务的安全问题，提出了"信任管理"

（Trust Management）的概念，并首次将信任管理机制引入分布式系统之中。随着以互联网为基础的各种大规模开放应用系统（如网格、普适计算、P2P、Ad Hoc、Web 服务、Cloud、IoT 等）的相继出现和应用，信任关系、信任模型和信任管理逐渐成为信息安全领域的研究热点。

近 10 年来，科研工作者在信任关系、信任模型和信任管理等方面进行了深入的研究工作，取得了较大的进展。这些研究工作体现在以下三个层面。

1. 基于策略（或凭证）的静态信任管理技术

基于策略（或凭证）的静态信任管理（Policy-Based or Credential-Based Static Trust Management）技术是根据 Blaze 和 Jøsang 提出的信任管理的概念，在实体可信的基础上为实体提供资源访问权限，并以信任查询的方式提供分布式静态信任机制，对于解决单域环境的安全可信问题具有良好效果。在该可信性保障系统中，信任关系通过凭证或凭证链获得。如果没有凭证链，表示没有信任关系，否则具有完全信任关系。可以通过撤销凭证来撤销信任关系。其基本原理继承了基于身份的静态信任验证机制，主要方法是应用策略建立信任、聚焦管理和交换凭证、增强访问控制策略等。

为了使信任管理能够独立于特定的应用，M.Blaze 等人还提出了一个通用的信任管理框架，如图 4-2 所示。其中，信任管理引擎（Trust Management Engine，TME）是整个信任管理框架的核心，体现了通用的、应用无关的一致性检验算法，并能根据输入的请求、信任凭证、安全策略，输出请求是否被许可的判断结果。

信任管理引擎是信任管理系统的核心，设计信任管理引擎涉及以下几个主要问题：描述和表达安全策略和安全信任凭证；设计策略一致性检验算法；划分信任管理引擎和应用系统之间的职能。

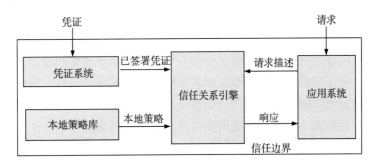

图 4-2　基于策略（或凭证）的信任管理框架

基于策略（或凭证）的静态信任管理技术本质上是使用一种精确的、静态的方式来描述和处理复杂、动态的信任关系，即通过程序以形式化的方法验证信任关系，其研究的核心问题是访问控制信息的验证，包括凭证链的发现、访问控制策略的表达及验证等。应用开发人员需要编制复杂的安全策略，以进行信任评估，这样的方法显然不适合处理运行时动态演化的可信关系。

另外，基于策略（或凭证）的静态信任管理技术主要分析的是身份和授权信息，并侧重于授权关系、委托等的研究，一旦信任关系建立，通常将授权绝对化，没有考虑实体的行为对实体信任关系的影响。而且，在基于策略（凭证）的静态信性管理系统中，必须事先确定管理域内和管理域间的资源是可信赖的、用户是可靠的且应用程序是无恶意的。但在云计算、边缘计算和物联网等大规模开放网络计算系统中，交互实体间的生疏性以及共享资源的敏感性成为跨管理域信任建立的屏障。由于大规模网络计算涉及数以万计的处在不同安全域的计算资源，大量的计算资源的介入将导致无法直接在各个网络实体（如应用、用户与资源）间建立事先的信任关系。

2. 基于证书和访问控制策略交互披露的自动信任协商技术

在开放、自主的网络环境中，在线服务、供应链管理和应急处理等具有多个安全管理自治域的应用为了实现多个虚拟组织间的资源共享和协作计算，需要通过一种快速、有效的机制为数量庞大、动态分散的个体和组织建立信任关系，而服务间的信任关系常常是动态建立和调整的，需要依靠协商方式达到协作或资源访问的目的，并能维护服务的自治性、隐私性等安全需要。

为了解决以上问题，Winslett 和 Winsborough 等人提出了自动信任协商（Automated Trust Negotiation，ATN）的概念。ATN 是通过协作网络实体间信任证书、访问控制策略的交互披露，逐渐为各方建立信任关系的过程。当访问者与资源 / 服务提供方不在同一个安全域时，基于凭证和策略的常规访问控制方法不能有效地对访问者的行为进行控制，ATN 可以为合法用户访问资源提供安全保障，防止非法用户的非授权访问。

ATN 技术的优点如下：陌生者之间的信任关系是通过参与者的属性信息交换确立的，通过数字证书的暴露来实现；协商双方都可定义访问控制策略，以规范对方对其敏感资源的访问；在协商过程中，并不需要可信第三方（如 CA）的参与。最近几年，ATN 的研究已经取得较大的进展，并已经应用到一些分布式应用系统中，通过信任凭证、访问控制策略的交互披露，资源的请求方和提供方可以方便地建立实体间的初始信任关系。自动信任协商技术解决了跨多安全域隐私保护、信任建立等问题，成为广域安全协作中一个崭新的研究领域，其研究和应用在国际上备受关注。但对于网络化实体行为的关系问题，例如如何描述网络实体信任属性、如何动态建模网络实体行为的关系，以及如何建立信任性质和实体行为之间的内在联系及其严格的描述等，还没有展开深入的研究。在复杂开放的网络环境下，随着网络规模的增大，涉及的资源种类和范围不断扩大、应用复杂度不断提高以及计算模式的革新，都需要对信任的动态属性及其与网络实体行为的关系问题进行深入探索。

3. 基于行为特征的动态信任管理

1994 年，Marsh 首先从社会学、行为学等角度对基于行为特征的信任管理技术（Behavior-based Trust Management Technology，BTMT）进行了开创性的研究。BTMT 也称为动态信任管理技术（Dynamic Trust Management Technology，DTMT），它最初在"在线交易社区"（Online Trading Communities）构建信任和促进合作中得到了广泛的研究。例如，在 eBay 中，由于用户的高度动态性，传统的质量保障机制无法发挥作用，动态信任机制则可以实现松散的系统用户间的相互评估，并由系统综合得到每个用户的信任值。

不同于前面介绍的两种信任管理技术，动态信任管理技术的主要思想是：在对信任关系进行建模与管理时，强调综合考察影响实体可信性的多种因素（特别是行为上下文），针对实体行为可信的多个属性进行有侧重的建模；并且强调动态地收集相关的主观因素和客观证据的变化，以一种及时的方式实现对实体可信性的评测、管理和决策，对实体的可信性进行动态更新与演化。

相比于传统的信任管理，动态信任关系的管理有以下新的特征：①需要尽可能多地收集与信任关系相关的信息，并将其转化为影响信任关系的不同量化输入；②在信任管理中强调对信任关系进行动态的监督和调整，考察信任关系的多个属性，同时考虑不同信任关系之间的关联性。因此，需要管理的信任网络的复杂性和不确定性提高了；③在决策支持方面，强调通过综合考虑信任关系中的各主要因素以及其他相关联的安全因素来进行决策，因此，动态信任管理中的可信决策制定需要更加复杂的策略支持；④动态信任管理技术要求采用分布式信任评估和分布式决策的形式，同时要求解决不同实体之间的信任管理的协调问题，根据能力的差异采取不同的信任管理策略。

4.2.3　信任计算

采用统一方法描述和解释安全策略（Security Policy）、安全凭证以及用于直接授权关键性安全操作的信任关系的过程，称为信任计算。下面分别介绍信任计算的主要任务、信任度量与评估方法。

1. 信任计算的主要任务

信任计算的核心内容包括用于描述安全策略和安全凭证的描述语言，以及用于对请求、安全凭证集和安全策略进行一致性证明、验证的信任管理引擎。具体来说，信任计算的主要任务包括以下几个。

（1）信任关系的初始化

主体和客体信任关系的建立需要经历两个阶段：主体的服务发现阶段以及客体的信任度赋值和评估。当一个客体需要某种服务时，可能有多个服务者能够提供该服务，客体需要选择一个合适的服务提供者，这需要根据服务者的声誉等因素来选择。

（2）行为观测

监控主体间所有交互的影响，产生证据是动态信任管理的关键任务之一，信任评估和决策依据在很大程度上依赖于观察者。信任值需要根据观测系统的观测结果进行动态更新。主要涉及两个任务：一是实体之间交互上下文的观测、存储和触发信任值的动态更新；二是当一个观测系统检测到某个实体的行为超出许可或者实体的行为是一个攻击性行为时，需要触发一个信任度的重新评估。

（3）信任评估与计算

根据数学模型建立的运算规则，在时间和观测到的证据上下文的触发下动态地重新计算信任值，是信任管理的核心工作。实体 A 和实体 B 交互后，实体 A 需要更新信任信息结构表中对实体 B 的信任值。如果这个交互基于推荐者的交互，主体 A 不仅要更新它对实体 B 的信任值，而且要评估对它提供推荐的主体的信任值。这样，信任评估可以部分解决信任模型中存在的恶意推荐问题。

2. 信任关系的度量

信任通常分为基于身份的信任（Identity Trust）和基于行为的信任（Behavior Trust）两部分。基于身份的信任采用静态的控制机制，即在用户对目标对象实施访问前就对访问权限进行了限制。基于行为的信任通过实体的行为历史记录和当前行为的特征来动态判断目标实体的可信任度。基于行为的信任包括直接信任（Direct Trust）和间接信任（Indirect Trust）。间接信任又称为推荐信任、反馈信任或者声誉（Reputation）。

信任关系通常有程度之分，信任计算的目的就是要准确地刻画信任程度。正是由于信任有程度区分，其评价过程才变得重要而有意义。信任的可度量性使得源实体可利用历史经验对目标实体的未来行为进行判断，进而得到信任的具体程度。信任度是信任程度的定量表示，它是用来度量信任大小的。

定义 4-1 信任度（Trust Degree，TD） 信任的定量表示。信任度可以根据历史交互经验推理得到，它反映的是主体（Trustor，也叫作源实体）对客体（Trustee，也叫作目标实体）的能力、诚实度、可靠度的认识，以及对目标实体未来行为的判断。TD 又称为信任程度、信任值、信任级别、可信度等。

信任度可以用直接信任度和反馈信任度来综合衡量。反馈信任度又称为推荐信任度（Recommendation Trust Degree）、间接信任度（Indirect Trust Degree）、声誉等。这里，直接信任源于其他实体的直接接触，声誉则是一种口头传播的名望。

图 4-3 给出了直接信任和反馈信任的图示化描述。

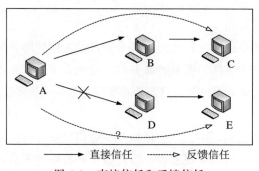

图 4-3 直接信任和反馈信任

一般来说，信任关系不是绝对的，而是动态变化的。A 信任 B 提供某种服务的能力，随着与 B 协作次数的增多，A 会根据交互的成功与否逐渐调整对 B 的信任度，形成

A 对 B 的直接信任。另外，信任还存在反馈关系，当实体以前没有直接与某个实体交互时，只能依靠别的实体提供反馈信息作为参考，根据自己的策略判断推荐信息。

如图 4-3 所示，如 A 信任 B，而 B 信任 C，则 A 能够具有 B 所提供的对 C 的间接信任度，即 B 是推荐人，A 对 B 有直接信任，A 对 C 有间接信任。若 D 对 E 有直接信任，而 A 对 D 没有直接信任（不信任），那么，A 对 E 会有什么样的信任关系？目前有两种认知，一种就是接受来自陌生节点的推荐信息。在这种方法中，若 E 请求 A 提供的服务，而 A 事先没有 E 的任何信息，A 会在整个网络中使用广播的方式查询对 E 的推荐信息，然后对收集到的推荐信息进行聚合，从而得到对 E 的间接信任度。另一种方法就是 A 只相信可信节点的反馈信息，而不采纳陌生节点的反馈信息，因此，如图 4-3 所示，通过 D，A 不会形成对 E 的间接信任度。第一种方法虽然简单，但是不太符合人类社会对推荐过程的认知，而且容易出现陌生节点的恶意反馈问题；第二种是符合人类认知规律的反馈聚合机制。根据上面的描述，下面给出直接信任度和反馈信任度的定义。

定义 4-2　直接信任度（Direct Trust Degree，DTD）　通过实体之间的直接交互经验得到的信任关系的度量值。直接信任度建立在源实体对目标实体经验的基础上，随着双方交互的不断深入，源实体对目标实体的信任关系逐渐明晰。相对于其他来源的信任关系，源实体更倾向于根据直接经验来对目标实体做出信任评价。

定义 4-3　反馈信任度（Feedback Trust Degree，FTD）　实体间通过第三者的间接推荐形成的信任度，也称为声誉、推荐信任度、间接信任度等（本文统一称为反馈信任度）。反馈信任建立在中间推荐实体的推荐信息基础上，根据源实体对中间推荐实体信任程度的不同，会对推荐信任有不同程度的取舍。但是由于中间推荐实体的不稳定性，以及存在伪装的恶意推荐实体，导致反馈信任度的可靠性难以度量。

定义 4-4　总体信任度（Overall Trust Degree，OTD）　也叫作综合信任度或者全局信任度。信任关系的评价，就是源实体根据直接交互得到对目标实体的直接信任关系，以及根据反馈得到目标实体的推荐信任关系，两种信任关系的合成就得到了对目标实体的综合信任评价。

信任计算是实现身份认证的前提。典型的信任计算方法包括基于加权平均的信任计算和基于历史证据窗口的总体信任度计算两种：

3. 基于加权平均的信任计算

目前，信任模型在获取总体信任度时大多采用直接信任度与反馈信任度加权平均的方式进行聚合计算而得到。

$$\Gamma(P_i, P_j) = W_1 \times \Gamma_D(P_i, P_j) + W_2 \times \Gamma_I(P_i, P_j)$$

这里，P_i 与 P_j 是两个交互实体，$\Gamma(P_i, P_j)$ 是总体信任度，$\Gamma_D(P_i, P_j)$ 是直接信任度，$\Gamma_I(P_i, P_j)$ 是反馈信任度，W_1 和 W_2 分别为直接信任度与反馈信任度的分类权重。

当 $W_1 = 0$ 时，信任由推荐决定；但 $W_2 = 0$ 时，信任由行为观测决定。

4. 基于历史证据窗口的总体信任度计算

在一个信任管理系统中，信任评估和预测的依据是由系统检测到并保存在主体节点本地数据库中的一些交互上下文数据，这些上下文数据称为历史证据。信任管理系统设定的参与信任度评估的最大的历史记录个数称为历史证据窗口（History Evidence Window，HEW）。

基于 HEW 的总体信任度的计算方法定义如下：

$$\Gamma(P_i, P_j) = \begin{cases} \Gamma_D(P_i, P_j), & h \geqslant H \\ \Gamma_I(P_i, P_j), & h = 0 \\ W_1 \times \Gamma_D(P_i, P_j) + W_2 \times \Gamma_I(P_i, P_j), & 0 \leqslant h < H \end{cases}$$

其中，h 是信任评估主体的本地数据库中现有的 P_i 与 P_j 之间交互的历史证据（样本）总数，H 是系统设定的参与信任度评估的最大历史记录个数，也就是历史证据窗口（HEW），W_1 和 W_2 分别为直接信任度与反馈信任度的权重。

当一个服务请求者（SR）向服务提供者（SP）提出服务请求时，服务提供者需要对该服务请求者的总体信任度进行评估和预测，根据预测结果由访问控制模块中的决策函数决定 SR 可以得到的服务级别（Service Level）。为了预测 SR 的总体信任度，SP 首先在本地数据库（Evidence Base）中检索与该 SR 的直接交互证据，并统计在系统设定的有效时间内的证据数目 h。若 $h \geqslant H$，表示 SP 现有的有效直接证据数目足以判断该 SR 可信程度，这时，信任管理系统只需要计算直接信任度，计算得到的结果作为该 SR 的总体信任度。若 $0 < h < H$，表示现有的直接证据不充分，不足以判断该 SR 的总体信任度，因此还要考虑第三方实体的反馈信息，也就是反馈信任度。信任管理系统既需要计算直接信任度（DTD），也需要计算反馈信任度（FTD），然后根据 W_1 和 W_2 进行总体信任度的聚合计算。若 $h = 0$，表示主体与客体之间是首次交互，主体的本地数据库中没有记录客体的任何信息，这时信任评估系统只能依靠第三方的反馈信任来评估客体的总体信任度。

与传统的总体信任度计算方法相比，该方法具有以下优点：

1）更加符合人类的心理认知与行为习惯。从信任的内涵来看，信任关系本质上是最复杂的社会关系之一，也是一个抽象的心理"认知"过程，这种总体信任度计算方法与人类社会的信任决策过程一致，因此能更合理地反映信任关系的内涵。

2）可以有效抵御恶意节点的不诚实反馈信息。在开放的环境中，可能存在着大量恶意节点，这些恶意节点有可能发送不诚实的反馈信息。动态信任管理的主要任务就是有效地发现和抵御这些恶意节点可能给系统带来的攻击并有效地减少恶意节点的反馈行为。这种总体信任度计算方法在主体证据较充分时，不需要考虑第三方的反馈信息，显然可以有效抵御恶意节点的不诚实反馈信息。

3）可以有效地提高系统的执行效率。传统的总体信任度计算机制在任何情况下都要进行反馈信任度的计算，而计算反馈信任度需要在整个分布式网络中进行反馈节点

（FR）的搜索，具有大量的时空开销。这种总体信任度计算方法有效地减少了信任评估系统计算反馈信任度的次数，因而可以有效地提高信任管理系统的执行效率。图 4-4 给出了两种信任计算方法的流程图。

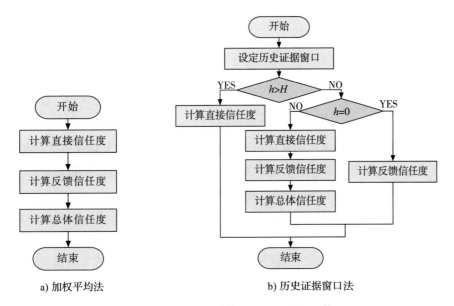

a) 加权平均法　　　　　　　　　　b) 历史证据窗口法

图 4-4　两种信任计算方法流程图及比较

4.3　基于信任的身份认证

在物联网系统中，信任是实施身份认证的关键。当一个物联网实体信任另一个实体时，可以通过身份认证许可双方进行交互通信并传输数据。通常身份认证是一种通信双方可靠地验证对方身份的技术。身份认证包括用户向系统出示自己的身份证明和系统核查用户的身份证明的过程，它们是判明和确定通信双方真实身份的两个重要环节。在物联网系统中，实施身份认证有多种方式，包括用户—口令方式、RFID 认证方式、二维码认证方式、证书验证方式、指纹或虹膜等生物识别方式等。

4.3.1　身份认证概述

身份是特定用户或物体的唯一实体信息，这种实体信息也是一种重要的计算机运行模式。认证（Authentication）是证实一个实体声称的身份是否真实的过程，也称为鉴别。认证主要包括身份认证和信息认证两个方面。前者用于鉴别用户身份，后者用于保证通信双方信息的完整性和不可否认性。身份认证的本质是对于被认证方的一些信息（无论是秘密的信息、个人持有的特殊硬件还是个人特有的生物学信息），除被认证方外，任何第三方（在有些需要认证权威的方案中，认证权威除外）不能伪造这些信息。如果被认证方能够使认证方相信他确实拥有那些秘密，则他的身份就得到了认证。

身份认证技术在信息安全中具有极其重要的地位，是安全系统的第一道关卡。两个物联网实体在进行交互通信和传输之前，必须首先向身份认证系统表明自己的身份。身份认证系统会先验证用户的真实性，然后根据授权数据库中用户的权限设置确定其是否有权访问所申请的资源。身份认证是物联网系统中最基本的安全服务，其他安全服务都要依赖于它。一旦身份认证系统被攻破，那么系统的所有安全措施将形同虚设。攻击者攻击的目标往往就是身份认证系统。由于物联网连接的开放性和复杂性，物联网环境下的身份认证更为复杂。

事实上，每一个身份认证系统都有自己的应用范围，在不同的应用范围中，安全风险情况可能完全不同。针对具体环境，可采用具有不同特征的认证协议，从而以较小的代价将某一方面安全风险降低到可接受的范围。

简单的身份认证就是用户名和密码认证，即通过输入用户名和密码进行身份比对，这也是大多数系统采用的简单的认证方式。随着系统对安全性要求的提高，目前出现了移动口令认证、指纹认证以及手势认证等多种认证方式。

从实用性来讲，建立统一身份认证系统具有一定的实际意义。一方面，它是客户端访问身份信息的决策控制参数，在系统内部把计算机和用户关联起来，并进行身份验证。每一个系统都拥有不同的结构框架，但在访问信息和资源配置方面都是以统一身份认证作为基础的。另一方面，系统审计日志会记录有关安全风险信息，同时保存用户身份信息，访问操作者必须提交正确的身份验证信息。

身份认证方式可以分为署名认证和非署名认证方式两种。

- 署名认证指的是在双方进行通信之前需要先进行实体信息的交互，网银中使用的数字证书以及常用的密码口令等认证方式均属于署名认证方式。
- 非署名认证主要应用在安全的局域网中。该认证模式在双方数据交互之前不会进行信息比对，在进行数据交互的过程中会动态地生成私钥对终端信息进行控制管理。

在单机环境下，身份认证技术可以分为三类：通过用户所知道的秘密（如口令）进行认证；通过所拥有的物理设备（如智能卡）进行认证；通过具有的生理特征（如用户的指纹等）进行验证。根据不同的需求可以同时采用以上多种认证技术。

在网络环境下，由于任何认证信息都是在网上传输的，因此其身份认证较为复杂，不能依靠简单的口令，或是主机的网络地址。因为大量的攻击者随时随地都可能尝试向网络渗透，对认证信息进行攻击，所以网络身份认证必须防止认证信息在传输或存储过程中被截获、篡改和冒名顶替，也必须防止用户对身份的抵赖。在这种条件下，应利用以密码学理论为基础的身份认证协议来实现通信双方在网络中可靠的相互认证。身份认证协议规定了通信双方为了进行身份认证同时生成会话密钥所需要交换的消息格式和次序。

4.3.2　身份认证攻击

在物联网系统中，最常见且简单的访问控制方法是通过验证静态口令是否匹配来确认用户的真实性。但是，大部分计算机系统在使用普通的静态口令系统进行身份认证时，用户会长时间多次利用同一口令进行登录，这种方式会带来许多安全隐患。例如，很多用户为了方便记忆，会在口令中包含自己的个人信息（姓名、生日等），这种口令对于有经验的攻击者来说不堪一击；用户长期使用同一口令，口令被泄露和破解的风险也与日俱增。大多数应用系统的口令通过明文传输，容易被监听者获取并滥用；操作人员的口令可能会不经意地泄露（例如按键顺序被他人看见等）。事实证明，建立在静态口令之上的安全机制的防护能力是有限的。

综合考虑目前常见的信息安全问题，可归纳网络环境下的身份认证面临的威胁主要有以下几个方面。

（1）中间人攻击

中间人攻击是指非法用户截获信息并对信息进行替换或修改后再传送给接收者，或者非法用户冒充合法用户发送信息，其目的在于盗取系统的有用信息或阻止系统资源的合法管理和使用。中间人攻击主要是认证系统设计结构上的问题导致的，比如很多身份认证协议只实现了单向身份认证，其身份信息与认证信息可以相互分离。

（2）重放攻击

网络认证还需防止认证信息在网络传输过程中被第三方获取，然后再传送给接收者，这就是"重放"攻击。重放攻击的主要目的是实现身份伪造，或者破坏合法用户身份认证的正确性。

（3）密码分析攻击

攻击者可通过密码分析，破译用户口令 / 身份信息或猜测下一次登录的用户身份认证信息，这就是密码分析攻击。系统实现上的简化为密码分析提供了条件，系统设计原理上的缺陷则为密码分析创造了条件。

（4）口令猜测攻击

侦听者在知道了认证算法后，就可以对用户的口令进行猜测，即使用计算机猜测口令，利用得到的报文进行验证。这种攻击方法直接有效，特别是当用户的口令有缺陷时更容易得手，比如口令短、使用名字作为口令字、使用一个字（word）作为口令（可以使用字典攻击）等。非法用户获得合法用户身份的口令后就可以访问其并未获得授权的系统资源。

（5）认证服务器攻击

认证服务器是身份认证系统安全的关键所在。认证服务器中存放了大量认证信息和配置数据，如果攻破了身份认证服务器，后果将是灾难性的。

4.3.3　身份认证的功能要求

身份认证系统的基本功能如下。

（1）可信性

确保信息的来源是可信的，即信息接收者能够确认获得的信息是可靠、安全的，而不是冒充者所发出的。

（2）完整性

要求在传输过程中保证信息的完整性，即信息接收者能够确认获得的信息在传输过程中没有被修改、延迟和替换。

（3）不可抵赖性

要求信息的发送方不能否认他所发出的信息，同样，信息的接收方不能否认已收到信息；网络中通常采用基于数字签名和公开加密技术的不可否认机制确保不可抵赖性。

（4）访问控制

确保非法用户不能访问系统资源，合法用户只能访问控制表确定的资源，根据访问控制级别（如浏览、读、写和执行）访问系统授权的资源。

在复杂的开放网络环境下，要设计和实现一个网络身份认证系统，至少应该达到以下几个方面的功能要求。

（1）抵抗重放攻击

重放攻击是一种常见的攻击方式，如果身份认证系统不能抵抗重放攻击，则系统基本无法投入实际应用。防止重放攻击主要是保证认证信息的可信性，基本方法包括：为认证消息增加一个时间戳、为认证消息增加实时信息、动态实施认证消息等。

（2）抵抗密码分析攻击

身份认证系统的认证过程应具有密码安全性，这种安全性可通过对称密码或非对称密码体制的保护或者通过哈希函数的单向性来实现。

（3）双向身份认证功能

如果在设计身份认证系统时只实现服务器对客户端的身份认证，显然是不完善的，特别是当客户端上传敏感信息的时候，因此也应该实现客户端对服务器的身份认证功能。以自动取款机（ATM）为例，客户必须防止来自服务器端的欺骗，因为如果存在欺骗，那么客户将泄露自己的账户信息。

（4）多因子身份认证

为了提高身份认证服务的安全强度，身份认证机制最好不要只依赖某一项秘密或者持有物，否则持有物一旦丢失，身份冒充将成为可能。如果身份认证系统仅仅依赖于用户的生物特征，那么一旦生物特征被模仿，则身份冒充将成为可能；如果系统仅仅依赖用户所知来实现对用户身份的认证，那么用户所知一旦泄露，身份冒充也将成为可能。

（5）良好的认证同步机制

如果身份认证信息是动态推进的，则存在认证的同步问题。有许多因素会导致认证的不同步，包括确认消息的丢失、重复收到某个认证消息以及中间人攻击等。身份认证系统应该具有良好的同步机制，并且能保证在认证不同步的情况下自动恢复认证同步。

（6）保护身份认证者的身份信息

在身份认证过程中，保护身份信息具有十分重要的意义。身份信息保护分为几个层次：身份信息在认证过程中不会泄露给第三方，这可以通过加密传输来实现；连身份认证服务器也无法知道认证者的身份，这可以通过匿名服务来实现。

（7）提高身份认证协议的效率

一个安全的认证协议应减少认证通信的次数并保证可靠性，降低被攻击的可能性，这是身份认证系统设计追求的目标。

（8）减少认证服务器的敏感信息

一个良好的身份认证系统应该在服务器上存放尽可能少的和认证相关的敏感信息，这样服务器即使被攻破，也可以将损失减到最小。

4.3.4　身份认证的主要方式

随着物联网的不断发展，越来越多的人开始尝试基于物联网进行在线交易，如使用公交卡、微信、支付宝、Apple Pay 等进行在线支付。这些支付方式的核心是 RFID 和二维码。然而，病毒、黑客、网络钓鱼以及网页仿冒、诈骗等恶意威胁给在线交易的安全性带来了极大挑战。各种各样的网络犯罪和层出不穷的攻击方法引发了人们对网络身份认证的信任危机。在物联网系统中，如何证明"我是谁"以及如何防止身份冒用等问题成为人们关注的焦点。

随着电子信息和智能控制的发展，身份识别技术已经受到越来越多的研究者的关注。下面对几种常用的身份认证方法进行介绍。

1. RFID 智能卡认证

RFID 智能卡是一种内置集成电路的芯片，芯片中存储了与用户身份相关的数据。智能卡由专门的厂商通过专门的设备生产，是不可复制的硬件。智能卡由合法用户随身携带，登录系统时必须将智能卡插入专用的读卡器，以读取其中的信息，从而验证用户的身份。智能卡认证是基于"what you have"的手段，通过智能卡硬件的不可复制性来保证用户身份不会被仿冒。然而，由于每次从智能卡中读取的数据是静态的，通过内存扫描或网络监听等技术可以很容易地截取用户的身份认证信息，因此存在安全隐患。关于 RFID 的安全技术已在第 2 章进行了详细阐述。

2. 用户名 / 密码认证

用户名 / 密码是最简单也是最常用的身份认证方法，是基于"what you know"的验证手段。每个用户的密码是由用户自己设定的，只有用户自己知道。只要能够输入正确的密码，计算机就认为操作者是合法用户。实际上，许多用户为了防止忘记密码，经常采用诸如生日、电话号码等容易被猜测出来的字符串作为密码，或者把密码抄在纸上并放在一个自认为安全的地方，这样很容易造成密码泄露。即使能保证用户密码不被泄露，但由于密码是静态数据，在验证过程中需要在计算机内存和网络中传输，而每次验证使用的验证信息都是相同的，因此密码很容易被驻留在计算机内存中的木马程序或网络中的监听设备截获。从安全性上讲，用户名 / 密码认证是一种极不安全的身份认证方式。

3. 动态密码认证

动态密码（也称动态口令）是利用专门的算法产生的随机数字组合，主要产生形式有手机短信、硬件令牌、手机令牌等，通过电脑、手机、IPAD 等可以顺畅使用动态密码。动态密码作为安全的身份认证技术之一，由于使用便捷且具有平台无关性，因此随着移动互联网的发展，已成为身份认证技术的主流，被广泛应用于企业、网游、金融等领域。

动态密码还是一种安全、便捷的账号防盗技术，可以有效保护交易和登录的认证安全。采用动态密码，无须定期修改密码，安全省心，是企事业单位内部广泛应用的一项技术。

在银行支付过程中，用户密码按照时间或使用次数不断变化且每个密码只能使用一次。它采用一种叫作动态令牌的专用硬件，内置电源、密码生成芯片和显示屏，密码生成芯片运行专门的密码算法，根据当前时间或使用次数生成当前密码并显示在显示屏上。认证服务器采用相同的算法计算当前的有效密码。用户使用时只需要将动态令牌上显示的当前密码输入客户端计算机，即可实现身份认证。由于每次使用的密码必须由动态令牌来产生，只有合法用户才持有该硬件，所以只要通过密码验证就可以认为用户的身份是可靠的。由于用户每次使用的密码都不相同，即使黑客截获了一次密码，也无法利用这个密码来假冒合法用户的身份。

动态口令技术采用"一次一密"的方法，有效保证了用户身份的安全性。但是，如果客户端与服务器端的时间或次数不能保持良好的同步，就可能发生合法用户无法登录的问题。而且，用户每次登录时需要通过键盘输入一长串无规律的密码，一旦输错就要重新操作，使用起来非常不方便。

目前国内较为常用的是 VeriSign VIP 动态口令技术和 RSA 的动态口令，VeriSign 依托本土的数字认证厂商 iTrusChina，在密码技术上针对国内情况进行了改良，使用更加方便。

4. USB Key 认证

基于 USB Key 的身份认证方式是近几年发展起来的一种方便、安全的身份认证技术。它采用软硬件相结合且一次一密的强双因子认证模式，很好地解决了安全性与易用性之间的矛盾。USB Key 是一种 USB 接口的硬件设备，它内置单片机或智能卡芯片，可以存储用户的密钥或数字证书，利用 USB Key 内置的密码算法实现对用户身份的认证。基于 USB Key 身份认证系统主要有两种应用模式：一是基于质询 / 响应的认证模式；二是基于 PKI 体系的认证模式。

5. 生物识别

传统的身份识别依据主要有签名、印章、密码、证件等，这些身份识别方法已经广泛应用于现实生活中，并成为公认的、具有一定法律效力的身份识别证据。但是，这种识别方法具有严重的弊端：非常容易被伪造或盗取，这影响了人们的信息安全和切身利益。据不完全统计，全世界每年因信用卡诈骗造成的损失达数十亿美元。传统的身份识别技术已经不能满足信息发展的需求，而利用生物特征进行身份识别的研究则受到越来越多的关注。

传统的身份认证技术，为了确保认证的准确性变得越来越复杂。以"用户名＋口令"方式过渡到智能卡方式为例，首先需要随时携带智能卡，但智能卡容易丢失或失窃，补办手续烦琐，并且仍然需要用户出具能够证明身份的其他文件，不方便使用。直到生物识别技术成功应用后，身份认证才变得便捷而高效。

利用生物特征进行身份识别主要是利用人类特有的个体特征（包括生理特征和行为特征）来验证个体身份的科学。

每个人都有独特且稳定的生物特征，目前，常用的人类生物特征有指纹、人脸、掌纹、虹膜、DNA、声音和步态等。其中，指纹、人脸、掌纹、虹膜和 DNA 属于生理特征，声音和步态则属于行为特征。这两种特征都能稳定地表征一个人的特点，但是行为特征容易被模仿，很多人的声音和步态都能被其他人模仿，使得仅利用行为特征识别身份的可靠性大大降低。通常把行为特征作为辅助特征与生物特征相结合来进行身份识别，以提高识别的准确度。利用生物特征进行身份识别时，虹膜和 DNA 识别的性能最稳定，而且不易被伪造，但是提取特征的过程最不容易让人接受；指纹识别的性能比较稳定，目前市场占有率最高，但是指纹特征容易被伪造；掌纹识别与指纹识别的情况类似；人脸识别的性能相对较低，但其自然的特点符合人类固有的习惯，最易被接受，具有非常广阔的发展空间。目前，利用人类生物特征进行身份识别的装置已经得到了广泛的应用。近几年，随着具有身份识别功能的智能机器人的出现，身份识别技术的应用领域进一步得到了拓宽。

目前，有学者将视网膜识别、虹膜识别和指纹识别等归为高级生物识别技术；将掌形识别、脸型识别、语音识别和签名识别等归为次级生物识别技术；将血管纹理识别、人体气味识别、DNA 识别等归为"深奥的"生物识别技术。

与传统身份认证技术相比，生物识别技术具有以下特点：

- 随身性。生物特征是人体固有的特征，与人体唯一绑定，具有随身性。
- 安全性。人体特征本身就是个人身份的最好证明，能满足更高的安全需求。
- 唯一性。每个人拥有的生物特征各不相同。
- 稳定性。生物特征（如指纹、虹膜等人体特征）不会随时间等条件的变化而变化。
- 广泛性。每个人都具有生物特征。
- 方便性。生物识别技术不需记忆密码或携带、使用特殊的工具（如钥匙），不会遗失。
- 可采集性。生物特征易于测量。
- 可接受性。使用者对所选择的个人生物特征及其应用愿意接受。

基于以上特点，生物识别技术具有传统的身份认证手段无法比拟的优点。采用生物识别技术，可不必再记忆和设置密码，使用更加方便，安全性更高。

6. 步态识别

步态识别作为一种新兴的行为特征识别技术，旨在根据人们走路的姿势进行身份识别。步态特征是在远距离情况下唯一可提取的生物特征，早期的医学研究已证明步态具有唯一性，因此可以通过对步态的分析来识别人的身份。与其他的生物特征识别方法（如指纹、虹膜、人脸等）相比，步态识别有其独特的特点。

1）采集方便。传统的生物特征识别对所捕捉的图像质量要求较高，而步态特征受视频质量的影响较小，即使在低分辨率或图像模糊的情况下也可获取。

2）远距离性。传统的指纹识别和人脸识别只能在接触或近距离情况下才能感知，而步态特征可以在远距离情况下进行感知，对用户配合度要求较低，甚至不需要用户进行专门配合，可应用在非受控环境中进行身份识别。

3）冒犯性。其他类型的生物特征需要在用户的配合（如接触指纹仪、注视虹膜捕捉器等）下进行采集，交互性很强，而步态特征能够在用户并不知情的条件下获取。

4）难于隐藏和伪装。实际中，作案人通常会采取一些措施（如戴上手套、眼镜和头盔等）掩饰自己，以逃避监控系统的监视，此时，人脸和指纹等特征已不能发挥作用。然而，人要行走，使得步态难以隐藏和伪装，如果刻意改变自己的步态在安全监控中只会令其行为变得可疑，更容易引起注意。

目前有关步态识别的研究尚处于理论探索阶段，还没有应用于实际当中。但基于步态的身份识别技术具有广泛的应用前景，特别适用于对安全敏感的场合（如银行、军事基地、国家重要安全部门、高级社区等）的监控。在这些敏感场合，出于管理和安全的需要，可以采用步态识别方法实时地监控该区域内发生的事件，更有效地进行人员身份鉴别，以便快速检测危险或给不同人员提供不同的进入权限。因此，开发实时稳定的基于步态识别的智能身份认证系统具有重要的理论和实际意义。

4.3.5　单点登录与统一身份认证

在统一身份认证技术的应用方面，典型的代表是自由联盟规范和 Microsoft 公司的 Passport 技术。Passport 技术实际上是一种 Web 服务，它是由 Microsoft 公司控制的中央统筹式的单一登录服务。自由联盟（Liberty Alliance）是一个由 Nokia、Oracle、SUN、American Express 等众多国际厂商和研究机构联合支持的身份认证技术，目的是实现一个具有联合、开放、单一身份识别功能的解决方案，为企业的身份认证服务提供技术规范与商业指南。与 Microsoft 的集中认证方式不同，它运用一种称为联邦认证的机制，即联盟中的身份提供者能相互独立存在，避免了因单点故障而导致整个系统瘫痪。该协议的核心和基础是 SAML（Security Assertion Markup Language，安全断言标记语言）。SAML 是一个 XML 框架，可以用来传输安全声明。它可以用于在不同的安全域之间交换认证和授权数据，解决 Web 服务安全和单点登录（Single Sign-On，SSO）等重要问题。

统一身份认证系统作为一种用户身份信息集成认证管理系统，通过对用户授权和提供身份验证通行证的方式，实现各应用系统的用户权限管理，对所有子系统进行统一身份认证管理，从而提高整个认证系统的运行效率，确保信息认证真实有效。各应用系统都具备相应的保存和访问权限管理功能，认证服务器建立在用户信息统一数据库上，统一管理各子系统的用户身份信息，从而简化操作程序。

1. 统一身份认证的基本流程

进行统一身份认证时，用户请求访问应用系统，应用系统通过统一端口进行用户身份信息认证，并把身份信息由安全验证渠道传输到统一认证系统；自动生成统一认证系统登录界面并进行用户注册，如果用户没有注册，其身份信息会由认证系统统一数据库进行存储；用户经过统一认证成功登录后，会自动生成一个客户端保存信息，同时支持用户登录其他子系统。

统一身份认证系统基本流程如下：

1）在用户登录系统之前需要获得用户登录信息。

2）检查用户的身份标识，如在用户信息数据库中该用户名已经存在，则返回信息，并要求用户重新注册。

3）在信息数据库中标记用户的身份。为了确保用户信息数据库的安全，不能直接访问用户密码，而是使用加密的密文辨别用户的身份。同时，在认证服务器数据库中存储各应用系统的 URL 和私钥。

4）用户登录时，应用系统将被重定向到统一的认证服务器，提取加密的用户口令并解密，然后和用户输入的密码进行比较，以验证用户的身份。

5）将应用程序服务器的 URL 和解密密钥发送到认证服务器的客户端，并生成用户身份标识，包括用户名、用户密码、登录时间、应用程序服务器的 URL 和解密密钥的哈希函数值等。

6）通过客户端的应用服务器登录时间、URL、解密密钥和它们的身份标识生成一个哈希函数值，比较用户的哈希函数值和 AS，如果相等则通过认证；如不相同则认证失败。

2. 单点登录技术

单点登录是指用户通过一次认证即可访问多个需要进行身份认证的系统。单点登录可以集中管理不同系统中的同一个用户，这些系统基于用户的信任关系来进行身份认证，管理员只需要在数据库中对该用户账户进行一次操作，因此提高了系统的安全性，同时方便管理。

目前，单点登录的产品主要有 OpenSSO、CAS（Central Authentication Service，中央认证服务）、.NET Passport、WebLogic 和 OpenSAML 等。

其中，耶鲁大学开发的 CAS 是一个可靠的企业级解决方案，许多企业目前都使用该方案来定制自身的单点登录系统。该方案主要由服务器、浏览器和网络应用构成，当用户访问子系统时必须经过 CAS 服务器认证，网络应用主要负责 URL 请求的过滤、重定向和 Cookie 的存储，服务器则主要负责用户信息的认证。

单点登录的优点是提升了管理效率。因为当用户拥有多个系统时，通常需要设置多个用户名和密码，并记住这些账号密码。用户需要使用这些系统时，需要通过不同的"账号—密码"登录并验证后才能访问这些系统，十分不便。使用单点登录技术后，用户只需要使用"用户名—密码"登录一次，就可以访问多个系统，这大大简化了登录过程，提高了系统的使用效率。与此同时，认证信息只需要通过网络传输一次，也提高了安全性。但单点登录最大的缺点是一旦"用户名—口令"被盗，所有单点登录的系统将失去保护，由此带来的损失也成倍增加。

3. 单点登录的实现方案

常见的单点登录实现技术主要有四种，分别是基于 Agent、基于 Broker、基于 SAML 和基于 Gateway 的实现。

（1）基于 Agent 的单点登录

基于 Agent 的单点登录方案就是提供一个中间代理，为不同的子系统用户提供认证服务，可以根据需求设置认证模式。

Agent（代理人）不仅可以检测网络环境，采用预先设定的程序对某个实体进行处理，而且还可以根据自身状态控制自身资源。在与实体进行信息交互时可以采用多种机制，及时地检测外部网络环境的数据变化并实时给出反馈信息。基于 Agent 的单点登录解决方案中，代理认证模块作为一个中介实现了认证服务器和用户之间的数据传输。基于 Agent 的一个典型的单点登录解决方案就是 SSH。基于 Agent 的单点登录方案能够支持不同平台系统的接入，对于系统的管理也可分开设置，它特有的应急处理方式实现了快速的响应，所以它不再局限于统一控制模式，同时具有较高的灵活性和可行性。然而，该方式的实现需要在服务器和客户端添加代理程序，这会增加服务器的性能消耗，另外浏览器端存储的用户凭证也存在遗失的安全风险。

（2）基于 Broker 的单点登录

基于 Broker 的单点登录是将身份认证和账号管理集中在一起。在基于 Broker 的单点登录方案中，服务器统一进行身份认证，通过认证之后发放凭证，它将用户账号信息和认证过程统一在服务器中实现。这种模式要求必须建立一个统一数据服务中心供认证使用，数据中心有利于系统进行数据管理。

尽管基于 Broker 的单点登录方案在管理上提供了很大的便利，但在实现过程中需要按照统一规定的方式设置服务器使其能够接入单点登录系统。另外，基于 Broker 的单点登录要求每一个访问的用户必须输入信息进行验证才能访问接入的系统，因此一些匿名用户无法对系统进行访问。

（3）基于 SAML 的单点登录

SAML 是一个 XML 框架，可以用来传输安全声明，它能够跨越不同的域来进行认证信息传输和权限信息交换。

基于 SAML 的单点登录的工作流程如下：首先由客户端向认证服务器发送一个符合

SAML 规范的 XML 作为请求；然后在服务器端经过处理之后返回一个相同格式的信息。SAML 可以建立在 SOAP 上传输，也可以建立在其他协议上传输。因为 SAML 的规范由几个部分构成，包括 SAML Assertion、SAML Protocol、SAML binding 等。

在使用基于 SAML 认证之前，需要将两个站点分别加入对方的信任列表之中，这个过程中存在安全漏洞。一旦其中一方出现了安全问题导致信息泄露，另一个站点的数据信息也会受到威胁。为了保障基于 SAML 的通信安全，制定了可靠的协议，包括 SSL 协议和 X.509 协议。为了保障两个站点之间不会发生身份欺骗，还可以采用证书来避免这种安全风险。

SAML 的规范包含声明和协议、绑定和概要、安全和隐私注意事项以及一致性程序规范。声明和协议主要负责定义格式，包含断言中涉及的三种属性的声明和认证授权中的请求、查询和响应时的协议；绑定和概要说明了 SAML 请求 / 响应消息映射到标准通信协议的规则，以及在通信协议中嵌入或抽取 SAML 声明的规则。

（4）基于 Gateway 的单点登录

基于 Gateway 的单点登录是为众多子系统提供一个称为"门"的安全装置，所有访问的请求都需要通过"门"进行处理和转发，在"门"上可以设置一些安全防护措施以保障系统安全，所有子系统通过"门"接入外部网络。

4.4　智能手机的身份认证

早期的移动电话（手机）是不考虑身份认证的，其主要功能在于通信，当时人们的隐私保护意识也相对薄弱。然而，随着手机携带的传感器数量不断增多，功能不断增强，手机已经成为人们生活不可缺少的部分，其功用已经从简单的通话、短信发展到即时通信、支付、理财等功能，安全成为手机的必然要求。

利用数字组合密码和图案锁对手机进行解锁和认证，已经成为保证手机安全的主要手段。但随着手机的计算能力和传感信息采集技术的不断发展，特别是指纹采集传感器、声音信息采集传感器以及图像信息采集传感器的使用，手机身份认证技术跨入了生物认证时代。

基于手机的生物识别技术是指通过手机传感器测量身体或行为等生物特征进行身份认证的一种技术。人体生物特征是指人类唯一的可以测量或可自动识别和验证的生理特征（或行为方式）。生物特征分为身体特征和行为特征两类。手机可以识别的身体特征包括指纹、掌形、视网膜、虹膜、脸型、血管等；手机可识别的行为特征包括签名、语音、声纹、步态、手势等。

目前，在手机中应用的身份认证技术非常丰富，除了密码、图案以外，还有指纹、声纹、人脸识别等，这些技术的使用大大降低了手机信息泄露的风险。

4.4.1　数字组合密码

　　数字组合密码是最简单、应用最普遍的手机身份认证技术。在手机密码验证界面输入预先设置的密码就可以进入系统。如图 4-5 所示是常见的数字密码锁。其原理是在注册环节将密码预留在指定文件中，当用户想要进入系统时，只需要将用户输入的密码和系统预留的注册密码进行比对，比对成功则认证成功。

图 4-5　混合数字密码锁

　　由于数字组合密码的位数是有限的，暴力破解是最"简单粗暴"的攻击方式。在手机密码机制刚兴起的年代，6 位数字密码已有足够的抗暴力破解能力，因为当时计算机的计算能力比较弱，破解需要的时间很长。然而只要有足够的时间和足够的计算资源，组合数字密码机制被破解是必然的结果。

　　组合数字密码这种认证技术的优势在于操作简单，当密码空间达到一定程度时相对安全。但是，这种认证技术也容易被攻破，比如采用某种方式获取密码或者利用手指在电容屏上留下的痕迹推测密码等。

4.4.2　图案锁

　　近年来，随着人们越来越注重隐私安全，智能手机厂商纷纷在智能手机产品中使用各种安全方案，比如 iPhone 的左右滑动、Android 手机的图形解锁、Windows Phone 的上滑解锁等。这些解锁方式会在手机屏幕上留下指印，导致出现安全问题，因此，便捷性和安全性还有待提升。

　　图案锁是继组合密码后比较流行的身份认证方式。随着人们隐私保护意识的提高以及硬件技术的发展（特别是电阻、电容触屏的普及），图案锁开始流行起来。如图 4-6 所示是常见的手机图案解锁界面。

图 4-6　图案锁

　　图案锁的工作原理也相对简单。注册时用户输入密钥（即指定的图案），系统会将密钥保存在指定的系统文件中，下次用户解锁时只需要输入与预留的图案密码一样的图案，系统会自动地进行图案比对，比对一致则通过验证。

　　大部分用户为了节约解锁的时间或者为了方便记忆，通常会使用较简单的解锁图案，我们知道，图形解锁是利用九宫格中的点与点之间连成图形来解锁的，图形的组合方式有 38 万种之多。从解锁组合方式数量上看，图形解锁要比密码解锁安全，但是由于大部分人设置的图形密码比较简单，因此这个结论并不一定成立。另一方面，有研究表明，人们对图形的记忆能力要高于对数字的记忆能力，所以在公共场合使用图形解锁的方式会更容易被人们记住。

　　与数字密码锁相比，图案锁存在如下优势：

　　1）解锁简单方便。

2）图案锁可以实现联想记忆，不容易被忘记。

3）图案空间大幅扩大，相比数字密码，密码位数长短变得更加灵活。但是，由于大部分人通常使用简单的图案锁，图形解锁的安全性实际上低于数字解锁。

这种解锁方式最大的弊端是容易被推测，因为用户在解锁时需要移动手指和手掌，而很多人的密码图案并不复杂（比如很多人喜欢用"Z"状的），很容易根据手的滑动方向推测出解锁图案。

4.4.3　指纹识别

利用指纹作为确认身份的方法有着悠久的历史。在我国，从古代开始人们就将"打指模"（将指纹拓印至布帛或纸张上）的方式作为签订契约的有效手段，并一直延续至今。

十六世纪末期，指纹理论及技术开始萌芽。在随后的三个世纪里，陆续出现了几个关键性的人物，如发表第一篇指纹科学论文的英国警方专家 N. Grew，以及最早提出指纹分类编码方法的英国人 F. Galton 等。后者提出了 3 条至今仍然适用的著名论断。

1）指纹能够分类：可以根据指纹纹型加以分类。

2）指纹能够识别：完全一样的 2 个指纹几乎不可能出现，概率小于 2^{-36}。

3）指纹纹线终生不变。纹线的结构是不变的，不随人的年龄变化而变化。

图 4-7　指纹锁

1899 年，E.Henry 提出了有名的"Henry 体系"，即指纹分类规则，这使指纹识别技术辨别标准的科学性得以提高。随着计算机技术的发展，自动指纹识别系统随之兴起，并应用到人们的日常生活和工作中，如门禁系统、指纹考勤机、网络用户身份认证、各种资金支付的授权确认等。

最初的手机生物认证技术是指纹，如图 4-7 所示给出了常见的手机指纹解锁界面。利用指纹进行手机解锁主要基于以下 3 个原因：

1）指纹的唯一性，即每个人的指纹都是独一无二的。

2）指纹采集的方便性，即每个人指纹位于皮肤表面，容易获取。

3）指纹的不变性，即每个人的指纹从出生到生命结束都不会改变。

如图 4-7 所示，指纹识别流程包括如下五个步骤：

1）采集指纹图像。

2）指纹图像预处理。

3）指纹图像处理。

4）指纹特征提取。

5）指纹特征匹配。

1. 采集指纹图像

采集指纹图像是指指纹图像经由采集设备生成数字信息的过程。常用的指纹图像采集仪有三种，即自带光源的光学式采集仪、半导体传感器式采集仪和超声波成像式采集仪。

光学式采集仪一般自带发光源，手指按压到采集器玻璃表面时，光源发光并同步照射过来，由于指纹脊、谷的凹凸、深浅不一，反射光线的强弱也不同，投射到CCD（Charge Coupled Device，电荷耦合器件）后即可获得指纹的数字图像。此类采集仪环境适应性强、稳定性好并且原材料相对便宜，但由于需要发射强光，因此功耗相对较大。受光路限制，无畸变型的光学式采集仪尺寸较大。

常见的半导体传感器是硅电容传感器，此类采集仪采集指纹图像的原理和电容器的构成原理类似。传感器和手指接触面的材料具有一定的弹性，能够将指纹凹凸的脊、谷信息转化为相应的数字信号。在一块集成有大约100,000个半导体阵列的"平板"上，手指触压在采集范围内，指纹的脊线由于凸起距离平板更近，而谷线由于凹陷距离平板更远一些，对应区域产生的电容数值随距离的不同而不同，由此可采集到指纹图像的数据。该方式采集到的指纹图像质量较好，但其耐用性和环境适应性差。

超声波扫描被认为是指纹取像技术中较好的一种。指纹图像采集装置发射超声波，扫描指纹的表面，由于指纹的脊、谷高低不同，反映在声阻抗上也各不相同，超声波的能量被差异化吸收后反射回接收设备，从而得到指纹的图像信息。手指上的油脂与污物对超声波的影响不大，因而能够得到真实反映手指表面凹凸情况的图像。

上述各种技术各有优劣。半导体传感器体积小巧，价格也不昂贵，被大量应用在笔记本电脑和手机等电子产品上；而光学式采集仪的价格低廉，虽然体积因原理和结构而稍稍偏大，但耐用性高，当前广泛应用在门禁、考勤系统中。

2. 指纹图像预处理

随着器件的损耗，指纹采集仪会出现光源老化、接触面磨损等问题，而且每个人录入指纹时的习惯也不一样，这样采集到的指纹图像往往会有模糊不清或变形等现象，因此要首先进行图像预处理。

指纹图像预处理的常见手段包括图像分割、增强、二值化、细化等。

预处理中，图像细化是重点。一幅细化效果不佳的指纹图像将大大降低特征提取的准确性，进而降低指纹识别的成功率。经过二值化后的指纹纹线宽度由多像素构成，细化操作需完成的任务是将纹线宽度缩减为只有一个像素点值的单点线条图形。

（1）指纹图像分割

在一幅指纹图像中，我们需要利用的是其中清晰的由脊、谷线构成的指纹纹路部分，可称之为图像的前景部分；而无纹线的空白区域或模糊不清无法加以利用的部分称为背景。后者的面积往往占到整个采集区域面积的 1/3 ～ 1/2。

采集指纹图像时，由于用力不均会形成灰度的差别，造成采集的指纹图像深浅度不一致。前景图像的局部灰度方差比较大，正是因为指纹纹路中脊、谷的灰阶差距大，而图像背景区域浓度、深浅相对平衡，灰阶接近，所以灰度的方差值很小。利用上述特性，我们可以使用一种被称为方差法的办法，来实现图像前景和背景区域的分离。方法描述如下：

1）将采集到的整幅图像分为 $w \times w$ 个互不重叠的子块，块号为 B_k，$k = 1, 2, \cdots, w^2$。

2）计算每块图像的平均灰度值 M_k，求得各块图像的灰度方差值 $V(k)$，公式如下：

$$V(k) = \frac{1}{w^2} \sum_{i=1}^{w} \sum_{j=1}^{w} (G(i, j) - M_k)^2$$

这里，$G(i, j)$ 为块内 (i, j) 坐标点的灰度值。

3）设定阈值 T_d，若 $V(k) > T_d$，则为前景块，$Flag(k) = 1$，保留其灰度值以待做后续处理；否则，为背景区域块，$Flag(k) = 0$。

4）消除孤立前景块并对图像内部会出现的空洞进行平滑修正。判定方法为：以对象块为中心选定 3×3 块的区域，若前景块数目不超过 3，那么就算对象块已被判断为前景块，也一样舍弃该块，将其归入背景块。

采用上述方法就能有效地将前景图像和背景区域分割，无须理会图像本身浓度的深浅，指纹纹路的清晰度也得以保留。

（2）指纹图像增强

图像增强的目的是强化图像前后景的对比度、增强指纹脊和谷的对比度以及降低指纹采集时由于手指脏污、干燥或潮湿等带来的噪声，提高图像纹线结构的清晰程度，从而改善图像质量。常见的方法是在匹配脊线局部方向的条件下对原始图像进行过滤。把指纹图像分成若干个小区块，再根据空间域对每一区块进行处理或将空间域变换为频域后进行处理，计算出脊的局部方向，得到每一小区块上的局部方向。之后再利用脊方向图去除噪声，增强脊线。

图像增强的通用算法有增强边缘、低通滤波以及中值滤波等，如指纹图像的纹线结构整体上已经模糊不清，那么增强的效果就微乎其微了。

因此，在设计滤波器时应结合指纹的纹线结构和方向，需要处理好如下 4 个问题：

1）提高指纹纹线中脊与谷的对比度，去除纹线间的粘连、空心现象。

2）指纹脊线被处理后应滑顺光洁，无毛刺。

3）应设法接连上纹线的断纹。

4）处理后的频率选择性、方向选择性好。

针对指纹图像的增强算法一般有两种，即基于空间域和基于频率域。前者在图像像素级别下，对指纹图像进行增强操作；而后者通常基于傅里叶变换，将空间域转换为频率域后进行操作，然后再逆变换回空间域即可得到增强图像。这两种方式都需要根据指纹的特性进行增强操作，指纹图像在空间域或者频率域下都有自身的规律性，要实现良好的增强效果需掌握好其规律性。有一种快速指纹增强方法，该方法利用 Gabor 函数的偶对称性，采用快捷的方法求指纹图像方向场，减少了计算量，提高了速度。

指纹图像增强一般由规格化、方向图的计算、滤波几个部分组成。

1）规格化。目的是把图像的平均灰度和对比度调整到一个固定的级别上，以减少不同指纹图像之间的差异。规格化的算法是：在下面的公式中，令 $I(i, j)$ 代表原始图像在点 (i, j) 的灰度值，$I'(i, j)$ 代表规格化后的图像在点 (i, j) 的灰度值，M 和 VAR 分别代表原始指纹图像的均值和方差，M_0 和 VAR_0 分别代表期望得到的均值和方差。

$$I'(i, j) = \begin{cases} M_0 + \sqrt{\dfrac{VAR_0(I(i, j) - M)^2}{VAR}} & I(i, j) > M \\ M_0 - \sqrt{\dfrac{VAR_0(I(i, j) - M)^2}{VAR}} & I(i, j) \leqslant M \end{cases}$$

依据上述算法，按公式对输入图像进行点运算即可实现图像的规格化处理，运算结果使得图像的灰度均值和方差与预定值一致。

2）方向图的计算。方向图是指纹图像中脊的走向所构成的点阵，是指纹图像的一种变换表示方法，它包含指纹形状和特征点的重要信息。用于指纹方向信息的提取算法由 Mehtre、L. Hong 等提出。其中，Mehtre 提出基于邻域内模板不同方向上灰度值的变化求取点方向，进而统计出块方向的方法。此方法简单，但是对于有奇异点的区域效果较差。L. Hong 等人提出了一种利用梯度算子求取方向图的方法，它通过考查指纹图像的梯度变化来得到指纹图像的纹线方向信息，得到的方向为连续角，更细致地表示了纹路真实的方向信息，但是该算法较复杂。

下面是一种根据梯度求方向图的算法。

第 1 步：将指纹图像分成 16×16 的互不重叠的小块。

第 2 步：根据指纹走势计算梯度。

第 3 步：根据梯度值计算块方向。

执行上述算法得到的方向信息能够准确、可靠、细致地描述指纹纹线的实际走向。如图 4-8 所示是计算出的方向图的可视化表示，一个个小箭头表示了所在脊的走向。

3）滤波。从原理上分析，一幅指纹图像是由脊线和谷线组成的线条状图像，因此其灰度直方图应表现出明显的双峰性质，但是由于指纹采集时受到的各种噪声影响，使得实际得到的灰度直方图并不呈现双峰性质，因此一般的基于灰度的图像增强方法（如直方图）校正、对比度增强等很难取得明显的效果。对于指纹图像，局部区域的纹线分布具有较稳定的方向和频率，根据这些方向和频率数值设计相应的带通滤波器就能有效地在局部区域对指纹进行修正和滤波。常见的滤波方式有 Gabor 滤波和傅里叶滤波。滤波效果如图 4-9 所示。

指纹原图像　　　根据梯度求方向图

图 4-8　方向图

指纹原图像　　　滤波后的图像

图 4-9　滤波效果

（3）二值化

图像经过分割、增强处理后，其中的纹线（脊）部分得到了增强，但脊的强度并不完全相同，表现为灰度值的差异。二值化的目的就是使脊的灰度值趋向一致，使整幅图像简化为二元信息。在指纹识别中，一方面对图像信息进行了压缩，保留了纹线的主要信息，节约了存储空间；另一方面去除大量粘连，为指纹特征的提取和匹配做准备。

图像经过二值化处理后，降阶（降位）变成二元图像，其目的是将图像背景和前景图像分割开，这样较深的脊线部分被转化为黑色，较浅的谷线部分被转化为白色，最后成为黑白两色的二值图像，图像就从原始的 256 阶（8 位）降为 2 阶（1 位）。

并不是所有的指纹图像都有相同的阈值，这里介绍下区域自适应阈值法。阈值随着图像中每个小块区域的浓淡变化，可以得到较好的效果。算法描述如下：

1）将指纹图像划分为互不重叠的大小为 $w \times w$ 的小块。

2）求出每块图像中全体像素点的灰度均值。

3）像素点灰度值大于均值阈值的置 255，灰度值小于均值阈值则置 0。

图像二值化处理后会产生些许噪声，表现为脊线上会存在一些空洞或边缘上有毛刺，应进一步对其进行平滑处理，以避免在后续的环节中生成"伪"细节特征点。

如图 4-10b 所示是二值化结果，可以看出，处理后的指纹非黑即白，指纹纹路更加清晰。

（4）细化

细化的目的是删除指纹纹线的边缘像素，使之只有一个像素宽度，减少冗余的信息，突出指纹纹线的主要特征，便于后面的特征提取。

a) 采集图像　　b) 二值化图像　　c) 细化图像

图 4-10　二值化和细化

二值化后，图像纹线仍具有一定宽度，需要通过细化将纹线宽度转化为仅有一个像素大小，从而得到包含特征信息的骨架图像。细化后的指纹图像应保证纹线的连续性、方向性和特征点不变，纹线的模式区完整，纹线的中心基本不变，端点没有遗漏等，如图 4-10c 所示。细化后，特征脉络更精致、不含糊，这为良好的特征提取打下了坚实的基础。

3. 指纹特征提取

特征提取是指纹识别过程中的一个重要环节，特征信息能否准确提取直接关系到识别系统能否正确匹配指纹。一般的指纹识别系统都基于特征点的识别系统。指纹特征点包括端点、孤立点、岛、毛刺、过渡、桥、分叉点等。端

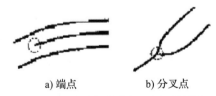

a) 端点　　　　　b) 分叉点

图 4-11　两种手机指纹认证用到的特征

点与分叉点最具代表性（如图 4-11 所示），也是存在比例最高的两种特征点，在概率上统计依次达 23.8%、68.2%，通常使用它们来识别指纹。

端点也称为末梢点，是指纹纹线的末端；分叉点是指纹线在此点处分开成两条或更

多条的点，这两种细节点作为指纹特征中的基本特征，可以组成指纹图像的特征集，能够唯一地确定指纹。

特征提取有两种方法：一种是从灰度图像中提取特征，另一种是从细化二值图像中提取特征。从灰度图中提取特征时，一般是对灰度指纹纹线进行跟踪，根据跟踪结果寻找特征的位置和判断特征的类型。这种方法省去了复杂的指纹图像预处理过程，但是特征提取的算法十分复杂，而且由于噪声等因素影响，特征信息（位置、方向等）也不够准确。

而从二值化或细化后的图像中提取特征时，只需要一个 3×3 的模板就可以将端点和分叉点提取出来，这种细节点的提取方式相对简便。至于选择什么样的算法应该视实际情况而定。

4. 特征匹配

特征匹配是指纹识别过程中的最后一步，通过比对录入指纹的特征和已保存在数据库中的模板特征，来判断这两个图像的指纹是否为同一个指纹。

当前，应用最广泛的是基于指纹图像细节点特征的匹配算法，它通过对照指纹脊线相对关系、细节特征来认定两者是否同源。此种类型的算法以点模式的形式来表示细节特征点，依据纹线的末梢点、分叉点来识别指纹。

匹配的完整过程如下：第一步是构建特征点的局部特征向量，在此基础上对两个指纹特征点的局部特征向量组进行初匹配；如有需要，对特征点集实行极坐标变换并校准，之后再进行二次匹配；最后，依据预设的阈值评估匹配度，反馈结果。这种点模式匹配算法的核心思想是通过某种坐标变换（一般采用极坐标系）最大可能地降低指纹录入时发生的旋转、位移、畸变对特征点定位带来的影响，然后对坐标变换后指纹特征点的位置、类型和角度等相关信息进行比对，得到识别的结果。

5. 指纹识别存在的风险

偷盗指纹做成手指模具是指纹识别最简单的攻击手段，稍微复杂一些的攻击方式是胶带加导电液，即在手机的指纹按键上贴上特殊的胶带，机主用手指按键时，通过传感器，手机就会生成新的指纹图案。新指纹图案等于导电液图案加上机主手指指纹，在机主连续锁屏再用指纹解锁开机之后，智能手机的学习功能就能让它记住了新的、带有导电液图案的指纹图。这时，任何人用手指去进行指纹解锁，都会形成一个个带着同样导电液图案的新指纹，而手机只识别这个导电液图案就会解锁放行。

4.4.4 其他生物特征识别

除了指纹识别以外，还有脸部识别、虹膜识别等多种生物特征识别方法。

1. 脸部识别

随着使用摄像头的信息采集能力（特别是像素）不断提高，脸部识别成为新的认证技术。这种认证技术利用了人脸的唯一性，但其缺点是"需要光"，这在很大程度上限制了脸部识别的用武之地。

脸部识别的优势在于其唯一性（每个人的脸独一无二）、方便性（非接触识别）以及安全性（常人无法破解）。但是，对于唯一性，随着整容技术的发展以及可塑硅胶以及3D打印技术的发展，使得人脸伪造成为可能。对于安全性，在手机上，活体检测（比如眨眨眼、转个脸）技术尚不成熟，导致易受攻击。

脸部识别的主要步骤包括人脸图像的采集、人脸图像的预处理、人脸特征提取、以及人脸特征的匹配与识别。

（1）人脸图像的检测采集

人脸图像的采集可以如用普通摄像头来完成。之所以要进行脸部检测是因为摄像头常会摄入与脸部无关的背景，脸部检测就是要从如图 4-12a 所示的摄像头视野或者照片的复杂背景中自动检测、提取人的脸部图像，确定检测目标的人脸属性与脸部特征（见图 4-12b）。

常见的人脸检测方法有：

1）基于几何特征。根据眼、嘴、鼻的形状以及它们之间的几何关系（如位置和距离）进行检测，这种方法识别速度快，需要的内存小，但识别率较低。

2）基于特征脸 PCA。完全基于图像灰度的统计特性，需要大量训练样本。

3）基于神经网络。输入是降低分辨率的人脸图像、局部区域的自相关函数和局部纹理的二阶矩阵，需要大量样本进行训练。

4）基于弹性图匹配。该算法利用人脸的基准特征点构造拓扑图，使其能够符合人脸的几何特征，进而获取人脸关键点的特征值进行匹配。

5）基于支持向量机（SVM）。SVM 是一种专门针对小样本、高维模式识别问题的算法，解决了神经网络存在的缺陷，是用于人脸识别的主要分类器。

a) 脸部检测

b) 脸部特征

图 4-12　脸部图像的检测采集

（2）图像预处理

图像预处理是指基于人脸检测结果，对图像进行处理并进行特征提取的过程。进行脸部图像预处理的原因是系统获取的原始图像往往会受到各种条件的限制和随机干扰，不能直接使用，必须在图像处理的早期阶段对它进行灰度校正、噪声过滤等预处理。对于人脸图像而言，预处理过程主要包括人脸图像的光线补偿、灰度变换、直方图均衡化、归一化、几何校正、滤波以及锐化等。

（3）人脸特征提取

人脸识别系统可使用的特征通常包括视觉特征、像素统计特征、人脸图像变换系数特征、人脸图像代数特征等。人脸特征提取是针对人脸的某些特征进行的，如确定眼睛、鼻子、嘴巴等的位置和轮廓。人脸特征提取也称为人脸表征，它是对人脸进行特征建模的过程。

人脸特征提取的方法分为两大类，一类是基于知识的表征方法；另外一类是基于代数特征或统计学习的表征方法。

（4）人脸特征匹配

当有新的认证请求时，系统会自动采集人脸图像并进行特征提取，然后将提取的特征与数据库中存储的特征进行比对，如果相似度大于某个提前设定的阈值（比如 0.85），就接受这次认证。

2. 声纹识别

早在二战时期，就有人提出了利用声音特征进行身份认证的研究课题。20 世纪 60 年代，贝尔实验室的工程师 Lawrence Kesta 提出了声纹（Voiceprint）这个概念和采用声纹进行识别的可能性。目前，声纹识别的研究重点是声音特征的分离提取、增强、声学参数的线性或者非线性处理以及新的模式匹配方式。

（1）声纹识别技术的分类

声纹识别技术根据目的的不同可分为两种类型，即说话者辨识技术（Speaker Identification）和说话者确认技术（Speaker Verification）。前者的原理是给定一段未辨识的语音信号和一个说话者的集合，判断这段语音是由说话者集合中的哪一个人所说，这是一个一对多的问题；而后者的原理是给定一个语音并声明这个语音的说话者，判断这段语音是否是其声明的说话者所说，这是个一对一的问题。这个问题的答案只有否定或者肯定两种。

声纹识别技术按方法的不同也可分为两类，一类是与文本（说话内容）相关的，它要求说话者必须提供指定文本内容的语音，这种方法可用在一些特定的环境下，比如启动汽车声控、门禁等；另一类是与文本无关的识别方法，它不关心语音中具体的语义内容，因此应用更加灵活和广泛，但缺点是难度较大，而且准确率要比文本相关的识别方法要低。

（2）声纹识别系统的组成

声纹识别是信号处理技术和模式识别技术的结合，声纹识别系统一般由语音信号采集、语音数据预处理、语音特征参数提取、模型训练和模式匹配等模块组成。

● 语音信号采集

语音信号是一段连续的模拟信号，为了使用计算机技术对语音信号进行研究和分析，第一步就是进行语音信号的采集，对语音的连续模拟信号进行数字化处理。通常我们使用麦克风将声音信号转化为模拟电信号，然后经声卡或者其他专用芯片中的 A/D 转换模块通过采样、量化、编码三个步骤将电信号转换为数字信号以供计算机处理。

- **语音数据预处理**

语音数据预处理也称为前端处理，它的目的是对语音信号进行短时语音信号分析以期获得更好的分析结果等。语音信号的预处理过程一般包括预加重、分帧和加窗、端点检测等。

预加重是指由于语音信号的平均功率谱受到声门激励和口鼻辐射的影响，800Hz 以上的高频分量会以 6dB/ 倍频程衰减，所以频率越高的部分能量越小。提升高频部分可以让信号的频谱变得更加平坦，同时在从低频到高频的整个频带能用同样的信噪比求频谱，从而有利于进行频谱分析或者各种参数分析。对高频提升正是通过对语音信号进行预加重来实现的。预加重一般是在语音信号数字化之后进行，它是通过预加重数字滤波器实现的，一般是一个一阶数字滤波器。

分帧和加窗是指所有的语音信号分析都是建立在短时分析的基础上，因此需要从存储的数字化语音信号中截取出等长的短时语音段进行分析，这个过程就是分帧，一般取 20ms 或者 30ms 的语音段作为一帧。在分帧的时候，一般不是直接采取连续分段的方法，而是允许帧间有混叠，这是为了保证帧间的平滑过渡。这段混叠的部分被称作帧移。帧移与帧长的比例一般在 0.1 ~ 0.5，帧长取值为 10 ~ 30ms，帧移取值为 5 ~ 15ms。之后，就需要选择加窗函数。分帧正是通过加窗实现的，如果只是按帧长截取了语音数据，相当于对信号加了矩形窗（Rectangular Window）。在说话人识别系统中，汉宁窗（Hanning Window）和海明窗（Hamming Window）是最常用的两个加窗函数。通常使用汉宁窗或者海明窗而不使用矩形窗是为了减少因为信号截断而产生的能量泄露。选择加窗函数的基本要求是函数的频谱中的主瓣应该尽量窄而旁瓣衰减应尽量大。虽然实际上符合要求的函数并不存在，但是可以根据实际应用折中选择合适的加窗函数。

语音信号端点检测的目的是从数字化后的语音信号中删除非语音信号，最后得到每帧语音信号的起始点和终止点。好的端点检测方法可有效地提高非语音对识别的干扰，提高系统的识别性能，因此端点检测是语音信号处理中很重要的一步。端点检测方法很多，比较常见的有语音短时过零率、短时能量值、基于信息熵的方法、基于统计模型的划分方法等。

- **语音特征参数提取**

语音是由人体各发声器官相互协作产生的，这些器官包括肺、气管、喉咙、声带、舌头、鼻腔等。每个人的发声器官有先天的差异，这些差异导致每个人的声音有不同特性。除了这些先天因素外，后天因素也会对语音造成影响，比如语速、发音方式等。从声音的发生机制可以看出，借助说话人的语音数据来识别或者验证身份是可能的。对于说话人身份验证系统，语音特征参数提取的目的是将输入的语音波形数据转化为可以表征说话人语音特性的特征矢量。当然，有人认为完全可以不用这种形式的转换，直接从波形信号也可以得到语音的特征。但实际上，特征提取是必要的，因为语音是很多特征混合在一起的高度复杂信号，而我们感兴趣的是说话人的生理和说话风格相关的特性。其他信息均应该被视为不良噪声，必须被最小化。

迄今为止，研究者们已经提出了很多语音特征参数，这些参数可分为谱特征、动态特征以及各种高层特征等。

谱特征描述了短时语音帧的频域或时域特征，它可以反映声道的物理特性。常用的谱特征包括基音频率、共振峰频率、倒谱、梅尔倒谱系数（MFCC）等。

动态特征包括谱特征在时间域/频域的演化或者其他结合。这类参数有线性预测倒谱（LPCC）、差分梅尔倒谱系数（AMFCC）、短时自相关函数等。

高层特征一般是由后天形成的发声特性，包括语速、韵律、习惯用语等信息，这些参数正在研究之中，一般不单独作为独立参数应用。

- 模型训练和模式匹配

无论是模型训练阶段还是模式匹配阶段，都需要先对语音信号进行一定的预处理，例如预加重、加窗、端点检测等；然后，从经过预处理的语音信号中提取出特定的特征参数；在训练阶段，需要很多语音样本和对应的说话人数据，利用这些数据对提取出来的特征参数进行训练，采用适当的算法训练每一个说话人的模型，并将结果存入模型库。在匹配阶段，系统同样先对语音进行预处理和特征提取，然后将提取的特征矢量与所声明的说话者模型进行匹配计算，得到相似度评分，将评分与系统确认阈值进行比较，判断该测试语音是否属于所声明的说话者。

（3）声纹识别的优缺点

目前，已知能用的手机声音识别技术（比如 Siri）需要多次采集数据进行训练，从某个层面来看，这导致了该认证方式的不便性，但因其他方面突出的优势还是应该加以关注。

声纹识别最容易受到的攻击是重放攻击。这种方式的原理是攻击者将认证过程记录下来，等待时机将信号重放回去，借此通过系统认证。对语音识别来说，如何防重放是个很大的难点。另外，声纹识别还会受到声音模拟、声音转换以及声音合成等方式的攻击。

3. 虹膜识别

与指纹识别一样，虹膜识别也是以人的生物特征为基础的，因为虹膜具有高度不可重复性。虹膜是眼球中包围瞳孔的部分，每一个虹膜都包含一个独一无二的基于像冠、水晶体、细丝、斑点、结构、凹点、射线、皱纹和条纹等特征的结构，这些特征组合起来就形成一个极其复杂的锯齿状网络花纹。与指纹一样，每个人的虹膜特征都不相同，到目前为止，世界上还没有发现虹膜特征完全相同的案例，即使是同卵双胞胎，虹膜特征也大不相同，同一个人左右眼的虹膜特征也有很大的差别。此外，虹膜具有高度稳定性，其细部结构在胎儿时期形成之后就终身不再改变，除了白内障等少数病理因素会影响虹膜外，即使用户接受眼角膜手术，虹膜特征也与手术前完全相同。高度不可重复性和稳定性让虹膜可以作为身份识别的依据，事实上，它目前是最可靠、最难以伪造的身份识别技术。

基于虹膜的生物识别技术同指纹识别一样，其识别过程主要包括 4 个部分，即虹膜图像获取、虹膜图像预处理、虹膜特征提取、匹配与识别。

（1）虹膜图像获取

获取虹膜图像时，人眼不与 CCD、CMOS 等光学传感器直接接触，而是采用一种非侵犯式的采集技术。但是，虹膜图像的获取是非常困难的一项工作。一方面由于人眼本身就是一个镜头，许多无关的杂光会在人眼中成像，从而被摄入虹膜图像中：另一方面，由于虹膜直径只有十几毫米，而不同人种的虹膜颜色有很大的差别，白种人的虹膜颜色浅且纹理显著，而黄种人的虹膜则多为深褐色且纹理非常不明显。在一般情况下，很难拍到可用的图像。

（2）虹膜图像预处理

虹膜图像预处理的步骤包括虹膜图像定位、归一化和增强 3 个步骤。虹膜图像定位是去除采集到的眼睑、睫毛、眼白等，找出虹膜的圆心和半径。为了消除平移、旋转、缩放等几何变换对虹膜识别的影响，必须把原始虹膜图像调整到相同的尺寸和对应位置。由于虹膜的环形图案特征，决定了虹膜图像可采用极坐标变换形式进行归一化。虹膜图像在采集过程中的不均匀光照会影响纹理分析的效果。一般采取直方图均衡化的方法进行图像增强，减少光照不均匀分布的影响。虹膜的特征提取和匹配识别方法最早由英国剑桥大学的 John Daugman 博士于 1993 年提出，后续的许多虹膜识别技术都是以此为基础展开的。Daugman 博士用 Gabor 滤波器对虹膜图像进行编码，基于任意一个虹膜特征码都与其他虹膜生成的特征码统计不相关这一特性，比对两个虹膜特征码的 Hamming 距离来实现虹膜识别。

随着虹膜识别技术研究和应用的进一步发展，虹膜识别系统的自动化程度越来越高，神经网络算法、模糊识别算法也逐步应用到虹膜识别之中。进入 21 世纪后，随着硬件技术的不断进步，虹膜采集设备越来越成熟，虹膜识别算法所要求的计算能力也能充分满足。虹膜识别技术由于在采集、精确度等方面独特的优势，必然会成为未来主流的生物认证技术。未来的安全控制、海关进出口检验、电子商务等领域，也必然会以虹膜识别技术为重点。

见表 4-1 是美国圣何塞州立大学—国家生物特征评测中心发布的生物特征的使用特性比对表，从表中可以看出，在手机能提取的生物特征中，声音特征表现突出，这说明声音识别会在手机身份认证方面获得广泛应用。

表 4-1 各种生理特征使用特性比对

特征	指纹	掌型	视网膜	虹膜	人脸	静脉	声纹
易用性	高	高	低	中等	中等	中等	高
准确率	高	高	高	高	高	高	高
成本	高	非常高	非常高	非常高	高	非常高	低
用户接受度	中等	中等	中等	中等	中等	中等	高
远程认证	不可	不可	不可	不可	不可	不可	可以
手机采集	部分可	可以	不可	不可	可以	不可	可以

此外，还有一些新兴的认证模式，如持续认证。持续认证的作用是在会话（session）过程中确保参与会话的用户没有被攻击者替换。这种认证模式应用的难度在于如果让合法用户不断手动认证，会话体验会很差。使用已有的技术（比如根据按压触摸屏的力度和角度）来确保用户在会话过程中没有被替换，用户体验会好很多，这种认证方式可行的前提是每个人的屏幕按压方式都是不同的，但由于按压习惯很容易被模仿，因此手机持续认证仍然是个待发掘的领域。

总结上面几种手机的身份认证技术，其发展方向具有如下特点：

- 认证方式上，从复杂到简单、方便。
- 抗攻击性上，从易受攻击到相对安全。
- 认证机理上，从组合的数字字母或图案密码到生物特征。
- 认证方式上，从瞬时认证到持续认证。

4.5 基于 PKI 的身份认证

PKI（Public Key Infrastructure，公钥密码体制）是利用公钥理论和技术提供信息安全服务（如加密、数字签名等）的基础设施。PKI 通过可信任的第三方认证机构将用户公钥和其他基本信息绑定在一起，形成数字证书，通过安全信道发送给用户。在此基础上，进行证书的各种管理操作，如产生、存储、发布及撤销等，并基于数字证书为各种应用和服务对象提供安全服务，包括信息认证、身份识别、数字签名、加 / 解密等。数字证书是 PKI 体制的基本元素，合理使用数字证书，系统能够实现所有的安全操作。

4.5.1 PKI 的功能

PKI 能够为用户建立安全的通信环境，从技术上为网络身份的鉴定、电子信息的完整性和不可抵赖性等多种安全问题提供解决措施，为网络应用（如电子商务、电子政务等）提供多种可靠的安全技术和服务功能。

1. 保密性服务

保密性服务用于信息的保密，确保涉密数据（如存储文件、传输中信息等）的安全，主要使用加密技术为其提供保护。由于经由接收方证书的公钥加密后密文信息只能由接收方用自己的私钥解密，其他人想要恢复原先的信息是很困难的。攻击者即使截获和监听了传输中的重要信息，也无法得到其中的真实内容，从而实现了对信息的保护。通过PKI 的保密性服务，可以透明地进行加密算法的协商、密钥的交换以及机密信息的传送等操作。

2. 认证性服务

认证性服务就是身份认证与鉴别服务，确认实体是自己所声明的实体，从而鉴别某个身份的真伪。安全通信正常持续进行的前提条件是只有事先约定好的通信者才能获取机密数据或信息，所以，认证性服务在通信过程中具有重要意义。

PKI 提供的 X.509 标准中，强鉴别认证性服务是通过使用公钥体制、数字签名、哈希函数和认证协议来实现强鉴别。如果双方在网上进行安全通信，都要验证对方的数字证书的真伪；当一方（甲）把证书传送给另一方（乙）时，甲需要用认证机构（CA）的公钥验证乙证书的数字签名。如果验证通过，则确定乙所持的证书是由 CA 颁发的，同时确认乙的身份合法。一旦通过身份认证，还能将被验证方的权限与访问控制列表中的权限关联起来，决定其能否进行安全访问。

3. 完整性服务

数据完整性就是确认数据没有被非法修改，收到的信息真实可信。在数据传输过程中，数据经常会出现丢失或变化的情况，甚至可能被黑客恶意截获，造成数据的泄密、篡改和重放。为了保证数据的完整性，存储和传输的数据都需要进行完整性检查。

可以通过数字签名技术和报文分解技术来实现数据的完整性检测。在 PKI 中，运用单向哈希的性质，可以通过对消息摘要进行数字签名来实现完整性服务。

4. 不可否认性服务

不可否认性是指数据来源和接收后的不可否认性。不可否认服务主要是为某个事件的参与者提供不可否认某一行为的证据，通常由时间戳机构（TSA）或者数字签名来充当进行公证的可信任第三方。如果要证明在特定的时间发生特定事件或者某个数据在某个时间点已经存在，PKI 就需要使用安全的时间戳技术。PKI 要求某人对所经手的电子数据进行数字签名，防止其事后抵赖。

除了以上服务外，PKI 还提供一些其他的服务，如权限管理、访问控制等。这些服务并不是互相独立的，而是相辅相成的。通过这些服务的相互配合，才能提供更加安全的信息服务。

4.5.2　PKI 的组成

一个完整的 PKI 系统通常拥有可信认证机构（CA）、证书库、密钥备份及恢复系统、证书更新及作废处理系统、PKI 应用接口系统等部分构成，涉及许多理论和技术，如通信技术、公钥密码技术、数字签名技术、单向哈希函数、身份认证技术、网络结构模型、授权与访问控制技术等。PKI 的组成结构如图 4-13 所示。

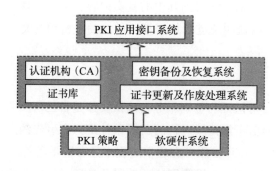

图 4-13　PKI 组成结构图

1. 认证机构

认证机构（Certificate Authority，CA），又称为认证中心或者认证机关，是 PKI 的核心组成部分和执行机构，作为网上认证服务的可信第三方机构。它主要负责数字证书申请、签发、查询，规定数字证书的有效期，备份、验证用户身份等。CA 中一般包含一个注册机构（RA），专门负责证书申请、资格审查及证书签发等工作。

一个典型的 CA 系统一般由 5 部分组成，分别为安全服务器、注册机构（RA）、CA 服务器、LDAP 目录服务器和数据库服务器。

（1）安全服务器

安全服务器主要提供数字证书的申请、浏览、撤销和下载等安全服务。用户使用安全信道方式（如 SSL 方式）与安全服务器进行通信；用户得到安全服务器的证书（由 CA 颁发）后，再使用安全密钥与服务器进行通信，进行相关操作，如申请、查询数字证书等。

（2）RA 服务器

RA 服务器是 CA 中的注册机构，主要进行证书申请者的信息录入、审核及证书的发放工作。RA 是 CA 和用户沟通的平台，在接受证书申请并确认用户身份后，它向 CA 提交用户的证书请求。此外，它还向 LDAP 服务器和安全服务器转发 CA 颁发的数字证书和 CRL。在某些小型的认证中心中，CA 服务器合并了 RA 服务器，RA 服务器的所有功能都由 CA 服务器来实现。

（3）CA 服务器

CA 服务器是整个认证中心的核心，负责证书和 CRL 的签发。当 RA 将用户申请证书的请求转交给 CA 后，CA 为用户产生公钥和私钥，然后生成数字证书，再将数字证书传输给 RA 服务器。CA 服务器存储着 CA 私钥、发行和撤销证书的脚本文件。为了确保 CA 服务器的安全，应将它与其他服务器隔离开来。

（4）LDAP 服务器

LDAP 服务器主要提供目录浏览服务，能够将 RA 服务器传送过来的用户资料和数字证书存储到服务器上，以便其他用户查询某些用户的信息和数字证书。

（5）数据库服务器

数据库服务器主要进行各种数据（如密钥、用户信息、统计数据）和日志的存储和管理。为了保持数据库服务器安全、稳定和快速运行，实际的数据库系统经常使用多种方式（如磁盘阵列、双机备份和多处理器等）加强数据的安全性和完整性。

2. 证书库

证书库是数字证书的集中存放地。用户能够从证书库中查询其他用户的证书、公钥及相关信息，还能查询已进入"黑名单"或已经撤销的证书。为了提高证书的查询效率，证书库通常采用数据库镜像技术，在本地或本机上存放与本组织业务相关的证书和CRL。此外，PKI 还要实时更新证书库和 CRL 库，确保相关数据的完整性和正确性，防范各种伪造和篡改行为。

3. 密钥备份及恢复系统

密钥管理的主要工作包括密钥备份和密钥恢复。由于一些原因（如丢失存储器、记忆错误等），用户会丢失解密密钥，导致无法解密文。为杜绝类似现象的发生，就需要相关机制来进行密钥备份和恢复。在系统生成用户证书后，CA 立即备份和存储加密密钥。如果用户需要恢复密钥，只需向 CA 提出密钥恢复申请，CA 就自动进行相关密钥的恢复操作。可信认证机构只对解密密钥进行备份与恢复，为确保签名私钥的唯一性和密文的安全性，不能对其备份。

4. 证书更新与作废处理系统

出于安全性考虑，证书在其有效期内也可能需要进行作废处理。为此，PKI 提供三种作废证书的策略：将某一对密钥签发的所有证书作废；将一个或多个主体的证书作废；将某 CA 签发的所有证书作废。PKI 通过将证书放入 CRL 来实现作废处理。目录系统中存储的 CRL 由 CA 创建并及时更新维护。在检验数字证书的有效期时，系统会主动检查 CRL，以确定其是否有效。

为了防止公钥被破译，证书和密钥必须定时进行更新。一般情况下，PKI 系统能够自动进行证书更新操作，不需要人工干预。在证书的有效期结束之前，PKI 会提醒客户证书即将更新，自动运行更新程序并产生一个新证书，以便替换旧证书。

5. PKI 应用接口系统

PKI 应用接口是实现 PKI 各种应用的接口程序。通过这些接口程序，用户能够方便地使用各种安全服务（如加密、数字签名等），使得相关的应用组件能够与 PKI 进行安全、一致、可信的交互，确保所属网络环境的安全性、可信性和易用性，并降低管理维护的成本。

6. PKI 策略

PKI 策略定义了应用系统在信息安全方面涉及的指导方针和规则，包括安全策略、

CA之间的相互信任关系、身份认证规则、访问控制技术、信息安全保障措施、所涉及的各种法律关系等。

7. 信任模型

在PKI应用系统中，用户的信任主要来源于对证书的验证，这是对颁发证书的权威、公正、可信的第三方认证机构的信任。如果验证的双方来自不同PKI域，它们的信任关系要通过证书链或者进行交叉认证来建立。

PKI信任模型是建立PKI的关键，主要解决两方面的问题，即规定用户的信任起点和信任的传递方式。PKI体系中最简单最安全的模型就是单CA的信任模型。在单CA信任模型中，所有用户都以该CA的公钥作为其信任锚。在现实社会中，这种单一CA认证是不现实的，因为不同组织的需求不一致。为了实现多个PKI体系间的信任，最可行的方法就是在多个独立运行的PKI之间进行交叉认证。目前常见的多级信任模型主要有严格层次信任模型、分布式结构信任模型、Web模型和以用户为中心的信任模型等。

4.5.3 PKI 的结构

PKI的核心是CA，CA是受一个或多个用户信任并提供用户身份验证的第三方机构，承担公钥体系中公钥的合法性检验工作。

目前，我国已有一些自己的CA，较有影响的有中国电信CA安全认证体系（CTCA）、上海电子商务CA认证中心（SHECA）和中国金融认证中心（CFCA）等。

根据CA间的关系，PKI的体系结构可以分为三类，即单个CA、分级（层次）结构的CA和网状结构的CA。

1. 单个CA

单个CA的结构是最基本的PKI结构，PKI中的所有用户对此CA给予信任，它是PKI系统内单一的用户信任点，为PKI中的所有用户提供PKI服务。

这种结构只需建立一个根CA，所有用户都能通过该CA实现相互认证，但单个CA的结构不易扩展到支持大量或者不同群体的用户。

2. 分级（层次）结构

以主从CA关系建立的PKI称作分级（层次）结构的PKI。在这种结构下，所有用户都信任最高层的根CA，上一层CA向下一层CA发放公钥证书。若一个持有由特定CA发放的公钥的用户要与持有由另一个CA发放的公钥的用户进行安全通信，需要解决跨域认证的问题，这一认证过程在于建立一个从根出发的可信赖的证书链。

分级结构的PKI依赖于一个可信任点的根CA。削弱根CA的安全性将导致整个PKI系统安全性降低，根CA的故障对整个PKI系统是灾难性的。

3. 网状结构

以对等CA关系建立的交叉认证扩展了CA域之间的第三方信任关系，这样的PKI

系统称为网状结构的 PKI。

如图 4-14 所示是一种三层 CA 架构，即在根 CA 与签发 CA 之间再架设一层中间 CA，用中间 CA 作为管理边界，仅从中间 CA 的下属颁发特定证书，并在颁发证书之前执行特定级别的验证，但从管理而不是技术角度实施策略。这也正是区块链权限管理可以借鉴的方案。区块链的节点可以分为两类，即共识节点（也称为验证节点，Validate Peer，VP）和记账节点（也称为非验证节点，Non-Validate Peer，NVP）。区块链的节点和其他的 SDK 权限等都可以通过网状结构的 CA 得以实现。

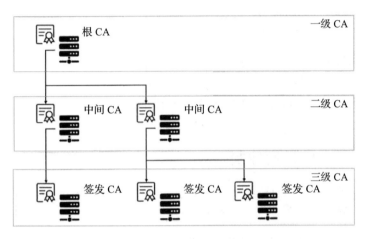

图 4-14　三层 CA 架构图

4.5.4　基于 PKI 的身份验证

PKI 是建立在公 / 私钥基础上，用于安全、可靠传递消息和进行身份确认的一个通用框架，PKI 技术体系亦可称为 CA 技术体系。PKI 采用数字证书（或者说 CA 证书）进行公钥管理，通过 CA 签发包含用户信息及其公钥信息的证书，用于网络中通信双方进行身份验证和安全通信。PKI 将对称加密技术和非对称加密技术结合起来，同时通过对数字证书完整生命周期的管理，实现了密钥的自动管理，为网络用户构建一个安全可信的通信环境，保证网络数据安全传输的保密性、完整性、有效性。可以说，任何提供了公钥加密和数字签名服务的系统都可归结为 PKI 系统的一部分。

数字证书是网络通信双方身份认证及安全通信的保障。数字证书实际上是一份电子文件，包含拥有者的身份和公钥信息以及证书认证机构对这份文件的签名。网络中的通信双方在相互获取了对方数字证书的公钥以后按如图 4-15 所示的原理进行通信，从而进行身份验证。

其中，网络传输中的数据包由三部分组成，即密文、加密后的对称密钥和发送方签名。对于发送方来说，首先会随机生成一个对称密钥，并用对称密钥将身份原文加密成密文，然后用接收方的公钥加密对称密钥，最后用哈希函数对身份原文进行哈希运算，得到一个身份摘要，并用自己的私钥进行加密得到数字签名。对于接收方来说，首先用自己的私钥将加密的对称密钥解析出来，通过这个对称密钥将数据密文恢复为身份原文，得到身份原文后用相同的哈希函数进行哈希运算，得到身份摘要，然后用发送方公钥从数字签名中解析出身份摘要，最后通过比较两份摘要以确定数据在传输过程中有没有遭到破坏，进而验证身份的有效性。

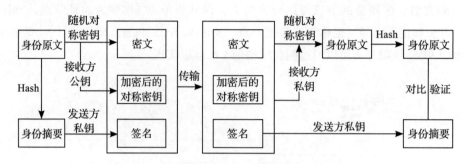

图 4-15　基于数字证书的通信双方身份验证

4.6　物联网系统的访问控制

在物联网系统中，访问控制（Access Control）是对用户合法使用资源的认证和控制。简单来说，就是根据相关授权，控制对特定资源的访问，从而防止一些非法用户的非法访问或者合法用户的不正当使用，确保整个系统的资源能够被合理、正当地使用。因为物联网应用系统是多用户、多任务的工作环境，存在非法使用系统资源的风险。因此，迫切要求对计算机及网络系统采取有效的安全防范措施，防止非法用户进入系统及合法用户对系统资源的不当使用，这就需要采用访问控制系统。

访问控制包含三个方面的含义：

1）合法性。阻止合法用户的不当访问以及非法用户的非法访问。

2）完整性。在收集数据、传输信息、存储信息等一系列的工作中，保证数据完好无损，不可以随意增删、改动数据。

3）时效性。在一定的时效内，保证系统资源不能被非法用户篡改和使用，保障系统的完整性。

对于系统而言，通过访问控制，可以阻碍未得到权限的非法用户访问系统的资源；而对于系统的资源，通过实施访问控制可以预防未经授权的访问。

4.6.1　访问控制的基本概念

1. 访问控制的功能

访问控制应具备身份认证、授权、文件保护和审计等功能。

（1）认证

认证就是证实用户的身份。认证必须和标识符共同作用。认证时，首先需要输入账户名、用户标识或者注册标识，告诉主机用户是谁。账户名应该是秘密的，其他用户不应拥有它。为了防止账户名或用户标识泄露而导致的非法用户访问，需要进一步用认证技术证实用户的合法身份。口令是一种简单易行的认证手段，但是容易被猜出来，因此比较脆弱，易被非法用户利用。生物识别技术是一种严格、有发展前途的认证方法，如指纹、视网膜、虹膜等，但因技术复杂，目前还没有被广泛采用。

（2）授权

系统正确认证用户之后，会根据不同的标识为用户分配不同的访问资源，这项工作称为授权。授权的实现是靠访问控制来完成的。访问控制是一项特殊的任务，它用标识符作为关键字来控制用户所访问的程序和数据。访问控制主要用在关键节点，一般节点很少使用。但如果确实需要在一般节点上增加访问控制功能，则应该安装相应的授权软件。在实际应用中，通常需要从用户类型、应用资源以及访问控制规则 3 个方面来明确用户的访问权限。

1）用户类型。对于一个已经被系统识别和认证的用户，要对它的访问操作进行一定的限制。对于一个通用计算机系统而言，其用户类型不同，权限也不同。用户类型包括系统管理员、一般用户、审计用户和非法用户等。系统管理员权限最高，可以对系统中的任何资源进行访问，并具有所有类型资源的访问操作权限。一般用户对资源的访问操作会受到一定的限制。根据需要，系统管理员会为不同用户分配不同的访问操作权限。审计用户负责对整个系统的安全控制与资源使用情况进行审计。非法用户则会被取消访问权限或者被拒绝访问系统。

2）应用资源。系统中的每个用户共同分享系统资源。系统内需要保护的是系统资源，因此需要对保护的资源定义一个访问控制包（Access Control Packet，ACP），访问控制包对每一个资源或资源组勾画出一个访问控制列表（Access Control List，ACL），它描述哪个用户可以使用哪个资源以及如何使用。

3）访问规则。访问规则定义了若干条件，在这些条件下可准许访问一个资源。一般来讲，规则使用户和要访问资源的权限相对应，然后指定该用户可以在该资源上执行哪些操作，如只读、不允许执行或不许访问等。负责实施安全策略的系统管理人员根据最小权限原则来确定这些规则，即在授予用户访问某种资源的权限时，只授予其访问该资源的最小权限。例如，用户需要读权限时，则不应该授予读写权限。

（3）文件保护

对该文件提供附加保护，使非授权用户不可读文件。一般采用对文件加密的附加保护。

（4）审计

记录用户的行动，以说明安全方案的有效性。审计是记录用户系统所进行的所有活动的过程，即记录用户违反安全规定使用系统的日期、时间以及用户活动等。因为收集的数据量非常大，所以良好的审计系统应具有筛选并报告审计记录的工具。此外，还应支持对审计记录做进一步的分析和处理。

2. 访问控制的关键要素

访问控制是指主体依据某些控制策略和权限对客体或其他资源进行的不同授权访问。访问控制包括三个要素，即主体、客体和控制策略。

（1）主体

主体是可以在信息客体间流动的一种实体。主体通常指的是访问用户，但是某个进程或设备也可以称为主体。所以对文件进行操作的用户是主体，用户调度并运行的某个作业是主体，检测电源故障的设备也是主体。大多数交互式系统的工作过程是用户首先进行系统注册，然后启动某一进程完成某项任务，该进程继承了启动它的用户的访问权限。在这种情况下，进程也是一个主体。一般来讲，审计机制应能对主体涉及的某一客体进行的与安全有关的所有操作进行相应的记录和跟踪。

（2）客体

客体本身是一种信息实体，或者是从其他主体或客体接收信息的载体。客体不受它们所依存的系统的限制，可以是记录、数据块、存储页、存储段、文件、目录、目录树、邮箱、信息、程序等，也可以是位、字节、字、域、处理器、通信线路、时钟、网络节点等。主体有时也可以当作客体处理，例如，一个进程可能含有许多子进程，这些子进程就是一种客体。在一个系统中，作为一个处理单位的最小信息集合称为一个文件，每一个文件都是一个客体。如果文件可以分成许多小块，每个小块又可以单独处理，那么每个小块也是一个客体。另外，如果文件系统组织成一个树形结构，这种文件目录也是客体。

有些系统中，逻辑上所有客体都作为文件处理。每种硬件设备都作为客体来处理，因此每种硬件设备都具有相应的访问控制信息。如果一个主体准备访问某个设备，它必须具有适当的访问权限，设备的安全校验机制将对访问权限进行校验。例如，某主体想对终端进行写操作，需要将想写入的信息先写入相应的文件中，安全机制将根据该文件的访问信息来决定是否允许该主体对终端进行写操作。

（3）控制策略

控制策略是主体对客体的操作行为集和约束条件集，简记为 KS。也就是说，控制策略是主体对客体的访问规则集，这个规则集定义了主体可以对客体实施的作用、行为和客体对主体的条件约束。访问策略体现了一种授权行为，也就是客体对主体的权限允许，这种允许不能超越规则集。

访问控制系统的三个要素可以使用三元组（S, O, P）来表示，其中 S 表示主体，O 为客体，P 为许可。主体 S 提出一系列正常请求信息 I_1, I_2, $\cdots$, I_n，通过物联网系统的入口到达控制规则集 KS 监视的监控器，由 KS 判断是否允许这次请求。在这种情况下，必须先确认主体是合法的，不是假冒的欺骗者，也就是对主体进行认证。主体通过验证后，才能访问客体，但并不能保证其有权限对客体进行操作。客体对主体的约束由访问控制列表来控制实现，对主体的验证一般是鉴别用户标识和用户密码。用户标识是一个用来鉴别用户身份的字符串，每个用户有且只能有一个用户标识，以便与其他用户区别。当一个用户进行系统注册时，他必须提供其用户标识，系统会执行一个可靠的审查来确认当前用户是用户标识对应的用户。

当前，访问控制实现的模型通常采用主体、客体、授权的定义和这三个定义之间的关系的方法来描述。访问控制模型能够对计算机系统中的存储元素进行抽象表达。访问控制要解决的根本问题是主动对象（如进程）如何对被动的受保护对象（如被访问的文件等）进行访问，并按照安全策略进行控制。主动对象是主体，被动对象是客体。

对于一个安全的系统，或者是将要在其上实施访问控制的系统，一个访问可以对被访问的对象产生如下两种作用：一是对信息的抽取；二是对信息的插入。对于对象来说，可以有"只读不修改""只读修改""只修改不读""既读又修改"四种访问方式。

访问控制模型可以根据安全策略的配置来决定一个主体对客体的访问属于以上四种访问方式中的哪一种，并且根据相应的安全策略来决定是否给予主体相应的访问权限。

3.访问控制策略的实施

访问控制策略是物联网信息安全的核心策略之一，其任务是保证物联网信息不被非法使用和访问，为保证信息的安全性提供一个框架，提供管理和访问物联网资源的安全方法，规定各要素要遵守的规范及应担负的责任，确保物联网系统的安全。

（1）制定与实施访问控制策略的基本原则

访问控制策略的制定与实施必须围绕主体、客体和安全控制规则集三者之间的关系展开。访问控制策略的制定与实施有如下基本原则。

● 最小权限原则

最小权限原则指主体执行操作时，按照主体所需权限的最小化原则给主体分配权限。最小权限原则的优点是最大限度地限制了主体实施授权行为，可以避免来自突发事件、错误和未授权主体的危险。也就是说，为了达到某种目的，主体必须执行一定的操作，但它只能做它所被允许的。

● 最小泄露原则

最小泄露原则指主体执行任务时，按照主体所需要知道的信息最小化的原则给主体分配访问权限。

● 多级安全策略

多级安全策略指主体和客体间的数据流向和权限控制一般按照绝密、秘密、机密、限制和无级别 5 个安全级别来划分。多级安全策略的优点是可避免敏感信息的扩散。对于具有某种安全级别的信息资源，只有安全级别比它高的主体才能够访问。

（2）访问控制策略的实现方式

访问控制的安全策略有基于身份的安全策略和基于规则的安全策略。目前使用这两种安全策略的基础都是授权。

● 基于身份的安全策略

基于身份的安全策略与鉴别行为一致，其目的是过滤对数据或资源的访问，只有能通过认证的主体才有可能正常使用客体的资源。基于身份的安全策略包括基于个人的策略和基于组的策略。

1）基于个人的策略。基于个人的策略是指以用户为中心建立的一种策略，这种策略由一些列表组成。这些列表限定了针对某个客体，哪些用户可以实现何种操作行为。

2）基于组的策略。基于组的策略是对个人的策略的扩充，指一些用户能够使用同样的访问控制规则访问同样的客体。

基于身份的安全策略有两种实现方法，即访问能力表和访问控制列表。访问能力表提供了针对主体的访问控制结构；访问控制列表提供了针对客体的访问控制结构。

- **基于规则的安全策略**

在基于规则的安全策略中，授权通常依赖于敏感性。在一个安全系统中，对敏感数据或资源应该进行安全标记。当代表用户程序的进程进行活动时，可以得到与敏感数据拥有者对应的安全标记，以保证数据访问的安全性。

在实现基于规则的安全策略时，由系统通过比较用户和客体资源的安全级别来判断是否允许用户进行访问。

4.6.2 访问控制的分类

访问控制可以限制用户对关键资源的访问，防止非法用户进入系统及合法用户对系统资源的非法使用。在传统的访问控制中，一般采用自主访问控制（DAC）和强制访问控制（MAC）。随着分布式应用环境的出现，又发展出基于对象的访问控制（OBAC）、基于任务的访问控制（TBAC）、基于角色的访问控制（RBAC）技术以及基于属性的访问控制（ABBC）等访问控制技术。

（1）DAC

DAC 是指用户有权对自己创建的访问对象（文件、数据表等）进行访问，并可将对这些对象的访问权授予其他用户，也可以从获得权限的用户收回其访问权限。

（2）MAC

MAC 是指由系统（通过专门设置的系统安全员）对用户所创建的对象进行统一的强制性控制，按照规定的规则决定哪些用户可以对哪些对象进行什么样操作系统类型的访问，即使是创建者用户，在创建一个对象后，也可能无权访问该对象。

（3）OBAC

DAC 或 MAC 模型的主要任务都是对系统中的访问主体和受控对象进行一维的权限管理。当用户数量多且处理的信息数据量巨大时，用户权限的管理将变得十分繁重且难以维护，导致系统的安全性和可靠性降低。

对于海量的数据和差异较大的数据类型，需要由专门的系统和人员加以处理，如果采用 RBAC 模型，安全管理员除了维护用户和角色的关联关系外，还需要将庞大的信息资源的访问权限赋予有限个角色。

当信息资源的种类增加或减少时，安全管理员必须更新所有角色的访问权限。如果受控对象的属性发生变化并且需要将受控对象不同属性的数据分配给不同的访问主体时, 安全管理员要增加新的角色, 并且必须更新所有角色的访问权限以及访问主体的角色分配。

这样的访问控制需求变化往往是不可预知的, 会造成访问控制管理的难度和工作量大幅增加。在这种情况下, 有必要引入基于受控对象的访问控制模型 (Object-based Access Control Model, OBAC)。

控制策略和控制规则是 OBAC 访问控制系统的核心。在基于受控对象的访问控制模型中, 将访问控制列表与受控对象或受控对象的属性相关联, 并将访问控制选项设计成为用户、组或角色及其对应权限的集合, 同时允许对策略和规则进行重用、继承和派生操作。

这样, 不仅可以对受控对象本身进行访问控制, 也可以对受控对象的属性进行访问控制, 而且派生对象可以继承父对象的访问控制设置, 这对于信息量巨大、信息内容更新变化频繁的管理信息系统非常有利, 可以减轻由于信息资源的派生、演化和重组等带来的分配、设定角色权限等方面的工作量。

OBAC 访问控制系统从信息系统的数据差异变化和用户需求出发, 有效地解决了数据量大、数据种类繁多、数据更新变化频繁的大型管理信息系统的安全管理。它还从受控对象的角度出发, 将访问主体的访问权限与受控对象相关联, 一方面定义了对象的访问控制列表, 即增、删、修改访问控制项; 另一方面, 当受控对象的属性发生改变, 或者受控对象发生继承和派生行为时, 无须更新访问主体的权限, 只需要修改受控对象的相应访问控制项即可, 从而减少了访问主体的权限管理工作, 降低了授权数据管理的复杂性。

（4）TBAC

TBAC 是从应用和企业角度来解决安全问题, 以面向任务的观点从任务 (活动) 的角度来建立安全模型和实现安全机制, 在任务处理的过程中提供动态、实时的安全管理。

在 TBAC 中, 对象的访问权限控制并不是静止不变的, 而是随着执行任务的上下文环境发生变化。TBAC 首先要考虑的是在工作流的环境中对信息的保护问题。在工作流环境中, 数据的处理与上一次处理相关联, 相应的访问控制也是如此, 因而 TBAC 是一种上下文相关的访问控制模型。其次, TBAC 不仅能对不同工作流实施不同的访问控制策略, 还能对同一工作流的不同任务实例实施不同的访问控制策略。从这个意义上说, TBAC 是基于任务的, 可以说, TBAC 是一种基于实例 (Instance-based) 的访问控制模型。

TBAC 模型由工作流、授权结构体、受托人集、许可集四部分组成。

任务 (Task) 是工作流中的一个逻辑单元, 是一个可区分的动作, 与多个用户相关, 也可能包括几个子任务。

授权结构体 (Authorization Unit) 是由一个或多个授权步组成的结构体, 它们在逻辑上是联系在一起的。授权结构体分为一般授权结构体和原子授权结构体。一般授权结构体内的授权步依次执行，原子授权结构体内部的每个授权步紧密联系，其中任何一个授权步失败都会导致整个结构体失败。

授权步（Authorization Step）表示一个原始授权处理步，是指在一个工作流中对处理对象的一次处理过程。授权步是访问控制所能控制的最小单元，由受托人集（Trustee-Set）和多个许可集（Permissions Set）组成。

受托人集是可被授予执行授权步的用户的集合，许可集则是受托人集的成员被授予授权步时拥有的访问许可。当授权步初始化以后，一个来自受托人集中的成员将被授予授权步，我们称这个受托人为授权步的执行委托者，该受托人执行授权步过程中所需许可的集合称为执行者许可集。授权步之间或授权结构体之间的相互关系称为依赖（Dependency），依赖反映了基于任务的访问控制的原则。授权步的状态变化一般采取自我管理且能够依据执行的条件自动变迁状态，有时也可以由管理员进行调配。

一个工作流的业务流程由多个任务构成。一个任务对应于一个授权结构体，每个授权结构体由特定的授权步组成。授权结构体之间以及授权步之间通过依赖关系联系在一起。在 TBAC 中，一个授权步的处理可以决定后续授权步对处理对象的操作许可，上述许可集合称为激活许可集，执行者许可集和激活许可集一起称为授权步的保护态。

TBAC 模型一般用五元组（S，O，P，L，AS）来表示，其中 S 表示主体，O 表示客体，P 表示许可，L 表示生命期（Lifecycle），AS 表示授权步。由于任务是有时效性的，因此在基于任务的访问控制中，用户对授予他的权限的使用也是有时效性的。

若 P 是授权步 AS 所激活的权限，L 是授权步 AS 的存活期限。在授权步 AS 被激活之前，它的保护态是无效的，其中包含的许可不可使用。当授权步 AS 被触发时，它的委托执行者开始拥有执行者许可集中的权限，同时它的生命期开始倒计时。在生命期内，五元组（S，O，P，L，AS）有效。生命期终止时，五元组（S，O，P，L，AS）无效，委托执行者所拥有的权限被收回。

TBAC 的访问策略及其内部组件关系一般由系统管理员配置。通过授权步的动态权限管理，TBAC 支持最小权限原则和最小泄露原则，在执行任务时只给用户分配所需的权限，未执行任务或任务终止后用户不再拥有所分配的权限。而且，在执行任务的过程中，当某一权限不再使用时，授权步自动回收该权限。另外，对于敏感的任务，需要不同的用户执行，这可通过授权步之间的分权依赖实现。

TBAC 从工作流中的任务角度建模，可以依据任务和任务状态的不同对权限进行动态管理。因此，TBAC 非常适合分布式计算和多点访问控制的信息处理控制以及在工作流、分布式处理和事务管理系统中的决策制定。

（5）RBAC

RBAC 的基本思想是将访问许可权分配给一定的角色，用户通过获得不同的角色来获得角色所拥有的访问许可权。这是因为在很多实际应用中，用户并不是可以访问的客体信息资源的所有者（这些信息属于企业或公司），访问控制应该基于员工的职务而不是基于员工在哪个组或谁是信息的所有者，即访问控制策略是由用户在部门中所担任的角色来确定的，例如，一个学校可以有教工、老师、学生和其他管理人员等角色。

　　RBAC 从控制主体的角度出发，根据管理中相对稳定的职权和责任来划分角色，将访问权限与角色相联系，这与传统的 MAC 和 DAC 将权限直接授予用户的方式不同。RBAC 通过给用户分配合适的角色，让用户与访问权限相联系，使角色成为访问控制中访问主体和受控对象之间的一座桥梁。

　　角色可以看作一组操作的集合，不同的角色具有不同的操作集，这些操作集由系统管理员分配给角色。我们假设 Tch_1，Tch_2，Tch_3，……，Tch_i 是教师，$Stud_1$，$Stud_2$，$Stud_3$，……，$Stud_j$ 是学生，Mng_1，Mng_2，Mng_3，……，Mng_k 是教务处管理人员，那么教师的权限为 Tch_{MN} = { 查询成绩、上传所教课程的成绩 }；学生的权限为 $Stud_{MN}$ = { 查询成绩、反映意见 }；教务管理人员的权限为 Mng_{MN} = { 查询、修改成绩、打印成绩清单 }。

　　依据角色的不同，每个主体只能执行访问控制策略所赋予的访问功能。用户在部门中具有相应的角色，其所能执行的操作与其拥有的角色的职能相匹配，这正是基于角色的访问控制的根本特征，即依据 RBAC 策略，系统定义了各种角色，每种角色承担一定的职能，不同用户根据其职能和责任被赋予相应的角色。一旦某个用户成为某角色的成员，则此用户可以完成该角色所被赋予的职能。

　　因为企业担心冗长而复杂的实施过程，并且用户的访问权限常常发生变化，所以许多企业不愿意实施基于角色的访问控制。完成基于角色的矩阵可能是一个需要花费企业几年时间的复杂过程。有一些新方法可以缩短这个过程。例如，企业可以采用人力资源系统作为数据源，收集所有雇员的部门、职位、位置以及企业的层次结构等信息，并将这些信息用于创建每个访问级别的角色。企业还可以从活动目录等位置获得当前的权限，实现不同角色的雇员之间的数据共享。

　　（6）ABAC

　　ABAC 主要针对面向服务的体系结构和开放式网络环境，在这种环境中，能够基于访问的上下文建立访问控制策略，处理主体和客体的异构性和变化性，而基于角色的访问控制模型已不能适应这样的环境。ABAC 不能直接在主体和客体之间定义授权，而是利用它们关联的属性作为授权决策的基础，并利用属性表达式描述访问策略。它能够根据相关实体属性的变化，适时更新访问控制决策，从而提供一种更细粒度、更加灵活的访问控制方法。

　　正如我们所知道的，属性虽然是一个变量，但它的规则策略是不易改变的。ABAC 之所以可以用于用户动态变化的访问控制中，就是因为策略的稳定性所产生的作用。

4.6.3　BLP 访问控制

　　BLP 模型是由 David Bell 和 Leonard La Padula 于 1973 年提出并于 1976 年整合完善的安全模型。BLP 模型的基本安全策略是"下读上写"，即主体对客体向下读、向上写。主体可以读安全级别比它低或相等的客体，可以写安全级别比它高或相等的客体。

"下读上写"的安全策略保证了数据库中的所有数据只能按照安全级别从低到高的流向流动，从而保证了敏感数据不泄露。

1. BLP 安全模型

BLP 安全模型是一种访问控制模型，它通过制定主体对客体的访问规则和操作权限来保证系统中信息的安全性。BLP 模型中基本安全控制方法一般有强制访问控制和自主访问控制两种。

（1）强制访问控制

强制访问控制通过引入"安全级""组集"和"格"的概念，为每个主体规定了一系列操作权限和范围。"安全级"通常由普通、秘密、机密、绝密 4 个等级构成，用以表示主体的访问能力和客体的访问要求。"组集"是主体能访问客体所从属的区域的集合，如"部门""科室""院系"等。通过"格"定义一种比较规则，只有在这种规则下，主体才能访问客体。强制访问控制是 BLP 模型实现控制手段的主要实现方法。

作为实施强制型安全控制的依据，主体和客体均会被赋予一定的"安全级"。其中，人作为安全主体，其部门集表示他可以获取哪些范围内的信息，而一个信息的部门集则表示该信息所涉及的范围。有 3 点要求：第一，主体的安全级高于客体，当且仅当主体的密级高于客体的密级且主体的部门集包含客体的部门集；第二，主体可以读客体，当且仅当主体安全级高于或等于客体；第三，主体可以写客体，当且仅当主体安全级低于或等于客体。

BLP 强制访问策略为每个用户及文件赋予一个访问级别，包括最高秘密级（Top Secret）、秘密级（Secret）、机密级（Confidential）及无级别级（Unclassified）等。其级别按涉密程度比较为 T>S>C>U，系统根据主体和客体的敏感标记来决定访问模式。访问模式包括：

- 下读（Read Down）。用户级别高于文件级别的读操作。
- 上写（Write Up）。用户级别低于文件级别的写操作。
- 下写（Write Down）。用户级别等于文件级别的写操作。
- 上读（Read Up）。用户级别低于文件级别的读操作。

（2）自主访问控制

自主访问控制是 BLP 模型中非常重要的实现控制的方法。它通过客体的属主自行决定其访问范围和方式，实现对不同客体的访问控制。在 BLP 模型中，自主访问控制是强制访问控制的重要补充和完善。

对其拥有的客体，主体有权决定自己和他人对该客体具有怎样的访问权限。在 BLP 模型的控制下，主体要实现对客体的访问，必须同时通过 MAC 和 DAC 两种安全控制设施。

依据 BLP 安全模型所制定的利用不上读 / 不下写来保证数据的保密性，如图 4-16 所示，即不允许低信任级别的用户读高敏感度的信息，也不允许高敏感度的信息写入低敏感度区域，禁止信息从高级别流向低级别。强制访问控制通过这种梯度安全标签实现信息的单向流通。

图 4-16　Bell-Lapadula 安全模型

2. BLP 安全模型的优缺点

BLP 模型的优点是：

1）采用一种严格的形式化描述。

2）控制信息只能由低向高流动，能满足对数据保密性要求特别高的机构的需求。

BLP 模型的缺点是：

1）上级对下级发文受到限制。

2）部门之间信息的横向流动被禁止。

3）缺乏灵活、安全的授权机制。

4.6.4　基于角色的访问控制

基于角色的访问控制（Role-based Access Control，RBAC）是美国 NIST 提出的一种访问控制技术。该技术的基本思想是用户角色的划分与其在组织结构体系中，通过将权限授予角色而不是直接授予主体，使主体通过角色分派得到客体操作权限，从而实现授权。由于角色在系统中具有相对于主体的稳定性，更便于理解，因而大大减少了系统授权管理的复杂性，降低了安全管理员工作的复杂度和工作量。

在 RBAC 的发展过程中，最早出现的是 RBAC96 模型和 ARBAC 模型，本节只对 RBAC96 模型进行介绍。RBAC96 模型的成员包括 RBAC0、RBAC1、RBAC2 和 RBAC3。RBAC0 为基于角色的访问控制模型的基本模型，规定了 RBAC 模型所必需的最小需求；RBAC1 为角色层次模型，在 RBAC0 的基础上加入了角色继承关系，可以根据组织内部职责来构造角色与角色之间的层次关系；RBAC2 为角色的限制模型，在 RBAC0 的基础上加入了各种用户与角色之间、权限与角色之间以及角色与角色之间的限制关系，如角色互斥、角色最大成员数、前提角色和前提权限等；RBAC3 为统一模型，它不仅包括角色的继承关系，还包括限制关系，是对 RBAC1 和 RBAC2 的集成。

基于角色的访问控制的要素包括用户、角色以及许可等基本定义。在 RBAC 中，用户是一个可以独立访问计算机系统中的数据或者用数据表示的其他资源的主体。角色是指一个组织或任务中的工作或者位置，它代表了一种权利、资格和责任。许可（特权）是允许对一个或多个客体执行的操作。一个用户经授权可拥有多个角色，一个角色可由多个用户构成；每个角色可拥有多种许可，每个许可可授权给多个不同的角色；每个操作可施加于多个客体（受控对象），每个客体可以接受多个操作。上述要素的实现形式包括：

- 用户表（USERS）。包括用户标识、用户姓名、用户登录密码。用户表是系统中的个体用户集，随用户的添加与删除动态变化。
- 角色表（ROLES）。包括角色标识、角色名称、角色基数、角色可用标识。角色表是系统角色集，由系统管理员定义角色。
- 客体表（OBJECTS）。包括对象标识、对象名称。客体表是系统中所有受控对象的集合。
- 操作算子表（OPERATIONS）。包括操作标识、操作算子名称。系统中所有受控对象的操作算子构成操作算子表。
- 许可表（PERMISSIONS）。包括许可标识、许可名称、受控对象、操作标识。许可表给出了受控对象与操作算子之间的对应关系。

RBAC 系统由 RBAC 数据库、身份认证模块、系统管理模块以及会话管理模块等组成。RBAC 数据库与系统管理模块、会话管理模块的对应关系如图 4-17 所示。

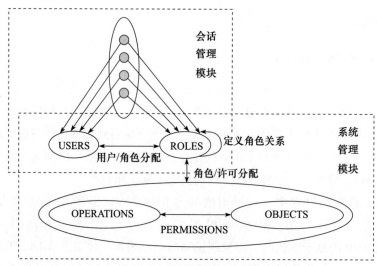

图 4-17　RBAC 数据库与各模块的对应关系图

- 系统管理模块主要完成的工作包括用户增减（使用 USERS 表）、角色增减（使用 ROLES 表）、用户/角色的分配（使用 USERS 表、ROLES 表、用户/角色分配表、用户/角色授权表）、角色/许可的分配（使用 ROLES 表、PERMISSIONS 表、角色/许可授权表）、定义角色间的关系（使用 ROLES 表、角色层次表、静态互斥角色表、动态互斥角色表）。其中，每个操作都带有参数，每个操作都有一定的前提条件，操作使 RBAC 数据库发生动态变化。系统管理员使用该模块初始化 RBAC 数据库并维护 RBAC 数据库。

系统管理模块的操作包括添加用户、删除用户、添加角色、删除角色、设置角色可用性、为角色增加许可、取消角色的某个许可、为用户分配角色、取消用户的某个角色、设置用户授权角色的可用性、添加角色继承关系、取消角色继承、添加一个静态角色互斥关系、删除一个静态角色互斥关系、添加一个动态角色互斥关系、删除一个动态角色互斥关系、设置角色基数等。

- 会话管理模块结合 RBAC 数据库管理会话，包括会话的创建、取消以及对活跃角色的管理。此模块使用 USERS 表、ROLES 表、动态互斥角色表、会话表和活跃角色表。

RBAC 系统的运行步骤如下：

1）用户登录时向身份认证模块发送用户标识、用户口令，确认用户身份。

2）会话管理模块从 RBAC 数据库检索该用户的授权角色集并返回用户。

3）用户从中选择本次会话的活跃角色集，在此过程中，会话管理模块维持动态角色互斥。

4）会话创建成功，本次会话的授权许可体现在菜单与按钮上，如不可用则显示为灰色。

5）在此会话过程中，系统管理员若要更改角色或许可，可在此会话结束后进行或终止此会话立即进行。

如图 4-18 所示给出了基于 RBAC 的用户集合、角色集合和资源集合之间的多对多的关系。理论上，一个用户可以通过多个角色访问不同资源。但是在实际应用系统中，通常给一个用户授予一个角色，只允许访问一种资源，这样就可以更好地保证资源的安全性。

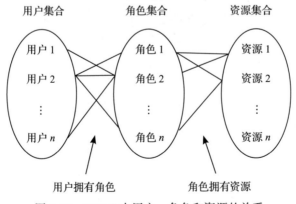

图 4-18　RBAC 中用户、角色和资源的关系

4.6.5　基于信任关系的动态访问控制

在物联网环境中，用户可以自由地加入或退出网络。由于用户数量相当庞大，为每个用户定义访问控制策略并不现实，因此，需要提出一种新的机制来解决物联网环境中的动态访问控制问题。

1. 基于信任评估的动态访问控制模型

我们在对用户进行信任评估的基础上，根据信任度对用户进行分组，对用户集合进行角色的分配和访问控制，形成了基于信任评估的动态访问控制（Trust Evaluation-based Dynamic Role Access Control，TE-DAC）模型。该模型将信任度与访问控制相结合，体现了系统的动态性。

TE-DAC 模型结合了信任管理和访问控制的优势。首先对用户进行信任评估，确定用户的信任度，然后根据信任度和获得的角色对用户进行访问授权。TE-DAC 模型扩展了 RBAC 模型，增加了上下文监测、用户会话监控、用户信任度的评估、根据用户信任度对用户角色进行权限指派等功能。同时，将角色分为禁止状态（Disable）、允许状态（Enable）和激活状态（Active），使得模型具有更好的灵活性，方便用户的职责分离（Separation of Duty，SoD）。TE-DAC 模型如图 4-19 所示。

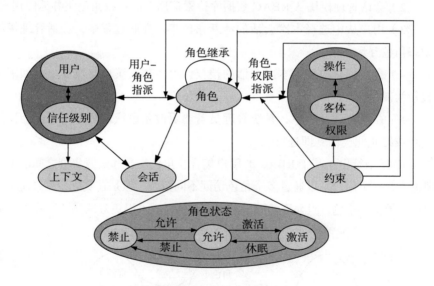

图 4-19 TE-DAC 模型

该模型一个重要的特征是区分了角色的允许状态和激活状态。在模型中，角色有三种状态，即禁止状态（Disabled）、允许状态（Enabled）和激活状态（Active）。若角色处于禁止状态，则该角色不能在任何用户会话的过程中使用，例如用户不能获得分配给该角色的任何权限；允许状态表示在满足条件时用户可以激活该角色，即如果一个用户激活了某个角色，该角色就变为激活状态。角色处于激活状态表示至少一个用户激活了该角色，若只有一个用户使用该角色，则执行一次休眠操作后，该角色会转变为允许状态；若有 N 个用户使用该角色，则执行 N 次休眠操作后，该角色才转变为允许状态，否则，其仍是激活状态。角色处于激活状态时，重复激活不会改变其状态。若有禁止事件发生，角色会转变为禁止状态，而不管其是允许状态还是激活状态。

2. 基于信任评估的动态访问控制过程

TE-DAC 系统与传统的访问控制系统的一个重要区别是该系统可以在一个适当的粒度下控制访问请求和计算资源。信任作为一个计算参数，反映用户行为的可信度。在物联网系统中，用户的每次访问请求都由访问认证中心（Access Authorization Center，AAC）进行信任度检查，以确定用户是否满足访问允许的条件。在该模型中，信任度作为用户的一个属性进行综合认证。认证模块由策略执行点和策略决策点组成。

用户登录系统后，根据用户的身份为其分配相应的角色，此时角色没有被指派任何属性，也没有任何权限，处于禁止（Disable）状态，因此，用户不能进行任何操作。通过信任评估模块获得用户的信任度后，将信任度和其他属性作为角色属性赋予角色，然后查询策略库中的角色权限表，为角色分配相应的操作权限。此时，角色转变为允许（*Enable*）状态，可以被激活，用户通过事件激活角色进行相应的操作。TE-DAC 模型的访问控制过程如图 4-20 所示。

访问控制过程的步骤如下：

1）用户（User）将访问请求发送给安全管理中心（Security Management Engine，SME），访问请求中包含用户 ID、密码等认证信息。

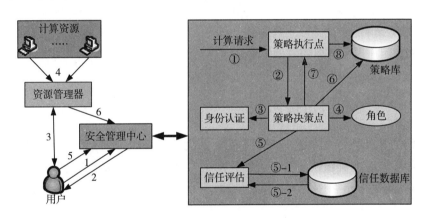

图 4-20　TE-DAC 模型访问控制过程

2）SME 对用户进行身份认证和信任评估，根据访问控制策略生成用户的访问授权策略并返回给用户。

① 用户的计算请求提交给策略执行点（Policy Enforcement Point，PEP）。

② PEP 向策略决策点（Policy Decision Point，PDP）发出访问决策请求，该请求包括用户的身份信息及服务类型信息。

③ PDP 向身份认证系统提交用户的安全凭证，验证用户的身份。如果认证失败，则转向终止访问的信息执行步骤⑧。

④ 若用户通过了身份认证，则 PDP 根据用户身份为该用户分配相应的角色，此时角色处于禁止（Disable）状态。

⑤ PDP 向信任评估引擎（Trust Evaluation Engine，TEE）发出信任评估请求，TEE 通过查询信任数据库对用户进行信任度的评估，将评估结果返回给 PDP，同时用新的信任值更新信任数据库。

⑥ PDP 查询策略库角色属性表。

⑦ PDP 将步骤⑤中获得的用户信任度和步骤⑥中获得的角色属性指派给该用户，然后查询策略库中的权限分配表（Permissions Assignment Table，PAT），获取角色当前对应的权限。PDP 检查该权限与用户请求的权限，若二者相同或该权限包含用户请求的权限，则允许该访问请求，生成允许访问的信息；若该权限小于用户请求的权限，则拒绝该访问请求，生成拒绝访问的信息。

⑧ PEP 执行 PDP 的决定，如果收到允许访问信息，则激活用户的角色；如果收到拒绝访问的信息，则给用户返回拒绝访问信息，更新策略库。

3）用户向资源管理器（Resource Manager，RM）提交资源请求服务。

4）RM 启动资源调度算法，为用户分配相应的服务提供者（SP），然后使用分发程序将用户任务分发到相应的 SP 并执行。调度时 SP 的信任作为调度算法的参数，可以更有效地进行资源调度控制，提高资源利用率。

5）在此次交互结束时，用户可以通过资源的性能等因素计算 SP 的信任度，并将结果发送给 SME 进行 SP 的信任更新。

6）SP 对用户进行同样的信任更新。

4.7　基于 VPN 的可信接入

互联网的普及使得远程网络互联的应用大为增加，例如跨地区企业的内部网络应用、政府部门的纵向分级网络管理等，但网络安全风险又给这类应用带来严重的隐患。虚拟专用网络（Virtual Private Network，VPN）技术可以为这种应用保驾护航。

4.7.1　VPN 的概念与功能

1. VPN 的概念

VPN（虚拟专用网）是指依靠 ISP（Internet Service Provider，服务提供商）和其他 NSP（Network Service Provider，网络服务提供商），在公用网络中建立专用数据通信网络的技术，它通过一个公用网络（通常是因特网）建立一个临时、安全的连接，是一条穿过混乱的公用网络的安全、稳定的隧道。

VPN 中任意两个节点之间的连接并没有传统专网所需的端到端的物理链路，而是架构在公用网络服务商所提供的网络平台上，如 Internet、ATM（异步传输模式）、帧中继等逻辑网络。用户数据利用公众网的资源动态组成的逻辑链路进行传输，是跨共享网络或公共网络的封装、加密和身份验证链接的专用网络的扩展。

VPN 是对企业内部网的扩展，一般以 IP 作为主要通信协议。VPN 是在公网中形成的企业专用链路，如图 4-21 所示。采用"隧道"技术，可以模仿点对点连接技术，依靠 ISP 和其他 NSP 在公用网中建立自己专用的"隧道"，让数据包通过这条隧道传输。对于不同的信息来源，可以分别给它们开出不同的隧道。

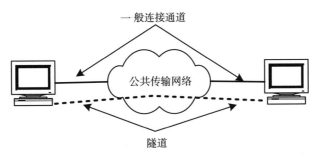

图 4-21　VPN 示意图

隧道是一种利用公网设施，在一个网络之中的"网络"上传输数据的方法。隧道协议利用附加的报头封装帧，附加的报头提供了路由信息，因此封装后的包能够通过中间的公网。封装后的包所途经的公网的逻辑路径称为隧道。一旦封装的帧到达了公网上的目的地，帧就会被解除封装并送到最终目的地。

隧道的基本要素包括：① 隧道开通器（TI）；② 有路由能力的公用网络；③ 一个或多个隧道终止器（TT）；④ 必要时增加一个隧道交换机以增加灵活性。

2. VPN 功能

VPN 的主要目的是保护从信道的一个端点传输到另一端点的信息流，但在信道端点之前和之后，VPN 不提供任何数据包保护。例如，在高校，VPN 能够提供公网到校园网的专用数据通道，使用户可以高速访问内部资源。当外出工作时，VPN 可以帮助远程用户与内部网络建立可信的安全连接，并保证数据的安全传输。

VPN 的基本功能包括加密数据、信息验证和身份识别、访问控制、地址管理、密钥管理和多协议支持等。通过加密数据，保证通过公网传输的信息即使被他人截获也不会泄露；通过身份认证，保证信息的完整性、合法性，并能鉴别用户的身份；通过访问控制，使不同的用户具有不同的访问权限。

4.7.2　VPN 的安全技术

VPN 主要采用了隧道技术、加 / 解密技术、密钥管理技术、使用者与设备身份认证技术等来保证安全。其中，加 / 解密技术、密钥管理技术、身份认证技术在前面章节已介绍过，VPN 只是对这几种技术的应用。下面重点介绍隧道技术。

VPN 中的隧道是由隧道协议形成的，VPN 使用的隧道协议主要有三种，即点到点隧道协议、第二层隧道协议以及 IPSec 隧道协议。

（1）点到点隧道协议

点到点隧道协议（Point-to-Point Tunnel Protocol，PPTP）需要把网络协议包封装到
PPP 包，PPP 数据依靠 PPTP 协议传输。PPTP 通信时，客户机和服务器间有 2 个通道，
一个通道是 TCP 1723 端口的控制连接，另一个通道是传输 GRE PPP 数据包的 IP 隧道。
PPTP 没有加密、认证等安全措施，安全的加强通过 PPP 协议的 MPPE（Microsoft Point-
to-Point Encryption）实现。Windows 中集成了 PPTP 服务器和客户机，适合中小企业支
持少量移动工作者。如果有防火墙或使用了地址转换，PPTP 可能无法工作。

（2）第二层隧道协议

第二层隧道协议（L2TP，RFC2661）是在 Cisco 公司的 L2F 和 PPTP 的基础上开发
的，并在 Windows 中进行了集成。它把网络数据包封装在 PPP 协议中，PPP 协议的数
据包放到隧道中传输。

（3）IPSec 隧道协议

IPSec 隧道只为 IP 通信提供安全性。该隧道可配置为保护两个 IP 地址或两个 IP 子
网之间的通信。当通信必须经过中间的不受信任的网络时，IPSec 隧道模式可以用来保
护不同网络之间的通信。该隧道模式主要用来与不支持 L2TP 或 PPTP 连接的网关或终
端系统进行互操作。

使用 IPSec 隧道模式时，IPSec 对 IP 报头和有效负载进行加密，而传输模式只对 IP
有效负载进行加密保护。外部 IP 报头的 IP 地址是隧道终节点，封装的 IP 报头的 IP 地
址是最终源地址与目标地址。

PPTP 协议允许对 IP、IPX 或 NetBEUI 数据流进行加密，然后封装在 IP 报头中通
过企业 IP 网络或公共因特网络发送；L2TP 协议允许对 IP、IPX 或 NetBEUI 数据流进行
加密，然后通过支持点对点数据报传递的任意网络发送，如 IP、X.25、帧中继或 ATM；
IPSec 隧道模式允许对 IP 负载数据进行加密，然后封装在 IP 报头中通过企业 IP 网络或
公共 IP 因特网络发送。NSRC 和 NDST 是隧道端点设备的 IP 地址，在公网上路由时仅
仅考虑 NSRC 和 NDST，原始数据包的 DST 和 SRC 对公网透明。

4.7.3　VPN 的分类与应用

1. VPN 的分类

VPN 的分类方法比较多，实际使用中，需要通过客户端与服务器端的交互实现认证
与隧道建立。基于二层、三层的 VPN，需要安装专门的客户端系统（硬件或软件）来完
成 VPN 相关的工作。一个 VPN 解决方案不仅是一个经过加密的隧道，它还包含访问控
制、认证、加密、隧道传输、路由选择、过滤、高可用性、服务质量以及管理等。

根据业务类型，VPN 可分为三种，即内部网 VPN（Internet VPN）、远程访问 VPN
（Access VPN）与外联网（Extranet VPN）。

（1）内部网 VPN

内部网 VPN 是企业总部与分支机构间通过公网构筑的虚拟网。这种类型的连接带来

的风险最小，因为公司通常认为它们的分支机构是可信的，并将它作为公司网络的扩展。内部网 VPN 的安全性取决于两个 VPN 服务器之间的加密和验证手段。如图 4-22 所示。

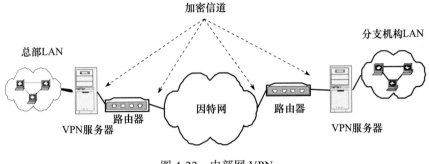

图 4-22　内部网 VPN

（2）远程访问 VPN

远程访问 VPN 又称为拨号 VPN（即 VPDN），是指企业员工或企业的分支机构通过公网远程拨号的方式构筑的虚拟网。典型的远程访问 VPN 是用户通过本地 ISP 登录到因特网上，并在办公室和公司内部网之间建立一条加密信道。如图 4-23 所示。

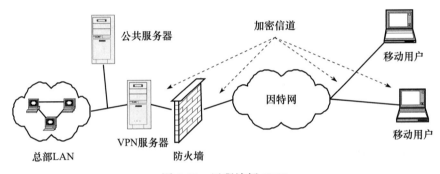

图 4-23　远程访问 VPN

（3）外联网 VPN

企业间发生收购、兼并或企业间建立战略联盟后，不同企业网通过公网构筑的虚拟网就是外联网 VPN。它能保证包括 TCP 和 UDP 服务在内的各种应用服务的安全，如 Email、HTTP、FTP、Real Audio、数据库的安全以及一些应用程序（如 Java、ActiveX）的安全等。如图 4-24 所示。

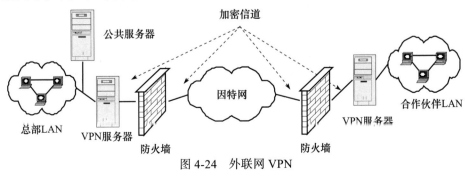

图 4-24　外联网 VPN

按 VPN 的部署模式来区分,一般有三种类型。

1)端到端(End-to-End)模式:自建 VPN 的客户经常采用的模式,常用的隧道协议是 IPSec 和 PPTP。

2)供应商 – 企业(Provider-Enterprise)模式:隧道通常在 VPN 服务器或路由器中创建,在客户前端关闭。在该模式中,客户不需要购买专门的隧道软件,利用服务商的设备来建立通道并验证。常见的隧道协议有 L2TP、L2F 和 PPTP 等。

3)内部供应商(Intra-Provider)模式:服务商保持了对整个 VPN 设施的控制。在该模式中,通道的建立和终止都是在服务商的网络设施中实现的。客户不需要做任何实现 VPN 的工作。

2. VPN 的应用

一般提供三种 VPN 服务器:SSL VPN、L2TP/IPSec VPN 和 OpenVPN。下面仅介绍 SSL VPN 的应用。

SSL VPN 指的是使用者利用浏览器内建的 Secure Socket Layer(SSL)封包处理功能,用浏览器通过 SSL VPN 网关连接到公司内部 SSL VPN 服务器,然后通过网络封包转向的方式让使用者可以在远程计算机上执行应用程序,获取公司内部服务器数据。

SSL VPN 采用标准的安全套接层 SSL 对传输中的数据包进行加密,从而在应用层保护数据的安全性。高质量的 SSL VPN 解决方案可保证企业进行安全的全局访问。在客户端和服务器连接的过程中,SSL VPN 网关有不可替代的作用。

SSL VPN 是解决远程用户访问公司敏感数据的有效方案。与复杂的 IPSec VPN 相比,SSL 通过相对简易的方法实现信息远程传输。任何安装浏览器的机器都可以使用 SSL VPN,这是因为 SSL 内嵌在浏览器中,它不需要像传统 IPSec VPN 那样必须为每一台客户机安装客户端软件。

SSL VPN 是一种远程安全接入技术,因为 Web 浏览器都内嵌支持 SSL 协议,使得 SSL VPN 可以做到“无客户端”部署,远程安全接入的使用非常简单,整个系统更加易于维护。SSL VPN 一般采用插件系统来支持各种 TCP 和 UDP 的非 Web 应用,使得 SSL VPN 更加实用,与 IPSec VPN 相比更符合应用安全的需求。

SSL VPN 不仅支持 Web 应用,而且支持基于 B/S 和 C/S 架构的软件、Windows 的网上邻居、终端服务器和 FTP 服务器等多种应用,并广泛支持 Windows、Linux、MAC OS 等主流操作系统和 IE、Firefox、Opera、Safari、Chrome 等主流浏览器,也支持苹果 iOS、Android 移动终端接入 SSL VPN。

任何安装了浏览器(IE7.0 以上版本)的机器都可以使用 SSL VPN,通过网页形式便可访问内部网。Windows 本身自带 VPN 拨号功能,下面是 VPN 配置的步骤。

1)在 Windows 10 中打开“控制面板”→“网络和 Internet”→“网络和共享中心”,单击“设置新的连接或网络”按钮,打开“选择一个连接选项”对话框,选择“连接到工作区”,如图 4-25 所示。

图 4-25　VPN 配置界面 1

2）选择"连接到工作区"选项后，单击"下一步"按钮。打开如图 4-26 所示的对话框，选中"否，创建新连接"选项，再单击"下一步"按钮，打开如图 4-27 所示的对话框。

图 4-26　VPN 配置界面 2

图 4-27　VPN 配置界面 3

3）单击图 4-27 中的"使用我的 Internet 连接（VPN）（1）"按钮，打开如图 4-28 所示的对话框，填写 Internet 地址。地址是高校或公司网络出口的固定 IP 地址，名称可自定义。单击"创建"按钮。创建完成后自动关闭界面，返回"网络和共享中心"窗口。

4）在"网络和共享中心"界面单击"更改适配器设置"按钮，打开"网络连接"面板后，右击"VPN 连接"按钮，弹出如图 4-29 所示的快捷菜单，选择"属性"命令后，打开如图 4-30 所示的"VPN 连接属性"对话框。

图 4-28　VPN 配置界面 4

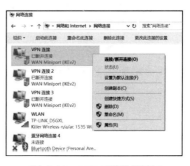

图 4-29　VPN 配置界面 5

5）在图 4-30 所示的"VPN 连接属性"对话框中，单击选中"安全"选项卡并在"自动"处单击下拉按钮，出现如图 4-31 所示的界面，选择其中一种 VPN 隧道协议（有四种协议可选）。单击下方"确定"按钮完成配置。

图 4-30　VPN 配置界面 6

图 4-31　VPN 配置界面 7

本章小结

本章首先将物联网的接入安全分为节点接入安全、网络接入安全和用户接入安全，分析了相关的概念及涉及的安全问题。然后，对物联网接入安全中的信任管理、身份认证、访问控制、PKI/CA 进行了全面的介绍，分析了各自的特点、功能和技术。最后，对基于 VPN 的远程接入技术进行了系统的介绍。

本章习题

4.1 试参考相关文献，对物联网接入安全问题进行归纳。

4.2 试对比分析物联网的接入安全和互联网的安全。

4.3 信任管理是近年来安全领域的研究热点，涉及无线传感网络、Web 网络以及 P2P 网络，特别是 P2P 网络方面的研究成果较多，试通过查阅相关的参考文献，总结一些典型的信任管理系统的优缺点。

4.4 如何理解信任的概念？

4.5 信任管理的研究主要包括哪些方面？选取 1 ~ 2 个典型的信任评估模型对信任管理研究包含的方面进行说明。

4.6 试说明身份认证的重要性以及常用的方法和技术。

4.7 试参考相关文献，对基于生物特征识别的身份认证技术的优缺点进行总结。

4.8 访问控制有哪些基本原则？

4.9 试给出访问控制的分类，并说明这样分类的理由。

4.10　试分析 PKI 的功能和包含的内容。

4.11　基于行为的动态信任关系的核心思想是什么？

4.12　影响行为信任的动态性和模糊性的关键因素是什么？

4.13　什么是动态信任关系建模？动态信任关系建模的主要任务是什么？

4.14　什么是动态信任管理技术？

4.15　讨论基于本体论的动态信任概念模型，给出一种动态信任管理系统的架构。

4.16　动态信任关系模型的设计原则是什么？

4.17　什么是历史证据窗口（HEW）？论述基于 HEW 的总体信任度计算方法。

4.18　什么是访问控制策略？什么是基于角色的访问控制？简述基于角色的访问控制模型发展过程。

4.19　什么是基于动态信任关系的服务授权策略？什么是可信系统的动态服务授权？

4.20　如何基于动态信任关系实施资源选择策略？讨论基于模糊理论的资源选择方法。

4.21　基于角色的访问控制模型中，如何保证用户—资源的唯一关联性？

4.22　简述 VPN 的作用和工作原理。

第 5 章　物联网系统安全

物联网是一个包含感知、传输和处理等功能的复杂系统，通常包括感知节点、嵌入式终端、PC、服务器和网络等部件或系统。传统的计算机和网络系统的安全问题在物联网中仍然存在，由于嵌入式传感器、智能终端等系统的引入，物联网系统面临新的安全威胁。如何从系统内阻止病毒、木马入侵，以及如何从外部链路阻止攻击，是物联网系统必须解决的问题。本章首先介绍物联网系统中存在的安全威胁，然后讲述物联网系统的病毒、木马攻击原理和入侵检测方法，最后介绍物联网系统的网络安全通信协议，它们是保障物联网系统安全通信的关键因素之一。

5.1　物联网系统的安全威胁

物联网系统的安全威胁主要来自两个方面，即外部攻击和内部攻击。其中，外部攻击的目的是破坏物联网系统的网络访问，如 DDoS 攻击等；内部攻击是破坏物联网系统的正常运行并盗取物联网系统的数据，如病毒和木马等。

5.1.1　恶意攻击的概念

恶意攻击是指利用系统存在的安全漏洞或弱点，通过非法手段获得信息系统的机密信息的访问权以及对系统的部分或全部控制权，并对系统安全构成破坏或威胁。目前常见的技术手段有：破解用户账号及口令密码；利用程序漏洞可能造成的"堆栈溢出"；在程序中设置"后门"；通过各种手段设置"木马"；伪造与劫持网络访问；利用各种程序设计和开发中存在的安全漏洞（如解码漏洞）等。每一种攻击在具体实施时针对不同的网络服务又有多种技术手段，并且随着时间的推移、版本的更新还会产生新的攻击手段，呈现出不断变化、演进的特性。

通过分析会发现，除通过破解账号及口令等少数手段外（可

通过身份识别技术解决），最终系统被攻破的本质原因是系统或软件本身存在可被利用的漏洞或缺陷，它们可能是设计上或工程上的缺陷，也可能是配置管理等方面的疏漏。解决这类问题通常有两条途径，一是提高软件安全设计及施工的水平，保障产品的安全，这是目前有关可信计算研究的内容之一；二是用技术手段来保障产品的安全（如身份识别、加密、IDS/IPS、防火墙等）。

人们往往更寄希望于后者，原因是造成程序安全性漏洞或缺陷的原因非常复杂，能力、方法、成本、时间甚至情感等诸多因素都会对软件产品的安全质量带来影响。另一方面，由于软件产品安全效益的间接性，安全效果难以用一种通用的规范加以测量和约束，以及人们普遍存在侥幸心理，导致在软件产品的开发中当安全性与其他方面产生冲突时，前者得不到足够重视。虽然一直用软件工程规范指导软件的开发，但依靠软件产品本身的安全设计很难解决其安全问题。这也是诸多产品甚至许多大公司的号称安全加强版的产品也不断暴露出安全缺陷的原因所在。于是人们更希望通过专门的安全防范工具来解决信息系统的安全问题。

5.1.2　恶意攻击的分类

恶意攻击可分为内部攻击和外部攻击。

1. 内部攻击

系统漏洞是导致内部攻击的主要原因。系统漏洞是由系统缺陷造成的，它是指应用软件、操作系统或系统硬件在逻辑设计上无意造成的设计缺陷或错误。攻击者一般利用这些缺陷植入木马或病毒来攻击或控制计算机，进而窃取信息，甚至破坏系统。系统漏洞是应用软件和操作系统的固有特性，难以完全避免，因此最好的避免系统漏洞攻击的办法就是及时升级系统并升级漏洞补丁。

网络蠕虫是一种利用系统漏洞进行攻击的手段。1988 年 11 月，名为 Morris 的网络蠕虫爆发。它利用了 UNIX 系统的 finger 和 sendmail 程序的漏洞，导致当时 Internet 上 10% 的邮件服务器受到严重影响，无法提供正常的服务，造成的损失超过了一千万美元。2001 年 7 月，CodeRed 蠕虫利用微软于 2001 年 6 月发布的 Internet Information Server 软件上的一个安全漏洞对系统进行攻击，在 9 个小时内攻击了 25 万台计算机，造成的损失估计超过 20 亿美元，并且在随后几个月内产生了具有更大威胁的变种。2001 年 9 月，Nimda 蠕虫被发现，该蠕虫造成的损失据评估从 5 亿美元已攀升到 26 亿美元。2003 年 1 月，Slammer 蠕虫爆发，它利用了 MS SQL Server 的缓冲区溢出漏洞，在 10 分钟内感染了 75 000 台存在软件缺陷的主机系统。2003 年 3 月，Dvldr32 蠕虫爆发，同年 8 月 12 日 Blaster 蠕虫爆发，它们利用了 Windows XP 和 Windows 2000 的远程过程调用服务缺陷，感染了 500 000 台主机。2004 年 4 月，Sasser 蠕虫爆发，它利用了 Windows 2000、Windows 2003 Server 和 Windows XP 系统中本地安全认证子系统服务（LSASS）的漏洞，在几天内感染了近百万台计算机，导致这些计算机反复自动重新启动。2005 年 12 月，黛蛇蠕虫爆发，该蠕虫利用微软 MSDTC 服务 MS05-051 漏洞进行传播和攻击。

2. 外部攻击

拒绝服务攻击（Denial of Service，DoS）是指利用网络协议的缺陷和系统资源的有限性实时攻击，导致网络带宽和服务器资源耗尽，进而使服务器无法对外正常提供服务，破坏信息系统的可用性。常用的拒绝服务攻击技术主要有 TCP Flood 攻击、Smurf 攻击和 DDoS 攻击等。

（1）TCP Flood 攻击

标准的 TCP 连接过程需要三次握手完成连接确认。开始时，由连接发起方发送 SYN 数据报到目标主机，请求建立 TCP 连接，等待目标主机确认；目标主机接收到请求的 SYN 数据报后，向请求方返回 SYN+ACK 响应数据报；连接发起方接收到目标主机返回的 SYN+ACK 数据报并确认目标主机愿意建立连接后，再向目标主机发送确认 ACK 数据报；目标主机收到 ACK 后，TCP 连接建立完成，进入 TCP 通信状态。一般来说，目标主机返回 SYN+ACK 数据报时需要在系统中保留一定的缓存区，准备进一步的数据通信并记录本次连接信息，直到再次收到 ACK 信息或超时为止。攻击者利用协议本身的缺陷，通过向目标主机发送大量的 SYN 数据报，并忽略目标主机返回的 SYN+ACK 信息，不向目标主机发送最终的 ACK 确认数据报，致使目标主机的 TCP 缓冲区被大量虚假连接信息占满，无法对外提供正常的 TCP 服务，同时目标主机的 CPU 由于要不断处理大量过时的 TCP 虚假连接请求，造成资源被耗尽。

（2）Smurf 攻击

ICMP 用于在 IP 主机与路由器之间传递控制信息，包括报告错误、交换受限状态、主机不可达等状态信息。ICMP 允许将一个 ICMP 数据报发送到一台计算机或一个网络，根据反馈的报文信息判断目标计算机或网络是否连通。攻击者利用协议的功能，伪造大量 ICMP 数据报，将数据报的目标私自设为一个网络地址，并将数据报中的原发地址设置为被攻击的目标计算机的 IP 地址。这样，被攻击的目标计算机就会收到大量 ICMP 响应数据报，目标网络中的计算机数量越多，被攻击的计算机接收到的 ICMP 响应数据报就越多，最终导致目标计算机资源被耗尽，不能正常对外提供服务。由于 Ping 命令是简单网络测试命令，采用的是 ICMP，因此，连续、大量向某台计算机发送 Ping 命令也可以对目标计算机造成危害。这种使用 Ping 命令的 ICMP 攻击称为"Ping of Death"攻击。防范这种攻击的一种方法是在路由器上对 ICMP 数据报进行带宽限制，将 ICMP 占用的带宽限制在一定范围内，这样即使有 ICMP 攻击，其所能占用的网络带宽也非常有限，不会对整个网络产生太大影响。另一种方法是在主机上设置 ICMP 数据报的处理规则，比如设定拒绝 ICMP 数据报等。

（3）DDoS（Distributed Denial of Service）攻击

攻击者为了进一步隐蔽自己的攻击行为，提升攻击效果，常常采用分布式拒绝服务攻击的方式。DDoS 攻击是在 DoS 攻击基础上演变出来的一种攻击方式。攻击者在进行 DDoS 攻击前已经通过其他入侵手段控制了互联网上的大量计算机，其中，部分计算机上已被攻击者安装了攻击控制程序，这些被控制的计算机称为主控计算机。攻击者发起攻击时，首先向主控计算机发送攻击指令，主控计算机再向攻击者控制的其他大量计算机（称为代理计算机或僵尸计算机）发送攻击指令。然后，大量代理计算机向目标主机进行攻击。为了达到攻击效果，DDoS 攻击者每次使用的代理计算机的数量非常惊人，据估计能达到数十万或百万数量级。DDoS 攻击中，攻击者往往使用多级主控计算机以及代理计算机进行攻击，所以非常隐蔽，一般很难查找到攻击的源头。

其他的拒绝服务攻击方式还有邮件炸弹攻击、刷脚本（Script）攻击和 LAND 攻击等。

钓鱼攻击是近年出现的一种新型攻击方式，它通过在网络中伪装成信誉良好的实体以获得用户名、密码和信用卡明细等个人敏感信息。这些伪装的实体会假冒知名社交网站、拍卖网站、网络银行、电子支付网站或网络管理者等，诱骗受害人点击登录或进行支付。网络钓鱼通常是通过 E-mail 或者即时通信工具进行的，它常常引导用户到与真网站有相似界面的假冒网站输入个人数据。即使使用强加密的 SSL 服务器认证，要侦测某网站是否是仿冒的仍很困难。由于网络钓鱼主要针对的是银行、电子商务网站以及电子支付网站等，因此常常会给用户造成非常大的经济损失。目前针对网络钓鱼的防范措施主要有浏览器安全地址提醒、增加密码注册表和过滤网络钓鱼邮件等。

5.1.3　恶意攻击的手段

计算机的诞生为人类开辟了一个崭新的信息时代，使人类社会发生了巨大的变化。人们在享受计算机带来的各种好处的同时，也在经受着各种恶意软件（如计算机病毒、网络蠕虫、木马等）和外部攻击的侵害。

1. 恶意软件

恶意软件是指在未明确提示用户或未经用户许可的情况下，在用户计算机或其他终端上安装并运行侵犯用户合法权益的软件。

计算机遭到恶意软件的入侵后，攻击者会通过记录按键情况或监控计算机活动来获取用户个人信息的访问权限。他们也可能在用户不知情的情况下控制用户的计算机，执行访问网站或其他操作。主要的恶意软件包括木马、蠕虫和病毒三大类。

（1）木马

木马是一种后门程序，攻击者可以利用木马盗取用户的隐私信息甚至远程控制对方的计算机。木马程序通常通过电子邮件附件、软件捆绑和网页挂马等方式向用户传播。

（2）计算机病毒

计算机病毒是一种人为制造的、能够进行自我复制的、对计算机资源具有破坏作用的一组程序或指令的集合，病毒的核心特征是可以自我复制并具有传染性。病毒尝试将其自身附加到宿主程序，以便在计算机之间进行传播。它会损害硬件、软件或数据。宿主程序执行时，病毒代码也随之运行，并会感染新的宿主。计算机病毒的危害主要表现在以下几个方面：

- 格式化磁盘，导致信息丢失。
- 删除可执行文件或者数据文件。
- 破坏文件分配表，使得无法读取磁盘信息。
- 修改或破坏文件中的数据。
- 迅速自我复制，从而占用空间。
- 影响内存常驻程序的运行。
- 在系统中产生新的文件。
- 占用网络带宽，造成网络堵塞。

（3）网络蠕虫

蠕虫本来是一个生物学名词，1982 年 Xerox PARC 的 John EShoch 等人首次将它引入计算机领域，并给出了网络蠕虫的两个基本特征，即"可以从一台计算机移动到另一台计算机"和"可以自我复制"。

为了区别网络蠕虫和计算机病毒，有学者对它们给出了新的定义，即"病毒是一段代码，能把自身附加到其他程序（包括操作系统）上。它不能独立运行，需要宿主程序激活和运行它。"而"网络蠕虫是可以独立运行的，并能把自身的一个包含所有功能的副本传播到另一台计算机上"。也就是说，网络蠕虫具有利用漏洞主动传播、隐蔽行踪、造成网络拥塞、降低系统性能、产生安全隐患、具有反复性和破坏性等特征，是无须计算机使用者干预即可运行的独立程序。它通过不停地获得网络中存在漏洞的计算机上的部分或全部控制权来进行传播。

与传统的计算机病毒相比，网络蠕虫的明显特征是可以通过网络进行传播，会主动攻击目标系统，传播过程不需要使用者人工干预；而计算机病毒主要通过计算机用户之间的文件复制来进行传播，计算机病毒在感染某个文件后，必须再由用户使用被感染的文件，病毒才能进行攻击，计算机病毒在传播过程中必须把自己附加到别的软件（即宿主程序）上。

与计算机病毒相比，网络蠕虫的传播速度更快，影响范围更广，具有更大的破坏性。它不仅会占用目标系统的大部分资源，影响目标系统的正常运行，而且会抢占网络带宽，造成网络的大面积严重堵塞，甚至导致整个网络瘫痪。

通过对多种网络蠕虫的分析，可以确定网络蠕虫的基本工作机制分为 5 步，包括收集信息、探测目标主机、攻击目标系统、自我复制、后续处理。被感染后的目标主机又会重复以上步骤，感染其他计算机系统。

- 收集信息是网络蠕虫传播的第一步，这时网络蠕虫根据一定的搜索算法针对目标网络或主机系统进行信息收集，这些信息包括目标网络的拓扑结构、路由信息、目标主机的操作系统类型、用户信息等。
- 探测目标主机是指网络蠕虫对目标主机进行扫描，探测目标主机是否存在、是否活动、是否有操作系统或应用程序漏洞等，然后决定如何进行渗透。

- 攻击目标系统是指网络蠕虫利用目标主机存在的漏洞和缺陷，通过共享文件夹、缓冲区溢出等方式获得目标系统的部分或者全部管理员权限。
- 自我复制是指网络蠕虫通过 Ftp、Tftp 等方式将自身的副本传输到目标主机上，并利用已经获得的管理员权限，使网络蠕虫副本在目标系统上运行。
- 后续处理主要是指传播到目标主机上的网络蠕虫在目标系统上进行非法操作，如信息窃取、删除文件、安装后门等，并进一步感染其他计算机系统。

针对网络蠕虫的传播和泛滥，人们提出了许多检测网络蠕虫的方法和技术，入侵检测技术可以实现对网络蠕虫的检测和早期预警。

（4）恶意软件的特征

恶意软件的攻击主要表现为各种木马和病毒软件对信息系统的破坏。其主要特征包括：

- 强制安装。指未明确提示用户或未经用户许可，在用户计算机或其他终端上安装软件的行为。
- 难以卸载。指未提供通用的卸载方式，或在不受其他软件影响、人为破坏的情况下，卸载后仍运行程序的行为。
- 浏览器劫持。指未经用户许可，修改用户浏览器或其他相关设置，迫使用户访问特定网站或导致用户无法正常上网的行为。
- 广告弹出。指未明确提示用户或未经用户许可，利用安装在用户计算机或其他终端上的软件弹出广告的行为。
- 恶意收集用户信息。指未明确提示用户或未经用户许可，恶意收集用户信息的行为。
- 恶意卸载。指未明确提示用户、未经用户许可，或误导、欺骗用户卸载非恶意软件的行为。
- 恶意捆绑。指在软件中捆绑已被认定为恶意软件的行为。
- 其他侵犯用户知情权、选择权的恶意行为。

2. 分布式拒绝服务攻击

DDoS 是目前互联网上常见的威胁之一，其实施攻击的核心思想是消耗攻击目标的计算资源，从而阻止目标系统为合法用户提供服务。Web 服务器、DNS 服务器为常见的攻击目标，消耗的计算资源可以是 CPU、内存、带宽、数据库服务器等，国内外知名互联网企业，如 Amazon、eBay、雅虎、新浪、百度等，都曾受到过 DDoS 攻击。

DDoS 攻击不仅可以对某一个具体目标实施攻击，如对 Web 服务器或 DNS 服务器进行攻击，还可以对网络基础设施进行攻击，如路由器等。利用巨大的攻击流量，使攻击目标所处的互联网区域中的网络基础设施过载，从而导致网络性能大幅度下降，进而影响网络所承载的服务。

近年来，DDoS 攻击事件层出不穷，各种相关报道也屡见不鲜。比较典型的事件如 2009 年 5 月发生的暴风影音事件。该事件导致中国南方六省电信用户大规模断网，预计经济损失超过 1.6 亿元人民币，其根本原因是，服务于暴风影音软件的域名服务器 DNS 遭到 DDoS 攻击而无法提供正常的域名请求服务。

5.2 病毒与木马攻击

5.2.1 计算机病毒的定义与特征

20 世纪 60 年代初，在美国贝尔实验室程序员编写的计算机游戏中，采用通过复制自身的方法来摆脱对方的控制，这是"病毒"的第一个雏形。20 世纪 70 年代，美国作家雷恩在其《P1 的青春》一书中构思了一种能够自我复制的计算机程序，并称之为"计算机病毒"。1983 年 11 月，在国际计算机安全学术研讨会上，美国计算机专家首次将病毒程序在 VAX/750 计算机上进行了实验，由此，世界上第一个计算机病毒在实验室诞生。

随着计算机技术的发展，计算机病毒也不断演化，从基于 DOS 系统发展到可以在 Windows、UNIX 等操作系统中传播。近几年，随着互联网应用的发展，计算机病毒更具传播性。根据 CERT（Computer Emergency Response Team，计算机紧急响应小组）从 1988 年以来的统计数据，Internet 安全威胁事件每年呈指数级增长，近年来增长得尤为迅速。

计算机病毒（Computer Virus）是一种人为制造的、能够进行自我复制的、对计算机资源具有破坏作用的一组程序或指令的集合。这是计算机病毒的广义定义。计算机病毒会把自身附着在各种类型的文件上或寄生在存储媒介中，以对计算机系统和网络进行各种破坏，同时有复制能力和传染性，能够自我复制和传染。

在《中华人民共和国计算机信息系统安全保护条例》中，计算机病毒被定义为："计算机病毒是指编制或者在计算机程序中插入的破坏计算机功能或者破坏数据，影响计算机使用并且能够自我复制的一组计算机指令或者程序代码"。

计算机病毒与生物病毒一样，有病毒体（病毒程序）和寄生体（宿主）。所谓感染或寄生，是指病毒将自身嵌入宿主指令序列中。寄生体为病毒提供一种生存环境，是一种合法程序。当病毒程序寄生于合法程序之后，病毒就成为程序的一部分，并在程序中占有合法地位。这样，合法程序就成为病毒程序的寄生体，或称为病毒程序的载体。病毒可以寄生在合法程序的任何位置，随着合法程序的执行而执行，随着合法程序的生存而生存，随着合法程序的消失而消失。为了增强活力，病毒程序通常寄生于一个或多个被频繁调用的程序中。

1. 计算机病毒的特征

计算机病毒的种类繁多、特征各异，但具有自我复制能力、感染性、潜伏性、触发性和破坏性等共性。

（1）计算机病毒的可执行性

计算机病毒与其他合法程序一样，是一段可执行程序。计算机病毒在运行时与合法程序争夺系统的控制权，例如，病毒一般在其宿主程序运行之前先运行自己，通过这种方法抢夺系统的控制权。计算机病毒只有在计算机内得以运行时，才具有传染性和破坏性。计算机病毒一旦在计算机上运行，该计算机内的病毒程序与正常系统程序或某种病毒与其他病毒程序争夺系统控制权时，往往会造成系统崩溃，导致计算机瘫痪。

（2）计算机病毒的传染性

计算机病毒的传染性是指病毒具有把自身复制到其他程序和系统的能力。计算机病毒也会通过各种渠道从已被感染的计算机扩散到未被感染的计算机，造成被感染的计算机工作失常甚至瘫痪。计算机病毒一旦进入计算机并得以执行，就会搜寻符合其传染条件的其他程序或存储介质，确定目标后再将自身代码插入其中，达到自我繁殖的目的。被感染的计算机又成为新的传染源，其中的病毒被执行以后，可以继续感染其他目标计算机。计算机病毒可通过各种可能的渠道（如 U 盘、计算机网络）去传染其他计算机。

（3）计算机病毒的非授权性

计算机病毒会在未经授权的情况下执行。正常的程序是由用户调用，再由系统分配资源，完成用户的任务，其对用户是可见的、透明的。病毒则隐藏在正常程序中，其在系统中的运行流程是：做初始化工作→寻找传染目标→窃取系统控制权→完成传染破坏活动，其对用户是未知的，是未经用户允许的。

（4）计算机病毒的隐蔽性

计算机病毒通常附在正常程序中或磁盘中较隐蔽的地方，也有个别的病毒程序以隐含文件形式出现，目的是不让用户发现它的存在。如果不经过代码分析，很难区分病毒程序与正常程序，而一旦病毒发作，就已经给计算机系统造成了不同程度的破坏。正是由于其隐蔽性，计算机病毒才得以在用户无法察觉的情况下扩散至成千上万台计算机中。

（5）计算机病毒的潜伏性

一个编制精巧的计算机病毒程序进入系统之后一般不会马上发作，其在系统中的存在时间越长，病毒的传染范围就会越大。潜伏性是指，对于病毒程序，不用专用检测程序是检查不出来的，计算机病毒有一种触发机制，不满足触发条件时，其除了传染外不做破坏，只有当满足触发条件时，病毒才会被激活并表现出中毒症状。

（6）计算机病毒的破坏性

计算机病毒一旦运行，就会对计算机系统造成不同程度的影响，轻则降低计算机系统的工作效率、占用系统资源（如占用内存空间、磁盘存储空间以及系统运行时间等），重则导致数据丢失、系统崩溃。计算机病毒的破坏性决定了病毒的危害性。

（7）计算机病毒的寄生性

病毒程序依赖于宿主程序的执行而生存，这就是计算机病毒的寄生性。病毒程序在侵入宿主程序后，一般会对宿主程序进行一定的修改，宿主程序一旦执行，病毒程序就被激活，进而执行自我复制和繁衍。

（8）计算机病毒的不可预见性

从对病毒的检测角度，病毒还有不可预见性。不同种类的病毒代码千差万别，但有些操作是共有的（如驻留内存、改中断等）。计算机病毒新技术不断涌现，也加大了对未知病毒的预测难度，造成了计算机病毒的不可预见性。事实上，反病毒软件的预防措施和技术手段往往滞后于病毒的产生速度。

（9）计算机病毒的诱惑性与欺骗性

某些病毒常以某种特殊的表现方式引诱、欺骗用户不自觉地触发、激活病毒，从而实施其感染、破坏行为。某些病毒会通过引诱用户点击电子邮件中的相关网址、文本、图片等而激活和传播。

2. 病毒分类

根据传播和感染的方式，计算机病毒主要有以下几种类型。

（1）引导型病毒

引导型病毒（Boot Strap Sector Virus）往往藏匿在磁盘片或硬盘的第一个扇区。因为 DOS 的架构设计，病毒可以在每次开机时、在操作系统还没被加载之前就加载到内存中，这个特性使得病毒可以获得针对 DOS 的各类中断的完全控制权，并且拥有更大的能力进行传染与破坏。

（2）文件型病毒

文件型病毒（File Infector Virus）通常寄生在可执行文件（如 *.COM、*.EXE 等）中。当这些文件被执行时，病毒的程序就跟着被执行。文件型病毒依据传染方式的不同，分为非常驻型以及常驻型两种。非常驻型病毒将自己寄生在 *.COM、*.EXE 或 *.SYS 文件中。当这些中毒的程序被执行时，就会尝试传染另一个或多个文件。常驻型病毒隐藏在内存中，其行为也寄生在各类的底层功能模块（如中断）中，因此，常驻型病毒往往会对磁盘造成更大的伤害。一旦常驻型病毒进入内存，只要执行文件，它就对文件进行感染。

（3）复合型病毒

复合型病毒（Multi-Partite Virus）兼具引导型病毒以及文件型病毒的特性。它可以传染 *.COM、*.EXE 文件，也可以传染磁盘的引导区，因此这种病毒具有相当高的传染能力。一旦发作，其破坏程度将非常大。

（4）宏病毒

宏病毒（Macro Virus）主要是利用软件本身所提供的宏能力来设计的病毒，所以凡是具有写宏能力的软件都有存在宏病毒的可能，如 Word、Excel、PowerPoint 等。

（5）网络蠕虫

随着网络的普及，病毒开始利用网络进行传播。在非 DOS 操作系统中，网络蠕虫（Worm）是典型的代表，它不占用内存以外的任何资源，不修改磁盘文件，能利用网络功能搜索网络地址，将自身向下一地址进行传播，有时也在网络服务器和启动文件中存在。

（6）木马

木马（Trojan）病毒的特点是能通过网络或者系统漏洞进入用户系统并隐藏起来，然后向外界泄露用户的信息，或对用户的计算机进行远程控制。随着网络的发展，木马和网络蠕虫之间的依附关系日益密切，有越来越多的病毒结合了这两种病毒形态，产生更大的破坏性。

5.2.2　病毒攻击原理分析

下面以引导型病毒为例来分析病毒攻击的原理。

想要了解引导型病毒的原理，首先要了解引导区的结构。硬盘有两个引导区，在 0面 0 道 1 扇区的引导区称为主引导区，内有主引导程序和分区表。主引导程序查找并激活分区，该分区的第一个扇区为 Dos Boot Sector。绝大多数病毒可以感染硬盘主引导扇区和软盘 DOS 引导扇区。

尽管 Windows 操作系统被广泛使用，但计算机在引导到 Windows 界面之前，还是需要基于传统的 DOS 自举过程，从硬盘引导区读取引导程序。图 5-1 和图 5-2 描述了正常的 DOS 自举过程和带病毒的 DOS 自举过程。

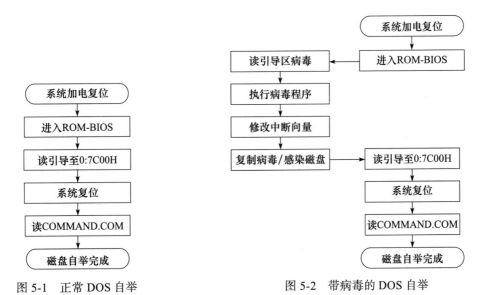

图 5-1　正常 DOS 自举　　　　　　　图 5-2　带病毒的 DOS 自举

PC DOS 的正常启动过程如下：

1）加电开机后进入系统的检测程序并对系统的基本设备进行检测。

2）若检测结果正常，从系统盘 0 面 0 道 1 扇区（即逻辑 0 扇区）读入 Boot 引导程序到内存的 0: 7C00H 处。

3）转入 Boot 执行。

4）Boot 判断磁盘是否为系统盘。如果不是系统盘，则给出提示信息；否则，读入并执行两个隐含文件，同时将 COMMAND.COM 装入内存。

5）系统正常运行，DOS 启动成功。

如果系统盘已感染了病毒，DOS 的启动将是另一种情况，其过程为：

1）将 Boot 区中病毒代码首先读入内存的 0: 7C00H 处。

2）病毒将自身的全部代码读入内存的某一安全区域并常驻内存，监视系统的运行。

3）修改 INT 13H 中断服务处理程序的入口地址，使之指向病毒控制模块并执行之。因为任何一种病毒要感染软盘或者硬盘，都离不开对磁盘的读写操作，所以修改 INT 13H 中断服务程序的入口地址是一项不可缺少的操作。

4）病毒程序全部被读入内存后，读入正常的 Boot 内容到内存的 0: 7C00 处，进行正常的启动过程。

5）病毒程序等待，随时准备感染新的系统盘或非系统盘。

5.2.3　木马的发展与分类

木马是一种后门程序，攻击者通常利用其盗取用户的隐私信息，甚至远程控制对方的计算机。木马这个名称源于古希腊神话中的特洛伊木马记。因此，木马一般是指伪装成合法程序植入系统中，对系统安全构成威胁的攻击手段。完整的木马程序一般由两部分组成，一部分是服务器被控制端程序，另一部分是客户控制端程序。攻击者主要利用植入到目标机的客户端来控制目标主机。

1. 木马技术的发展

从木马技术的发展来看，木马基本上可分为四代。

1）第一代木马的功能单一，实现了简单的密码的窃取、发送等功能，在隐藏和通信方面均无特别之处。

2）第二代木马在隐藏、自启动和操纵服务器等技术上有所进步，典型代表是 BO2000 和 Sub7。

3）第三代木马在数据传递技术上有了根本性的进步，出现了利用 ICMP 等特殊报文类型传递数据的木马，增加了查杀的难度。这一代木马在进程隐藏方面也有了较大的改进，采用了内核插入式的嵌入方式，利用远程插入线程的技术，嵌入 DLL 线程，实现了木马程序的隐藏。

4）第四代木马实现了与病毒的紧密结合。它利用操作系统漏洞，直接实现感染传播的目的，而不必像以前那样需要欺骗用户主动激活。例如最近出现的磁碟机和机器狗木马病毒。

2. 木马程序的分类

根据木马程序对计算机采取的动作，可以将木马程序分为以下几类。

1）远程控制型。远程控制型木马是现今最流行的特洛伊木马，这种木马有远程监控功能，使用简单，只要被控制主机联入网络，并与控制端程序建立网络连接，控制者就能访问被控制的计算机。这种木马可以通过对控制端的控制在被控主机上做任意事情,比如记录键盘按键、上传/下载文件、截取屏幕以及远程执行等。

2)密码发送型。密码发送型木马的目标是找到所有的隐藏密码,并且在受害者不知道的情况下把密码发送到指定邮箱。大多数这类木马程序不会在 Windows 系统每次重启时自动加载,它们大多数使用 25 端口发送电子邮件。

3)键盘记录型。键盘记录型木马只做一种事情,就是记录受害者的按键情况,并且在日志文件里进行完整的记录。这种木马程序随着 Windows 系统的启动而自动加载,并能感知受害主机是否在线,记录每一个用户事件,然后通过邮件或其他方式发送给控制者。

4)毁坏型。大部分木马程序只是窃取信息,不做破坏性的活动,但毁坏型木马却以毁坏并且删除文件为目的。它们可以自动删除受控主机上所有的 .ini 或 .exe 文件,甚至远程格式化受害者硬盘,破坏受控主机上的所有信息。总而言之,该类木马的目标只有一个,就是尽可能地毁坏受感染系统,致使其瘫痪。

5)FTP 型。FTP 型木马打开被控主机系统的 21 号端口(FTP 服务默认端口),从而可以用 FTP 客户端程序在不需要密码的情况下直接访问受控制的主机系统,并且可以最高权限进行文件上传和下载,窃取受害系统中的机密文件。

根据木马的网络连接方向,可以将其分为两类。

1)正向连接型。通信的方向为控制端到被控制端。这种技术被早期的木马广泛采用,其缺点是不能透过防火墙发起连接。

2)反向连接型。通信的方向为被控制端到控制端。这种技术主要是解决从内向外不能发起连接的情况,已经被较新的木马广泛采用。

根据木马使用的架构,可以将其分为四类。

1)C/S 架构。这种为普通的服务器和客户端的传统架构,一般是将客户端作为控制端,服务器端作为被控制端。在编程实现的时候,如果采用反向连接的技术,那么客户端(也就是控制端)要采用套接字编程的服务器端的方法,而服务端(也就是被控制端)采用套接字编程的客户端的方法。

2)B/S 架构。这种架构通常是普通的网页木马采用的架构。在 B/S 架构下,服务器端被上传了网页木马,控制端可以使用浏览器来访问相应的网页,达到控制服务器端的目的。

3)C/P/S 架构。这里的 P 是 Proxy(代理)的意思,也就是在 C/S 架构中加入了代理。当然,为了实现正常的通信,代理也要由木马作者编程实现,才能够完成一个转换通信。这种架构主要是用于一个内部网络对另外一个内部网络的控制。但是,目前还没有发现这种架构的木马。

4)B/S/B 架构。这种架构也是为了实现内部网络对另外的内部网络的控制。当被控制端与控制端都打开浏览器浏览服务器上的网页的时候,一端就变成了控制端,另外一端就变成了被控制端。这种架构的木马已经在国外出现了。

根据木马存在的形态不同，可以将其分为以下几种。

1）传统 EXE 程序文件木马。这是最常见的木马，在目标计算机中以 .exe 文件形式存在。

2）传统 DLL/VXD 木马。此类木马自身无法运行，它利用系统启动或其他程序运行（如 EI 或资源管理器）一并被载入运行，或使用 Rundll32.exe 来运行。

3）替换关联式 DLL 木马。这种木马本质上仍然是 DLL 木马，但是替换某个系统 DLL 文件并将它改名。

4）嵌入式 DLL 木马。这种木马利用远程缓冲区溢出的入侵方式，从远程将木马代码写入目前正在运行的某程序的内存中，然后利用更改意外处理的方式来运行木马代码。这种技术在操作上难度较高。

5）网页木马。利用脚本等设计的木马。这种木马利用 IE 浏览器等的漏洞植入到目标主机，传播范围广。

6）溢出型木马。溢出型木马采取缓冲区溢出攻击和木马相结合的手段，其实现方式有很多不同之处，属于一种较新的木马类型。

此外，根据隐藏方式，木马可以分为本地文件隐藏、启动隐藏、进程隐藏、通信隐藏、内核模块隐藏和协同隐藏等类型。隐藏技术是木马的关键技术之一。木马与远程控制程序的不同点就在于它的隐蔽性，木马的隐蔽性是木马能否长期存活的关键。

3. 木马的功能

木马的功能可以概括为以下五个方面。

1）远程文件管理功能：对被控主机的系统资源进行管理，如复制文件、删除文件、查看文件、以及上传 / 下载文件等。

2）打开未授权的服务：为远程计算机安装常用的网络服务，让它为攻击者或其他非法用户服务。比如，某台计算机被木马设定为 FTP 文件服务器后，可以提供 FTP 文件传输服务，为客户端打开文件共享服务，从而获取用户硬盘上的信息。

3）远程屏幕监视功能：实时截取屏幕图像，将截取到的图像另存为图像文件，并实时监视远程用户正在进行的操作。

4）控制远程计算机：通过命令或通过远程监视窗口直接控制远程计算机。例如，远程控制计算机执行程序、打开文件或攻击其他计算机等。

5）窃取数据：以窃取数据为目的，本身不破坏计算机的文件和数据，不妨碍系统的正常工作。它以系统使用者很难察觉的方式向外传送数据，例如键盘和鼠标操作记录型木马。

5.2.4 木马的攻击原理

木马程序是一种 C/S 结构的程序，服务器端（被植入木马的主机）程序运行之后，攻击者可以使用对应的客户端直接控制目标主机。操作系统的用户权限管理中有一个基本规则，就是在本机直接启动运行的程序拥有与使用者相同的权限，假设用户以管理员的身份使用机器，那么对于从本地硬盘启动的一个应用程序，就享有管理员权限，可以操作本机的全部资源。但从外部接入的程序，则没有对硬盘操作访问的权限。木马服务器端就利用了这个规则，它植入目标主机后，会诱导用户执行，获取目标主机的操作权限，以达到控制目标主机的目的。

木马程序的服务器端程序是需要植入到目标主机的部分，植入主机后作为响应程序。客户端程序是用来控制目标主机的部分，安装在控制者的计算机上，它的作用是连接木马服务器端程序，监视或控制远程计算机。

典型木马的工作原理是：当服务器端在目标计算机上执行后，木马打开一个默认的端口进行监听。当客户端（控制端）向服务器端（被控主机部分）提出连接请求时，被控主机上的木马程序就会自动应答客户端的请求。服务器端程序与客户端建立连接后，客户端（控制端）就可以发送各类控制指令对服务器端（被控主机）进行完全控制，这就像拥有被控主机的本机操作权限一样。

木马软件的终极目标是实现对目标主机的控制，为了达到此目的，木马软件必须采取多种方式伪装，确保更易于传播且能更隐蔽地驻留在目标主机中。

下面介绍木马的种植原理和木马的隐藏原理。

1. 木马的种植原理

木马程序的一个核心要求是必须能够将服务器端植入目标主机。一般木马的种植方式包括以下几种：

1）电子邮件附件夹带。这是最常见也是比较有效的一种方法。木马传播者将木马服务器端程序以附件的方式附加在邮件中，针对特定主机或进行漫无目的地群发。邮件的标题和内容一般非常吸引人，当用户打开并阅读邮件时，附件中的程序就在后台悄悄地下载到本机。

2）捆绑在各类软件中。攻击者经常把木马程序捆绑在各类所谓的补丁、注册机、破解程序等软件中进行传播。当用户下载相应的程序时，木马程序也被下载到自己的机器上，这类方式的隐蔽性好且成功率高。

3）网页挂马。网页挂马是指在正常浏览的网页中嵌入特定的脚本代码，当用户浏览到该网页，嵌入网页的脚本就会在后台自动下载其指定的木马并执行。其中网页是网页木马的核心部分，当网页被打开时，木马能随特定的网页代码一起下载和执行。网页挂马通常利用浏览器的漏洞来实现，也可以利用 ActiveX 控件或钓鱼网页来实现。

2. 木马程序的隐藏

木马程序为了能更好地躲过用户的检查，悄悄地控制用户系统，必须采用各种方式隐藏在用户系统中。为了达到长期隐藏的目的，木马会同时采用多种隐藏技术。木马程序采用的隐藏方式主要包括以下几类：

- 通过将木马程序设置为系统、隐藏或是只读属性来实现隐藏。

- 将木马程序的名称设置为和系统文件的名称极度相似，使用户误认为它是系统文件。
- 将木马程序存放在不常用或难以发现的系统文件目录中。
- 将木马程序存放在设置为坏扇区的硬盘磁道上。

3. 木马启动的隐藏

木马程序启动时必须让操作系统或杀毒软件无法发现才能驻留在系统中。木马程序启动的隐藏方式有以下四种。

（1）文件伪装

木马常用的文件隐藏手段是将木马文件伪装成本地可执行文件。比如，木马程序经常会将自己伪装成图片文件，修改其图标为 Windows 默认的图片文件图标，同时修改木马文件扩展名为 .JPG 或 .EXE 等形式。由于 Windows 默认设置为不显示已知的文件后缀名，文件将会显示为 .JPG 图标，当用户将其作为正常图片文件打开浏览时，就启动了木马程序。

（2）修改系统配置

利用系统配置文件的特殊作用，木马程序很容易隐藏在系统启动项中。比如，Windows 系统配置文件 System.ini 是众多木马的隐藏地。在 Windows 安装目录下的 System.ini 中 [boot] 字段中，正常情况下为 shell=Explorer.exe，如果后面有其他程序，如 shell=Explorer.exe file.exe，那么这里的 file.exe 可能就是木马服务端程序。

（3）利用系统搜索规则

在 Windows 系统中搜寻一个不带路径信息的文件时通常遵循"从外到内"的规则，由系统所在的盘符的根目录开始向系统目录深处递进查找，而不是精确定位。这就意味着，如果有两个同样名称的文件分别放在"C:\"和"C:\WINDOWS"下，搜索会执行"c:\"下的程序，而不是"c:\WINDOWS"下的程序。这样的搜寻规则就给木马提供了一个机会，木马可以把自己改为系统启动时必定会调用的某个文件，并复制到比原文件高一级的目录里，操作系统就会执行这个木马程序，而不是正常要启动的那个程序。要提防这种占用系统启动项并自动运行的木马，用户必须了解自己机器里所有正常的启动项信息。

（4）替换系统文件

木马病毒会利用系统里那些不会干扰系统正常运行而又经常被调用的程序文件，如输入法指示程序 INTERNAT.EXE。木马程序会替换原来的系统文件，并把原来的系统文件名改成只有木马程序知道的一个生僻文件名。只要系统调用那个被替换的程序，木马就能继续驻留内存了。木马替代原来的程序被系统启动时，会获得一个由系统传递来的运行参数，木马程序就把这个参数传递给已被改名的程序加以执行。

4. 木马进程的隐藏

木马程序运行后的进程隐藏有两种情况，一种是木马程序以进程形式存在，只是不出现在进程列表里，而是采用 API HOOK 技术拦截有关系统函数的调用来实现运行时的隐藏。另一种方法是木马不以一个进程或者服务的方式工作，而是将木马核心代码以线程或 DLL 的方式注入合法进程中，用户很难发现被插入的线程或 DLL，从而达到木马隐藏的目的。

在 Windows 系统中，常见的隐藏方式有注册表 DLL 插入、特洛伊 DLL、动态嵌入技术、CreateProcess 插入和调试程序插入等。

5. 木马通信时的信息隐藏

木马运行时需要通过网络与外界通信，获取外界的控制命令或向外界发送信息。为了保证木马通信的隐蔽性，通常采用通信内容、流量、信道和端口的隐藏等手段。

木马常用的通信内容隐藏方法是对传输内容加密。通信信道的隐藏一般采用网络隐蔽通道技术。在 TCP/IP 协议族中，有许多信息冗余可用于建立网络隐蔽通道，木马可以利用这些网络隐蔽通道突破网络安全机制。比较常见的有 ICMP 畸形报文传递、HTTP 隧道技术以及自定义 TCP/UDP 报文等。采用网络隐蔽通道技术，如果选用一般安全策略都允许的端口通信，如 80 端口，则可轻易穿透防火墙和避免入侵检测系统等安全机制的检测，从而实现很强的隐蔽性。通信流量的隐藏一般采用监控系统网络通信的方式，当监测到系统中存在其他通信流量时，木马程序也启动通信；当不存在其他通信流量时，木马程序处于监听状态，等待其他进程通信。

6. 木马隐蔽加载

木马一般通过修改虚拟设备驱动程序（VxD）或修改动态链接库（DLL）来加载。这种方法基本上摆脱了原有的木马监听端口的模式，而采用替代系统功能的方法（改写 VxD 或 DLL 文件），木马将修改后的 DLL 替换系统原来的 DLL，并对所有的函数调用进行过滤。对于常用函数的调用，使用函数转发器直接转发给被替换的系统 DLL；对于一些事先约定好的特殊情况，木马会自动执行。一般情况下，DLL 只是进行监听，一旦发现控制端的请求就激活自身。这种木马没有增加新的文件，不需要打开新的端口，没有新的进程，使用常规的方法监测不到它。在正常运行时，这种木马几乎没有任何踪迹，只有在木马的控制端向被控制端发出特定的信息后，隐藏的程序才开始运行。

5.2.5　物联网病毒 Mirai 及对应的防护手段

2016 年 9 月，出现了一种称为 Mirai 的病毒。该病毒可以使运行 Linux 的计算机系统成为远程操控的"僵尸"，以达到通过僵尸网络进行大规模网络攻击的目的。Mirai 的主要感染对象就是物联网设备，它利用已知和未知的安全漏洞，入侵网络监控摄像机和路由器等 IoT 设备。在最高峰的时候该病毒控制了数十万台 IoT 装置，并执行分布式拒绝攻击服务（DDoS）。

Mirai 病毒爆发初期，国内安全企业就对该病毒进行了分析及报告。奇虎 360 攻防实验室的分析表明，IoT 设备存在大量漏洞，攻击者可以利用这些漏洞攻击物联网。启明星辰公司发布了关于 Mirai 病毒攻击的深度解析，认为 Mirai 病毒正在迅速扩散，其攻击的流量特征也因为快速变化而难以监测，即使系统重启后 Mirai 病毒从内存中消失，也无法杜绝二次感染。

1. Mirai 病毒的分析

Mirai 病毒会持续地在互联网上扫描物联网设备地址，自动创建一张 IP 地址表单，其中包括专用网络以及一些敏感设备地址，使得病毒不会扩散至容易发现的地方。

攻击者首先在自己的服务器上运行加载器，加载器对网络上的物联网设备进行扫描，并进行 Telnet 爆破。爆破成功后，攻击者进入系统内部后执行远程命令，并从指定的文件服务器上下载 Mirai 病毒。病毒文件驻留到设备中后，设备开始通过网络主动与攻击者服务器进行通信，等待攻击者服务器下发指令后执行相关动作。

Mirai 病毒源码的源码目录结构如下所示：

```
Mirai_Source_Code
├── loader          # 加载器
│   ├── bins        # 一部分二进制文件
│   └── src         # 加载器的源码
│       └── headers
└── mirai           # 病毒本体
    ├── bot         # 攻击、扫描器、域名解析等模块
    ├── cnc         # 使用 go 语言写的服务器程序
    └── tools       # 存活状态检测、加解密、下载文件等功能
```

（1）加载器

加载器部分在整个目录结构的 /loader/src/main.c 文件中。main 函数首先调用 binary_init 函数，在这个函数中尝试加载 loader/bins 下面的程序：

```c
if (glob("bins/dlr.*", GLOB_ERR, NULL, &pglob) != 0) {
    printf("Failed to load from bins folder!\n");
    return;
}
for (i = 0; i < pglob.gl_pathc; i++) {
    char file_name[256];
    struct binary *bin;
    bin_list = realloc(bin_list, (bin_list_len + 1) * sizeof (struct binary *));
    bin_list[bin_list_len] = calloc(1, sizeof (struct binary));
    bin = bin_list[bin_list_len++];
#ifdef DEBUG
    printf("(%d/%d) %s is loading...\n", i + 1, pglob.gl_pathc, pglob.gl_pathv[i]);
#endif
    strcpy(file_name, pglob.gl_pathv[i]);
    strtok(file_name, ".");
    strcpy(bin->arch, strtok(NULL, "."));
    load(bin, pglob.gl_pathv[i]);
}
```

（2）病毒主体

病毒主体包括若干软件代码段（工具）、攻击模块以及主程序等内容。主程序就是

main.c，该程序首先反调试、禁止 watchdog 和 /dev/misc 重启设备，确保只有一个实例运行（判断 48101 端口是否已被连接）。然后，隐藏进程名称，派生出一个子进程并结束自身。子进程继续开启攻击模块、killer 模块、扫描器，最后连接到一个管理后端并监听控制者发起的各种指令。其中，主要代码段的功能说明如下：

- badbot.c：显示指定的 boot 信息。
- enc.c：支持对常用数据类型（string、ip、uint32、uint16、uint8、bool）的加 / 解密。
- nogdb.c：用来修改 ELF 文件头，使其无法在 GDB 中运行。
- scanListen.go：用来监视扫描器的扫描记录。
- single_load.c：用来加载指定 IP:Port 下面的指定文件，用于实现远程服务器上的病毒传播。
- wget.c：用于下载文件。

攻击模块的作用是向 DDoS 的目标发起攻击。其中 attack.c 是主入口，具有"开始攻击""结束攻击""攻击选项"等通用的功能；其他部分是分别对应 TCP、UDP 等协议的攻击程序。攻击的选项较多，例如目标 IP、是否分片、每次发送的长度、是否发送随机数据等。攻击的时候，首先非阻塞地连接目标，然后尝试获取服务器信息，如果获取成功，则说明服务器存活，就开始不断发送数据。

2. 物联网病毒对应的防护手段

目前，物联网病毒的核心攻击方式依旧是 DDoS 攻击，很多物联网病毒中的源代码或多或少地保留着 Mirai 病毒的基因。因此，结合物联网设备的特点，我们可以采用如下防护手段抵御物联网病毒攻击。

1）加强密码管理：严格管理物联网设备的初始密码和初始用户名。

2）关闭不必要的通信端口：Mirai 主要针对 Telnet 连接，因此在网络防护上，要加强 23 端口的访问控制。

3）对于高危端口要进行严格的网络审计与检查：48101 端口是 Mirai 与攻击者服务器之间的通信端口，因此要加强对此类端口的审计和检查。

4）减少物联网设备中的不必要服务及工具：对于物联网设备生产商而言，应减少系统中过多的调试工具及服务，进而减少它们被病毒利用的可能。

5.3 入侵检测

入侵检测作为一种主动防御技术，弥补了传统安全技术（如防火墙）的不足。入侵检测系统通过捕获网络上的数据包，对其进行分析处理后，报告异常和重要的数据模式及行为模式，使网络管理员能够清楚地了解网络中发生的事件，并采取措施阻止可能的破坏行为。入侵检测系统可以对主机系统和网络进行实时监控，阻止来自外部网络攻击者的入侵和来自内部网络的攻击。

早在 1980 年, Anderson 就提出了入侵检测的概念, 对网络入侵行为进行了划分, 并提出使用审计信息来跟踪用户可疑的网络行为。入侵是指在信息系统中进行非授权的访问或活动, 不仅指非系统用户未经授权地登录系统和使用系统资源, 还包括系统内的用户滥用权限对系统造成的破坏, 如非法盗用他人账户、非法获得系统管理员权限以及修改或删除系统文件等。入侵检测可以被定义为识别出正在发生的入侵企图或已经发生的入侵活动的过程。

1985 年, Denning 等人提出了第一个实时入侵检测专家系统模型以及实时的基于统计量分析和用户行为轮廓的入侵检测技术, 该模型成为入侵检测技术研究领域的一个里程碑。20 世纪 90 年代, Porras 和 Kemmerer 提出了基于状态转换分析的入侵检测技术, 该技术利用已知的攻击模型来进行入侵检测。与此同时, 大型系统原来用于评价系统性能的审计数据开始作为入侵检测的数据来源, 从而大大提高了入侵检测的力度和精确度。

入侵检测包含两层意思: 一是对外部入侵 (非授权使用) 行为的检测; 二是对内部用户 (合法用户) 滥用自身权限的检测。检测内容包括试图闯入、成功闯入、冒充其他用户、违反安全策略、合法用户的泄露、独占资源以及恶意使用等。

入侵检测被认为是防火墙之后的第二道安全闸门, 能够提供对内部攻击、外部攻击和误操作的实时保护。可通过执行以下任务来实现其功能:

1) 监视、分析用户及系统活动, 查找非法用户和合法用户的越权操作。

2) 对系统构造和弱点进行审计, 并提示管理员修补漏洞。

3) 识别反映已知进攻的活动模式并向相关人员报警, 能够实时对检测到的入侵行为做出反应。

4) 对异常行为模式进行统计分析, 发现入侵行为的规律。

5) 评估重要系统和数据文件的完整性, 如计算和比较文件系统的校验和。

6) 对操作系统的审计进行跟踪管理, 并识别用户违反安全策略的行为。

5.3.1 入侵检测技术

入侵检测是网络安全的重要组成部分, 目前常用的入侵检测技术有异常检测和误用检测两种。

1. 误用检测技术

误用检测又称为基于规则的入侵检测。误用检测技术的原理是预先收集一些被认为是异常的特征, 建立匹配规则库, 然后将检测到的事件或者网络行为的特征与匹配规则库中预先设定的规则进行匹配, 如果匹配成功, 则认为该网络行为异常, 产生报警。这种检测方法建立在过去积累的知识基础上, 只有当匹配规则库中已经存在该特征, 入侵检测系统才能检测出异常。如果发现了一种新的网络入侵行为, 则需要根据新的网络入侵行为特征，在匹配规则库中添加相应的匹配规则，这样入侵检测系统才能够及时检测到新的网络入侵行为。

误用检测技术具有很高的准确性，但是这种检测技术只能根据已经出现过的异常行为特征模式进行匹配检测，对于未出现过的异常行为或者是已经出现过的网络蠕虫的变种却无能为力。而且，它必须时刻根据出现的新情况更新规则库，匹配规则库更新的频率会大大影响整个系统的检测能力。

早期的基于误用检测的入侵检测系统是一个专家系统，构成入侵行为的审计记录会触发相应规则。这些规则可以识别出单个审计事件，也可以分析出构成一个入侵过程的简单审计事件序列。IDES、W&S 等系统中都使用了这种技术。

2. 异常检测技术

异常检测与误用检测有本质的区别，异常检测是通过对正常网络行为的描述来分析和发现可能出现的异常情况，任何偏离了正常范围的网络行为都会被认为是异常行为。异常检测技术中对正常网络行为的描述是通过分析过去大量历史数据而得到的。误用检测则是标识一些已知的入侵行为，通过对一些具体行为进行判断和推理来检测出异常行为。异常检测的主要缺陷在于误报率比较高，而误用检测由于依据具体的规则库进行判断，准确率很高，误报率比较低，但是误用检测的漏报率很高。

目前，异常检测技术又可以分为以下四种。

1）基于统计的异常检测。统计方法是当前入侵检测系统中常用的方法，它是一种成熟的入侵检测方法。基于统计的异常检测方法能够使入侵检测系统学习目标对象的日常行为，并将那些与日常行为存在较大统计偏差的行为标识成异常行为。在统计模型中常用的检测参数包括事件的数量、间隔时间、资源消耗情况等。该方法的缺点是：以系统或用户一段时间内的行为特征为检测对象，检测的时效性差，在系统检测到入侵时，实际的入侵行为可能已经造成损害，而且度量的阈值难以确定，事件间的时序关系被忽略等。

2）基于数据挖掘的异常检测。异常检测技术实质上可归结为对安全审计数据的处理，这种处理可以针对网络数据，也可以针对主机的审计记录或应用程序的日志等，其目的在于建立正常使用模式以及利用这些模式对当前的系统或用户行为进行比较，从而判断出与异常模式相比的偏离程度。如何从大量审计数据中提取具有代表性的系统或用户特征模式，用于对程序或用户行为的描述是实现整个系统的关键。

3）基于神经网络的异常检测。基于神经网络的异常检测是指用神经网络对正常行为进行学习，从而检测出潜在的攻击，其中所用的神经网络为多层反向传递（BP）模型。在入侵检测系统中，可以用 BP 模型对正常的行为进行分类，并对异常行为进行标记。基于神经网络的入侵检测系统的优点是：其具有学习和自适应性，能够自动识别未曾遇到过的入侵行为；能够很好地处理不完全的数据，采用非线性方式进行分析，处理速度很快；能够很好地处理原始数据的随机特性，即不需要对这些数据做任何统计假设，并且有较好的抗干扰能力。其缺点是：识别精度依赖于系统的训练数据、训练方法及训练精度，而且神经网络拓扑结构只有经过大量的尝试后才能确定下来，其样本数据的获取也比较困难；在学习阶段，基于神经网络的入侵检测系统可能被入侵者利用。

4）基于免疫系统的异常检测。基于免疫系统的异常检测方法是通过模仿生物有机体的免疫系统工作机制，使得受保护的系统能够将非法行为和合法行为区分开来。在生物学中，生物免疫系统连续不断地产生称作抗体的检测器细胞，并且将其分布到整个机体中。这些分布式的抗体监视所有的活性细胞，并试图检测出入侵生物有机体的细胞。类似的，计算机免疫系统按照系统调用序列为不同的行为（正常行为和异常行为）建立应用程序模型，通过比较应用程序模型和所观测到的事件就可以分辨出正常行为和异常行为。基于免疫的入侵检测系统由分布在整个系统中的多个代理或组件（即抗体）组成，这些组件之间相互作用以提供对系统的分布式保护。同时，由于没有控制中心，故不会因为某个节点的失败导致整个系统的崩溃。系统能够记住由适应性学习得到的入侵行为的特征结构，使系统在以后遇到结构或特征相似的入侵行为时能够快速做出反应。系统能根据实际需要灵活地分配资源，当系统遭受比较严重的入侵时能使用较多的资源，产生较多的组件，而在其他的时候使用的资源较少。

5.3.2　入侵检测系统

入侵检测系统（Intrusion Detection System，IDS）通过收集网络流量数据、系统日志、用户行为信息以及主机所能提供的若干信息进行相应的分析，检测网络是否存在异常行为或者被攻击的迹象，从而产生警告。

一个入侵检测系统通常包括软件与硬件两部分。它通过从计算机网络或计算机系统的关键点收集信息并进行分析，发现网络或系统中是否有违反安全策略的行为和被攻击的迹象并且对其做出反应。有些反应是自动的，包括通知网络安全管理员（通过控制台、电子邮件等）、终止入侵进程、关闭系统、断开与互联网的连接、使该用户无效，或者执行一个准备好的命令等。

1. 入侵检测系统的结构

如图 5-3 所示是入侵检测系统的整体框架示意图，主要包括知识库、数据收集、数据预处理、入侵检测分析以及响应处理等。

（1）数据收集

入侵检测系统的数据主要来自不同网段和主机，有关网络流量以及用户活动状态信息都是主要的数据来源。通常情况下，数据的内容主要包括系统日志、网络数据包等。寻找可用、有价值的信息是实现入侵检测系统的关键，数据的可靠性可以保证入侵检测系统产生最大效果，并对攻击行为做出迅速且有效的反应。

（2）数据预处理

通常情况下，主机系统的系统日志和网络数据包中的数据信息类型多样的且杂乱无章，很难进行分析。因此，为了保证数据能够被检测算法所识别，必须进行预处理。在预处理过程中，需要将数据通过加工转换成统一的数据格式，从而获取有价值的信息。比如，需要对数据进行量化，对非数值数据进行数值转化，将数据标准化，避免"以大吃小"的情况发生。

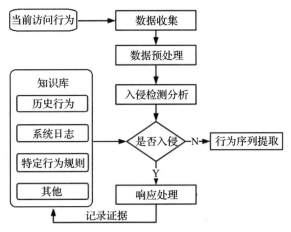

图 5-3 入侵检测整体框架示意图

（3）入侵检测分析

入侵检测分析是入侵检测系统的核心部分，通过识别和统计特征并进行合理的分析，从而对数据的行为进行识别，检测是否存在异常。

（4）响应处理

在系统受到攻击并且被入侵检测分析算法识别后，针对攻击的行为与类型应采取相应的抵御措施，确保网络系统的安全。通常采用的网络安全防御方法有防火墙、安全事件记录以及对攻击主机进行识别与限制等。

（5）知识库

知识库主要用于收集系统的历史行为、日志信息以及记录相应的入侵数据，可以为入侵检测系统提供相应的数据支持与判别依据。

2. 入侵检测系统的分类

入侵检测系统是一种有效的工具，它将网络流量作为输入数据集，可以检测试图威胁网络的入侵者或恶意行为。依据不同的标准，可以将入侵检测系统划分成不同的类型。

根据威胁的来源，可将入侵检测分为基于网络的入侵检测系统（NIDS）、基于主机的入侵检测系统（HIDS）和混合型入侵检测系统三种类型。

（1）基于网络的入侵检测系统

基于网络的入侵检测系统通过网络连接检测网络数据中存在的入侵行为，并保护所有网络节点。图 5-4 给出了基于网络的入侵检测系统示意图。

由于入侵通常以不规则的模式出现，因此 NIDS 要对流量进行分析和建模，识别流量中可疑的活动。NIDS 由一组放置在许多网络节点监控流量的传感器组成，每个传感器在本地分析并将可疑活动上传到中央管理控制台。NIDS 能够收集和分析整个传输数据包、有效负荷、IP 地址和端口等。NIDS 很容易添加到网络节点中，但难以处理大型和复杂网络中的数据包，有时无法识别通信密集时发起的攻击。NIDS 的另一个缺点是无法分析加密的网络数据包，因为这些数据包仅出现在目标机器上。

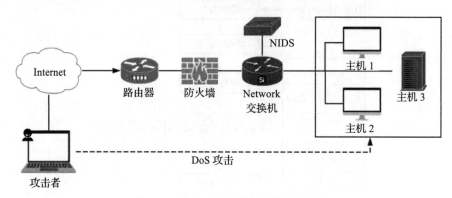

图 5-4　网络型入侵检测系统示意图

基于网络的入侵检测系统的信息来源为网络中的数据包。NIDS 通常是在网络层监听并分析网络包来检测入侵，可以检测到非授权访问、盗用数据资源、盗取口令文件等入侵行为。

基于网络的入侵检测系统不需要改变服务器等主机的配置，也不需要在业务系统的主机中安装额外的软件，因此不会影响这些机器的 CPU、I/O 与磁盘等资源的使用。与路由器、防火墙等关键设备的工作方式不同，它不会成为系统中的关键路径，即使发生故障也不会影响正常的业务运行。而且，部署一个网络入侵检测系统的风险比部署主机入侵检测系统的风险小得多。

NIDS 的优势在于它的实时性，当检测到攻击时，它能很快做出反应。另外，NIDS 可以在一个点上监测整个网络中的数据包，不必像 HIDS 那样需要在每一台主机上都安装检测系统，因此是一种经济的解决方案。并且，NIDS 检测网络包时并不依靠操作系统来提供数据，因此相对操作系统而言具有独立性。

但 NIDS 也有一些缺陷，因此它面临着一些挑战，如：

- 网络入侵检测系统可能会将大量的数据传回分析系统中。
- 不同网络的最大传输单元（MTU）不同，一些大的网络包常常被分成小的网络包来传递。
- 当大的网络包被拆分时，其中的攻击特征有可能被分拆，NIDS 在网络层无法检测到这些特征，而这些拆分的包在上层又会重新组装起来，造成破坏。

随着 VPN、SSH 和 SSL 的应用，数据加密越来越普遍，传统的 NIDS 工作在网络层，无法分析上层的加密数据，也无法检测到加密后的入侵网络包。

在百兆甚至是千兆网上，在一个点上分析整个网络上的数据包是不可行的，必然会带来丢包的问题，从而造成漏报或误报。

异步传输模式（ATM）网络以小的、固定长度的包——信元传送信息。53 字节的定长信元与以往的包技术相比具有一些显著的优点，即短的信元可以快速交换且硬件实现容易。但是，交换网络不能被传统网络侦听器监控，从而无法对数据包进行分析。

（2）基于主机的入侵检测系统

基于主机的入侵检测系统在特定主机上运行，主要用于监控主机上的事件并检测本地可疑活动，即受监控机器的用户执行的攻击或针对其运行的主机发生的攻击。由于基于主机的 IDS 仅设计为与主机一起运行，因此能够执行特定任务，例如检测缓冲区溢出、监视系统调用、特权滥用以及系统日志分析等。

基于主机的入侵检测系统需要在主机上安装软件。例如，基于主机的 IDS 根据操作系统日志文件访问日志和应用程序日志以评估主机的安全性。HIDS 可以防御防火墙和NIDS 未检测到的攻击类型，例如基于加密协议的攻击类型。HIDS 优于 NIDS 的另一个方面是可以迅速确定攻击的成功或失败，如图 5-5 所示为基于主机的入侵检测系统示意图。

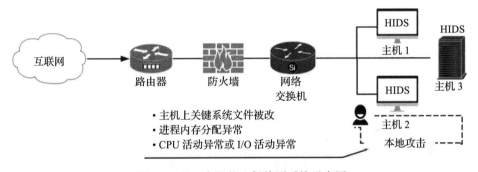

图 5-5　基于主机的入侵检测系统示意图

基于主机的入侵检测系统的信息来源为操作系统事件日志、管理工具审计记录和应用程序审计记录。它通过监视系统运行情况（文件的打开和访问、文件权限的改变、用户的登录和特权服务的访问等）、审计系统日志文件（Syslog）和应用程序（关系数据库、Web 服务器）日志来检测入侵。HIDS 可以检测到用户滥用权限、创建后门账户、修改重要数据和改变安全配置等行为，还可以定期对系统关键文件进行检查，计算其校验值以确保数据完整性。

HIDS 检测发生在主机上的活动，处理操作系统事件或应用程序事件而不是网络包，所以高速网络对它没有影响。同时，它使用的是操作系统提供的信息，经过加密的数据包在到达操作系统后都已经被解密，所以 HIDS 能很好地处理包加密的问题。并且，HIDS 还可以综合多个数据源做进一步分析，利用数据挖掘技术来发现入侵。

但是，HIDS 也有如下几个自身的缺陷。

- 降低系统性能。原始数据要经过集中、分析和归档，这些都需要占用系统资源，因此 HIDS 会在一定程度上降低系统性能。

- 配置和维护困难。每台被检测的主机上都需安装检测系统，每个系统都有维护和升级的任务，安装和维护将是一笔不小的费用。
- 易受内部破坏。由于 HIDS 安装在被检测的主机上，有权限的用户或攻击者可以关闭检测程序，使得自己的行为不被系统记录从而逃避检测。
- 存在数据欺骗问题。攻击者或有权限的用户可以插入、修改或删除审计记录，逃避 HIDS 检测。
- 实时性较差。HIDS 进行的多是事后检测，因此当发现入侵时，系统一般已经遭到了破坏。

（3）混合型入侵检测系统

混合型入侵检测系统的开发考虑了主机事件和网络提供的数据，并结合了网络型和主机型的入侵检测系统的功能。该系统结合了其他两种方法的优点，也克服了许多缺点。但混合系统并不意味着是更好的系统。由于不同的 IDS 技术以各种不同的方式分析流量并寻找入侵活动，让这些不同的技术成功且高效地在单个系统中进行互操作和共存是一项具有挑战性的任务。

目前，混合型入侵检测技术在 ISS 的 RealSecure 等产品中已经有了应用。它检测的数据也是来源于网络中的数据包，不同的是，它采用分布式检测和集中管理的方法，即在每个网段安装一个黑匣子，该黑匣子相当于基于网络的入侵检测系统，只是没有用户操作界面。黑匣子用来监测其所在网段上的数据流，它根据集中安全管理中心制定的安全策略和响应规则等来检测分析网络数据，同时向集中安全管理中心发回安全事件信息。集中安全管理中心是整个分布式入侵检测系统面向用户的界面。它的特点是对数据保护的范围比较大，但对网络流量有一定的影响。

此外，根据工作方式，入侵检测系统还可分为离线检测系统与在线检测系统。离线检测系统是非实时工作的系统，它在事后分析审计事件并检查入侵活动。在线检测系统是实时联机的检测系统，它包含对实时网络数据包分析和实时主机审计分析。其工作过程是在网络连接过程中进行实时入侵检测，一旦发现入侵迹象就立即断开入侵者与主机的连接，并收集证据和实施数据恢复，这个检测过程是不断循环进行的。

5.3.3 蜜罐和蜜网

目前使用的入侵检测系统（HIDS 和 NIDS）及其入侵检测技术都存在一些缺陷。为了避免这一问题，技术人员引入了网络诱骗技术，即蜜罐（Honeypot）和蜜网（Honeynet）技术。

1. 蜜罐

蜜罐是一种全新的网络入侵检测系统（NIDS），它诱导攻击者访问预先设置的蜜罐而不是工作网络，从而提高检测攻击和攻击者行为的能力，降低攻击带来的破坏。

蜜罐的目的有两个：一是在不被攻击者察觉的情况下监视他们的活动，并收集与攻击者有关的所有信息；二是牵制攻击者，让攻击者将时间和资源都耗费在攻击蜜罐上，从而使攻击行为远离实际的工作网络。为了达到这两个目的，蜜罐的设计方式必须与实际的系统一样，还应包括一系列能够以假乱真的文件、目录及其他信息。这样，攻击者入侵蜜罐时会以为自己控制了一个很重要的系统。而蜜罐就像监视器一样监视攻击者的所有行动：包括记录攻击者的访问企图，捕获按键，确定被访问、修改或删除的文件，指出被攻击者运行的程序等。从捕获的数据中，可以分析攻击者的行为、确定系统存在的脆弱性和受害程序，以便做出准确快速的响应。

蜜罐可以模拟某些已知的漏洞或服务，模拟各种操作系统，在某个系统上进行设置使它变成"牢笼"环境，或者模拟一个标准的操作系统，在系统上面还可以打开各种服务。

蜜罐与 NIDS 相比，具有如下特点：

- 数据量较小。蜜罐只收集那些对它进行访问的数据。在同样的条件下，NIDS 可能会记录成千上万条报警信息，而蜜罐却只有几百条信息。这就使得蜜罐收集信息更容易，分析起来也更为方便。
- 减少误报率。蜜罐能显著减少误报率。任何对蜜罐的访问都是未授权、非法的，因此蜜罐检测攻击非常有效，能够大大减少甚至避免错误的报警信息。网络安全人员可以将精力集中到其他的安全措施上，例如及时打软件补丁等。
- 捕获漏报。蜜罐可以很容易地鉴别、捕获针对它的攻击行为。由于针对蜜罐的任何操作都不是正常的，这样就使得任何以前没有出现过的攻击行为很容易暴露。
- 资源最小化。蜜罐需要的资源很少，即使工作在一个大型网络环境中也是如此。一个简单的 Pentium 主机就可以模拟具有多个 IP 地址的 C 类网络。

2. 蜜网

蜜网的概念是由蜜罐发展而来的。起初，人们为了研究攻击者的入侵行为，在网络上放置了一些专门的计算机，并在上面运行专用的模拟软件，在外界看来这些计算机就是网络上运行某些操作系统的主机。把这些计算机放在网络上，并为之设置较低的安全防护等级，攻击者可以比较容易地进入系统。进入系统后一切行为都在系统软件的监控和记录之下。通过系统软件收集入侵者行为的数据，对入侵者的行为进行分析。目前，蜜罐软件已经有很多，可以模拟各种操作系统，如 Windows、RadHat、FreeBSD 甚至 Csico 路由器的 iOS。但是，模拟软件不能完全反映真实的网络状况，也不可能模拟实际网络中出现的各种情况，其所收集到的数据也有很大的局限性，所以就出现了由真实计算机组成的网络——蜜网。

（1）蜜网与蜜罐的异同

蜜网与传统意义上的蜜罐有三个明显的区别：

1）　个蜜网是　个网络系统，而并非某台主机。这一网络系统是隐藏在防火墙后面的，所有进出的数据都受到关注、捕获及控制。这些被捕获的数据可以帮助我们分析入侵者所使用的工具、方法及动机等。在蜜网中可以使用不同的操作系统及设备，如 Solaris、Linux、Windows NT、Cisco Switch 等。使用它们建立的网络环境看上去更加真实可信，同时蜜网上还有在不同的系统平台上面运行的不同服务，比如 Linux 的 DNS 服务器、Windows NT 的 Web 服务器或者一个 Solaris 的 FTP 服务器等，在蜜网上还可以学习不同的工具以及不同的策略，因为或许某些入侵者仅仅把目标锁定在几个特定的系统漏洞上，而蜜网上多样化的系统，可以更多地揭示出它们的一些特性。

2）蜜网中的所有系统都是标准的机器，上面运行的都是真实完整的操作系统及应用程序，不需要刻意地模拟某种环境或者故意使系统不安全。你可以把个人的操作系统放到蜜网中，并不会对整个网络造成影响。

3）蜜罐是通过把系统的脆弱性暴露给入侵者或故意使用一些具有诱惑性的假信息（如战略性目标、年度报表等）来诱骗入侵者，这样虽然可以对入侵者进行跟踪，但也引来了更多的潜在入侵者（比如因好奇而来）。更进一步，可以在实际的系统中运行入侵检测系统，当检测到入侵行为时，才能更有针对性地进行诱骗，从而更好地保护自己。蜜网是在入侵检测的基础上实现入侵诱骗，这与目前蜜罐理论差别很大。

（2）蜜网的原型系统

如图 5-6 所示，将防火墙、IDS、二层网关和蜜网有机地结合起来，就成为一个蜜网的原型系统。

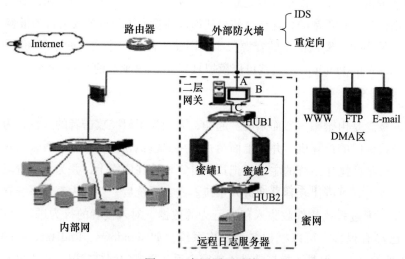

图 5-6　蜜网原型系统

在图 5-6 中，外部防火墙是与原有安全系统相互兼容的，只需对原有安全策略进行调整，使之适应加入的蜜网系统。在原系统上实现蜜网的入侵检测子系统和入侵行为重定向子系统。

图 5-6 中采用了蜜网技术，即二层网关（也称网桥）。由于网桥没有 IP 协议栈，也就没有 IP 地址、路由通信量及 TTL 缩减等特征，入侵者难以发现网桥的存在，也很难知道自己正被分析和监控。而且，所有出入蜜网的通信量必须通过网关，这意味着在单

一的网关设备上就可以实现对全部通信的数据控制和捕获。通过对网桥上 rc.firewall 和 snort. sh 等脚本的配置可以实现蜜网的防火墙与 IDS 的智能连接控制、防火墙日志以及 IDS 日志功能等。

网关有 A、B、C 三个网络接口。A 接口用于和外部防火墙相连，接收重定向进来的可疑或真正入侵的网络连接；B 接口用于蜜网内部管理以及远程日志等功能；C 接口用于和蜜罐主机相连，进行基于网络的入侵检测，实时记录蜜网系统中的入侵行为。在网桥上可以根据需要运行网络流量仿真软件，通过仿真流量来麻痹入侵者。路由器、外部防火墙和二层网关为蜜网提供了较高的安全保障。

两台蜜罐主机各自虚拟两个客户操作系统，四个客户操作系统分别拥有各自的网络接口，根据 DMZ 区的应用服务来模拟、部署脆弱性服务，并应用 IP 空间欺骗技术来增加入侵者的搜索空间，运用网络流量仿真、网络动态配置和组织信息欺骗等多种网络攻击诱骗技术来提高蜜网的诱骗质量。通过这种虚实结合的方式可以构建一个虚拟蜜网脆弱性模拟子系统，与入侵者进行交互周旋。

为了进行隐蔽的远程日志和蜜网管理工作，在蜜罐主机的宿主操作系统、网关和远程日志服务器上分别添加一个网卡，互联形成一个对入侵者透明的私有网络。远程日志服务器除了承担远程传送来的防火墙日志、IDS 日志以及蜜罐系统日志的数据融合工作以外，还充当了蜜网的入侵行为控制中心，对蜜网各个子系统进行协调、控制和管理。远程日志服务器的安全级别最高，在该服务器上关闭了所有不需要的服务。

5.3.4　恶意软件检测

1. 计算机病毒检测

计算机病毒种类繁多且特征各异，但一般具有自我复制能力、感染性、潜伏性、触发性和破坏性等。目前典型的病毒检测方法如下。

（1）直接检查法

感染病毒的计算机系统内部会发生某些变化，并在一定的条件下表现出来，因此可以通过直接检查法来判断系统是否感染病毒。

（2）特征代码法

特征代码法是检测已知病毒的最简单、开销最小的方法。

特征代码法首先需要采集已知病毒样本，然后依据一些具体原则来抽取特征代码：抽取的代码要比较特殊，不大可能与正常程序代码吻合。另外，抽取的代码要有适当长度，一方面保持特征代码的唯一性，另一方面尽量减少特征代码带来的空间与时间开销。

特征代码法的优点是检测准确快速、可识别病毒的名称、误报警率低、依据检测结果可做杀毒处理等；缺点是不能检测未知病毒，搜集已知病毒的特征代码开销大、在网络上效率低（在网络服务器上，会因长时间检索使整个网络性能变差）等。

（3）校验和法

校验和法就是对正常文件的内容计算其校验和，将该校验和写入该文件或写入别的文件中保存。在文件使用过程中，定期（或在每次使用文件前）检查由文件现在内容计算出的校验和与原来保存的校验和是否一致，进而判断文件是否被感染。

病毒感染会引起文件内容变化，但是校验和法对文件内容的变化太敏感，因此不能区分是否为正常程序引起的变动，易导致频繁报警。这种方法在遇到软件版本更新、口令变更、运行参数修改等情况时，会造成误报警。另外，校验和法对隐蔽性病毒无效，因为隐蔽性病毒进驻内存后会自动剥去染毒程序中的病毒代码。

运用校验和法检查病毒采用三种方式，即在检测病毒工具中纳入校验和法、在应用程序中放入校验和法的自我检查功能、将校验和检查程序常驻内存以实时检查待运行的应用程序。

校验和法的优点是方法简单且能发现未知病毒，即使被查文件有细微变化，也能被发现。其缺点是需发布通行记录正常态的校验和、会误报警、不能识别病毒名称、不能处理隐蔽型病毒等。

（4）行为监测法

利用病毒的特有行为特征性来监测病毒的方法称为行为监测法。通过对病毒多年的观察、研究发现，有一些行为是病毒的共同行为，而且比较特殊。在正常程序中，这些行为比较罕见。当程序运行时，可监视其行为，如果发现了病毒行为则立即报警。

行为监测法的优点是可发现未知病毒，并且可准确地预报未知的多数病毒。行为监测法的缺点是可能出现误报警、不能识别病毒名称，而且实现时有一定难度。

（5）软件模拟法

多态性病毒每次感染时都会改变其病毒密码。对付这种病毒时，特征代码法会失效。因为多态性病毒代码实施密码化，每次所用密钥也不同，把染毒的病毒代码相互比较，无法找出相同的可从作为特征的稳定代码。虽然行为检测法可以检测多态性病毒，但是在检测出病毒后，因为不知道病毒的种类，所以难以做杀毒处理。为了检测多态性病毒，可应用新的检测方法——软件模拟法，即用软件方法来模拟和分析程序的运行。

新型检测工具纳入了软件模拟法。该类工具开始运行时，使用特征代码法检测病毒，如果发现可能的隐蔽病毒或多态性病毒嫌疑，就启动软件模拟模块监视病毒的运行。待病毒自身的密码译码以后，再运用特征代码法来识别病毒的种类。

2. 网络蠕虫检测

目前，网络蠕虫已经成为计算机网络的最大威胁，网络蠕虫在传播过程中具有与黑客攻击相似的网络行为。网络蠕虫检测技术在采用入侵检测技术的同时，还需要结合网络蠕虫自身及其传播的特点，综合应用多种技术，包括网络蠕虫检测与预警、网络蠕虫传播抑制、网络蠕虫应对等实现检测。

网络蠕虫检测系统（NWDS）通常部署在一个网络的出口处（如图5-7所示），可以实时捕获网络中的所有流经的网络数据包，并对这些数据进行检测。检测机上主要运行检测端程序，包括网络数据捕获模块、网络蠕虫检测模块、通信模块等；管理机运行监控管理终端程序，提供友好的用户界面；数据库系统主要用于保存各种信息，包括系统参数、检测策略、报警记录等。

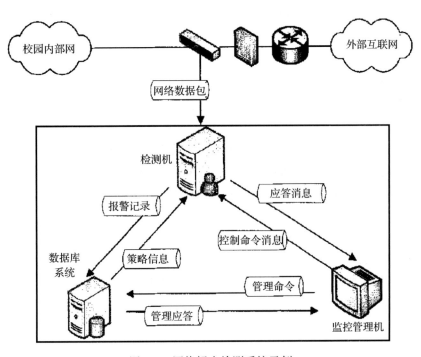

图 5-7　网络蠕虫检测系统示例

（1）检测机

检测机上主要涉及网络数据捕获模块、网络蠕虫检测模块、通信模块。

1）网络数据捕获模块：用于从网络中实时捕获网络数据包，并对这些数据进行预处理，形成能够提交给网络数据检测模块的统计信息。网络数据捕获模块根据捕获到的网络上的 IP 包，从中提取 TCP 和 UDP 连接的状态、流量信息并进行实时更新。由于监听到的 IP 包可能是分片包，因此需要将分片包暂时保存，待所有分片到达后再进行重组。可以使用一个哈希表来临时保存分组还未完全到达的分片包。哈希表的键值是 IP 包的源地址、目的地址、分片 ID 字段的组合，哈希表的表项保存了一个被分片的 IP 包所有已经监听到的分片。在监听到或重组一个完整的 IP 包后，先检查此 IP 包的协议字段，根据协议转入不同的处理流程，对 TCP 和 UDP 分别使用一张哈希表保存连接信息。哈希表的键值是 IP 报头的源地址、目的地址、传输层报头的源端口和目的端口的组合。

2）网络蠕虫检测模块：用于对网络数据捕获模块提交的网络数据信息进行检测，并生成报警信息。采用的主要方法包括基于贝叶斯方法的网络蠕虫检测方法和基于信息熵的网络蠕虫检测方法等。

3）通信模块：用于实现网络蠕虫检测模块与监控管理模块、数据库系统之间的通信，包括监控管理程序发送各种控制信息到检测机、网络蠕虫检测模块产生的报警信息传递给数据库系统等。

（2）监控管理机

监控管理机主要运行监控管理终端程序，提供一个友好的人机交互界面。网络管理员可以通过监控管理终端管理检测机和数据库，并根据实际网络使用情况实时调整网络蠕虫检测策略。其他终端用户可以根据各自的权限查看网络蠕虫报警情况，并生成相应的报告。

监控管理机由 5 个功能模块组成：① 连接检测端模块。通过套接字与检测端程序建立连接，与指定检测机建立通信；② 策略配置模块。可以让用户根据实际网络环境和检测情况对检测策略进行修改，更新数据库中的策略配置表数据并通知检测端；③ 系统参数配置模块。可以让用户根据实际网络情况对检测机的系统参数进行修改；④ 实时报警模块。通过数据库连接模块定时从数据库中提取最新的报警记录信息，并通过用户界面进行显示；⑤ 报警查询模块。允许用户输入查询条件，从数据库中检索符合条件的报警记录，并以列表形式显示。

网络管理员和其他用户通过监控管理机进行系统应用和维护。

（3）数据库系统

数据库系统主要用于存储各种信息，包括系统参数信息、检测策略、报警记录、系统性能情况等。

5.4　攻击防护

针对层出不穷的恶意软件攻击，需要采用多种策略提高系统的安全性，本节将结合几个案例对攻击防护技术进行介绍。

5.4.1　防火墙

防火墙一种常用的安全设备，其防护方式简单有效。防火墙的应用存在这样的矛盾：一是安全和方便的矛盾；二是效果与效能的矛盾。因为安全必然使过程的烦琐，并造成使用上的不便，而且，想要达到更好的安全防护效果，就需要消耗更多的资源。在设计合理可用的防火墙时，需要考虑这两个矛盾，并根据要求进行权衡。

防火墙的提出和实现最早可以追溯到 20 世纪 80 年代。后来，推出了采用包过滤（Packet Filter）技术的电路层防火墙和应用层防火墙，开发了基于动态包过滤技术的第四代防火墙和基于自适应代理技术的防火墙。防火墙的核心原理和运行机制简单，接下来将介绍防火墙的基本原理、分类、架构等内容。

1. 防火墙的基本原理

防火墙是可以对计算机或网络访问进行控制的一组软件或硬件设备，也可以是固件。它通常安装在内部网络和外部网络之间（如图 5-8 所示），是内网和外网之间执行控制策略的防御系统和一道安全屏障，其本质是建立在 Intranet 和 Internet 之间的一个安全网关。

防火墙的核心原理是通过分析出入的数据包，只有符合安全要求的数据可以通过。防火墙实质上是一种隔离控制技术，可以在不安全的网络环境下构造一种相对安全的内部网络环境。从逻辑上看，它既是一个分析器，又是一个限制器。

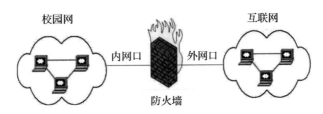

图 5-8　防火墙在网络中的位置

防火墙的必要性和有效性的基本假设是：首先，外部存在潜在的安全威胁，内部绝对安全；其次，内外互通的数据要全部流经防火墙。

防火墙通过访问控制来实现网络安全，包括端口管理、攻击过滤、特殊站点管理等，其作用包括以下方面：

1）强化安全策略，过滤掉不安全服务和非法用户，即过滤进出网络的数据；管理进出网络的访问行为；拒绝发往或者来自所选站点的请求通过防火墙。

2）监视网络的安全性并报警。

3）利用网络地址转换（NAT）技术，将有限的地址动态或静态地与内部的地址对应起来，从而缓解地址空间短缺的问题。

4）防火墙是进出信息都必须通过的关口，能够收集关于系统和网络使用及误用的信息。利用此关口，防火墙能在网络之间进行记录，是审计和记录使用费用的一个最佳点。网络管理员可以在此提供连接的费用情况，查出潜在的带宽瓶颈位置，并依据本机构的核算模式计算部门级的费用。

5）可以连接到一个单独的网络上，在物理上与内部网络分隔开，并在此部署 WWW 服务器和 FTP 服务器，将其作为向外部发布内部信息的地点。

防火墙一般由服务访问规则、验证工具、包过滤、应用网关四部分构成。防火墙既可以安装在路由器、服务器、PC 端等设备上，也可以部署在两个网络环境之间，比如内部网络和外部网络之间、专用网络和公共网络之间等。

防火墙在工作时有多种安全认证策略可选，一种是肯定策略，即只有被允许的访问才可以放行，这种策略可能会阻止安全访问行为；另一种是否定策略，即只有被禁止的访问才是不被允许的，这可能导致未知的不安全访问发生；还有一种是动态策略，即通过协调方式动态制定允许与禁止访问条件。

2. 防火墙的分类

防火墙的实现有多重类型，基于其核心思想，根据它分析的数据和安全防护机制的不同可以将其划分为三种基本类型，基于这些基本类型又可以构建复合类型。

（1）包过滤型防火墙

包过滤型防火墙也称为网络级防火墙，因为它工作在网络层。包过滤（Packet Filtering）技术是根据网络层和传输层的工作原理对传输的信息进行过滤，是最早出现的防火墙技术。在网络上传输的每个数据包都可以分为两部分：数据部分和报头。包过滤技术就是在网络的出口（如路由器）根据通过的数据包中的报头信息来判断该包是否符合网络管理员设定的规则，以确定是否允许数据包通过，一旦发现不符合规则的数据包，防火墙就会将其丢弃。包过滤规则一般是基于部分或全部包头信息的，如数据的源地址和目标地址、TCP 源端口和目标端口、IP 协议类型、IP 源地址等。

包过滤技术的优点是简单实用、处理速度快、实现成本低、数据过滤对用户透明等。但它也有很多缺点，主要是安全性不高，不能彻底防止地址欺骗；无法执行某些安全策略；由于包过滤技术工作在网络层和传输层，与应用层无关，因此无法识别基于应用层的恶意侵入等。

（2）应用代理型防火墙

应用代理型防火墙能够控制对应用程序的访问，代替网络用户完成特定的 TCP/IP 功能。一个代理服务器实质上是一个为特定网络应用连接两个网络的网关。当内部客户机要使用外部服务器的数据时，首先将数据请求发送给代理服务器，代理服务器接收到该请求后会检查其是否符合规则，如果规则允许，代理服务器就会向外部服务器索取数据。然后，外部服务器返回的数据会经过代理服务器的检测，再由代理服务器将数据传输给内部客户机。由于代理服务器技术彻底隔断了内部网络与外部网络的直接通信，因此外部网络的恶意侵害很难进入内部网络了。

应用代理型防火墙的优点是安全性较高，具有较强的数据流监控、过滤和日志功能，还可以方便地与其他安全手段集成等。它的缺点是访问速度慢，对于每项服务代理可能要求不同的服务器；对用户不透明等。

（3）网络地址转化代理型防火墙

网络地址转化代理型防火墙就是在防火墙上安装一个合法的 IP 地址集，是一种把内部私有网络地址（IP 地址）转换成合法网络 IP 地址的技术。当不同的内部网络用户向外连接时，使用一个公用的 IP 地址；当内部网络用户互相通信时，则使用内部 IP 地址。

内部网络的 IP 地址对外部网络来说是不可见的，极大地提高了内部网络的安全性，同时也缓解了少量的 IP 地址和大量主机间的矛盾。这种技术也有很多局限，比如，内部网络可以利用木马程序通过 NAT 进行外部连接而穿越防火墙。

（4）状态监测防火墙

状态检测防火墙采用一种基于连接的状态检测机制，能够对各层数据进行主动、实时的检测。当防火墙接收到初始化连接的数据包时，会根据事先设定的规则对此数据包进行检查，如果该数据包被接收，则在状态表中记录该连接的相关信息，作为后续制定安全决策的参考。对后续的数据包，将其与状态表中记录的连接内容进行比较以决定是否接收该数据包。状态检测技术的优点是能够提高系统的性能，安全性高等；其缺点是实现成本高，配置复杂，会影响网速等。

（5）复合型防火墙

复合型防火墙就是把前述基于各种技术的防火墙整合成一个系统，构筑多道防御系统，确保实现更高的安全性。

3. 防火墙的技术架构

从实现原理上的角度，防火墙技术可分为四类：网络级防火墙（也叫包过滤型防火墙）、应用级网关、电路级网关和规则检查防火墙等。它们各有所长，使用哪一种或是否混合使用要看具体需要。

（1）网络级防火墙

网络级防火墙一般是基于源地址和目的地址、应用、协议以及每个 IP 包的端口来判断是否允许数据通过。一个路由器就是一个"传统"的网络级防火墙，大多数路由器都能通过检查相应信息来决定是否转发收到的包，但它不能判断出一个 IP 包来自何方以及去向何处。防火墙会检查每一条规则，发现包中的信息与某规则相符则放行。如果没有一条规则能符合，防火墙就会使用默认规则。一般情况下，默认规则是要求防火墙丢弃该包。其次，通过定义基于 TCP 或 UDP 数据包的端口号，防火墙能够判断是否允许建立特定的连接，如 Telnet、FTP 连接等。

（2）应用级网关

应用级网关能够检查进出的数据包，通过网关复制传递的数据，避免在受信任服务器和客户机与不受信任的主机间直接建立联系。应用级网关能够理解应用层上的协议，完成较复杂的访问控制，执行精细的注册和稽核。它使用某种网络应用服务协议（即数据过滤协议），并且能够分析数据包并形成相关的报告。应用级网关对某些易于登录和涉及所有输入输出的通信给予严格的控制，以防有价值的程序和数据被窃取。在实际工作中，应用级网关一般由专用工作站系统来完成。但每一种协议需要相应的代理软件，使用时工作量大，效率不如网络级防火墙。应用级网关有较好的访问控制能力，安全性高，但实现困难，而且有的应用级网关缺乏"透明度"。在实际使用中，用户在受信任的网络上通过防火墙访问 Internet 时，经常会发现存在延迟并且必须进行多次登录（Login）才能访问 Internet。

（3）电路级网关

电路级网关用来监控受信任的客户或服务器与不受信任的主机间的 TCP 握手信息，从而决定该会话（Session）是否合法。电路级网关是在 OSI 模型的会话层上过滤数据包，这样比包过滤防火墙要高一层。电路级网关还提供一个重要的安全功能，即代理服务器（Proxy Server）。代理服务器是设置在 Internet 防火墙的专用应用级网关，网管人员可通过代理服务器允许或拒绝特定的应用程序或应用的特定功能。包过滤技术和应用网关通过特定的逻辑判断来决定是否允许数据包通过，一旦判断条件满足，防火墙内部网络的结构和运行状态便"暴露"在外部用户面前，因此要通过代理服务（即防火墙内外计算机系统应用层的"链接"由两个终止于代理服务的"链接"来实现）来实现防火墙内外计算机系统的隔离。同时，代理服务还可用于实施数据流监控、过滤、记录和报告等功能。

（4）规则检查防火墙

规则检查防火墙结合了包过滤防火墙、电路级网关和应用级网关的特点。同包过滤防火墙一样，规则检查防火墙能够在 OSI 网络层上通过 IP 地址和端口号过滤进出的数据包。它能够像电路级网关一样检查 SYN、ACK 标记和序列数字是否逻辑有序；也能像应用级网关一样在 OSI 应用层上检查数据包的内容，查看这些内容是否符合企业网络的安全规则。规则检查防火墙虽然集成了三种防火墙的特点，但是不同于应用级网关的是，它并没有打破客户机/服务器模式来分析应用层的数据，而是允许受信任的客户机和不受信任的主机建立直接连接。规则检查防火墙不依靠与应用层有关的代理，而是依靠某种算法来识别进出的应用层数据。这些算法通过已知合法数据包的模式来比较进出数据包，因此从理论上而言，比应用级代理过滤数据包的能力更强。

4. 防火墙的局限性

防火墙有一定的局限性，它不能解决如下问题：① 不能防范未经过防火墙的攻击和威胁；② 防火墙只能对跨越边界的信息进行检测、控制，对网络内部人员的攻击不具备防范能力；③ 不能完全防止传送已感染病毒的软件或文件；④ 防火墙难于管理和配置，容易造成安全漏洞。

防火墙技术的发展趋势是采用多级过滤措施，并辅以鉴别手段，从而使过滤深度不断增加，从目前的地址、服务过滤发展到 URL 页面过滤、关键字过滤和对 Active X、Java 等的过滤，并逐渐具备病毒清除功能。由于安全管理工具、可疑活动的日志分析工具不断完善，对网络攻击的检测和告警也将更加及时和准确。现有的操作系统自身往往存在许多安全漏洞，运行在操作系统之上的应用软件和防火墙也难免会受到这些安全漏洞的影响和威胁。因此，运行机制是防火墙的关键。为保证防火墙自身的安全和彻底避免因操作系统的漏洞而带来的各种安全隐患，防火墙的安全监测核心引擎可以采用嵌入操作系统内核的形态运行，直接接管网卡，将所有数据包进行检查后再提交操作系统。

可以预见，防火墙将朝着高性能、分布式、集成智能化的方向发展。

5.4.2 病毒查杀

计算机病毒的防治要从防毒、查毒、杀毒三个方面着手，系统对于计算机病毒的实际防治能力和效果也要从防毒能力、查毒能力和杀毒能力三方面来评判。防毒能力是指预防病毒侵入的能力，查毒能力是指发现和追踪病毒的能力，杀毒能力是指从感染对象中清除病毒、恢复被病毒感染前的原始信息的能力，该恢复过程不能破坏未被病毒修改的内容。

病毒查杀是指利用安全工具发现系统中隐藏的各类可疑病毒程序，并且能够清除感染对象中的病毒以及恢复被病毒感染前的原始信息的能力。

病毒查杀主要包括如下技术。

1. 主动防御技术

主动防御技术的原理是通过分析、归纳、总结病毒行为规律，并结合反病毒专家的经验，提炼出病毒识别规则知识库；然后，模拟专家发现新病毒的机理，通过分布在用户计算机系统上的各种探针，动态监视程序运行的动作，并将程序的一系列动作通过逻辑关系分析组成有意义的行为，再结合应用病毒识别规则，从而实现对病毒的自动识别。

主动防御系统通常由以下模块组成：

1）实时监控模块。负责实时监控计算机系统内各个程序运行的动作，并将这些动作提交给程序行为分析模块进行分析。

2）病毒识别规则知识库。对病毒行为规律进行分析、归纳、总结，并结合反病毒专家判定病毒的经验，提炼出病毒行为识别规则知识库。主要有恶意程序识别规则知识库和正常程序识别规则知识库。

3）程序行为自主分析判断模块。依据实时监控模块监控的各个程序运行的动作，通过病毒识别规则知识库对程序动作进行关联性分析，并结合反病毒专家判定病毒的经验进行自主分析。如果判定某程序是病毒，首先阻止病毒危害行为的发生，同时通知病毒处理模块，对病毒进行清除处理。

4）病毒处理模块。对判定为病毒的程序进行清除处理。

2. 云查杀技术

云查杀这个概念来源于云计算，它试图利用云计算的思路解决越来越多的病毒威胁。

目前，云查杀技术可分成两类：

1）对新型恶意代码、垃圾邮件或钓鱼网址进行快速收集、汇总和响应处理。

2）将病毒特征库放在云上存储与共享。作为收集/响应系统，它可收集大量病毒样本。因为"端"（用户计算机）没有解决自动识别新病毒能力，所以需要将用户计算机中的文件上传到"云"（反病毒公司）进行处理。

3. 基于云的终端主动防御技术

奇虎 360 公司提出了基于云的终端主动防御技术。该技术在服务器端部署文件审计与行为序列的统计模型，客户端部署轻量的行为监控点，通过利用服务器端的文件知识库与行为序列对恶意软件行为进行拦截。

（1）客户端的行为监控技术

以往安全软件的主动防御功能多基于客户端，即在客户端本地具有一系列判定程序行为是否为恶意行为的规则。当某个程序的行为序列触发了本地规则库中的规则，并且超过权重评分系统的某个阈值时，即判断该程序有恶意行为。这一方法的问题在于恶意软件会通过逆向分析安全软件程序及本地规则库，绕过安全软件的行为监控点并实现"免杀"，从而降低安全软件的防护能力。

基于云端的主动防御技术通过在客户端收集程序行为特征，然后发送到云端服务器，由服务器来判定客户端程序的行为是否为恶意行为。

（2）服务器端的行为判定技术

将客户端上的特定程序特征/行为序列发送给服务器，由服务器在数据库中进行分析和比对，根据比对结果判定该程序行为序列是否为恶意行为，并反馈给客户端。这一过程的难点是如何实现服务器端的判定。解决过程可以分为两个步骤：首先，取得程序文件的信誉评级，包括文件等级（黑、白、灰、未知等）、文件的流行度、文件的年龄等；其次，根据程序文件的行为序列与文件的信誉评级进行综合规则匹配。比如，若文件等级未知，流行度小于 10 个用户，文件年龄小于 2 天，另外如果行为规则中符合特定行为特征串则返回有风险的标识。

服务器端将行为序列与文件信誉两者结合是一种创新方式。随着木马手段越来越趋向以社交工程方式攻击，只有两种方式结合才能快速提取行为特征并提高响应速度。

（3）客户端的响应处置技术

客户端需要根据服务器端反馈的判定结果，决定是否对程序行为进行拦截、终止执行该程序或清理该程序以及恢复系统环境。

依据服务器端反馈的结果可以采取不同策略，包括清除文件、结束进程、指定放行某些文件，还可以配合其他新增的防御模块采取新的动作，例如提示用户使用沙箱运行该程序等。这种机制不再局限于通过传统规则匹配后只能有命中或不命中的两种处理策略。由于处置策略是在服务器端指定，因此只需变更服务器端（即可变化针对不同行为特征的恶意软件的处置方法），提升系统针对新型未知恶意行为的防护能力和响应速度。

综上所述，基于云的终端主动防御技术将行为规则放在服务器端，提高了被攻破的门槛，大大提升了响应速度，无须升级客户端规则文件；结合海量程序行为与属性数据，可以达到行为攻击预警与联防的效果。

4. 手机杀毒技术

由于手机的广泛使用，病毒也开始向手机传播。本节以 Android 系统下基于包校验的病毒查杀工具为例介绍手机病毒查杀。在 Android 系统下，人们获得软件的渠道是不可控的，病毒、木马和广告程序等恶意代码经常被植入正常软件中。由于 Android 系统下的软件都是以 APK 包的形式传输和安装，因此可以通过软件包校验的方法判断软件是否被篡改过。同样的，也可以检测软件是否为已知的恶意软件。

病毒查杀工具的高效运行依赖于软件黑白名单的建立。通过搜集大量常用软件的可信版本（例如，软件的官方网站版本以及大型软件市场的高下载量无恶评版本等），对

APK 文件做以 MD5 和 SHA-1 为参数的哈希运算，用软件名、版本、哈希值共同形成白名单；类似地，通过搜集大量恶意软件的样本，对 APK 文件做以 MD5 和 SHA-1 为参数的哈希运算，用软件名、版本、哈希值共同形成黑名单。

对于待验证的软件，病毒查杀工具获得其 APK 文件的软件名、版本、哈希值，与白、黑名单中的内容进行对比分析，若白名单中有相应软件名、版本且校验值完全匹配，说明用户要安装的软件是安全的；若白名单中有相应软件名、版本但校验值不匹配，说明用户要安装的软件被篡改过，是危险的；如果白名单中没有相应软件名、版本，则查询黑名单，若黑名单中有相应软件名、版本且校验值完全匹配，说明用户要安装的软件是已知的恶意软件（仅校验值完全匹配也可以说明是恶意软件）；若黑名单中没有相应软件名、版本、校验值，说明白、黑名单未收录该软件，表明安全性未知。通过这种方法，可以快速、有效地识别软件的安全性，直接查杀部分恶意软件，归类未知软件，并为其他安全策略提供参考。

5.4.3　云安全体系

本节以奇虎 360 公司的云安全系统为例来介绍云安全体系的构成。如图 5-9 所示，该系统是一个客户端和服务器端（云端）配合实现的智能安全防护体系，包括客户端的云安全智能防护终端软件和服务器端的云端智能协同计算平台两部分。

1. 云安全智能防护终端

云安全智能防护终端包括 360 安全卫士和 360 杀毒等软件。作为该云安全体系的重要组成部分，智能防护终端承担了"传感器"和"处置器"的作用。

首先，智能防护终端的主要作用是恶意软件 / 网页样本的采集传感器。为了确保采集的全面性，需要尽可能多地对恶意软件的行为、传播途径进行监控和审计，运用主动防御技术可以达到这一目的。智能防护终端主要实现如下功能。

（1）恶意软件云查杀

用户对系统的关键启动位置、内存、关键目录、指定的文件目录等进行扫描，提取文件名称、路径、大小、MD5 指纹、签名信息等文件特征信息，并通过实时联网与云安全查询引擎通信，将文件特征信息发送给云安全查询引擎。然后，根据云安全查询引擎返回的结果对被扫描文件进行相应处置。

（2）网页安全监控和防护

据统计，90% 以上的恶意软件是通过浏览恶意网页传播的，因此网页安全浏览是终端安全防护的第一道关口。360 安全卫士的网盾采用静态特征匹配和动态行为监控相结合的技术，通过挂钩系统关键 API 实现行为监控，根据一系列规则判定被浏览网页是否为恶意网页。网页恶意行为特征包括修改系统文件、写注册表、下载 PE 文件、创建进程、加载驱动程序、加载系统 DLL 等。当发现可疑的恶意网页时，即将恶意网页的 URL 地址及其行为特征上传给云端服务器。

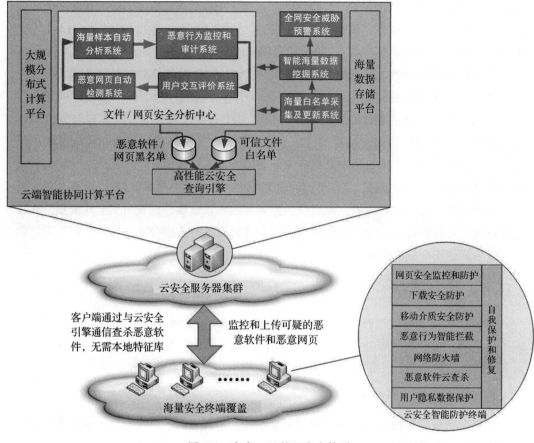

图 5-9　奇虎 360 的云安全体系

（3）下载安全防护

恶意软件传播的另一个主要途径是通过软件的捆绑或后台升级，下载器软件（downloader）就是典型的木马传播者。360 安全卫士会监控系统所有进程的下载行为，一旦发现有从可疑地址下载文件的行为，则将下载者进程文件样本及其行为特征上传至云端服务器。

（4）移动媒体安全防护

大量恶意软件会利用 Autorun 机制通过 U 盘等移动介质进行传播。360 安全卫士的 U 盘防火墙功能将自动监测移动介质的连接及其自动运行的程序，一旦发现可疑行为则将其文件样本和行为特征上传至云端服务器。

（5）恶意行为智能拦截

恶意行为智能拦截也是 360 安全卫士的主动防御功能，也称为系统防火墙。当木马等恶意软件入侵系统时，总会试图执行特定操作以实现驻留系统并开机运行的目的，这是通过修改系统关键启动项、修改文件关联、增加浏览器插件、劫持通信协议等方式实现的。基于长期积累的对木马行为特征的研究，总结出一系列判定恶意行为特征的规则，利用这些规则，就可以有效发现文件的可疑行为，并将其样本和行为特征上传至云端服务器。

（6）网络防火墙

对可疑软件的网络通信行为进行监控，例如 ARP 攻击、劫持通信协议、连接恶意网址等，一旦发现可疑行为，就将其样本和行为特征上传至云端服务器。

（7）用户隐私数据保护

绝大部分木马恶意软件的目的是实施盗号，因此必然会对特定的应用（例如网络游戏、网上银行等）做出挂钩、注入、直读内存等行为，在 360 账号保险箱软件中针对上述特定应用程序的敏感操作进行监控。一旦发现可疑操作，即可将其样本和行为特征上传至云端服务器。

由上述分析可知，云安全智能防护终端在恶意软件传播的各个主要途径都进行了拦截监控，一旦发现某个文件的行为触发了一定的规则，则可以判定其行为可疑。若云安全中心确认该文件尚未采集，就将其文件样本和客户端对其行为特征的初步分析结果上传至云端，从而保证对新的可疑文件的全面的采集，同时能将对可疑文件行为分析工作分散至终端完成，节约了服务器端的计算资源。

2. 云端智能协同计算平台

云端智能协同计算平台是云安全体系的服务器端核心技术。它完成恶意软件／网页的云计算分析工作，不仅包括对文件／网页样本的自动分析，还可以结合客户端对该样本的初步行为分析结果，以及大量用户对客户端处置的人工交互反馈结果（例如对安全告警的选择），这体现了群体智慧或协同计算的概念。云端智能协同计算平台包括文件／网页安全分析中心、海量白名单采集及自动更新系统、高性能云安全查询引擎、智能海量数据挖掘系统和全网安全威胁预警系统等部分。

（1）文件／网页安全分析中心

文件／网页安全分析中心主要包括海量样本自动分析系统、恶意网页监测系统和恶意行为监控和审计系统三部分。

1）海量样本自动分析系统。对于客户端采集、上传的海量可疑文件／网页样本，以及通过搜索引擎蜘蛛程序抓取的网页，采用静态特征码匹配、启发式扫描、机器学习等方法，对样本进行自动分析，判定每个样本的安全级别。

2）恶意网页监测系统。监测互联网，检测识别挂马、钓鱼、欺诈等恶意网页，同时发现新的操作系统和应用软件漏洞。

3）恶意行为监控和审计系统。对于无法通过自动静态分析判定安全级别的文件／网页样本，将其放入虚拟机环境运行，监控并记录其所有行为。若行为特征触发特定的恶意行为规则且超过指定阈值，则判定其为恶意行为。

（2）海量白名单采集及自动更新系统

文件／网页安全分析中心的作用是形成恶意软件／网页的黑名单，但是对于恶意软件的判定，无论是采用静态特征码匹配还是动态行为监控技术，都不可能保证 100% 的准确性，因此可能导致误报。如果基于"恶意软件的数量可能远远超过可信正常软件的数量"的假设，黑名单的数量可能会非常庞大。这时，更有效的解决方案是建立可信软件的白名单，即尽可能多地采集用户常用的各类软件（包括操作系统软件、硬件驱动程序、办公软件、第三方应用软件等）的信息形成文件白名单，且保持白名单实时更新。事实上，只要白名单技术足够有效，云安全系统完全可以采用"非白即黑"的策略（即前述可信软件的配置管理方案）。也就是说，任何不在白名单内的文件即可认为是可疑的恶意软件。实践表明，这一策略对恶意软件的查杀有非常良好的效果。

（3）高性能云安全查询引擎

这是云安全体系中的核心部件之一。云安全体系所要得到的主要结果为文件 / 网页的安全级别和可信度信息（包括恶意软件 / 网页黑名单数据、正常软件的白名单数据、未知安全级别文件数据等），数据的规模十分庞大，而且更新速度极快。服务器端要为海量的文件 / 网页的安全级别和可信度建立索引，并提供面向客户端的高性能查询引擎。

（4）智能海量数据挖掘系统

智能海量数据挖掘系统利用文件 / 网页安全分析中心的分析结果数据和白名单系统中的数据，结合用户上传及云安全查询引擎的检索日志和查询结果数据，进行进一步的统计分析和挖掘，从中获得大量有用的结果。例如，某个恶意软件的感染传播趋势、某个恶意网页代码的挂马传播趋势、某个漏洞利用的趋势等，甚至分析并发现新的 0day 漏洞，从而确保云安全的整体效果。

（5）全网安全威胁预警系统

全网安全威胁预警系统利用智能海量数据挖掘系统的分析结果，对可能威胁公众及国家网络安全的大规模安全事件进行预警分析及管理。这个系统可为国家有关部门、重要的信息系统等提供安全威胁监测和预警服务。

（6）大规模分布式计算平台

为了实现对海量数据的高性能处理能力，云计算一般需要利用大规模分布式并行计算技术。实现云安全所需的分布式并行计算平台，需要考虑如下两个因素：1）数据规模十分庞大；2）与恶意软件的对抗是一个长期的过程，对恶意软件的分析、判定方法也会不断变化。因此，分布式并行计算平台应具备较强的可伸缩性和适应性，不仅可扩展支持更大的数据处理规模，还可以将新的分析方法或处理过程灵活地加入系统中，而不会导致系统体系结构出现较大变化。

（7）海量数据存储平台

海量数据存储平台也是云安全体系中的核心技术之一。海量样本、整个云端处理流程中的各类中间结果数据、用户反馈数据、用户查询日志等，每一种数据类型的规模都是海量的。海量数据存储平台能够对上层应用提供透明的数据存取访问，确保数据存储的可靠性、一致性和容灾性。

5.5　物联网的安全通信协议

网络协议的弱安全性已经成为物联网与互联网出现安全风险的主要原因之一。不安全协议会导致源接入地址不真实、源数据难以标识和验证等问题。本节介绍物联网系统主要的网络安全协议，包括 IPSec、SSL、SSH 和 HTTPS 等。

5.5.1　IPSec

传统的 IP 数据包没有考虑安全特性，攻击者很容易伪造 IP 包的地址、修改包内容、重播以前的包以及在数据传输途中拦截并查看包的内容。因此，如何保证我们收到的 IP 数据包的源地址的真实性、原始数据的完整性和保密性变得非常重要。IPSec 的目标就是致力于解决上述问题。

IPSec（Internet Protocol Security）是 IETF（因特网工程任务组）于 1998 年 11 月公布的 IP 安全标准，其目的是为 IPv4 和 IPv6 提供透明的安全服务。IPSec 在 IP 层上提供数据源地址验证、无连接数据完整性、数据机密性、抗重播和有限业务流机密性等安全服务，可以保障主机之间、网络安全网关（如路由器或防火墙）之间及主机与安全网关之间的数据包的安全。

使用 IPSec 可以防范以下几种网络攻击：

1）网络嗅探。IPSec 对数据进行加密以对抗网络嗅探，保持数据的机密性。

2）数据篡改。IPSec 用密钥为每个 IP 包生成一个消息验证码（MAC），密钥为数据的发送方和接收方共享。对数据包的任何篡改，接收方都能够检测出来，从而保证了数据的完整性。

3）身份欺骗。IPSec 的身份交换和认证机制不会暴露任何信息，依赖数据完整性服务实现了数据源认证。

4）重放攻击。IPsec 能够防止数据包被捕获并重新投放到网上，即目的地会检测并拒绝过时的或重复的数据包。

5）拒绝服务攻击。IPSec 依据 IP 地址范围、协议甚至特定的协议端口号来决定哪些数据流需要保护，哪些数据流允许通过，哪些数据流需要拦截。

1. IPSec 的基本概念

IPsec 是通过对 IP 协议的分组进行加密和认证来保护 IP 协议的网络传输协议族，能保证数据的机密性、来源可靠性、无连接的完整性并提供抗重播服务。IPsec 由以下两部分组成：

1）建立安全分组流的密钥交换协议 IKE（Internet Key Exchange）。该协议为 IPSec 提供自动协商交换密钥及建立安全联盟的服务，能够简化 IPSec 的使用和管理，大大简化了 IPSec 的配置和维护工作。

2）加密分组流的封装安全载荷（Encapsulate Security Payload，ESP）协议和认证头（Authentication Header，AH）协议。ESP 协议主要用来加密 IP 数据包，并对认证提供某种程度的支持。AH 协议只涉及认证，不涉及加密。AH 协议虽然在功能上和 ESP 有些重复，但 AH 协议除了可以对 IP 的有效负载进行认证外，还可以对 IP 头部实施认证。

IPSec 首先协商建立安全关联（Security Association，SA），通过查询安全策略数据库决定对接收到的 IP 数据包的处理方式。IPSec 的基本功能包括在 IP 层提供安全服务，选择需要的安全协议，决定服务使用的算法和保存加密使用的密钥等。

2. IPSec 的体系结构

IPSec 是一种开放标准的框架结构，通过使用加密的安全服务以确保在 Internet 协议（IP）网络上进行保密和安全的通信。IPSec 对于 IPv4 是可选使用的，对于 IPv6 则是强制使用的。IPsec 协议工作在 OSI 模型的第三层，因而其在单独使用时适合保护基于 TCP 或 UDP 的协议，而安全套接字层（SSL）就不能保护 UDP 层的通信流。这就意味着，与传输层或更高层的协议相比，IPsec 协议必须处理可靠性和分片的问题，同时也增加了它的复杂性和处理开销。

IPSec 的安全体系结构如图 5-10 所示，各部分功能论述如下：

- 体系结构。包含一般的概念、安全需求、定义和定义 IPSec 的技术机制。
- 封装安全有效载荷。覆盖了与包加密（可选身份验证）以及 ESP 的使用相关的包格式和常规问题。
- 验证头。包含使用 AH 进行包身份验证相关的包格式和一般问题。
- 加密算法。描述各种加密算法如何用于 ESP 中。
- 验证算法。描述各种身份验证算法如何用于 AH 和 ESP 身份验证选项。
- 密钥管理。密钥管理的一组方案，其中 IKE 是默认的密钥自动交换协议。IKE 适合为任何一种协议协商密钥，并不仅限于 IPSec 的密钥协商，协商的结果通过解释域（IPSec DOI）转化为 IPSec 所需的参数。
- 解释域。彼此相关的各部分的标识符及运作参数。
- 策略。决定两个实体之间能否通信以及如何进行通信。策略的核心由三部分组成，即安全关联（SA）、安全关联数据库（SAD）和安全策略数据库（SPD）。SA 表示策略实施的具体细节，包括源 / 目的地址、应用协议、SPI（安全参数索引）、算法 / 密钥 / 长度等；SAD 为进入和外出包处理维持一个活动的 SA 列表；SPD 决定整个系统的安全需求。策略部分是唯一尚未成为标准的组件。

3. IPSec 的工作模式

IPSec 协议可以工作在传输模式和隧道模式。

1）传输模式。传输模式用来保护上层协议，用于两个主机之间端对端的通信。图 5-11 给出了 IPSec 在 IPv4 和 IPv6 中的传输模式的数据格式。在 IPv4 中，传输模式的 IPSec 头插入 IP 报头之后、高层传输协议（如 TCP、UDP）之前；在 IPv6 中，该模式的 IPSec 头出现在 IP 头及 IP 扩展头之后、高层传输协议之前。

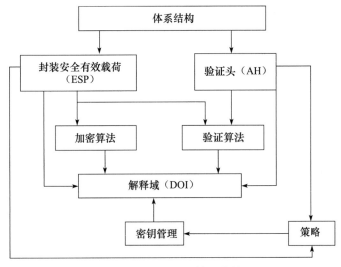

图 5-10　IPSec 的体系结构

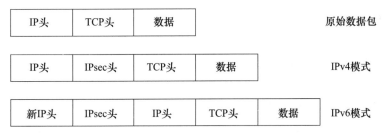

图 5-11　传输模式与通道模式保护的数据包

2）隧道模式。也称为通道模式，用于保护整个 IP 数据报，通常在 SA 的一端或两端都是安全网关时使用。要保护的整个 IP 包都应封装到另一个 IP 数据报里，同时在外部与内部 IP 头之间插入一个 IPSec 头。外部 IP 头指明进行 IPSec 处理的目的地址，内部 IP 头指明最终的目的地址。在隧道模式下，IPSec 报文要进行分段和重组操作，并且可能要经过多个安全网关才能到达目的主机。

两种 IPSec 协议均能同时以传输模式或通道模式工作。表 5-1 给出了两种协议模式的功能比较。

表 5-1　传输模式和隧道模式的功能比较

	传输模式	隧道模式
AH	验证 IP 有效载荷和 IP 报头及 IPv6 扩展报头的选择部分	验证各个内部的 IP 包（内部报头加上 IP 有效载荷），加上外部 IP 报头和外部 IPv6 扩展报头的选择部分
ESP	加密 IP 有效载荷和跟在 ESP 报头后面的任何 IPv6 扩展	加密内部 IP 包
具有身份验证的 ESP	加密 IP 有效载荷和跟在 ESP 报头后面的任何 IPv6 扩展；验证 IP 有效载荷，但没有 IP 报头	加密内部 IP 包和验证内部 IP 包

4. IPSec 操作案例

下面以 Windows 10 操作系统为例，介绍 Windows Defender 防火墙中的 IPSec 配置过程。

1）选择"开始→控制面板→系统安全→Windows Defender 防火墙"，打开 Windows Defender 防火墙。如图 5-12 所示。

图 5-12　Windows 10 的防火墙

2）单击图 5-12 中左侧的"高级设置"按钮，出现如图 5-13 所示的界面，并在界面中选择"操作"→"属性"命令，打开如图 5-14a 所示对话框。单击选中"IPSec 设置"选项卡，打开如图 5-14b 所示对话框。

图 5-13　Windows 10 的防火墙高级设置

如图 5-14b 所示的界面中，包括三个与 IPSec 相关的选项，各选项的功能说明如下。

（1）IPSec 默认值

可以配置 IPSec 来保护网络流量的密钥交换、数据保护和身份验证方法。单击"自定义"按钮可以打开"自定义 IPSec 设置"对话框，如图 5-15 所示。用户一般选择默认设置即可；如果需要自定义，则可选择"高级"选项。

当具有活动安全规格时，IPSec 将使用该项设置规则建立安全连接，如果没有指定密钥交换（主模式）、数据保护（快速模式）和身份验证方法，则建立连接时将会使用组策略对象（GPO）中优先级较高的任意设置，顺序如下：最高优先级组策略对象（GPO）→本地定义的策略设置→IPSec 设置的默认值（比如身份验证算法默认是 Kerberos V5，更多默认可以直接单击如图 5-15 所示下面窗口的"什么是默认值"帮助文件）。

a)　　　　　　　　　　　　　　　b)

图 5-14　高级安全 Windows 防火墙属性

（2）IPSec 免除

此选项设置用于确定包含 Internet 控制消息协议（ICMP）的流量包是否受到 IPSec 保护。ICMP 通常由网络疑难解答工具和过程使用。注意，此设置仅从高级安全 Windows 防火墙的 IPSec 部分免除 ICMP，若要确保允许 ICMP 数据包通过 Windows 防火墙，还必须创建并启用入站规则。另外，如果在"网络和共享中心"中启用了文件和打印机共享，则高级安全 Windows 防火墙会自动启用允许常用 ICMP 数据包类型的防火墙规则。有时可能也会启用与 ICMP 不相关的网络功能，如果只希望启用 ICMP，则在 Windows 防火墙中创建并启用规则，以允许 ICMP 网络数据包入站。

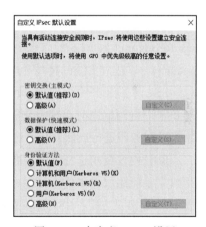

图 5-15　自定义 IPSec 设置

（3）IPSec 隧道授权

只在以下几种情况使用此选项：具有创建从远程计算机到本地计算机的 IPSec 隧道模式连接的连接安全规则，并希望指定用户和计算机，以允许或拒绝其通过隧道访问本地计算机。

具体操作流程为：在图 5-14b 界面下面"IPSec 隧道授权"部分选择"高级"选项，然后单击"自定义"可以打开"自定义 IPSec 隧道授权"对话框，就可以为需要授权的计算机或用户进行隧道规则授权。IPSec 隧道授权设置界面如图 5-16 所示。

图 5-16　自定义 IPSec 隧道授权

5.5.2　SSL

SSL 安全通信协议是 Netscape 公司推出 Web 浏览器时提出的。SSL 协议目前已成为 Internet 上保密通信的工业标准。现有的 Web 浏览器普遍将 HTTP 和 SSL 相结合，来实现安全通信。IETF（www.ietf.org）将 SSL 做了标准化，即 RFC2246，并将其称为 TLS（Transport Layer Security）。从技术上讲，TLS1.0 与 SSL3.0 的差别非常微小。

在 WAP 的环境下，由于手机及手持设备的处理和存储能力有限，WAP 论坛（www.wapforum.org）在 TLS 的基础上做了简化，提出了 WTLS 协议（Wireless Transport Layer Security）以适应无线的特殊环境。

SSL 采用公开密钥技术，目标是保证两个应用间通信的保密性和可靠性，可在服务器和客户机两端同时实现。它能使客户 / 服务器应用之间的通信不被攻击者窃听，并且始终对服务器进行认证，还可选择对客户进行认证。

SSL 协议要求建立在可靠的传输层协议（例如 TCP）之上。SSL 协议的优势在于它是独立于应用层协议的，高层的应用层协议（例如 HTTP、FTP、Telnet 等）能透明地建立于 SSL 协议之上。SSL 协议在应用层协议通信之前就已经完成加密算法、通信密钥的协商以及服务器认证工作。

1. SSL 提供的服务

SSL 协议允许支持 SSL 协议的服务器与一个支持 SSL 协议的客户机相互认证，还允许这两个机器间建立加密连接，提供连接可靠性。SSL 协议主要提供如下服务：

1）认证用户和服务器，确保数据发送到正确的客户机和服务器。

2）加密数据，以防止数据中途被窃取。

3）维护数据的完整性，确保数据在传输过程中不被改变。

SSL 服务器认证允许用户确认服务器身份。支持 SSL 协议的客户机软件能使用公钥密码标准技术（如 RSA 和 DSS 等）检查服务器证书、公用 ID 是否有效和是否由客户信任的 CA 列表内的认证机构发放等。

SSL 客户机认证允许服务器确认用户身份。使用和服务器认证同样的技术，支持 SSL 协议的服务器软件能检查客户证书、公用 ID 是否有效以及是否由服务器信任的认证机构列表内的认证机构发放。

一个加密的 SSL 连接要求所有在客户机与服务器之间发送的信息需由发送方软件加密，并由接收方软件解密。对称加密法用于数据加密（如 DES 和 RC4 等），因此连接是保密的。所有通过加密 SSL 连接发送的数据都被一种检测篡改的机制保护，即使用消息认证码（MAC）的消息完整性检查以及使用安全哈希函数（如 SHA 和 MD5 等）用于消息认证码计算等，这种机制能自动决定传输中的数据是否已经被更改，从而确保连接是可靠的。

2. SSL 的工作流程

SSL 工作流程包括：建立网络连接；选择与该连接相关的加密方式和压缩方式；识别双方的身份；确定本次传输密钥；传输加密的数据；关闭网络连接等。

工作流程可分为如下两个阶段：

（1）服务器认证阶段

- 客户端向服务器发送一个 Hello 作为开始信息，以便开始一个新的会话连接。
- 服务器根据客户的信息确定是否需要生成新的主密钥，如需要，则服务器在响应客户的 Hello 信息时将包含生成主密钥所需的信息。
- 客户根据收到的服务器响应信息，产生一个主密钥，并用服务器的公开密钥加密后传送给服务器。
- 服务器恢复该主密钥，并返回给客户一个用主密钥认证的信息，让客户认证服务器。

（2）用户认证阶段

在此之前，服务器已经通过了客户认证，这一阶段主要完成对客户的认证。经认证的服务器发送一个提问给客户，客户则返回（数字）签名后的提问和其公开密钥，从而向服务器提供认证。

从 SSL 协议提供的服务及其工作流程可以看出，SSL 协议运行的基础是商家对消费者信息保密的承诺，这就有利于商家而不利于消费者。在电子商务初级阶段，由于运作电子商务的企业大多是信誉较高的大公司，因此这些问题还没有充分暴露出来。但随着电子商务的发展，各中小型公司也参与进来，这样在电子支付过程中的单一认证问题就越来越突出。虽然在 SSL 3.0 中通过数字签名和数字证书可实现浏览器和 Web 服务器双方的身份验证，但是 SSL 协议仍存在一些问题，比如，只能提供交易中客户与服务器间的双方认证，在涉及多方的电子交易中，SSL 协议并不能协调各方间的安全传输和信任关系。在这种情况下，Visa 和 MasterCard 两大信用卡组织制定了 SET 协议，从而为网上信用卡支付提供了全球性的标准。

3. SSL 协议集

SSL 协议建立在传输层和应用层之间，它包括两个子协议，即 SSL 记录协议和 SSL 握手协议，其中记录协议位于握手协议之下。SSL 记录协议定义了要传输数据的格式，它位于一些可靠的传输协议之上（如 TCP），用于各种更高层协议的封装。SSL 握手协议就是这样一个被封装的协议。SSL 握手协议允许服务器与客户机在应用程序传输和接收数据之前互相认证、协商加密算法和密钥。SSL 协议集如图 5-17 所示。

SSL 握手协议	SSL 改变密码格式协议	SSL 告警协议	HTTP，FTP，……
SSL 记录协议			
TCP			
IP			

图 5-17　SSL 记录协议和 SSL 握手协议

（1）SSL 记录协议

SSL 记录协议为 SSL 连接提供两种服务，即机密性和报文完整性。

在 SSL 协议中，所有传输数据都被封装在记录中。记录由记录头和长度不为 0 的记录数据组成。所有的 SSL 通信都使用 SSL 记录层，记录协议封装上层的握手协议、告警协议、改变密码格式协议和应用数据协议等。SSL 记录协议包括关于记录头和记录数据格式的规定。

SSL 记录协议定义了要传输数据的格式，它位于一些可靠的传输协议之上（如 TCP），用于封装各种更高层的协议，记录协议主要完成分组和组合、压缩和解压缩以及消息认证和加密等功能。

图 5-18 给出了 SSL 记录协议的结构。SSL 记录协议字段包括：

- 内容类型（8 位）。封装的高层协议。
- 主要版本（8 位）。使用的 SSL 主要版本。对于 SSL v3.0，值为 3。
- 次要版本（8 位）。使用的 SSL 次要版本。对于 SSL v3.0，值为 0。
- 压缩长度（16 位）。明文数据（如果选用压缩则是压缩数据）以字节为单位的长度。

内容类型	主要版本	次要版本	压缩长度
明文（压缩可选）			
MAC（0,16 或 20 位）			

图 5-18　SSL 记录协议字段

已给定义的内容类型包括握手协议、告警协议、改变密码格式协议和应用数据协议。其中，改变密码格式协议是最简单的协议，这个协议由值为 1 的单字节报文组成，用于改变连接使用的密文族。告警协议用来将 SSL 有关的告警传送给对方。告警协议的每个报文由两个字节组成，第一字节指明级别（1—警告或 2—致命），第二字节指明告警的代码。

（2）SSL 握手协议

SSL 握手协议被封装在记录协议中，该协议允许服务器与客户机在应用程序传输数据之前互相认证、协商加密算法和密钥。在初次建立 SSL 连接时，服务器与客户机需交换一系列消息。通过消息交换能够实现如下操作：

- 客户机认证服务器。
- 客户机与服务器选择双方都支持的密码算法。
- 可选择的服务器认证客户。
- 使用公钥加密技术生成共享密钥。
- 建立加密 SSL 连接。

SSL 握手协议报文头包括三个字段：

- 消息类型（1 字节）。该字段指明使用的 SSL 握手协议报文类型。SSL 握手协议报文包括 10 种类型，如表 5-2 所示。
- 长度（3 字节）。以字节为单位的报文长度。
- 内容（≥1 字节）。使用的报文的有关参数。

SSL 中最复杂的协议就是握手协议。该协议允许服务器和客户机相互验证，协商加密和 MAC 算法以及保密密钥，用来保护在 SSL 记录中发送的数据。握手协议是在应用程序数据传输之前使用的。

表 5-2　SSL 握手协议的消息类型

消息类型	参　　数
hello_request	Null
client_hello	版本，随机数，会话 ID，密码组，压缩模式
server_hello	版本，随机数，会话 ID，密码组，压缩模式
certificate	X.509 v3 的证书系列
server_key_exchange	参数，签名
certificate_request	类型，授权
server_done	Null
certificate_key_exchange	签名
client_key_exchange	参数，签名
finished	哈希值

（3）SSL 握手过程

SSL 握手协议的过程如图 5-19 所示，具体过程如下：

1）建立安全能力。客户机向服务器发送 client_hello 报文，服务器向客户机回应 server_hello 报文，建立协议版本、会话 ID、密文族以及压缩方法等安全属性，同时生成并交换用于防止重放攻击的随机数。

2）认证服务器和密钥交换。在 Hello 报文之后，如果服务器需要被认证，服务器将发送其证书。如果需要，服务器还要发送 server_key_exchange。然后，服务器可以向客户机发送 certificate_request 请求证书。服务器总是发送 server_hello_done 报文，表示服务器的 Hello 阶段结束。

3）认证客户和密钥交换。客户机一旦收到服务器的 server_hello_done 报文，将检查服务器证书的合法性（如果服务器要求）。如果服务器向客户机请求了证书，客户机必须发送客户证书，然后发送 client_key_exchange 报文，报文的内容依赖于 client_hello 与 server_hello 定义的密钥交换的类型。最后，客户机可能发送 client_verify 报文来校验客户发送的证书，这个报文只能在具有签名作用的客户证书之后发送。

4）结束。客户机发送 change_cipher_spec 报文并将挂起的 CipherSpec 复制到当前的 CipherSpec。这个报文使用的是改变密码格式协议。然后，客户机在新的算法、对称密钥和 MAC 秘密之下立即发送 finished 报文。finished 报文验证密钥交换和鉴别过程是成功的。服务器响应这两个报文，发送自己的 change_cipher_spec 报文、finished 报文。握手结束，客户机与服务器就可以发送应用层数据了。

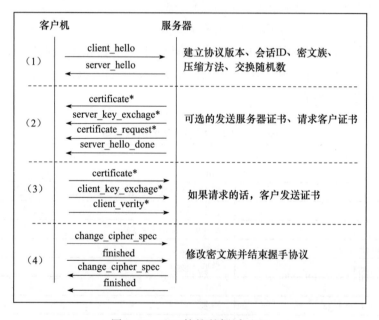

图 5-19　SSL 协议的握手过程

注：带 * 的传输是可选的，或者与站点相关的，并不总是发送的报文。

4. TLS 协议

作为 SSL 的继任者，TLS 用于在两个通信应用程序之间提供保密性和数据完整性。该协议由 TLS 记录协议（TLS Record）和 TLS 握手协议（TLS Handshake）两层组成。较低的层为 TLS 记录协议，位于某个可靠的传输协议（例如 TCP）上面。

TLS 记录协议和 TLS 握手协议包含不同格式的信息。

（1）TLS 记录协议

TLS 记录协议是一种分层协议。每一层中的信息包含长度、描述和内容等字段。记录协议的作用是支持信息传输、将数据分段到可处理块、压缩数据、应用 MAC、加密以及传输结果等，还能对接收到的数据进行解密、校验、解压缩以及重组等，然后将它们传送到高层客户机。TLS 连接状态指的是 TLS 记录协议的操作环境，它规定了压缩算法、加密算法和 MAC 算法等。

TLS 记录层从高层接收任意大小无空块的连续数据，通过算法从握手协议提供的安全参数中产生密钥、IV 和 MAC 密钥。TLS 握手协议由三个子协议组构成，即改变密码规格协议、告警协议和握手协议，允许双方在记录层的安全参数上达成一致、自我认证、例示协商安全参数、互相报告出错条件。

TLS 包含三个基本阶段：① 对等协商支援的密钥算法；② 基于私钥加密交换公钥、基于 PKI 证书的身份认证；③ 基于公钥加密的数据传输保密。

TLS 记录协议提供的连接安全性具有如下两个基本特性：

1）私有。对称加密用于数据加密（DES、RC4 等）。对称加密所产生的密钥对每个连接都是唯一的，且此密钥基于另一个协议（如握手协议）协商。记录协议也可以不加密使用。

2）可靠。信息传输包括使用密钥的 MAC 进行信息完整性检查。安全哈希功能（SHA、MD5 等）用于 MAC 计算。记录协议在没有 MAC 的情况下也能操作，但一般只能用于这种模式，即有另一个协议正在使用记录协议传输协商安全参数。

TLS 记录协议用于封装各种高层协议。作为这种封装协议之一的握手协议允许服务器与客户机在应用程序协议传输和接收其第一个数据字节前相互认证，并协商加密算法和加密密钥。

（2）TLS 握手协议

TLS 握手协议提供的连接安全具有如下三个基本属性：

1）可以使用非对称的或公共密钥来认证对方的身份。该认证是可选的，但至少需要一个节点方。

2）共享加密密钥的协商是安全的。对攻击者来说，协商加密是难以获得的。此外，经过认证的连接不能获得加密，即使是进入连接中的攻击者也不能获得密钥。

3）协商是可靠的。没有经过通信方成员的检测，任何攻击者都不能修改通信信息。

TLS 的最大优势在于 TLS 是独立于应用协议的。高层协议可以透明地分布在 TLS 协议上面。然而，TLS 标准并没有规定应用程序如何在 TLS 上增加安全性，它把如何启动 TLS 握手协议以及如何解释交换的认证证书的决定权留给协议的设计者和实施者。

5.5.3　SSH

SSH 协议是一个分层协议（如图 5-20 所示），它由三层组成，即传输层协议（Transport Layer Protocol，TLP）、用户认证协议（User Authentication Protocol，UAP）、

连接协议（Connection Protocol，CP）。同时，SSH 协议框架还为许多高层的网络安全应用协议提供扩展支持。

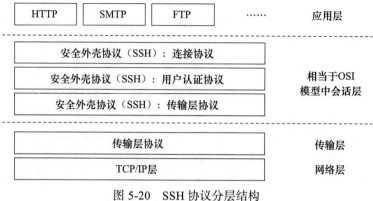

图 5-20　SSH 协议分层结构

1）在 SSH 的协议框架中，传输层协议提供服务器身份认证、通信加密、数据完整性校验以及数据压缩等多项安全服务。

2）用户认证协议为服务器提供客户端的身份鉴别机制。

3）连接协议将加密的信息隧道复用成若干个逻辑通道，以便提供给更高层的应用协议使用。各种高层应用协议可以独立于 SSH 基本体系之外，并依靠这个基本框架通过连接协议使用 SSH 的安全机制。

1. SSH 传输协议

SSH 传输层协议主要用于在不安全的网络中为上层应用提供一个加密的通信信道。通信所需的密钥交换方式、公钥密码算法、对称密钥密码算法、消息认证算法和哈希算法等都可以在此协议中进行协商。通过 SSH 传输层协议可产生一个会话密钥和一个唯一会话 ID。需要注意的是，此协议并不涉及客户端用户的身份认证，传输层负责产生口令认证和其他服务所需要的共享密文数据。

一般情况下，该协议需要两轮信息交换就可以完成密钥交换、服务器认证、客户服务请求和服务器应答。首先，双方互相发送自己支持的算法列表，并按照相同的规则进行匹配。算法列表中包括密钥交换算法、加密算法、MAC 算法、压缩算法等。随后，双方再进行密钥交换。密钥交换产生两个值：一个共享密钥 K 和一个交换哈希 H。加密和认证的密钥从这两个值中派生出来，作为会话 ID。而 H 在本次会话中保持不变，同样可用于生成密钥。

2. SSH 身份认证协议

SSH 身份认证协议提供服务器对用户的认证。SSH 身份认证协议使用传输协议提供的会话 ID 并依赖传输协议提供的完整性和机密性保证。SSH 身份认证协议主要包括三种认证方式：公钥认证方式、口令认证方式和基于主机的认证方式。在三种身份认证方式中，基于口令的身份认证协议应用最为广泛，因为大多数用户没有自己的公钥和私钥，而是通过用户名和口令登录服务器。其中用户口令可以是动态的也可以是静态的。

3. SSH 连接协议

SSH 连接协议的主要功能是完成用户请求的各种网络服务，而这些服务的安全性是由底层的 SSH 传输层协议和身份认证协议实现的。在 SSH 用户成功认证后，多个信道可复用同一个连接。每个信道处理不同的终端会话。客户可以基于服务器建立新的信道，每个信道在每一端被安排不同的号码。在一方试图打开一个新的通道时，该信道在该端的号码随请求一起传送，并被对方存储。这样不同类型的会话不会彼此影响。在关闭信道时，也不会影响系统间建立的初始 SSH 连接。标准方法提供了安全的交互式 Shell 会话、任意 TCP/IP 端口和 X11 连接转发等。在此之上还可以扩展出更多、更广泛的应用。

5.5.4 HTTPS

HTTPS（Hyper Text Transfer Protocol over Secure Socket Layer）是以安全为目标的 HTTP 通道，可以简单地理解为 HTTP 的安全版，即在 HTTP 下加入 SSL 层。HTTPS 的安全基础是 SSL，因此加密的详细内容就需要 SSL。它是一个 URI Scheme（抽象标识符体系），句法与 HTTP 体系类似。

HTTPS 由 Netscape 开发并内置于其浏览器中，用于对数据进行压缩和解压操作，并返回网络上传送回的结果。HTTPS 实际上应用了 Netscape 的完全套接字层（SSL）作为 HTTP 应用层的子层。HTTPS 使用端口 443 而不是像 HTTP 那样使用端口 80 和 TCP/IP 进行通信。SSL 使用 40 位关键字作为 RC4 流加密算法，这适用于商业信息的加密。HTTPS 和 SSL 支持使用 X.509 数字认证，如果需要的话，用户可以确认发送者是谁。

HTTPS 的信任继承基于预先安装在浏览器中的证书颁发机构（如 VeriSign、Microsoft 等），即"我信任证书颁发机构告诉我应该信任的"。因此，当且仅当满足如下条件时，一个到某网站的 HTTPS 连接可被信任：

- 用户相信他们的浏览器正确实现了 HTTPS 且安装了正确的证书颁发机构。
- 用户相信证书颁发机构仅信任合法的网站。
- 被访问的网站提供了一个有效的证书，即它是由一个被信任的证书颁发机构签发的（大部分浏览器会对无效的证书发出警告）。
- 该证书正确地验证了被访问的网站（如访问 https://example 时收到了给"Example Inc."而不是其他组织的证书）。
- 互联网上相关的节点是值得信任的，或者用户相信本协议的加密层（TLS 或 SSL）不会被窃听者破坏。

当访问一个提供无效证书的网站时，旧浏览器会使用对话框询问用户是否继续，而新浏览器会在整个窗口中显示警告，新浏览器也会在地址栏中凸显网站的安全信息（例如，Extended Validation 证书通常会使地址栏变绿）。大部分浏览器在网站含有由加密和未加密内容组成的混合内容时会发出警告。大部分浏览器使用地址栏来提示用户到网站的连接是安全的，或对无效证书发出警告。

如果利用 HTTPS 协议来访问网页，以访问 https://www.sslserver.com 站点为例，其步骤如下：

- 用户。在浏览器的地址栏里输入 https://www.sslserver.com。
- HTTP 层。将用户需求翻译成 HTTP 请求，如 GET /index.htm HTTP/1.1Host http://www.sslserver.com。
- SSL 层。借助下层协议的信道，通过安全协商得到一份加密密钥，并用此密钥来加密 HTTP 请求。
- TCP 层。与 Web Server 的 443 端口建立连接，传递 SSL 处理后的数据。接收端的过程与此相反。

5.6　物联网系统安全案例

下面介绍两种典型的物联网系统的安全实施案例，包括智慧园区安全管控系统案例和智慧生产安全监管系统案例。

5.6.1　智慧园区安全管控系统案例

智慧园区管控系统利用物联网技术将人、物的所有信息进行全面感知和互联，从提供"连接"到使能"应用"，在智慧办公、智慧生活、智慧楼宇、园区管理和运营等方面全面实现信息化、智慧化，帮助园区提升服务品质和工作效率、降低能耗，实现园区管理标准化。

1. 传统的园区管理方式

传统园区通常采用手动记录、人员陪同、人员巡检及安全管理等方式，由于依靠人员手工操作，存在着大量安全隐患。

（1）来园访客管控

传统的对待来园访客的方式是通过手动登记来检查访客信息的。这个过程中存在乱登记、冒充他人等安全隐患，访客在园区内的行为和登记信息的关联性是管理来园访客的难点。

（2）园区参观

传统的来园参观是在访客进入园区后，全程由工作人员陪同，既需要人力，也占用陪同人员的工作时间。

（3）园区安全巡检

传统的园区安全巡检采用的是工作人员日常巡检，巡检线路是否满足要求难以确定，没有巡检到的地方无法进行监控与管理，并缺乏记录手段。

（4）突发事件管理

传统的园区在出现危险事件时候，仅仅靠视频监控进行管理，无法在第一时间发出警告并采取管理措施，事后追溯的成本较高。

2. 现代园区的管理需求

随着物联网技术的发展，园区管理日益现代化。在现代化园区管理系统中，通过过智慧设备采集数据，建立大数据模型，利用园区内部通信网络，将一系列数字化集成系统进行智慧化升级，以智慧化方式管理园区。具体体现在以下方面：

1）实时数据采集。通过对各环节数据进行实时采集与分析，提升访客进园体验。

2）智慧监控管理：通过智慧传感与控制装备，实现对园区内部各个角度的智慧检测、管理和控制。

3）安全态势预警：通过视频监控系统与云端数据的深度分析，实现园区整体安全态势的预测、预警。

4）人员安全管理：通过云端的大数据分析，建立园区人员信息关联模型，实现实时动态的人员管理，减少安全事件的发生，避免安全事件升级。

3. 智慧园区安全管控方案

根据智慧园区安全需求，奇虎 360 公司构建了一种智慧园区安全管控方案。该方案基于 360 安全大脑下的 360 物联网云平台，整合了移动网络、人工智能、区块链、云计算、大数据、边缘计算等技术，构建了全场景、全在线、全实时、全智慧、全防护的社区综合治理平台，建立了人、地、事、物、组织、网络之间的连接，为园区和楼宇提供全方位的安全守护。

智慧园区安全管控方案的整体架构如图 5-21 所示，整体架构分为四层，分别是SaaS 业务应用层、PaaS 管理分析层、基础云平台层和数据采集接入层。

（1）SaaS 业务应用层

SaaS 业务应用层主要由智慧园区人员管理系统组成，用于实现人员识别、检索、实时追踪和实时监控。

（2）PaaS 管理分析层

PaaS 管理分析层主要由人脸服务、人像服务、数据处理、数据研判和信息库组成，并对上层提供统一的接口 API，其数据是由基础云平台层提供的处理后的数据。

（3）基础云平台层

基础云平台层主要由大数据平台、存储系统、视频云等组成，用于对园区的基础数据进行存储、分析和汇总。

（4）数据采集接入层

数据采集接入层对认证设备、门禁、门铃、摄像头、闸机等设备数据进行采集，并做初步的筛选后统一传输到基础云平台。

该架构的重点是园区内设备的数据采集及联动控制，将传统数据中心被动的、事后追溯式的视频监控模式提升为主动的、事前预警的视频物联网系统，实现了数据中心内的身份鉴别和行迹跟踪。该架构使用基于人工智能和深度学习的视频图像处理技术，可实现人群聚集检测、异物识别等功能，并主动感知与智能识别人员摔倒、打斗等异常行为，便于及时救助，保证人员安全。

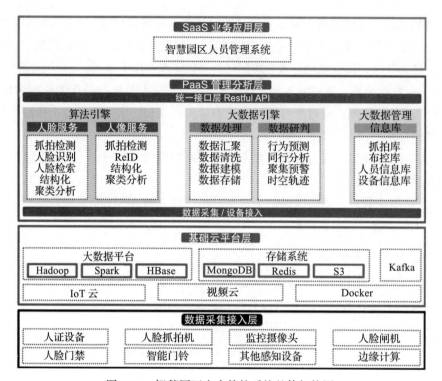

图 5-21　智慧园区安全管控系统整体架构图

5.6.2　智慧生产安全监管系统案例

以信息化带动工业化已成为国家中长期发展的主要目标，物联网在诸多行业的成功应用，使得物联网发展成为一个新的促进工业化和信息化的领域。

传统的安全生产依赖分散、大量的安全控制措施进行生产活动，这种生产活动现在已逐渐被基于数据采集、大数据分析、动态优化、智慧决策的生产活动所取代，新的智慧生产能够预判安全隐患，及时预测和预警。

烟花爆竹属于易燃、易爆物品，从生产到消费全过程都面临着较大的安全风险，对该行业的安全监控与监管一直是企业和管理部门面临的难题。下面以基于物联网平台的烟花爆竹企业中的智慧安全监管信息系统为例，介绍智慧生产安全监管系统的架构和实现思路。

图 5-22 给出了一种"云、管、端"协作的智慧生产安全监管系统的架构。"云"侧采用安全集成模块，对平台的安全进行加固与优化，具有抵抗网络威胁的能力；"管"侧采用安全审计形式，能够防范简单的网络攻击，但无法应对复杂的网络安全威胁；"端"

侧依靠移动端和监督单位网络的自身安全能力。

该系统在"云"侧提供云端的 IoT 云平台，边缘侧包括智慧主机软硬件、温湿度传感器、视频监控系统、音响软硬件等，以视频、图像为核心的综合分析算法，围绕企业的安防、生产活动等场景，建立全方位的生产安全监管系统。

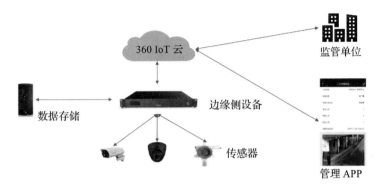

图 5-22　智慧安全生产整体架构

该系统从软件逻辑上可以分为五个方面。

1）设备连接：设备连接主要采用物联网协议，如 MQTT、CoAP 等物联网通信协议，将边缘侧的设备以标准协议统一连接到云平台中。

2）设备接入：设备接入主要涉及对边缘侧设备的管理，通过消息路由、数据加密、负载均衡等技术，提供支持海量设备的平稳接入及数据的正常通信。

3）平台服务：平台服务主要完成设备数据的汇总和存储，建立规则引擎、数据分析、权限管理、场景联动、设备建模等平台型服务，并为上层应用提供支撑。

4）APP 产品：采用云端 SDK 及云 OpenAPI 方式，提供生产管理者监管需要的 APP，以及为监管单位推送消息所需要的 API 接口。

5）安全集成：安全集成包括安全审计、安全加固、风险感知和策略管理等内容，为云平台提供安全稳定的运行环境，以提供持久稳定的应用服务。

本章小结

本章详细介绍了物联网系统面临的安全问题。首先，介绍了物联网系统的安全威胁，给出了恶意攻击的概念、分类和手段，给出了病毒与木马攻击的概念、原理和实例；然后，描述了入侵检测概念、技术、方法和系统，重点介绍了蜜罐和蜜网的概念、原理和机制；最后，从防火墙、病毒查杀和云安全体系等方面介绍了物联网系统的攻击防护技术。

本章习题

5.1 简述网络系统面临的安全威胁。

5.2 什么是恶意攻击，恶意攻击可以分为哪几类？

5.3 异常入侵检测和误用入侵检测分别有哪些方法？

5.4 简述入侵检测的方法。

5.5 简述入侵检测系统中每部分的功能。

5.6 什么是蜜罐、蜜网？

5.7 试分析蜜罐与蜜网的区别。

5.8 简述 IPSec 体系结构。

5.9 为什么 IPSec 要对进入和流出两个方向的 SA 进行单独控制？

5.10 IPSec 报文的序号达到最大值后应该如何处理？

5.11 分析 IPSec 的引入对 ICMP、NAT 等协议和技术的影响。

5.12 SSL 有哪几种应用模式？它们各用于什么场合？

5.13 简述针对 SSL 的攻击方法。

5.14 SSH 传输层协议与用户认证协议的关系是什么？

5.15 SSH 连接协议的功能是什么？

5.16 简述 HTTPS 的工作原理。

第6章　物联网隐私安全

随着智能手机、无线传感网络、RFID 等信息采集终端在物联网中的广泛应用，个人数据隐私被泄露和被非法利用的可能性大大增加。物联网环境下的数据隐私保护已经引起了政府和公众的关注。特别是手机用户在使用位置服务的过程中，会在位置服务器上留下大量的用户轨迹，而且从这些轨迹的上下文信息中能够挖掘出用户的生活习惯、兴趣爱好、日常活动、社会关系和身体状况等敏感信息。当这些信息不断增加且被泄露给不可信第三方（如服务提供商）时，将会打开滥用个人隐私数据的大门。本章将介绍隐私的概念、度量、威胁以及数据库隐私、位置隐私和轨迹隐私等的相关内容，帮助读者理解如何保障物联网隐私安全。

6.1　隐私概述

6.1.1　隐私的概念

狭义的隐私是指以自然人为主体的个人秘密，即凡是用户不愿让他人知道的个人（或机构）信息都可称为隐私（privacy），如电话号码、身份证号、个人健康状况以及企业重要文件等。广义的隐私不仅包括自然人的个人秘密，也包括机构的商业秘密。隐私涉及的内容很广泛，而且对不同的人、不同的文化和民族，隐私的内涵各不相同。简单来说，隐私就是个人、机构或组织等实体不愿意被外部世界知晓的信息。

随着社会文明进程的推进，隐私保护日益受到人们的重视。为保护隐私，美国于 1974 年制定了《隐私权法》，许多国家也相继立法保护隐私权。2002 年，我国的《民法典草案》中对隐私权保护的内容做了规定，包括私人信息、私人活动、私人空间和私人的生活安宁四个方面。我国在《侵权责任法》中也提到对隐私权的保护。2012 年，我国颁布了《关于加强网络信息保护的决定》，强调了网络上的个人信息保护。

随着物联网、云计算、大数据以及人工智能等技术的快速发展，越来越多的人在日常生活中会与各种网络、计算机和通信系统进行交互共享。每一次交互必然会在系统中产生大量个人数据，涉及如何、什么时候、在哪里、通过谁、同谁、为了什么目的的与计算机系统和通信系统进行交互。而这些数据中包含大量的个人敏感信息，若处理不当，很容易在数据交互和共享的过程中遭受恶意攻击而导致机密泄露、财物损失或正常的生产秩序被打乱，构成严重的隐私安全威胁。

由于猎奇心或利益的驱动，许多恶意攻击者会觊觎他人隐私。随着物联网的快速发展，一方面大量隐私信息会存储在网络上，为恶意攻击者提供了可乘之机；另一方面，由于监管的困难及安全防范措施的不足，恶意攻击者会通过网络实施各种侵犯隐私的行为。层出不穷的各类隐私泄露事件提醒人们，存储在网络上的隐私其实是处在一个十分不安全的环境中。

但是，仅仅依靠法律来保护隐私还远远不够，还要从技术上防止恶意用户窃取用户隐私。

保护隐私信息最常用的技术是加密。信息经过加密后，可读的明文信息变为无法识别的密文信息。即使密文被他人窃取，在没有密钥的情况下，攻击者也很难获得有效信息。因此，加密是保护隐私信息的有效手段。随着计算机及互联网技术的发展，人们越来越习惯通过互联网传输并存储信息，其中不乏隐私信息，如用户个人的敏感信息，甚至是经济、政治、军事机密信息。为了保障信息的安全，人们通常把敏感信息加密后再存储到网上。

从隐私拥有者的角度而言，隐私通常有以下 2 种类型：

（1）个人隐私

个人隐私（Individual Privacy）一般是指数据拥有者不愿意披露的敏感信息，如个人的兴趣爱好、健康状况、收入水平、宗教信仰和政治倾向等。

由于人们对隐私的认识不同，因此对隐私的定义也有所差异。一般来说，任何可以确定是个人的但个人不愿意披露的信息都可以视为个人隐私。个人隐私主要涉及 4 个方面。

① 信息隐私：收集和处理个人数据的方法和规则，如个人信用信息、医疗和档案信息。信息隐私也被认为数据隐私。

② 人身隐私：涉及个人物理状况的信息，如基因测试信息等。

③ 通信隐私：邮件、电话以及其他形式的个人通信的信息。

④ 空间信息：地理空间相关的信息，包括办公场所、公共场所等。

（2）共同隐私

共同隐私（Corporate Privacy）与个人隐私相对应，是指群体的生活安宁不受群体之外的人非法干扰，群体内部的私生活信息不受他人非法搜集、刺探和公开。共同隐私不仅包含个人的隐私，还包含所有个人共同表现出来但不愿被暴露的信息。如公司员工的平均薪资、薪资分布等信息。公开共同隐私一般需要所有共同隐私人同意。在没有征得全部共同隐私人同意、许可的情况下，披露共同隐私一般情况被视为侵权行为。如果共同隐私人之一或者全部为公众人物或者官员，其隐私和共同隐私的保护受到社会公共利益的限制。为了满足人们知情权以及舆论监督的需要，有时候要对共同隐私予以必要的限制，即在特殊要求下，未经当事人同意披露的部分共同隐私不属于侵犯隐私权。如果当事人有特别约定，共同隐私人披露共同隐私也不视为侵权。另外，如果法律有特别规定，也不应该视为侵犯共同隐私其他方的隐私权。

6.1.2　隐私与安全

隐私和安全既紧密联系，也存在细微差别。一般情况下，隐私是相对于用户个人而言的，它与公共利益、群体利益无关，包括当事人不愿他人知道或他人不便知道的个人信息，当事人不愿他人干涉或他人不便干涉的个人私事，以及当事人不愿他人侵入或他人不便侵入的个人领域。

传统的个人隐私在网络环境中主要表现为个人数据，包括可用来识别或定位个人的信息（例如电话号码、地址和信用卡号等）以及其他敏感的信息（例如个人的健康状况、财务信息、公司的重要文件等）。网络环境下对隐私权的侵害也不只包括对个人隐私的窃取、扩散和侵扰，还包括收集大量个人资料，然后利用数据挖掘方法分析出个人并不愿意让他人知道的信息。

安全则与系统、组织、机构、企业等相关，涉及的范围更广，影响范围更大。在当前物联网已被广泛应用的情况下，生活中一定涉及各类安全问题，包括身份认证、访问控制、病毒检测和网络管理等。

安全是绝对的，而隐私是相对的。对某人来说是隐私的事情，对他人则不是隐私。而安全问题往往跟个人的喜好关系不大，每个人的安全需求基本相同。而且，信息安全对于个人隐私保护具有重大的影响，甚至决定了隐私保护的强度。

6.1.3　隐私度量

随着无线通信技术和个人通信设备的飞速发展，各种计算机、通信技术已融入人们的日常生活中。人们在享受信息时代各种信息服务带来的便利的同时，个人隐私信息面临威胁。虽然这些服务中融入了隐私保护技术，但是，再完美的技术也难免存在漏洞。因此，衡量这些隐私保护技术应用于实际生活中的效果如何，它们到底在多大程度保护了用户隐私就变得越发重要，于是隐私度量的概念应运而生。

隐私度量是"隐私"这个概念的一种定量表示，用于评估对个人隐私的保护水平或效果。度量和量化用户的隐私水平是非常重要的，度量给定隐私保护系统提供的真实隐私水平、分析隐私保护技术的实际效果可以为隐私保护技术设计者提供重要的参考。

不同隐私系统的隐私保护技术的度量方法和度量指标都有所不同，下面从数据库隐私度量、位置隐私度量、外包数据隐私度量三个方面介绍隐私的度量方法。

1. 数据库隐私度量

隐私保护技术应在保护隐私的同时兼顾对数据的可用性。通常从以下两个方面对数据库隐私保护技术进行度量：

1）隐私保护度。通常通过发布数据的披露风险来反映。披露风险越小，隐私保护度越高。

2）数据的可用性。这是对发布数据质量的度量，它反映了经隐私保护技术处理后数据的信息丢失情况，数据缺损越高，信息丢失越多，数据利用率越低。具体的度量指标有信息缺损的程度、重构数据与原始数据的相似度等。

2. 位置隐私度量

位置隐私保护技术需要在保护用户隐私的同时，为用户提供较高的服务质量。通常从以下两个方面对位置隐私保护技术进行度量：

1）隐私保护度。一般通过位置隐私或查询隐私的披露风险来反映。披露风险越小，隐私保护度越高。披露风险越大，隐私保护度越低。披露风险是指在一定的情况下，用户位置隐私或查询隐私泄露的概率。披露风险依赖于攻击者掌握的背景知识和隐私保护算法。攻击者掌握的关于用户查询内容属性和位置信息的背景知识越多，披露风险越大。

2）服务质量。位置隐私保护中，采用服务质量来衡量隐私算法的优劣。在相同的隐私保护度下，移动对象获得服务质量越高，说明隐私保护算法越好。一般情况下，服务质量由查询响应时间、计算和通信开销、查询结果的精确性等指标来衡量。

3. 数据隐私度量

数据隐私问题是指由于个人敏感数据或企业/组织的机密数据被恶意攻击者、非法用户获取后，可以借助某些背景知识推理出用户个人的隐私信息或企业/组织的机密隐私信息，从而给用户、企业和组织带来严重损失。保护敏感数据常用的方法之一就是采用密码技术对敏感数据进行加密，所以对数据隐私的度量主要从机密性、完整性和可用性三个方面进行考虑。

1）机密性。数据必须按照数据拥有者的要求保证一定的秘密性，不会被非授权的第三方非法获知。敏感的秘密信息只有得到拥有者的许可，其他人才能够获得该信息，信息系统必须能够防止信息的非授权访问和泄露。

2）完整性。完整性是指信息安全、精确、有效，不因人为的因素而改变信息原有的内容、形式和流向，即不能被未授权的第三方修改。它包含数据完整的内涵，既要保证数据不被非法篡改和删除，还包含系统的完整性内涵，即保证系统以无害的方式按照预定的功能运行，不会被各种非法操作破坏。数据的完整性包括正确性、有效性和一致性。

3）可用性。保证数据资源能够提供既定的功能，无论何时何地，均可按需使用，而不应因系统故障和误操作等原因导致使用资源丢失或妨碍对资源的使用，确保服务得到及时的响应。

6.1.4 常用的隐私保护技术

隐私保护技术的作用是使用户既能享受各种服务又能保证其隐私不被泄露和滥用。在关于数据库隐私保护、位置隐私保护以及数据隐私保护的研究中已经提出了大量的隐私保护技术。

下面从数据库隐私、位置隐私和外包数据隐私三个方面，介绍常用的隐私保护技术。

1. 数据库隐私保护技术

一般来说，数据库中的隐私保护技术大致分为三类：

1）基于数据失真的技术。它是使敏感数据失真但同时保持某些数据或数据属性不变的方法。例如，采用添加噪声、交换等方法对原始数据进行扰动处理，但要求处理后的数据仍然可以保持某些统计方面的性质，以便进行数据挖掘等操作。这类典型的技术是差分隐私法。

2）基于数据加密的技术。它是采用加密技术在数据挖掘过程中隐藏敏感数据的方法，多用于分布式应用环境，如安全多方计算法。

3）基于限制发布的技术。它是根据具体情况有条件地发布数据。例如，不发布数据的某些阈值、进行数据泛化等。

基于数据失真的技术效率比较高，但是存在一定程度的信息丢失；基于数据加密的技术则相反，它能保证最终数据的准确性和安全性，但计算开销比较大；基于限制发布的技术的优点是能保证所发布数据的真实性，但发布的数据会有一定的信息丢失。

2. 位置隐私保护技术

目前，位置隐私保护技术大致可分为三类：

1）基于策略的隐私保护技术。它是指通过制定一些常用的隐私管理规则和可信任的隐私协定来约束服务提供商公平、安全地使用用户的个人位置信息。

2）基于匿名和混淆的技术。它是指利用匿名和混淆技术分隔用户的身份标识和其所在的位置信息、降低用户位置信息的精确度以达到隐私保护的目的，如 k- 匿名技术。

3）基于空间加密的技术。它是通过对空间位置加密达到匿名的效果，如 Hilbert 曲线法。

基于策略的隐私保护技术实现简单且服务质量高，但隐私保护效果差；基于匿名和混淆的技术在服务质量和隐私保护度之间取得了较好的平衡，是目前位置隐私保护的主流技术；基于空间加密的技术能够提供严格的隐私保护，但需要额外的硬件和复杂的算法支持，计算开销和通信开销较大。

3. 外包数据隐私保护技术

对于传统的敏感数据，可以采用加密、哈希函数、数字签名、数字证书以及访问控制等技术来保证数据的机密性、完整性和可用性。随着新型计算模式（如云计算、移动计算以及社会计算等）的不断出现及应用，对数据隐私保护技术提出了更高的要求。因为传统网络中的隐私泄露主要发生在信息传输和存储的过程中，外包计算模式下的隐私不仅要考虑数据传输和存储中的隐私问题，还要考虑数据计算过程中的可能出现的隐私泄露。外包数据计算过程中的数据隐私保护技术按照运算处理方式可分为两种。

（1）支持计算的加密技术

支持计算的加密技术是一类能满足隐私保护的计算模式（如算术运算、字符运算等）的要求，通过加密手段保证数据的机密性，同时密文能支持某些计算功能的加密方案的统称，如同态加密技术。

（2）支持检索的加密技术

支持检索的加密技术是指数据在加密状态下可以对数据进行精确检索和模糊检索，从而保护数据隐私的技术，如密文检索技术。

6.2　数据库隐私保护

6.2.1　数据库的隐私威胁模型

目前，隐私保护技术在数据库中的应用主要集中在数据挖掘和数据发布两个领域。数据挖掘中的隐私保护（Privacy Protection Data Mining，PPDM）是指如何在保护用户隐私的前提下进行有效的数据挖掘；数据发布中的隐私保护（Privacy Protection Data Publish，PPDM）是指如何在保护用户隐私的前提下发布用户的数据以供第三方有效的研究和使用。

图 6-1 描述了数据收集和数据发布的一个典型场景。

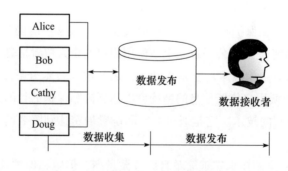

图 6-1　数据收集和数据发布

在数据收集阶段，数据发布者从数据拥有者（如 Alice、Bob 等）处收集到大量的数据。在数据发布阶段，数据发布者将收集到的数据发布给挖掘用户或公共用户（也称为数据接收者），以便在发布的数据上进行有效的数据挖掘。这里所说的数据挖掘具有广泛的意义，并不仅限于模式挖掘和模型构建。例如，疾病控制中心需收集各医疗机构的病历信息，以便进行疾病的预防与控制。某医疗机构收集了大量来自患者的数据，并且把这些数据发布给疾病控制中心。这里，医院是数据发布者，患者是数据记录拥有者，疾病控制中心是数据接收者。疾病控制中心进行的数据挖掘涉及从糖尿病患者的计数到复杂聚类分析等工作。

有两种数据发布者。在不可信模型中，数据发布者是不可信的，它可能尝试从数据拥有者那里识别敏感信息。可以采用各种加密方法、匿名通信方法以及统计方法从数据拥有者那里以匿名方式收集数据记录而不泄露数据使用者的身份标识。在可信计算模式中，数据发布者是可信的，数据记录拥有者也愿意提供他们的数据给数据发布者。但是，数据接收者是不可信的。

数据挖掘与知识发现在各个领域中都扮演着重要的角色。数据挖掘的目的在于从大量的数据中抽取出潜在的、有价值的知识（模型或规则）。传统的数据挖掘技术在发现知识的同时会给数据的隐私带来严重威胁。例如，疾病控制中心在收集各医疗机构的病历信息的过程中，传统数据挖掘技术将不可避免地暴露患者的敏感数据（如所患疾病等），而这些敏感数据是数据所有者（医疗机构、病人等）不希望被披露或被他人知道的。隐私保护技术就是用于解决数据挖掘和数据发布中的数据隐私暴露问题的。

6.2.2 数据库的隐私保护技术

隐私保护技术在实施时需要考虑以下 2 个方面：① 如何保证数据在应用过程中不泄露数据隐私；② 如何更有利于数据的应用。下面对数据库隐私保护中的基于数据失真的隐私保护技术、基于数据加密的隐私保护技术和基于限制发布的隐私保护技术进行详细介绍。

1. 基于数据失真的隐私保护技术

基于数据失真的隐私保护技术是通过扰动原始数据来实现隐私保护的，扰动后的数据需要满足：

1）攻击者不能发现真实的原始数据。即攻击者不能通过发布的失真数据再借助一定的背景知识重构出真实的原始数据。

2）经过失真处理的数据要能够保持某些性质不变，即利用失真数据得出的信息和从原始数据上得出的信息相同，如某些统计特征相同，从而保证基于失真数据的某些应用是可行的。

基于失真的隐私保护技术主要采用随机化、阻塞与凝聚等技术。

（1）随机化

数据随机化就是在原始数据中加入随机噪声，然后发布扰动后的数据。随机化技术包括随机扰动和随机化应答两类。

1）随机扰动。随机扰动采用随机化技术来修改敏感数据，实现对数据隐私的保护。图 6-2a 给出了一个简单的随机扰动模型。

攻击者只能截获或观察扰动后的数据，这样就实现了对真实数据 X 的隐藏，但是扰动后的数据仍然保留着原始数据的分布信息。通过对扰动数据进行重构，如图 6-2b 所示，可以恢复原始数据 X 的信息，但不能重构原始数据的精确值 $x_1, x_2, \cdots, x_n$。

| 输入 | 1.原始数据x_1，x_2，$\cdots$，x_n，服从未知X分布
2.扰动数据y_1，y_2，$\cdots$，y_n，服从特定Y分布 |
| 输出 | 随机扰动后的数据x_1+y_1，x_2+y_2，$\cdots$，x_n+y_n |

a) 随机扰动过程

| 输入 | 1.随机扰动后的数据x_1+y_1，x_2+y_2，$\cdots$，x_n+y_n
2.扰动数据的分布Y |
| 输出 | 原始数据分布X |

b) 重构过程

图 6-2　随机扰动及重构

随机扰动技术可以在不暴露原始数据的情况下进行多种数据挖掘操作。由于扰动后的数据通过重构得到的数据分布几乎和原始数据的分布相同，因此利用重构数据的分布进行决策树分类器训练后得到的决策树能很好地对数据进行分类。在关联规则挖掘中，通过向原始数据加入大量伪项来隐藏频繁项集，再通过在随机扰动后的数据上估计项集支持度来发现关联规则。除此之外，随机扰动技术还可以应用到联机分析处理（OLAP）上，以实现对隐私的保护。

2）随机化应答。随机化应答是指数据所有者对原始数据进行扰动后发布，使攻击者不能以高于预定阈值的概率得出原始数据是否包含某些真实信息或伪信息的结论。虽然发布的数据不再真实，但是在数据量比较大的情况下，统计信息和汇聚信息仍然可以被较为精确地估计出来。随机化应答和随机扰动的不同之处在于敏感数据是通过一种应答特定问题的方式间接提供给外界。

（2）阻塞与凝聚

随机化应答技术具有一个无法避免的缺点，即针对不同的应用需要设计特定的算法对转换后的数据进行处理，因为所有应用都需要重建数据的分布。凝聚技术可以克服随机化技术的这一缺点，它的基本思想是将原始数据记录分成组，每一组内存储着由 k 条记录产生的统计信息，包括每个属性的均值、协方差等。这样，只要是采用凝聚技术处理的数据，都可以用通用的重构算法进行处理，并且重构后的记录并不会泄露原始数据的隐私，因为同一组内的 k 条记录是两两不可区分的。

与随机化技术修改敏感数据、提供非真实数据的方法不同，阻塞技术采用的是不发布特定数据的方法，因为某些应用需要基于真实数据进行研究。例如，可以通过引入代表不确定值的符号"？"实现对布尔关联规则的隐藏。由于某些值被"？"代替，因此对某些项集的计数则为一个不确定的值，位于一个最小估计值和最大估计值范围之内。于是，对敏感关联规则的隐藏就是在阻塞尽量少的数值情况下将敏感关联规则可能的支持度和置信度控制在预定的阈值以下。另外，利用阻塞技术还可以实现对分类规则的隐藏。

2. 基于数据加密的隐私保护技术

基于数据加密的隐私保护技术多用于分布式应用中，如分布式数据挖掘、分布式安全查询、几何计算、科学计算等。在分布式场景下，应用通常会依赖数据的存储模式、站点的可信度及其行为。

分布式应用采用垂直划分和水平划分两种数据模式存储数据。垂直划分数据是指分布式环境中每个站点只存储部分属性的数据，所有站点存储数据不重复；水平划分数据是将数据记录存储到分布式环境中的多个站点，所有站点存储的数据不重复。对分布式环境下的站点，根据其行为可以分为准诚信攻击者和恶意攻击者。准诚信攻击者是遵守相关计算协议但仍试图进行攻击的站点；恶意攻击者是不遵守协议且试图泄露隐私的站点。一般来说，假设所有站点为准诚信攻击者。

基于数据加密的隐私保护技术主要有安全多方计算、分布式匿名化、分布式关联规则挖掘、分布式聚类等。

（1）安全多方计算

安全多方计算是密码学中非常活跃的一个研究领域，有很强的理论和实际意义。一个典型的安全多方计算的实例就是著名华人科学家姚期智提出的百万富翁问题。

百万富翁 Alice 和 Bob 想知道他们谁更富有，但他们都不想让对方知道有关自己财富的任何信息。

若按照常规安全协议运行，结果是双方只知道谁更加富有，但是对方具体有多少财产是一无所知。

要解决上述问题，可采用安全多方计算。通俗地讲，安全多方计算可以被描述为一个计算过程，即两个或多个协议参与者基于秘密输入的方式来计算一个函数。安全多方计算假定参与者愿意共享一些数据。但是，每个参与者都不希望自己的输入被其他参与者或任何第三方所知。

一般来说，安全多方计算可以看成在具有 n 个参与者的分布式网络中用秘密输入 x_1, x_2, $\cdots$, x_n 计算函数 $f(x_1, x_2, \cdots, x_n)$，其中参与者 i 仅知道自己的输入 x_i 和输出 $f(x_1, x_2, \cdots, x_n)$，并不清楚其他信息。如果有可信的第三方存在，这个问题十分容易解决，参与者只需要将自己的输入通过秘密通道传送给可信第三方，由可信第三方计算这个函数，然后将结果广播给每一个参与者即可。但是，在现实中很难找到一个让所有参与者都信任的可信第三方。因此，安全多方计算协议主要针对的是无可信第三方情况下安全计算一个约定函数的问题。

分布式环境下众多基于隐私保护的数据挖掘应用都可以抽象成无可信第三方参与的安全多方计算问题，即如何使两个或多个站点通过某种协议完成计算后，每一方都只知道自己的输入和所有数据计算后的结果。

由于安全多方计算基于"准诚信模型"假设，因此应用范围有限。

（2）分布式匿名化

匿名化就是隐藏数据或数据来源。因为大多数应用都需要对原始数据进行匿名处理以保证敏感信息的安全，然后在此基础上进行挖掘、发布等操作。分布式下的数据匿名化面临着在通信时如何既保证站点数据隐私又能收集到足够信息来实现利用率最大化的数据匿名。

下面以在垂直划分的数据环境下实现两方分布式 k- 匿名为例来说明分布式匿名化。假设有两个站点 S_1 和 S_2，它们拥有的数据分别是 $\{ID, A_1, A_2, \cdots, A_n\}$，$\{ID, B_1, B_2, \cdots, B_n\}$。其中 A_i 为 S_j 所拥有数据的第 i 个属性，则分布式 k- 匿名算法如算法 6-1 所示。

算法 6-1　分布式 k- 匿名算法

输入：站点 S_1, S_2，数据 $\{ID, A_1, A_2, \cdots, A_n\}$，$\{ID, B_1, B_2, \cdots, B_n\}$

输出：k- 匿名数据表 T^*

过程：1. 2 个站点分别产生私有密钥 K_1 和 K_2，且满足 $E_{K_1}(E_{K_2}(D)) = E_{K_2}(E_{K_1}(D))$，其中 D 为任意数据；

2. 表 $T^* \leftarrow$ NULL；

3. while T^* 中数据不满足 k- 匿名条件 do

4. 站点 i （i=1 或 2）

　4.1 泛化 $\{ID, A_1, A_2, \cdots, A_n\}$ 为 $\{ID, A_1^*, A_2^*, \cdots, A_n^*\}$，其中 A_1^* 表示 A_1 泛化后的值；

　4.2 $\{ID, A_1, A_2, \cdots, A_n\} \leftarrow \{ID, A_1^*, A_2^*, \cdots, A_n^*\}$；

　4.3 用 K_i 加密 $\{ID, A_1^*, A_2^*, \cdots, A_n^*\}$ 并传递给另一站点；

　4.4 用 K_i 加密另一站点加密的泛化数据并回传；

　4.5 根据两个站点加密后的 ID 值对数据进行匹配，构建经 K_1 和 K_2 加密后的数据表。

　　$T^*\{ID, A_1^*, A_2^*, \cdots, A_n^*, ID, B_1, B_2, \cdots, B_n\}$

5. end while

在水平划分的数据环境中，可以通过引入第三方，利用满足性质的密钥来实现数据的 k- 匿名化，即每个站点加密私有数据并传递给第三方，当且仅当有 k 条数据记录的准标识符属性值相同时，第三方的密钥才能解密这 k 条数据记录。

（3）分布式关联规则挖掘

在分布式环境下，关联规则挖掘的关键是计算项集的全局计数，加密技术能保证在计算项集计数的同时不会泄露隐私信息。例如，在数据垂直划分的分布式环境中，需要解决的问题是如何利用分布在不同站点的数据计算项集计数，找出支持度大于阈值的频繁项集。此时，在不同站点之间计数的问题被简化为在保护隐私数据的同时计算不同站点间标量积的问题。

（4）分布式聚类

基于隐私保护的分布式聚类的关键是安全地计算数据间距离，有朴素聚类模型（K-means）和多次聚类模型，两种模型都利用加密技术实现信息的安全传输。

1）朴素聚类模型。各个站点将数据加密方式安全地传递给可信第三方，由可信第三方进行聚类后返回结果。

2）多次聚类模型。首先各个站点对本地数据进行聚类并发布结果，再通过对各个站点发布的结果进行二次处理，实现分布式聚类。

3. 基于限制发布的隐私保护技术

基于限制发布的隐私保护技术是指有选择地发布原始数据、不发布或者发布精度较低的敏感数据以实现隐私保护。当前基于限制发布的隐私保护技术主要采用数据匿名化方法，即在隐私披露风险和数据精度之间进行折中，有选择地发布敏感数据和可能包含敏感数据的信息，但保证敏感数据及隐私的披露风险在可容忍的范围内。

数据匿名化一般采用两种处理方式：

- 抑制。抑制某数据项，即不发布该数据项。
- 泛化。对数据进行更抽象和概括的描述。例如，把年龄 30 岁泛化成区间 [20，40] 的形式，因为 30 岁在区间 [20，40] 内。

数据匿名化处理的原始数据一般为数据表形式，表中每一行是一个记录，对应一个人。每条记录包含多个属性（数据项），这些属性可分为 3 类：

1）显式标识符（Explicit Identifier）。能唯一标识某一个体的属性，如身份证、姓名等。

2）准标识符（Quasi-Identifier）。通过几个属性联合唯一标识一个人，如邮编、性别和出生日期等联合起来可构成一个准标识符。

3）敏感属性（sensitive attribute）。包含用户隐私数据的属性，如疾病、收入、宗教信仰等。

例如，表 6-1 为某家医院的原始诊断记录表，每一条记录（行）唯一对应一个病人，其中 {"姓名"} 为显式标识符属性，{"年龄"，"性别"，"邮编"} 为准标识符属性，{"疾病"} 为敏感属性。

表 6-1　某医院原始诊断记录表

姓名	年龄	性别	邮编	疾病
Betty	25	F	12300	肿瘤
Linda	35	M	13000	消化不良
Bill	21	M	12000	消化不良
Sam	35	M	14000	肺炎
John	71	M	27000	肺炎
David	65	F	54000	胃溃疡
Alice	63	F	24000	流行感冒
Susan	70	F	30000	支气管炎

传统的隐私保护方法是先删除表 6-1 中的显式标识符"姓名"，然后再发布出去。表 6-2 给出了表 6-1 的匿名数据。假设攻击者知道表 6-2 中有 Betty 的诊断记录，而且攻击者知道 Betty 年龄是 25 岁，性别是 F，邮编是 12300。根据表 6-2，攻击者可以很容易确定 Betty 对应表中第一条记录。因此，攻击者可以肯定 Betty 患了肿瘤。

可见，传统的数据隐私保护算法不能很好地阻止攻击者根据准标识符信息推测目标个体的敏感信息。因此，需要用更加严格的匿名处理办法才能达到保护数据隐私的目的。

（1）数据匿名化算法

大多数匿名化算法一方面致力于根据通用匿名原则更安全地发布匿名数据；另一方

面则致力于解决在具体应用背景下使发布的匿名数据更有利于应用。

表 6-2 某医院原始诊断记录表

年龄	性别	邮编	疾病
25	F	12300	肿瘤
35	M	13000	消化不良
21	M	12000	消化不良
35	M	14000	肺炎
71	M	27000	肺炎
65	F	54000	胃溃疡
63	F	24000	流行感冒
70	F	30000	支气管炎

- 基于通用原则的匿名化算法

基于通用原则的匿名化算法通常包括泛化空间枚举、空间修剪、选取最优化泛化、结果判断与输出等步骤。基于通用匿名原则的匿名化算法大多基于 k- 匿名算法，不同之处在于判断算法结束的条件不同，而泛化策略、空间修剪等都是基本相同的。

- 面向特定目标的匿名化算法

在特定的应用场景下，基于通用原则的匿名化算法无法满足特定目标的要求。面向特定目标的匿名化算法就是针对特定应用场景的隐私化算法。例如，考虑到数据应用者需要利用发布的匿名数据构建分类器，那么设计匿名化算法时就需要考虑在隐私保护的同时怎样使发布的数据更有利于分类器的构建，并且采用的度量指标应直接反映出对分类器构建的影响。已有的自底向上的匿名化算法和自顶向下的匿名化算法都采用了信息增益作为度量。因为发布的数据信息丢失越少，构建的分类器的分类效果越好。自底向上的匿名化算法通过每一次搜索泛化空间，采用使信息丢失最少的泛化方案进行泛化，重复执行以上操作直到数据满足匿名原则的要求。自顶向下的匿名化算法的操作过程则与之相反。

- 基于聚类的匿名化算法

基于聚类的匿名化算法将原始记录映射到特定的度量空间，再对空间中的点进行聚类来实现数据匿名。类似 k- 匿名，算法保证每个聚类中至少有 k 个数据点。根据度量的不同，有 r-gather 和 r-cellular 两种聚类算法。r-gather 算法中以所有聚类中的最大半径为度量，对所有数据点进行聚类。在保证每个聚类至少包含 k 个数据点的同时，所有聚类中的最大半径越小越好。

基于聚类的匿名化算法主要面临两个挑战：

1）如何对原始数据的不同属性进行加权，因为对属性的度量越准确，聚类的效果就越好。

2）如何使不同性质的属性统一映射到同一度量空间。

数据匿名化由于能处理多种类型的数据并发布真实的数据，因此能满足众多实际应用的需求。图 6-3 是数据匿名化的场景及相关隐私匿名实例。可以看到，数据匿名化是一个复杂的过程，需要同时权衡原始数据、匿名数据、背景知识、匿名化技术、恶意攻击等众多因素。

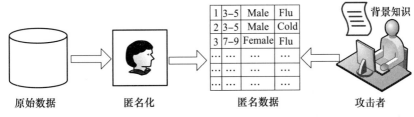

图 6-3　数据匿名化场景

（2）k- 匿名与数据泛化

k- 匿名规则与数据泛化是两种典型的敏感数据隐私保护方法。其中数据泛化又分为全局泛化和局部泛化两种方式。

全局泛化是指对于每一个相同的簇，至少包含 k 个元组，对于簇中准标识符的属性的取值完全相同，属性均被泛化。见表 6-3，这是一个对于年龄属性全局泛化的例子，Age 在所有簇中取值相同。

表 6-3　年龄属性全局泛化的 k- 匿名表

Age	Sex	Country	Income
[25，45]	Male	India	≥ 40k
[25，45]	Male	India	≤ 30k
[25，45]	Female	Germany	≥ 30k < 40k
[25，45]	Female	Germany	≥ 40k
[25，45]	Male	Australia	≥ 40k
[25，45]	Male	Australia	≥ 40k

局部泛化是指每个簇中的准标识符属性相同，并且均大于 k，但是簇彼此之间的属性泛化后的值却不相同。局部泛化的 k- 匿名表见表 6-4。

表 6-4　局部泛化的 k- 匿名表

Age	Sex	Country	Income
[26，30]	Male	India	≥ 40k
[26，30]	Male	India	≤ 30k
[31，35]	Female	Germany	≥ 30k < 40k
[31，35]	Female	Germany	≥ 40k
[36，40]	Male	Australia	≥ 40k
[36，40]	Male	Australia	≥ 40k

k- 匿名是指，要求其在所发布的数据表中的每一条记录不能与其他 k-1（k 为正整

数）条记录有区别，这些不能相互区分的 k 条记录称为一个等价类。等价类就是在准标识符上投影由完全相同的记录组成的等价组，它是针对非敏感属性值而言不能区分的。

在传统的 k-匿名算法基础上，人们从多个方面进行了优化和改进，出现了多维 k-匿名算法、Datafly 算法、Incognito 算法、Classify 算法、Mingen 算法等新的算法。

k-匿名方法通常采用泛化和压缩技术对原始数据进行匿名化处理，以便得到满足 k-匿名规则的匿名数据，使得攻击者不能根据发布的匿名数据准确地识别出目标个体的记录。

k-匿名规则要求每个等价类中至少包含 k 条记录，使得匿名数据中的每条记录至少不能和其他 $k-1$ 条记录区分开来，从而防止攻击者根据准标识符属性识别目标个体对应的记录。一般来说，k 值越大对隐私的保护效果越好，但丢失的信息越多，数据还原越难。

见表 6-5 给出了使用泛化技术得到的表 6-2 的 $k = 4$ 时的 k-匿名数据（简称 4-匿名数据）。

表 6-5　4-匿名数据

组标识	年龄	性别	邮编	疾病
1	[2, 60]	F	[12000, 15000]	肿瘤
1	[2, 60]	M	[12000, 15000]	消化不良
1	[2, 60]	M	[12000, 15000]	消化不良
1	[2, 60]	M	[12000, 15000]	肺炎
2	[61, 75]	M	[23000, 55000]	肺炎
2	[61, 75]	F	[23000, 55000]	胃溃疡
2	[61, 75]	F	[23000, 55000]	流行感冒
2	[61, 75]	F	[23000, 55000]	支气管炎

k-匿名规则切断了个体和数据库中某条具体记录之间的联系，可以防止敏感属性值泄露，因为每个个体身份被准确标识的概率最大为 $1/k$，在一定程度上保护了个人隐私。然而，数据表在匿名化过程中并未对敏感属性做任何约束，这仍可能造成隐私泄露。因为 k-匿名的泛化技术的思想是将原始数据中的记录划分成多个等价类，并用更抽象的值替换同一等价类中的记录的准标识符属性值，使每个等价类中的记录都拥有相同的准标识符属性值。这样，当同一等价类内敏感属性值较为集中甚至完全相同（可能形式上，也可能语义上）时，即使满足 k-匿名要求，也很容易推理出与指定个体相对应的敏感属性值。除此之外，攻击者也可以通过自己掌握的相关背景知识以很高的概率来确定敏感数据与个体的对应关系，从而导致隐私泄露。因此，攻击者会根据准标识符属性来区分同一个等价类的所有记录。

k-匿名算法的缺点在于没有考虑敏感属性的多样性问题，攻击者可以利用一致性攻击和背景知识攻击来确认敏感数据与个人的联系，导致隐私泄露。

（3）(a, k)- 匿名模型

(a, k)- 匿名模型是一种扩展后的 k- 匿名模型，目的是保护标识属性与敏感信息之间的关联关系不被泄露，防止攻击者根据已经知道的准标识符属性的信息找到敏感属性值。该模型不仅要求发布的数据值满足 k- 匿名原则，还要保证这些数据里包含的每一个等价类中，任意一个敏感属性值出现的次数与等价类个数的百分比小于 a。

a 表示某个敏感属性可以接受的最大泄露概率，它反映的是一个隐私属性值应该受到保护的程度，所以重点是 a 的设置，阈值的设置往往是以每个敏感属性值的重要程度作为参考的。a 的数值越小，该敏感属性值的泄露概率就会越小，隐私保护程度也越高。相反 a 数值越大，则隐私泄露的概率越大。

例如在处理工资信息时，需要重点关注的是超高收入人群和超低收入人群，因为这两个群体更加在意他们的工资信息是否被泄露。对于那些处于平均工资水平的人群来说，对于个人工资收入信息的保护欲相对较低。这种情况下，敏感属性值就可以设置为一个较大的阈值，甚至可以设定为 1，这可以理解为该敏感属性值可以降低保护等级。通过设定阈值 a，能更加有效地防止隐私信息的泄露，从而提高隐私信息的保护程度。

如表 6-6 所示，在外部数据表中，name 为标识符属性，已经将其删除。Age、Sex、Country 为准标识符属性，Income 为敏感属性。给定数据表 $RT(A_1, A_2, \cdots, A_n)$，QI 是与 RT 相关联的准标识符，仅在 RT [QI] 中出现的每个值序列至少在 RT[QI] 中出现过 k 次，这里的 k=2，则 RT 满足 k- 匿名，当敏感属性中的每个取值的出现频率小于 a（这里 a 设置为 0.5），则 RT 就会满足 (a, k)- 匿名。

表 6-6　(0.5, 2)- 匿名表

Age	Sex	Country	Income
[26，35]	male	India	≥ 50k
[26，35]	male	India	≤ 30k
[36，40]	female	Germany	≥ 30k ≤ 40k
[36，40]	female	Germany	≥ 50k

（4）l- 多样性规则

为了解决同质性攻击和背景知识攻击造成的隐私泄露，研究人员在 k- 匿名的基础上提出了 l- 多样性（l-diversity）原则。

如果说数据表 RT′ 满足 k- 匿名原则，那么在同一等价类中的元组至少有 l 个不同的敏感属性的值，则数据表 RT′ 满足 l- 多样性模型。

l- 多样性模型是建立在 k- 匿名原则基础之上，其意义在于解决属性链接，降低敏感属性和准标识属性之间的相关联程度。该模型除了等价类中的元组数大于 k 以外，还要满足每个元组至少有 l 个不同的敏感属性。从一定程度上而言，l- 多样性模型与 (a, k)- 匿名模型的意义相似。表 6-7 是满足 2- 多样性的匿名信息表，在每个等价类中，敏感属性 Income 的取值均大于等于 2，因此可以说表 6-7 满足 2- 多样性。

表 6-7　2- 多样性表

Age	Sex	Country	Income
[26，35]	male	India	≥ 40k
[26，35]	male	India	≤ 30k
[36，40]	female	Germany	≥ 30k < 40k
[36，40]	female	Germany	≥ 40k
[40，45]	male	Australia	≥ 40k
[40，45]	male	Australia	≥ 30k < 40k

同理，表 6-5 发布的数据不仅满足 4- 匿名，也满足 3- 多样性，即每个等价类中至少有 3 个不同的敏感属性值。

显然，l- 多样性规则仍然将原始数据中的记录划分成多个等价类，并利用泛化技术使每个等价类中的记录都拥有相同的准标识符属性。但是，l- 多样性规则要求每个等价类的敏感属性至少有 1 个不同的值。因此，l- 多样性使得攻击者最多以 $1/l$ 的概率确认某个体的敏感信息。

此外，l- 多样性规则仍然采用泛化技术来得到满足隐私要求的匿名数据，而泛化技术的根本缺点在于会丢失原始数据中的大量信息。因此，l- 多样性规则仍没有解决 k- 匿名丢失原始数据中大量信息的缺点。另一方面，l- 多样性规则不能阻止相似攻击（similarity attack）。

（5）t- 逼近规则

t- 逼近（t-closeness）规则要求匿名数据的每个等价类中敏感属性值的分布接近原始数据中的敏感属性值分布，两个分布之间的距离不超过阈值 t。t- 逼近规则可以保证每个等价类中的敏感属性值在具有多样性的同时语义上不相似，从而使得 t- 逼近规则可以阻止相似攻击。但是，t- 逼近规则只能防止属性泄露，不能防止身份泄露。因此，t- 逼近规则通常与 k- 匿名规则同时使用来防止身份泄露。另外，t- 逼近规则仍然采用泛化技术的隐私规则，在很大程度上降低了数据发布的精度。

（6）Anatomy 方法

Anatomy 是肖小奎等提出的一种高精度的数据发布隐私保护方法。Anatomy 首先利用原始数据产生满足 l- 多样性原则的数据划分，然后将结果分成两张数据表发布，一张表包含每个记录的准标识符属性值和该记录的等价类 ID 号，另一张表包含等价类 ID、每个等价类的敏感属性值及其计数。这种将结果"切开"发布的方法，在提高准标识符属性数据精度的同时，保证了发布的数据满足 l- 多样性原则，对敏感数据提供了较好的保护。

6.3　位置隐私保护概念与结构

6.3.1　位置与位置服务

位置是人或物体所在或所占的地方、所处的方位。"位置"的近义词是"地址"，也指一种空间分布。"定位"指确定方位,包括确定或指出位置所在的地方、确定场所或界限。本节介绍常用定位方法和位置服务过程。

1. 定位服务

定位服务即用户获取自己位置的服务,定位服务是 LBS 发展的基础,客户端只有获取当前的位置后,才能进行 LBS 查询。现在广泛使用的定位方式主要有 GPS 定位和基于第三方定位服务商(Location Provider,LP)所提供的 WiFi 定位。

(1)GPS 定位

GPS(Global Positioning System,全球定位系统)通过 24 颗人造卫星提供三维位置和三维速度等无线导航定位信息。在一个固定的位置完成定位需要 4 颗卫星,客户端首先需要搜索出 4 颗在当前位置可用的卫星,然后 4 颗卫星将位置及其与客户端的距离发送给客户端,由客户端的 GPS 芯片计算出客户端的当前位置。GPS 的定位精度较高,一般在 10m 以内,但是其缺点也很明显,一是首次搜索卫星的时间较长;二是 GPS 无法在室内或建筑物密集的场所使用;三是使用 GPS 的电量损耗较高。

为了解决首次搜索可定位卫星时间较长的问题,提出了 AGPS(Assisted GPS)技术。AGPS 技术的特点是在定位时使用网络直接下载当前地区的可用卫星信息,这不仅可以提高发现卫星的速度,还能降低设备的电量损耗。

(2)WiFi 定位

WiFi 定位不仅支持室外定位,也支持室内定位。WiFi 设备分布广泛,每一个 WiFi 接入点(AP Access Point)都有全球唯一的 MAC 地址,并且 AP 在一段时间内是不会大幅度移动的,移动设备可以收集到周围的 AP 信号,获取其 MAC 地址和信号强度(Received Signal Strength Indication,RSSI)。通常,LP 会通过现场采集或用户提交的方式建立自己的定位数据库,并对数据库定期更新。定位过程中,要求移动客户端提交其周围的 AP 集合信息作为"位置指纹",LP 通过与定位数据库进行匹配计算得到当前位置。WiFi 定位的精度通常在 80m 以内。

WiFi 定位可以测量不同信号到达时刻(Time of Arrival,TOA)或到达角度(Angle of Arrival,AOA),结合 WiFi 的坐标计算得到位置信息。常用的是基于 WiFi 指纹的定位。正如每个人的指纹不同,每个位置的 WiFi 指纹也不相同,一个确定位置的 WiFi 指纹包括该位置采集的 AP 的 MAC 地址和 RSSI 的集合。

WiFi 指纹定位方法主要有两个步骤,即离线采集和在线定位。

1)离线采集将已知的确定位置作为参考点,将在该位置采集到的 AP 的 MAC 地址和 RSSI 作为该位置的指纹加入数据库中。

2)在线定位阶段将在某个非确定位置采集到的 AP 的 MAC 地址和 RSSI 作为指纹与指纹数据库进行匹配估计,从而获得用户的确切位置。常用的指纹库匹配算法包括最近邻算法(Nearest Neighbor,NN)、Top-K 近邻算法(Top K-Nearest Neighbors,KNN)、距离加权 K 近邻算法(Weighted K-Nearest Neighbor,WKNN)等。

2. 位置隐私

在了解位置隐私的概念前需要先了解信息隐私的概念。所谓信息隐私是由个人、组织或机构定义的何时、何地、用何种方式与他人共享信息，以及共享信息的内容。位置隐私是一种特殊的信息隐私，它用来防止未授权的实体以任何方式获知个人现在的以及过去的位置信息。个人的位置表示个人所到之处，这些所到之处的位置点集合就构成了个人活动的某条轨迹或踪迹。轨迹信息不仅代表地图上的某些坐标点，附着在该轨迹上的信息还能清楚地表示出个人的兴趣爱好、生活习惯、社会关系、宗教信仰以及具体活动等。个人位置信息的暴露也会造成个人隐私和秘密被泄露，进而使人们受到恶意广告、基于位置的垃圾邮件等的侵扰，损害个人的社会声誉和经济利益，甚至会受到不法分子的拦劫和伤害等。

从上述介绍可以看出，位置隐私至少包含两个重要的隐私需求：① 保证用户的位置信息不被服务提供商所知；② 保证用户的位置信息不被其他未授权用户所知。例如，Alice 想用她的智能手机查询当前离她最近的朋友，但又不想泄露自己的真实位置。该查询中就包含了两个隐私需求：首先，服务提供商不能知道用户的真实位置；其次，该用户仅能够查询一个授权的数据集，例如仅能查询她的朋友列表而不能查别人的朋友列表。

位置隐私威胁指攻击者给非授权访问获得原始位置数据以及通过定位传输设备、劫持位置传输通道、利用设备识别对象等手段推理和计算出位置数据的风险。例如，利用获取的位置信息向用户兜售垃圾广告或了解用户的健康状况、生活习惯等；通过用户访问过的地点推断用户去过哪些诊所、哪个医生办公室和在哪个购物中心消费等。位置隐私泄露的途径有三种：第一，直接泄露，指攻击者从移动设备或者从位置服务器中直接获取用户的位置信息；第二，观察泄露，指攻击通过观察被攻击者行为获取位置信息；第三，间接泄露，指攻击者通过位置，利用相关的背景知识和外部公开的数据源进行连接攻击，从而确定和该位置相关的用户或者在该位置上发送消息的用户。

由此可见，保护位置隐私不仅要保护个人的位置信息，还要保护其他各种各样的个人隐私信息。随着位置信息精度的不断提高，其包含的信息量越来越大，攻击者通过截获位置信息窃取的个人隐私的事件也越来越多。因此，保护位置隐私已刻不容缓。

3. 位置服务体系结构

基于位置的服务（Location Based Service，LBS）是获取移动终端用户的位置信息，在地理信息系统（Geographic Information System，GIS）平台的支持下，为用户提供相应服务的一种增值业务。

如图 6-4 所示展示了 LBS 系统的结构，包括定位系统、移动终端、LBS 服务提供商和通信网络等。

1）定位系统用于确定移动设备的位置，移动设备可以通过内置的 GPS 芯片或第三方网络定位提供商追踪其具体位置，并将位置信息传送给应用程序。

2）移动终端是指可以连入网络并传递数据的电子设备，作为采集位置数据并发送

LBS 请求的基础，移动终端通常包括智能手机、电脑、智能手表和车联网设备等。

3）服务提供商是指可以为移动设备提供 LBS 服务的第三方，通常服务商拥有或可以提供基于位置的信息内容或服务，如地图导航、酒店查询、人员定位、人员搜寻、目标查找等服务。

4）通信网络用于将移动设备同 LBS 服务商或网络定位系统相连接，实现它们之间的信息传输，包括无线通信网络、卫星网络等。

LBS 服务主要包含两个阶段：

1）位置获取阶段。移动设备通过 GPS 定位或者第三方网络定位来获取当前位置。

2）服务获取阶段。移动设备将第一阶段获取的位置信息和查询的兴趣点发送给 LBS 提供商，LBS 提供商进行查询并将服务信息返回给移动设备。

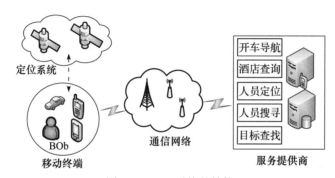

图 6-4　LBS 系统的结构

4. 位置服务的隐私威胁

在位置服务的架构中，用户的隐私可能会在三个地方泄露。

首先是移动终端，如果用户的移动设备被捕获或劫持，就会遭到恶意利用，从而泄露用户的隐私信息（包括但不限于位置信息），如何保护用户移动终端的安全本身也是一个非常热门的研究话题。

其次是用户的查询请求和返回结果在通过无线通信网络传输时，有可能被窃听或遭受中间人攻击，可以通过传统的加密和哈希机制来解决传输的机密性、完整性和新鲜性。

最后是 LBS 服务提供商，因为恶意攻击者可能就是 LBS 服务器的拥有者或维护者，也可能是捕获并掌控 LBS 服务器的恶意攻击者。这两种情况下，恶意攻击者都能够访问存储在 LBS 服务器上的所有信息，如 IP 地址和用户每次查询提交的位置信息等。

不同应用场景中的隐私威胁模型都是在一般性架构的基础上，对攻击者做出各种符合实际的假设。例如，在连续查询隐私保护场景中，可以假设攻击者具有移动用户实时空间位置分布的全局知识、攻击者可以控制匿名服务器和 LBS 服务器之间的通信通道以及攻击者知道隐私保护所采用的匿名算法等。

为了简化隐私保护问题，LBS 系统的通用隐私威胁模型通常假定 LBS 服务器是恶

意的，其他部分则是良性的。虽然在使用 LBS 时没有对该通用隐私威胁模型设定额外的
要求（如用户必须登录后才能使用 LBS 系统），但是攻击者仍然能够利用侧通道和复杂
的对象跟踪算法把连续的匿名 LBS 查询与同一个用户标识关联起来。

5. 位置隐私保护场景

LBS 隐私保护的研究工作主要解决以下两种场景中的隐私问题。

（1）在线应用场景

在线应用场景包括移动用户向一个不可信的位置服务器发送基于位置的查询请求、
对移动对象进行实时监控、进行感知位置的营销等，如图 6-5 所示。这种场景下隐私保
护的目标是保护查询用户的位置信息。

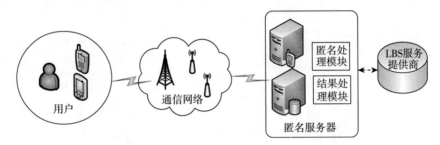

图 6-5　在线应用场景

（2）离线应用场景

离线应用场景通常是指位置服务提供商或其他可信机构或实体（如通信公司）收集
到了大量的位置信息（如跟踪轨迹），并希望发布这些数据用于挖掘和分析以支持多种移
动应用，如优化道路网络、制定交通管理策略、分析用户的购物行为模式以支持商业决
策等，如图 6-6 所示。在这种场景下，隐私保护的目标是防止恶意攻击者把轨迹信息和
用户的身份标识关联起来。

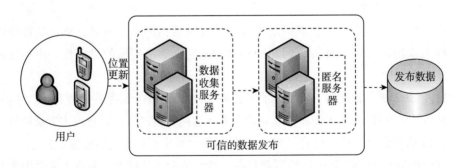

图 6-6　离线应用场景

考虑这样一个实际的应用场景，Alice 使用带有 GPS 功能的移动电话提出"查询离
我当前位置最近的心脏病医院"的请求。该请求由 LBS 服务器做出响应并返回结果给
Alice。然而，LBS 服务器是不可信任的，Alice 的敏感信息就有可能被泄露或滥用。为

了保护个人隐私，Alice 通常不会和 LBS 服务器直接进行交互，而是通过一个中间可信服务器隐藏身份后提交给 LBS 服务器。但是，查询中仍然含有 Alice 的精确位置信息，通过关联位置信息和其他一些可用的公共信息（如地址黄页），Alice 的一些敏感信息仍有可能被泄露。

该场景实际上包含了 LBS 隐私保护的两个方面，即位置隐私和查询隐私。在这个例子中，Alice 不希望任何人知道她目前所在的位置（如医院），也不希望任何人知道自己提出了哪方面的查询请求（如与心脏病相关的医院查询）。前者属于位置隐私保护的范畴，后者属于查询隐私保护的范畴。

在这种应用场景中，需要解决以下几个关键问题：

1）保护用户的位置隐私不被泄露，避免用户与某一精确位置匹配。

2）保护用户的查询隐私不被泄露，避免用户与某一敏感查询匹配。

3）防止通过移动对象的相关参数限制泄露移动对象的位置隐私和查询隐私的问题。

针对以上位置隐私泄露问题，研究者们展开了研究，获得了丰硕的研究成果。6.4 节将对这些位置隐私保护技术进行总结和介绍。

6. 位置隐私保护对象

隐私是个人或群体通过选择性表达有意识保护的相关信息。不同人对于隐私有不同的关注程度，这也与人们所处的环境有关。但是，这些信息对于个人而言是十分敏感的。在物联网中，位置隐私涉及用户的位置信息，人们在获取位置和使用位置时，将自身的位置信息视为一种个人隐私信息。位置隐私也可以指用户为了保护自身位置隐私所应具备的权利和能力。

通常，在移动用户使用位置服务时需要提交用户的身份标识符（identity）、空间信息（position）、时间（time）等。

1）身份标识符：用来唯一标识用户信息的凭证。即使用户在发布查询的过程中隐藏了身份标识符信息，攻击者仍然可以通过发布的位置信息或提交的特定查询等上下文信息推测出用户的身份。

2）空间信息：在 LBS 服务中指用户提交的位置信息，在定位服务中指用户提交的用于定位的相关信息，包括 WiFi 指纹信息等。用户空间信息泄露会直接或间接地导致攻击者获取用户的当前位置，进而根据用户的当前位置判断用户的工作场所、生活习惯等。例如，攻击者可以根据用户工作日经常提交的位置推测出用户的工作地点等。用户可能希望提供不同的位置精度，例如告诉朋友们准确的位置，但为天气服务提供粗略位置。此外，位置信息不只是经度纬度信息，例如用户不希望发布其在医院的信息，这里需要保护的空间信息是一个场所。

3）用户轨迹：时间信息和空间信息一起定义了一段时间内用户的位置移动顺序，即轨迹。相对于位置信息，轨迹信息更容易泄露用户的生活习惯，例如攻击者可以推测出用户的上下班线路等。

7. 位置隐私保护的挑战

(1) 保护位置隐私和享受位置服务是一对矛盾

基于位置的服务质量依赖于移动用户当前位置信息的精度。位置信息越精确，服务质量越高。然而，位置信息越精确，位置隐私被泄露的风险就越高。因此，要在 LBS 提供的服务质量和承担的位置隐私风险之间进行权衡。一个强有力的位置隐私保护方案应当能够在位置隐私保护水平和服务质量保持水平之间做出平衡。对移动用户而言，不同类型的服务提供需要不同精度的位置信息，一个非常重要的问题是到底需要多大程度的隐私保护。只要有通信发生，就不可能有完美的隐私保护。而且，用户在不同的上下文环境中会有不同的隐私需求。因此，开发个性化的隐私保护机制是非常重要的。这包括对位置服务提供的服务质量和提供给用户期望的隐私水平之间的内在平衡进行定性和定量的分析，而且在将移动用户的位置信息发送给 LBS 之前，要进行一定程度的混淆处理。

(2) 位置隐私的个性化需求

与服务质量一样，隐私是一个高度个性化的度量标准。因为不同用户可能需要不同级别的隐私水平，即使是同一用户，隐私需求也经常随时间和服务的变化而改变。一般来说，用户愿意共享的位置信息数据取决于一系列因素，包括用户的不同上下文信息（环境上下文、任务上下文以及社会上下文等）、用户需要的服务类型（如高度个性化的服务、高度的企业机密等）以及服务要求的位置和时间等。

(3) 位置信息的多维性

在位置服务中，移动对象的位置信息是多维的，每一维信息之间互相影响，无法单独处理。这时，隐私保护技术必须把位置信息看作一个整体，在一个多维的空间中处理每个位置，包括存储、索引、查询处理等技术。

(4) 位置匿名的即时特点

在位置服务中，处理器通常面临大量移动对象连续的服务请求以及连续改变的位置信息，使得匿名处理的数据量巨大而且变化频繁。在这种在线的环境下，处理器的性能是一个重要的影响因素，响应时间也是用户满意度的一个重要衡量标准；其次，位置隐私还要考虑对用户的连续位置保护的问题，或者说对用户的轨迹提供保护，而不仅是处理当前的单一位置信息。因为攻击者有可能通过积累用户的历史信息来分析并获取用户的隐私。

(5) 基于位置匿名的查询处理

在位置服务中，用户提出基于位置的服务请求时，每一个移动用户不但关注个人的隐私是否受到保护，还关心其服务质量是否能得到满足。用户在给位置服务提供商提交位置信息之前，要先对用户的精确位置信息进行模糊化处理，使之变成包含用户精确位置信息的位置区域。这样的位置区域提交给位置服务商进行查询处理时得到的结果和精确的位置点查询的结果是不一样的，它是一个包含精确结果的候选结果集，如何找到合适的查询结果集，使得真实的查询结果包含在里面，同时有没有浪费通信和计算开销是匿名成功之后需要处理的主要问题。

6.3.2 位置隐私保护结构

根据用户的位置是否连续，位置隐私保护技术可以分为单点位置的隐私保护技术和连续轨迹的隐私保护技术。单点位置的隐私是指谁在某个时刻到过什么地方，而连续轨迹的隐私是指谁在什么时间段内到过哪些地方。

本章所指的位置隐私是单点位置隐私。位置隐私保护的目标有 3 个。

1）身份保护。隐藏用户身份，SP 只能知道位置但不知道是谁在请求服务。

2）位置保护。SP 知道是谁在请求服务，但是不能获取其准确位置。

3）身份和位置保护。SP 不知道是谁在哪里请求服务。

当前的位置隐私保护技术采用的架构模型大体可以分为 3 类，即独立结构、集中式结构和 P2P 结构。

1. 独立结构

独立结构由用户和 SP 两部分构成，因此又称为客户 – 服务器结构。如图 6-7 所示，独立结构中一次 LBS 的整体服务流程如下：首先，用户通过定位技术获取位置信息，再通过假名或者模糊位置等手段对自己要发送给 SP 的信息进行匿名处理，形成一个虚假的结果或者一个结果集。这些工作全部由用户独立完成，并直接和 SP 进行通信，将结果发送给 SP。SP 根据接收到的信息完成用户提出的查询并将结果返回给用户。用户收到后，选出其中符合自己需要的结果。独立结构比较简单且容易实现，但是所有的隐私保护工作要由用户自己完成，对移动设备要求高且人员稀疏的环境中保护的效果不佳，很容易被攻击者识别出真实的身份信息和位置信息。

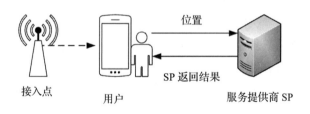

图 6-7　独立结构

2. 集中式结构

集中式结构是在独立结构的基础上引入了可信的第三方——匿名服务器。该服务器位于用户和 SP 之间，负责管理用户的位置信息、匿名需求，定位结果处理、查询结果筛选等，从而对用户的位置进行保护。如图 6-8 所示，可以看出集中式结构中一次 LBS 服务的流程：用户首先获得自己的位置信息，然后将精确的位置信息发送给匿名服务器。匿名服务器结合其他用户上传的位置信息，使用匿名算法按照用户的匿名需求对位置进行匿名处理，之后将处理过的结果发送 SP。SP 根据接收到的数据，查询相应的结果并返回给匿名服务器，对结果进行筛选后，匿名服务器把最终的结果返回给查询用户。从服务过程的变化可以看出，引入可信第三方匿名服务器能够充分减少移动设备的工作负担，解决了移动设备计算和存储能力有限的问题，可以把更复杂的匿名算法引入位置保护系统，还能够利用周边环境和其他用户的信息有效地提高位置隐私保护的效率和安全性。但是，集中式结构也有明显的缺点，每个用户的匿名都需要通过匿名服务器进行计算和分析，如果用户数量大幅增加，匿名服务器就会成为性能的瓶颈，影响 LBS 服务的时效性，甚至发生服务器崩溃的情况。更为重要的是，匿名服务器中保存着大量用户身份信息和位置信息数据，一旦遭到攻击会造成大量用户隐私泄露。

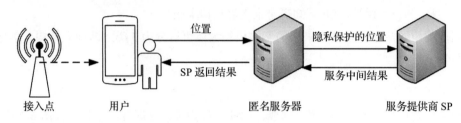

图 6-8　集中式结构

3. P2P 结构

因为集中式结构中匿名服务器的局限性和移动设备性能的飞速发展，P2P 结构应运而生。P2P 结构去掉了可信第三方中间件，仅由移动用户和 SP 组成。与独立结构不同的是，移动设备用户为了利用其他用户的信息来保护位置隐私，用户之间建立了对等网络。虽然同样是由用户完成位置隐私保护工作，但是 P2P 结构中有许多对等的移动节点提供平等的信息共享。在每个节点发起查询时，其他节点提供协助共同完成隐私保护以抵御攻击。如图 6-9 所示，P2P 结构中一次 LBS 服务的流程如下：当用户发起 LBS 服务时，首先请求网络内其他用户的帮助，将请求协助的信息在网络内广播。收到其他节点的回复后，将其中符合匿名要求的信息收集起来作为匿名集合。之后，由用户随机选择的代理用户将查询请求发送给 SP，SP 经过查询后将结果返回给代理用户并由代理用户返回给用户。P2P 结构取消了 TTP 匿名服务器，解决了集中式第三方处理的瓶颈问题

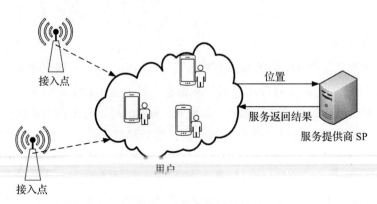

图 6-9　P2P 结构

（可行度、性能等）。但是，该结构应用中有如下要求：每个移动用户必须具有两个独立的网络，即一个网络用于 LBS 通信、一个网络用于 P2P 通信；对移动设备的性能和网络传输的要求较高；在人员稀少的地区难以实现匿名区的组建；恶意节点的存在造成难以达到匿名的安全性和质量。

6.4　位置隐私保护的方法

位置隐私保护是为了防止用户的历史或当前位置被不法分子或不可信的机构在用户未经允许的情况下获取，也是为了防止根据用户位置信息并结合相应的背景知识推测出用户的其他个人隐私情况，如用户的家庭住址、工作场所、工作内容、个人的身体状况和生活习惯等。

6.4.1　基于干扰的位置隐私保护技术

基于干扰的位置隐私保护技术主要使用虚假信息和冗余信息来干扰攻击者对用户信息的窃取。根据是针对用户身份信息还是用户位置信息进行干扰，基于干扰的隐私保护技术可以分为假名技术和假位置技术两种类型。

1. 假名技术

假名是用于干扰用户身份信息的技术。用户可以使用假名来隐藏真实的身份信息，如用户小张所处的位置是 (X, Y)，要查询他附近的 KTV，那么小张的查询请求包括：小张，位置 (X, Y)，"离我最近的 KTV"。如果攻击者截获了这个请求后，可以很容易地识别出用户的所有信息。采用假名技术后，用户小张使用假名小李，他的查询请求就变成：小李，位置 (X, Y)，"离我最近的 KTV"。这样，攻击者会认为处于位置 (X, Y) 的人是小李，从而使小张成功地隐藏了自己的真实身份。

假名技术通过给用户分配一个不可追踪的标识符来隐藏用户的真实身份，用户使用该标识符代替自己的身份信息进行查询。在假名技术中，用户需要有一系列假名，而且为了获得更高的安全性，用户不能长时间使用同一个假名。假名技术通常用于独立结构和集中式结构。当在独立结构中使用时，用户何时何地更换假名只能通过自己的计算和推测，这样就可能出现同一时刻有两个相同名字的用户定位在不同地点的情况，导致服务器和攻击者很轻易地知道用户使用了假名。而在集中式结构中使用时，用户把更换假名的权力交给匿名服务器，匿名服务器通过周围环境和其他用户的信息能够更好地完成假名的使用。

为了使攻击者无法通过追踪用户的历史位置信息和用户的生活习惯将假名与真实用户关联起来，假名也需要按一定的频率定期交换。通常使用假名技术时，需要在空间中定义若干混合区（Mix Zone），用户在混合区内进行假名交换，但是不能发送位置信息。

如图 6-10 所示，进入混合区前的假名组合为（User1，User2，User3），在混合区内进行假名交换，将产生 6 种可能的假名组合。由于用户在进入混合区前后的假名不同，并且用户的假名可能随着进入混合区的数目呈指数增长，因此在混合区模式下，攻击者很难通过追踪的方式将用户与假名相关联。这样就达到了位置隐私保护的效果，如表6-8所示。

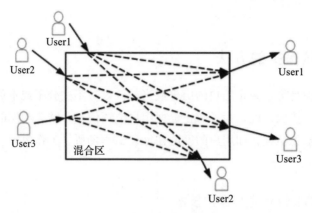

图 6-10　混合区内的假名交换

表 6-8　位置 3- 匿名

用户	真实位置	匿名后的位置
User1	x_1, y_1	$([x_{lb}, x_{ru}], [y_{lb}, y_{ru}])$
User2	x_2, y_2	$([x_{lb}, x_{ru}], [y_{lb}, y_{ru}])$
User3	x_3, y_3	$([x_{lb}, x_{ru}], [y_{lb}, y_{ru}])$

混合区的大小与空间部署是假名技术的关键，因为在混合区内不能提交位置信息，若混合空间过大将导致服务质量的下降；混合区过小将导致同一时刻空间内的用户较少，进行假名交换的效率较低；当混合区内只有一个用户时，将不会发生假名交换，从而增大了被攻击的可能性。

2. 假位置技术

如果不能找到其他 $k–1$ 个用户实行 $k-$ 匿名隐私保护，则可以通过发布假位置达到以假乱真的效果。用户可以生成一些假位置（Dummy），并同真实位置一起发送给服务提供者。这样，服务提供者无法分辨出用户的真实位置，从而保护用户位置隐私。如图6-11 所示，黑色圆点表示用户的真实位置，白色的圆点表示假位置（又称为哑元），方框表示位置数据。为了保护用户的隐私，用户提交给位置服务器的是白色的假位置。因为攻击者不知道用户的真实位置，从而保护了用户的位置隐私。隐私保护水平以及服务质量与假位置和真实位置的距离有关，假位置距离真实位置越远，服务质量越差，但是隐私保护度越高；相反，距离越近，服务质量越好，但是隐私保护度越差。

假位置技术是在用户提交查询信息时，使用虚假位置或者加入冗余位置信息对用户的位置信息进行干扰。按照对位置信息的处理结果，假位置技术分为孤立点假位置和地址集两种。

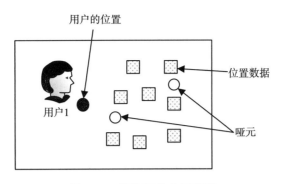

图 6-11　假位置技术示意图

孤立点假位置是指用户向 SP 提交当前位置时，不发送自己的真实位置，而是用一个真实位置附近的虚假位置代替。还用上面的例子，如果用户小张的位置是 (X, Y)，要查询附近离他最近的 KTV，用户小张发送的查询请求并不是：小张，位置 (X, Y)，"离我最近的 KTV"，而采用虚假位置 (M, N) 代替真实位置，他的查询请求就变成了：小张，位置 (M, N)，"离我最近的 KTV"。这样攻击者就会认为处于位置 (M, N) 的人是小张，使用户成功地隐藏了自己的真实位置。

地址集是在发送真实位置的同时，加入冗余的虚假位置信息形成的。将用户真实的位置隐藏在地址集中，可以干扰攻击者对用户真实位置的判断，达到保护用户位置信息的目的。还以用户小张为例，假设他所在的位置是 (X, Y)，要查询附近离他最近的 KTV，这次他在发送的查询请求中用一个包含真实位置 (X, Y) 的集合代替用户所在的位置。他的查询请求就变成了：小张，地址集 $\{(X, Y), (X_0, Y_0)(X_1, Y_1), (X_2, Y_2), (X_3, Y_3), \cdots\cdots\}$，"离我最近的 KTV"。这样，攻击者很难从地址集中找到用户的真实位置。注意，地址集的选择非常重要，地址数量过少可能达不到要求的匿名度，地址数量过多则会增加网络传输的负载。采用随机方式生成假位置的算法能够保证多次查询中生成的假位置带有轨迹性。

假位置技术的关键在于如何生成无法被区分的假位置信息，若假位置出现在湖泊或人烟稀少的山峰中，攻击者便可以对其进行排除。假位置可以直接由客户端产生，但通常客户端缺少全局的环境上下文等信息，也可以通过可信第三方服务器产生假位置。

6.4.2　基于泛化的位置隐私保护技术

泛化技术是指将用户所在位置模糊成一个包含用户位置的区域，常用的基于泛化的位置隐私保护技术就是 k-匿名技术。k-匿名是指在泛化形成的区域中，包含查询用户及其他 $k{-}1$ 个用户。SP 不能把查询用户的位置与区域中其他用户的位置区分开来。这时，匿名区域的形成是决定 k-匿名技术好坏的重要因素。常用的是集中式架构和 P2P 架构来实现。

1. 位置 k-匿名

Gruteser 和 Grunwald 最先将数据库中的 k-匿名概念引入 LBS 隐私保护研究领域，

提出了位置 k-匿名，即当一个移动用户的位置无法与其他 $k-1$ 个用户的位置相区别时，就称此位置满足位置 k-匿名。他们把位置信息表示为一个包含三个区间的三元组（$[x_1, x_2], [y_1, y_2], [t_1, t_2]$），其中（$[x_1, x_2], [y_1, y_2]$）表示用户所在的二维空间区域，$[t_1, t_2]$ 表示用户在（$[x_1, x_2], [y_1, y_2]$）区域的时间段。在时间 $[t_1, t_2]$ 内，空间区域 $[x_1, x_2], [y_1, y_2]$）内至少包含 k 个用户。这样的用户集合满足位置 k-匿名。图 6-12 给出了一个位置 3-匿名的例子。User1，User2，User3 经过位置匿名后，均用（$[x_{lb}, x_{ru}], [y_{lb}, y_{ru}]$）表示，见表 6-8。其中，（$x_{lb}, y_{lb}$）是匿名框的左下角，（$x_{ru}, y_{ru}$）是匿名框的右上角。对攻击者而言，只知道在此匿名区域内有 3 个用户，但无法确定哪个用户在哪个位置。因为用户在匿名框中任何一个位置出现的概率相同，所以在 k-匿名模型中，匿名集由在同一个匿名框中出现的所有用户组成。图 6-12 的匿名集为 {User1, User2，User3}。一般情况下，k 值越大，匿名度越高。所以，可以采用匿名集的大小来表示匿名度。

位置 k-匿名包括空间 k-匿名和时空 k-匿名。

1）空间 k-匿名。该方法可以降低移动对象的空间粒度，即用一个空间区域来表示用户的真实位置。区域位置一般是矩形或者圆形，如图 6-13 所示。用户的真实位置用黑色圆点表示，空间 k-匿名就是将用户位置点扩大为一个区域，如图中的虚线圆。用户在此圆内任何一个位置出现的概率相同。攻击者仅知道用户在这个空间区域内，但是无法知道在整个区域内的具体位置。

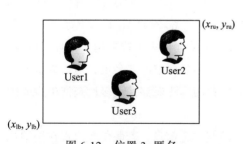

图 6-12　位置 3-匿名

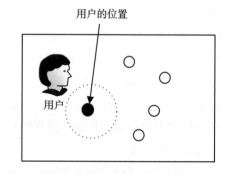

图 6-13　空间 k-匿名示意图

2）时空 k-匿名。在空间 k-匿名的基础上，再增加一个时间轴就构成了时空 -k 匿名。这种方法在扩大位置区域的同时，延迟响应时间，从而在这段时间内出现更多的查询，隐私匿名度更高（如图 6-14 所示）。在时空 k-匿名区域中，对象在任何位置出现的概率相同。

通常 k-匿名技术中要求如下参数。

1）匿名度 k。定义匿名集合中的用户数

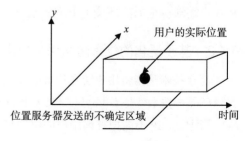

图 6-14　时空 k-匿名示意图

量。匿名度 k 的大小决定位置隐私保护的程度，更大的 k 值意味着匿名集包含更多的用户，会使攻击者更难进行区分。

2）最小匿名区域 $A_{\min}$。定义要求 k 个用户位置组成空间的最小值。当用户分布较密集时，组成的匿名区域会过小，虽然攻击者无法准确地从匿名集中区分用户，但也可能将用户的位置暴露给攻击者。

3）最大延迟时间 $T_{\max}$。定义用户可接受的最长匿名等待时间。

k- 匿名技术在某些场景下仍可能导致用户的隐私信息暴露，例如，当匿名集中用户的位置经纬度信息都映射到某一物理场所（如医院等），就可能使攻击者获知具体的位置。于是，增强的 l- 多样性、t- 逼近等技术被提出，要求匿名集用户的位置要相隔足够远，以确保不处于同一物理场所内。

k- 匿名技术可以通过匿名服务器来完成匿名集收集与查询发送，也可以通过分布式点对点的技术由若干客户端组成对等网络来完成。

2. 间隔匿名

间隔匿名算法的基本思想是匿名服务器首先构建一个四叉树，然后将平面空间递归地分成四个面积相等的正方形区间，直到所得到的最小的正方形区间的面积为系统允许用户所采用的最小匿名区面积为止，每一个正方形区间对应于四叉树中的一个节点。系统中的用户每隔一定的时间将自己的位置坐标上报给匿名服务器，匿名服务器更新并统计每个节点对应区间内的用户数量。当用户进行匿名查询时，匿名器通过检索四叉树为用户 U 生成一个匿名区 ASR，间隔匿名算法从包含用户 U 的四叉树的叶子节点开始向四叉树根的方向搜索，直到找到包含不低于 k 个用户的节点（包括用户 U 在内），并把该节点所对应的区域作为用户 U 的一个匿名区。如图 6-15 所示，如果用户 U_1 发起 $k=2$ 的匿名查询，间隔匿名算法会首先搜索到象限区间 [(0，0)，(1，1)]，其中包含不少于 2 个用户。然后，它在根的方向上升一级搜索象限区间 [(0，0)，(2，2)]，该象限区间包含 3 个用户，大于要求的 2 个，算法停止搜索，并将该区间作为用户 U_1 的匿名区。由于该算法得到的匿名区所包含的用户数量可能远大于 k，因此会增加 LBS 服务器的查询处理负担和网络流量的负荷。

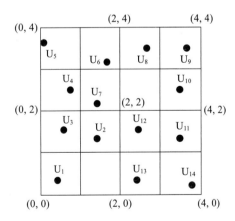

图 6-15　间隔匿名算法实例

Casper 匿名算法与间隔匿名算法类似，不同之处在于，Casper 采用 Hash 表来识别和访问四叉树的叶子节点，同时当搜索节点用户数小于 k 时，首先搜索相邻的两个兄弟节点，如果该节点与其相邻的两个兄弟节点合并后的用户数大于 k 则将其合并，作为匿名区，否则再对其父节点进行搜索。Casper 生成的匿名区面积比间隔匿名算法生成的匿名区面积小，可以减少网络负载。

3. 空间加密

空间加密方法通过对位置加密达到匿名的效果。Khoshgozaran 等人提出了一种基于 Hilbert 曲线的位置匿名方法。其核心思想是将空间中的用户位置及查询点位置单向转换到一个加密空间，在加密空间中进行查询。该方法首先将整个空间旋转一个角度，在旋转后的空间中建立 Hilbert 曲线。用户进行查询时，根据 Hilbert 曲线将自己的位置转换成 Hilbert 值，然后提交给服务提供者；服务提供者从被查询点中找出 Hilbert 值与用户 Hilbert 值最近的点，并将结果返回给用户。

Hilbert 匿名算法的基本思想是通过 Hilbert 空间填充曲线将用户的二维坐标位置转换成一维 Hilbert 值进行匿名，按照曲线通过的顺序对用户进行编号（此编号为用户的 Hilbert 值），并把相邻的 k 个用户放入到同一个桶中。匿名集就是包含请求服务的用户的桶内的所有用户，然后计算出匿名集的最小绑定矩形作为匿名区。两个用户在二维空间中相邻，那么映射到一维空间的 Hilbert 值也有较大概率相邻，可以满足绝对匿名。如图 6-16 所示，用户 U_1 的匿名度为 3，他和相邻的用户 U_3 和 U_4 共同组成了匿名区域。

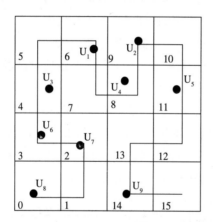
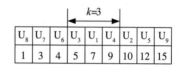

图 6-16　Hilbert 匿名实例

4. P2P 架构下的 k- 匿名

基于 P2P 的 k- 匿名查询算法的基本思想是：假设所有的节点都是可信的。每个用户都有两个独立的无线网络，一个网络用于与 LBS 通信，另一个网络用于 P2P 通信，并且系统中的用户都是安全可信的。一个完整的查询过程包括如下三步。

1）对等点查询：移动用户通过单跳或多跳网络查找不少于 $k-1$ 个对等点邻居。

2）生成匿名区：移动用户与他所查找到的 $k-1$ 个邻居形成一个组，将他准确地隐藏到一个覆盖整个组内所有用户的一个区域中（即匿名区）。如果生成的 ASR 面积小于用户所要求的最小匿名区面积 A_{min}，那么需要将这个匿名区扩大到最小匿名面积 A_{min}。

3）选择代理并查询。为了防止攻击者通过移动群组定位技术进行攻击，移动用户需要在形成的组内随机找一个对等点邻居做代理。通过专门用于 P2P 通信的网络将生成的匿名区和查询的参数内容告诉代理，由代理通过另一个网络与 LBS 服务器联系，发送查询参数和匿名区以及接收候选集，代理通过专门用于 P2P 的网络将候选集传回给查询用户。最后，查询用户对返回的候选集进行过滤，得到查询的结果。

6.4.3　基于模糊法的位置隐私保护技术

基于模糊法的位置隐私保护技术的核心思想是通过降低位置精度来提高隐私保护程度。比如，利用模糊技术将坐标替换为语义位置，即利用带有语义的地标或者参照物代替基于坐标的位置信息，实现模糊化。

也可以利用圆形区域代替用户真实位置的模糊法技术，此时，将用户初始位置视为一个圆形区域（而不是坐标点），并提出 3 种模糊方法，即放大、平移和缩小。利用这 3 种方法中的一种或 2 种的组合，可生成一个满足用户隐私度的圆形区域。举个例子，可以将用户位置的经纬度坐标转换为包含该位置的圆形或矩形区域，以此作为用户的位置进行提交。当提交查询时，我们使用圆形区域 C_1 替换用户的真实位置 (x, y)。

此外，还可以基于物理场所语义的位置混淆技术，通过提交用户所在的场所而不是用户的具体坐标来实现位置保护。例如，使用西安交通大学校园内的语义地点"图书馆"替换某个具体坐标；也可以使用"兴庆公园"内的黑点位置表示用户，发起查询"最近加油站"的位置服务。

基于模糊法的位置隐私保护技术的关键在于如何生成混淆空间，若用户总是在混淆区域的中间位置，或混淆区域中大部分区域是用户无法到达的河流等场所，抑或混淆区域内人口相对稀疏，都会增加攻击者发现用户真实位置的可能性。

大多数模糊法技术无须额外信息的辅助，能够在用户端直接实现，因此多使用独立架构实现。

与泛化法不同，多数模糊法技术不能对 LBS 返回结果进行处理，因此结果会比较粗糙。例如，使用如图 6-17 所示中兴庆公园对用户请求"最近加油站"做模糊处理时，事实上 S_1 是最近的加油站，当选择 C_1 作为其模糊区域时能够找到正确结果；但当选择了隐私程度更高的 C_2 作为模糊区域时，SP 将返回 S_2 作为结果。所以，虽然半径 $R_2 > R_1$ 使得隐私程度得到提高，但此时 SP 没有最好地

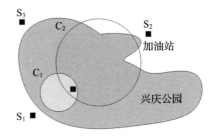

图 6-17　基于模糊法的隐私保护技术

满足用户需求。模糊法技术应解决如何在"保证 LBS 服务质量"和"满足用户隐私需求"之间寻求平衡的问题。解决该问题的一种方式是在 SP 和用户之间采用迭代询问的方法，不断征求用户是否同意降低其隐私度，在有限次迭代中尽可能地提高服务质量。

6.4.4　基于加密的位置隐私保护技术

在基于位置的服务中，基于加密的位置隐私保护将用户的位置、兴趣点等加密后，在密文空间内进行检索或者计算，SP 无法获得用户的位置以及查询的具体内容。两种典

型的基于加密的位置隐私保护技术分别是基于隐私信息检索（PIR）的位置隐私保护技术和基于同态加密的位置隐私保护技术。

1. 基于隐私信息检索（PIR）的位置隐私保护技术

PIR 是客户端和服务器通信的安全协议，能够保证客户端向服务器发起数据库查询时，客户端的私有信息不会泄露给服务器的条件下完成查询并返回查询结果。例如，服务器 S 拥有一个不可信任的数据库 DB，用户 U 想要查询数据库 DB[i] 中的内容，PIR 可以保证用户以一种高效的通信方式获取 DB[i]，同时服务器不会知道 i 的值。

在基于 PIR 的位置隐私保护技术中，服务器无法知道移动用户的位置以及要查询的具体对象，从而防止了服务器获取用户的位置信息以及根据用户查询的对象来确定客户的兴趣点并推断出用户的隐私信息。PIR 的原理如图 6-18 所示，移动用户想要获得 SP 服务器中位置 i 处的内容，于是自己将查询请求加密得到 $Q(i)$ 并发送给 SP，SP 在不知道 i 的情况下找到 X，将结果进行加密 $R(X, Q(i))$ 后返回给用户，用户就可以很容易地计算出 X_i。在这个过程中，包括 SP 在内的攻击者无法解析得到 i，因此无法获得查询用户的位置信息和查询的内容。

PIR 能够保证用户的请求、信息的检索以及返回的结果都是安全可靠的。但是，PIR 要求 SP 把整个区域的兴趣点和地图信息都存储起来，使存储空间和检索效率受到极大挑战。如何设计出更合适的存储结构及检索方式是 PIR 要继续研究的重点。

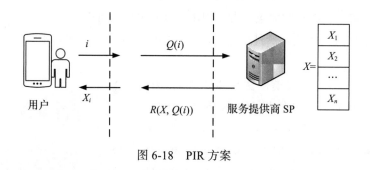

图 6-18　PIR 方案

2. 基于同态加密的位置隐私保护技术

同态加密是一种支持密文计算的加密技术。利用该技术，可对同态加密后的数据进行计算等处理，处理的过程不会泄露任何原始内容，处理后的数据用密钥进行解密，得到的结果与没有进行加密时处理的结果相同。基于同态加密的位置隐私保护的常用场景是邻近用户相对距离的计算，它能够实现在不知道双方确切位置的情况下计算出双方的距离，如"微信"的"摇一摇"功能。Paillier 同态加密是基于加密隐私保护技术常用的同态加密算法，典型的协议包括 Louis 协议和 Lester 协议。Louis 协议允许用户 A 计算与用户 B 之间的距离，Lester 协议规定只有当用户 A 和用户 B 之间的距离在用户 B 设置的范围内才允许用户 A 计算两者之间的距离。

6.4.5 位置隐私攻击模型

网络中的攻击者是对用户位置隐私最大的威胁。攻击者针对不同的位置隐私保护技术会采用不同的攻击模型。这些攻击模型根据攻击者的行为可分为主动攻击模型和被动攻击模型。

1. 主动攻击模型

主动攻击模型中，攻击者向受害用户或 LBS 服务器发送恶意信息，从而获取用户的位置信息或者干扰用户使用 LBS 服务。主动攻击模型包括伪装用户攻击和信息洪水攻击。

（1）伪装用户攻击

该攻击模型主要针对基于 P2P 的位置保护技术。在 P2P 结构下，同一网络中的用户相互信任。攻击者可以假扮用户的好友或其他普通用户，也可以在该网络用户的移动设备中植入病毒来控制这些设备。攻击者会主动向受害者用户提出协助定位申请，由于受害用户的信任，攻击者可以轻松地获取用户的精确位置信息。

伪装用户攻击也可针对基于同态加密的位置隐私保护技术。当攻击者受到受害用户信任或与受害用户的距离在受害用户设置的限定范围之内时，攻击者就可以计算得知他与受害者的相对距离。根据三角定位原理，攻击者在成功取得三次及以上相对距离的时候，经过简单的计算就可以得到受害用户的精准位置。

目前已有的位置隐私保护算法还无法很好地解决伪装用户攻击的方法。

（2）信息洪水攻击

信息洪水攻击的原理是拒绝服务攻击。在独立结构和集中式结构中，攻击者向 LBS 服务器发送大量 LBS 请求，占用 LBS 服务器的带宽和流量，进而影响 LBS 服务器对受害用户的服务效率。在 P2P 结构中，由于用户之间可以发送协助定位申请，攻击者会直接向受害用户发送大量协助定位申请，这些申请向洪水一样涌向受害用户，受害用户不仅需要接收这些信息，还需要对信息进行处理和转发。数量巨大的信息最终导致受害用户的移动网络阻塞，甚至导致移动设备系统崩溃。

2. 被动攻击模型

在这种攻击模型中，攻击者被动收集受害用户的信息，通过收集到的信息来推断用户的真实位置。被动攻击模型主要包括基于历史信息的攻击、基于语义信息的攻击和基于社交关系的攻击等。

（1）基于历史信息的攻击

基于历史信息的攻击通过收集受害用户相关的历史信息，分析用户对 LBS 服务的使用习惯来推测用户的具体位置。其中，历史信息包括受害用户之前发起 LBS 服务查询的时间、查询的内容以及查询频率等。例如，假如受害用户经常在晚上或者周末从不同的地点使用导航系统到达同一地点，则该地点很可能是受害用户的家庭住址。同理，如果受害用户经常在工作日查询某一地点附近的餐厅，该地点很可能就是用户的工作地点。

（2）基于语义信息的攻击

基于语义信息的攻击的原理是，收集受害用户所在位置区域的信息，分析周围环境的语义信息，根据语义信息来缩小用户所在区域的范围，增加识别用户位置的概率。假设攻击者截获了一个受害用户所在的位置区域，经过对该区域的分析，得知该区域包括一片人工湖、几栋高层楼房和一个停车场，于是可推断用户位于湖面的概率远小于位于楼房内和停车场的概率。如果又知道用户正使用导航功能查找去往某地的路线，则用户位于停车场的概率高于位于楼房内的概率。

（3）基于社交关系的攻击

基于社交关系的攻击主要利用了发达的社交网络。首先，攻击者收集受害用户的社交信息，通过对其社交网络中的其他用户的攻击间接攻击受害用户。假设用户甲对自己的位置隐私保护非常重视，攻击者很难直接对该用户进行攻击，但通过社交网络了解到，用户甲和用户乙是同一家公司的同事，则攻击者对用户乙实施攻击，获取用户乙的工作地点，进而可以推断出用户甲的工作地点。

6.5 轨迹隐私保护技术

轨迹是指某个移动对象的位置信息按时间排序的序列。通常情况下，轨迹 T 可以表示为 $T = \{q_i, (x_1, y_1, t_1), (x_2, y_2, t_2), \cdots, (x_n, y_n, t_n)\}$。其中，$q_i$ 表示该轨迹的标识符，它通常代表移动对象、个体或某种服务的用户，$(x_i, y_i, t_i)(1 \leqslant i \leqslant n)$ 表示移动对象在 t_i 时刻的位置 (x_i, y_i)，也称为采样位置或采样点，t_i 为采样时间。若移动对象停止运行，收集到轨迹数据是静态数据；若移动对象在运行中，那么轨迹就是增量更新的动态数据。

轨迹隐私是一种特殊的个人隐私，它是指个人运行轨迹本身含有的敏感信息，或者由运行轨迹推导出的其他个人信息，如家庭地址、工作单位、生活习惯、宗教信仰等。因此，轨迹隐私保护既要保证轨迹本身的敏感信息不被泄露，又要防止攻击者通过轨迹推导出其他个人信息。

6.5.1 轨迹隐私保护场景

1. 数据发布中的轨迹隐私保护

轨迹数据本身包含了丰富的时空信息，对轨迹数据的分析和挖掘可以支持多种应用。例如，利用 GPS 轨迹数据分析交通设施的建设，可以科学合理地更新和优化交通设施；社会学者通过分析人们的日常轨迹，可以研究人类的行为模式；某些公司通过分析员工的上下班轨迹，可以提高员工的工作效率等。但是，假如恶意攻击者在未经授权的情况下，通过计算、推理获得与轨迹相关的个人信息，则用户的个人隐私会完全暴露。数据发布中的轨迹隐私情况大致可分为如下几种。

1）由于轨迹上敏感或频繁访问位置泄露而导致移动对象的隐私泄露。例如，轨迹上的敏感或频繁访问的位置很可能泄露用户的个人兴趣爱好、健康状况等个人隐私信息。如果攻击者发现某人在某个时间段频繁访问医院或诊所，就可以推断出这个人近期患上了某种疾病。

2）由于移动对象的轨迹与外部知识的关联而导致隐私泄露。例如，某人每天早晨 7 点都从地点 X 出发，大约一小时到达地点 Y；每天下午 5 点半左右固定从地点 Y 出发，大约 1 小时到达地点 X。攻击者通过进一步的数据分析和挖掘可以推断出 X 是某人的家庭地址，Y 是其工作单位，通过查找 X 所在区域和 Y 所在区域的邮编、电话簿等公开信息，就可以很容易地确定某人的身份、姓名、工作地点、家庭地址等信息。

2. 位置服务中的轨迹隐私保护

用户在享受位置服务时，需要提交自己的位置信息。位置隐私保护技术可以保护移动对象的位置隐私，但是这并不意味着能保护移动对象的实时运行轨迹的隐私，攻击者可以通过其他手段获得移动对象的实时运行轨迹。例如，利用位置匿名模型对发出连续查询的用户进行位置隐私保护时，移动对象的匿名框位置和大小会产生连续更新。如果将移动对象发出 LBS 请求的各个时刻的匿名框连接起来，就可以得到移动对象的大致运行路线。

在这两种场景中，轨迹隐私保护需要解决以下几个关键问题：

1）保护轨迹上的敏感或频繁访问的位置信息不被泄露。

2）保护个体和轨迹之间的关联关系不被泄露。

3）防止由于移动对象的相关参数限制（如最大移动速度、路网等），导致移动对象轨迹隐私泄露。

6.5.2　轨迹隐私保护方法

1. 基于假数据的轨迹隐私保护技术

基于假数据的轨迹隐私保护技术是通过为每条轨迹产生一些非常相近的假轨迹来保护用户的轨迹信息不被攻击者获得。例如，移动对象 MO_1、MO_2、MO_3 在 t_1，t_2，t_3 时刻的位置点如表 6-9 所示，三个对象的在不同时刻的位置点分别构成了 3 条轨迹，存储在数据库中。

表 6-9　原始轨迹

移动对象	t_1	t_2	t_3
MO_1	（1，2）	（3，3）	（5，3）
MO_2	（2，3）	（2，7）	（3，8）
MO_3	（1，4）	（3，6）	（5，8）

通过产生一些假轨迹数据对用户的原始轨迹数据进行扰动后，结果如表 6-10 所示。I_1、I_2、I_3 分别是移动对象 MO_1、MO_2、MO_3 的假名，I_4、I_5、I_6 是生成的假轨迹的名称。经过基于假数据的轨迹隐私保护技术处理后，数据库中含有 6 条轨迹，每条真实轨迹的披露风险降低为 1/2。

表 6-10　假轨迹

移动对象	t_1	t_2	t_3
I_1	（1，2）	（3，3）	（5，3）
I_2	（2，3）	（2，7）	（3，8）
I_3	（1，4）	（3，6）	（5，8）
I_4	（1，1）	（2，2）	（3，3）
I_5	（2，4）	（2，6）	（4，6）
I_6	（1，3）	（2，5）	（3，7）

一般来说，产生的假轨迹数量越多，披露风险越低，但是对真实数据产生的影响也越大。因此，假轨迹的数量通常根据用户的隐私需求选择一个折中数值。另外，生成的轨迹越是和原轨迹交叉，或者假轨迹的运动模式和真实轨迹的运动模式越相近，从攻击者角度看，轨迹越易于混淆。因此，应尽可能产生相交且轨迹运动模式相近的轨迹以降低披露风险。假轨迹一般采用随机生成法和旋转模式生成法。

基于假数据的轨迹隐私保护技术的优点是实现简单且计算开销小，缺点是数据失真较严重且算法的移植性较差。

2. 基于泛化法的轨迹隐私保护技术

基于泛化法的轨迹隐私保护技术就是采用泛化技术对要发布的轨迹数据进行处理，以降低隐私泄露的风险。常用的方法是轨迹 k-匿名技术，即给定若干条轨迹，对于任意一条轨迹 T_i，当且仅当在任意采样时刻 t_i 至少有 $k-1$ 条轨迹在相应的采样位置上与 T_i 泛化为同一区域时，称这些轨迹满足轨迹 k-匿名，满足轨迹 k-匿名的轨迹被称为在同一个 k-匿名集中。采样位置的泛化区域（也称匿名区域）可以是最小边界矩形（Minimum Boundary Rectangular，MBR），也可以是最小边界圆形（Minimum Boundary Circle，MBC），这可以根据需求进行调整。表 6-11 是对表 6-9 中的原始数据进行轨迹 3-匿名后的结果。表 6-11 中的 I_1、I_2、I_3 分别是移动对象 MO_1、MO_2、MO_3 的假名，3 个时刻的位置也泛化为 3 个移动对象的最小边界矩形。匿名区域采用左下标和右上标来表示。例如，[(2, 3), (3, 7)] 表示左下角坐标是 (2, 3)、右上角坐标为 (3, 7) 的最小边界矩形。

表 6-11　轨迹 3-匿名

移动对象	t_1	t_2	t_3
I_1	[(1, 2), (2, 4)]	[(2, 3), (3, 7)]	[(3, 5), (3, 8)]
I_2	[(1, 2), (2, 4)]	[(2, 3), (3, 7)]	[(3, 5), (3, 8)]
I_3	[(1, 2), (2, 4)]	[(2, 3), (3, 7)]	[(3, 5), (3, 8)]

基于泛化法的轨迹隐私保护的优点是实现简单、算法移植性好且数据较真实；其缺点是实现最优化轨迹匿名开销较大，有隐私泄露的风险。

3. 基于抑制法的轨迹隐私保护技术

抑制法是指有选择地发布原始数据，抑制某些数据项，即不发布某些数据项。表

6-12 给出了存储坐标和语义位置之间的对应关系的数据表，该信息可以通过方向地址解析器和黄页相结合得到。如果攻击者得到该信息，就可以作为背景知识对发布的数据进行推理性攻击。

表 6-12 原始位置信息数据

位置点	语义位置名	位置点	语义位置名
(1, 2)	诊所	(5, 8)	酒吧
(2, 7)	宾馆	(3, 9)	购物商场

表 6-13 是表 6-9 中的原始数据经过简单抑制之后发布的估计数据，所有敏感位置信息都被限制发布，移动对象的隐私得到了保护。

表 6-13 抑制后的位置信息数据

移动对象	t_1	t_2	t_3
MO$_1$	—	(3, 3)	(5, 3)
MO$_2$	(2, 3)	—	(3, 8)
MO$_3$	(1, 4)	(3, 6)	—

一般来说，抑制发布数据有两个原则：① 抑制敏感或频繁访问的位置信息；② 抑制增加整条轨迹披露风险的位置信息。

基于抑制法的轨迹隐私保护技术简单有效，能够应对攻击者已获取部分轨迹数据的情况。在保证数据可用性的前提下，基于抑制法的轨迹隐私保护技术是一种效率较高的方法。但是，上面提到的方法仅适用于已知攻击者具有某种特定背景知识的情况，当不能确切知道攻击者所具备的背景知识时，这种方法就不再适用。另外，这种方法的数据失真较严重。

6.6 基于同态加密的隐私保护

随着网络的发展和普及，数据呈现爆炸式增长的趋势，个人和企业追求更高的计算性能，软、硬件维护费用日益增加，使得个人和企业的设备已无法满足需求。因此网格计算、普适计算、云计算等应运而生。虽然这些新型计算模式解决了个人和企业的设备需求，但也使他们承担着对数据失去直接控制的危险。因此，有必要对外包数据进行提前加密。由于传统的加密算法在密文的计算、检索方面表现不尽人意，故研究可在密文状态下进行计算和检索的加密方法就显得十分必要了。

6.6.1 外包数据隐私保护

外包计算模式下的数据隐私问题相比传统网络隐私问题具有以下两个特点：① 外包计算模式下的数据隐私是一种广义的隐私，其主体包括自然人和法人（企业）；② 传统网络中的隐私问题主要发生在信息传输和存储的过程中，外包计算模式下不仅要考虑数据传输和存储中的隐私问题，还要考虑数据计算和检索过程中可能出现的隐私泄露。因此外包计算模式下的隐私保护难度更大。

支持计算的加密技术是一类能满足支持隐私保护的计算模式的要求，通过加密手段保证数据的机密性，同时密文能支持某些计算功能的加密方案的统称。

1. 外包数据隐私威胁模型

外包计算的参与者有数据拥有者、数据使用者和服务提供者，他们之间的交互过程如图 6-19 所示。在这种典型的交互过程中，可能存在以下几种隐私威胁：

1）数据从数据拥有者传递到服务提供者的过程中，外部攻击者可以通过窃听的方式盗取数据。

2）外部攻击者可以通过非授权的访问、木马和钓鱼软件等方式来破坏服务提供者对用户数据和程序的保护，从而实现非法访问。

3）外部攻击者可以通过分析用户发出的请求，获得用户的习惯、目的等隐私信息。

4）由于数据拥有者的数据存放在服务提供者的存储介质上，程序运行在服务提供者的服务器中，因此内部攻击者发起攻击更为容易。

在以上四种威胁中，前 3 种是传统网络安全中涉及的问题，可以通过已有的访问控制机制来限制攻击者的非授权访问，通过 VPN、OpenSSH 或 Tor 等方法来保证通信线路的安全；第 4 种是外包计算模式下出现的新的隐私威胁，也是破坏性最大的一种隐私威胁。因此，急需一种能同时抵御以上四种隐私威胁的技术。

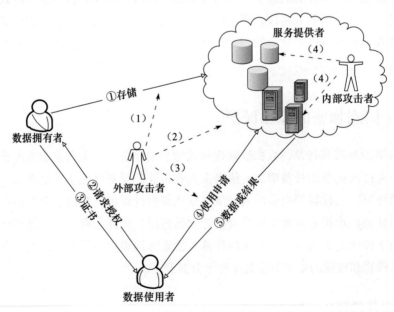

图 6-19　外包计算模式下的隐私威胁模型

2. 支持计算的加密方案

支持计算的加密方案 $\sum$ = (Gen, Enc, Dec, Cal) 由以下四个算法组成：

1）密钥生成算法 Gen 为用户 U 产生密钥 Key，Key $\leftarrow$ Gen(U, d)，d 为安全参数。

2）加密算法 Enc 为概率算法，假设 D 和 V 分别为该算法的定义域和值域，$\forall m \in D$，$c \leftarrow$ Enc (Key, m)，且 $c \in V$。

3）解密算法 Dec 为确定算法，对于密文 c，$m| \perp \leftarrow$ Dec(Key, c)，$\perp$ 表示无解，$m \in D$，$|$ 是或运算。

4）密文计算算法 Cal 为概率算法，对于密文集合 $\{c_1, c_2, \cdots, c_t\}$($c_i \in V$)，Cal′(Dec (Key, c_1), Dec(Key, c_2), $\cdots$, Dec(Key, c_t), op) $\leftarrow$ Dec(Cal($c_1, c_2, \cdots, c_t$, op))，其中 op 为计算类型（例如模糊匹配、算术运算或关系运算等），Cal′ 是与 Cal 对应的对明文数据运算的算法。

6.6.2 外包数据加密检索

加密检索涉及的三类实体为数据拥有者、被授权的数据使用者和云端服务器。数据拥有者要将其拥有的资料存储在租用的云端服务器，以供被授权的数据使用者使用。但考虑到数据存放在云端服务器时存在数据泄露的可能，故希望以加密形式存放在云端服务器。当被授权的数据使用者想要获取数据（文档）时，先对关键字进行加密，再上传至云端服务器，在云端服务器进行处理后，选出需要的数据返回给被授权的数据使用者。加密检索的模型如图 6-20 所示。

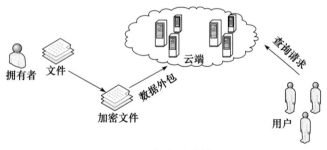

图 6-20　加密检索模型

1. 加密检索的分类

目前存在的加密检索算法可按三种评判标准对其进行分类，即检索关键字个数、检索精确程度和使用的技术手段。

按检索关键字个数可将加密检索分为单关键字加密检索和多关键字加密检索两类。单关键字加密检索是指用户每次只能提交一个关键字进行检索。同理，多关键字加密检索是指用户一次可以对多个关键字检索。相比之下，多关键字加密检索更为通用，但其在对返回文档的选择过程中需要考虑关键字间的与或关系。

按检索精确程度可将加密检索分为精确关键字加密检索和模糊关键字加密检索。精确关键字加密检索是指用户提交的关键字和返回给用户的文档中的关键字是相同的。模糊关键字加密检索是指用户提交的关键字和返回给用户的文档中的关键字是相似的。模糊关键字检索适用于使用者无意输错字符或者存在意思相同但表述不同的关键字的情况。

按使用的技术手段可将加密检索分为基于密文索引技术的加密检索算法、基于保序加密技术的加密检索算法和基于同态加密技术的加密检索算法。基于密文索引技术的加密检索算法是对密文建立关键字索引，在用户提交请求时，通过索引找到需要返回的密文。基于保序加密技术的加密检索算法是根据明文对应的 ASCII 码值的大小关系设计出一种保序的加密算法，令密文的大小关系与明文的相同。根据加密后的关键字和密文的大小的比较结果来推断密文中是否存在需检索的关键字。基于同态加密技术的加密检索算法的原理与基于保序加密技术的加密检索算法类似。

2. 加密检索算法

（1）按相关度排序的加密检索

按相关度排序的加密检索算法要求在用户提交关键字进行检索请求后，系统返回给用户前 k 个（用户提前指定的文档个数）最相关的文档。其运行过程分为索引建立过程和用户检索过程。

在索引建立过程中，数据拥有者需要对文档的全部关键字建立包含相关度的索引，索引结构如图 6-21 所示。将加密后的密文连同索引一起放到云端服务器中，并利用密钥产生函数初始化生成密钥对，将公钥分发给被授权的数据使用者。

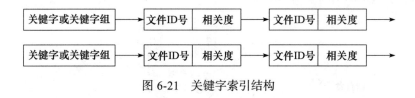

图 6-21 关键字索引结构

被授权的数据使用者利用门限产生器为关键字加密生成一个安全的门限，并将此门限提交给云端服务器。云端服务器在收到此门限后，搜索索引得到包含关键字文档 ID 和加密后的相关得分。将得分的前 k 个的文档传回给提交请求的数据使用者。需要指出的是，云端服务器应该对除相关度以外的数据知之甚少，对于相关度，最多只是知道两个文档的相对相关度。

（2）模糊关键字检索

模糊关键字检索算法与按相关度排序检索类似，但其需要解决的一个问题是模糊关键字集应如何建立。目前一般采用以下三种方法：

1）对关键字中的每一位进行插入、删除和替换操作，即枚举每一位上出现不同字符的可能性。

2）对需要改变的字母用通配符 * 代替。

3）将需要改变的字母删除而其余字母位置不变。

从以上三种方法可以看出，第一种方法的模糊关键字集需要存储的数据量巨大，因此不适于实际应用。第二种方法虽然数据存储量有所减少，但无法解决缺字符的情况。第三种方法虽然克服了以上两点不足，但远不如第一种方法使用方便。因此，如何解决这一问题已成为模糊关键字检索研究中的一个重要问题。

6.6.3　外包数据加密计算

由于传统的加密无法满足各种计算要求，研究一种支持在不解密的情况下直接对密文进行计算的加密技术就十分必要。为此，学者们提出了同态加密的思想。

1. 同态加密思想

与传统的加密一样，同态加密也需要一对加/解密算法 E 和 D，在明文 p 上满足 $D(E(p)) = p$。此外，如果存在映射 $D: C \rightarrow P$，使得对于任何属于密文空间 C 上的密文序列 $c_0, c_1, \cdots, c_n$，满足关系式 $D(f'(c_0, c_1, \cdots, c_n)) = f(D(c_0), D(c_1), \cdots, D(c_n))$，则 D 在明文空间 P 和密文空间 C 上建立了同态关系。其中，f 为明文空间上的运算函数，f' 为密文空间上的运算函数，且 f 与 f' 是等价的。

若 f 表示加法函数，则称该加密方法为加法同态。同理，也有乘法同态。减法可以转换为加法，除法可以转换为乘法。此外，f 也可以代表一个包含多种运算的混合运算函数。只要 f 所能表示的函数受限（如运算种类或运算次数有限），就可以称该加密方法为部分同态加密。

若 f 可以表示为任意的计算机可执行的函数，则称该加密方法为全同态加密。全同态加密意味着可以对密文进行任意计算，因此是最理想的同态加密方法。相比于一般同态加密算法只支持部分运算类型或运算次数有限，全同态加密算法可以无限次进行所有运算。Gentry 使用被称为理想格（Ideal Lattice）的数学对象实现了一种全同态加密算法。目前，全同态加密技术仍处于研究阶段，需要强大的运算能力支持，实际应用时计算代价过大。

利用同态加密对密文直接进行计算之后，即可得到密文形式的计算结果，从而避免明文运算带来的隐私泄露风险。为方便理解，我们考虑一个简单的加密方法。给定密钥 key，如果 $E(p) = \text{key} \cdot p$，$D(c) = c/\text{key}$，则当 key = 7 时，对于明文 3 和 6，它们的明文和密文加法运算如图 6-22 所示。

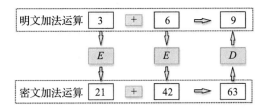

图 6-22　明文和密文加法运算对比示例

2. 外包数据加密计算模型

加密计算涉及与加密检索同样的 3 类实体：数据拥有者、被授权的数据使用者和云端服务器。外包数据加密计算模型如图 6-23 所示，具体步骤如下：

1）数据拥有者用加密算法 E 对敏感数据 $d_i (i \in [1, n], n \geq 1)$ 加密得到 $E(d_i)$，并存储到服务器上。

2）当数据使用者获得数据拥有者的授权后，对敏感计算参数 para 进行加密得到 $E(para)$，并将 $E(para)$ 和计算请求类型 type 提交给云端服务器。在这里，type 包括加、减、乘、除运算和比较运算等。

3）当服务器验证了使用者权限后，根据使用者的计算请求类型，对其权限范围的 $E(d_i)$ 和计算参数 $E(para)$ 进行计算，得到计算结果 $E(result)$，并将 $E(result)$ 返回给使用者。

4）使用者对获得的 $E(result)$ 进行解密，获得结果的明文 result。

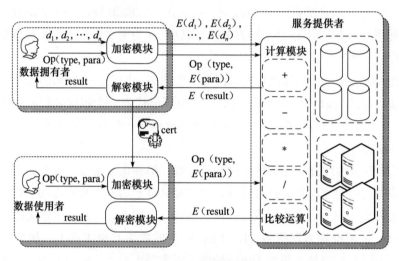

图 6-23　加密计算模型

本章小结

本章从隐私的概念入手，介绍了隐私与信息安全的区别以及隐私威胁，并着重介绍了隐私保护技术的分类和度量标准。之后，从数据库隐私、位置隐私和数据隐私三个方向面详细地介绍了各种隐私保护技术。

隐私保护是个多学科交叉的问题，随着移动网络、物联网、云计算、服务计算、数据挖掘等新技术的出现和发展，隐私保护的研究必将面临更大的挑战。已有的很多隐私保护技术并不能很好地直接应用于新的应用环境中，且隐私保护涉及内容很多，需要更加深入的研究。

本章习题

6.1 试说明隐私的概念。

6.2 试说明隐私与信息安全的联系与区别。

6.3 试说明隐私威胁的概念。

6.4 试说明物联网是否会侵犯用户的隐私。

6.5 实施隐私保护时需要考虑哪两个方面的问题？

6.6 试述数据库隐私保护技术的分类及度量标准。

6.7 试述位置隐私保护技术的分类及度量标准。

6.8 试述数据隐私保护技术的分类及度量标准。

6.9 请列出你认为外包数据加密计算技术的进一步研究方向。

6.10 请列出你认为外包数据加密检索技术的进一步研究方向。

6.11 外包数据加密计算和检索之间有什么关系？

6.12 试说明数据库隐私的概念及威胁模型。

6.13 数据库隐私保护技术有哪几类？每一类都有哪些技术？

6.14 试说明位置隐私的概念及威胁。

6.15 详述位置隐私的体系结构及威胁模型。

6.16 位置隐私保护技术有哪几类？每一类都有哪些技术？

6.17 什么是轨迹隐私？

6.18 轨迹隐私保护技术有哪几类？每一类都有哪些技术？它们的优缺点是什么？

6.19 讨论数据隐私保护技术的应用场景并举例说明。

6.20 查阅相关文献，总结各种隐私保护技术的特点和进一步的研究方向。

第7章 区块链及其应用

随着物联网的快速发展和广泛应用，接入物联网的设备种类、数量日益增多，传统的依赖中心化的管理手段已不能满足物联网大规模应用的需要。一方面，物联网中大量异构设备之间事先建立信任关系会更加复杂和困难；另一方面，在物联网服务过程中，可能存在恶意用户盗取或泄露敏感数据的风险。区块链的引入可有效解决物联网系统中的相关安全和隐私问题。本章介绍区块链的起源和发展历程、物联网的结构、共识机制和智能合约等，并讨论区块链在物联网中的应用案例。

7.1 区块链与物联网安全

2009年1月，比特币出现，并迅速引起关注。2017年5月，勒索病毒（WannaCry）席卷全球并导致全球150多个国家和地区的数十万台计算机遭到攻击，然而，比特币系统并没有受到影响，这让学者们对比特币底层支撑技术（即区块链技术）产生了浓厚兴趣。2014年10月，在大英图书馆举办的一次技术讨论会上，区块链技术崭露头角并得到逐渐丰富和发展。

区块链技术的去信任、透明、安全机制可以保障物联网的通信安全，而且可以通过建立去中心化的共识机制为物联网设备进行身份验证，从而提高物联网的私密性。区块链技术的引入能够为物联网安全提供保障，推动物联网的快速发展与应用，降低物联网应用的成本。

作为构建物联网的基础，感知层是整个网络的数据来源。感知层设备的管理和鉴权是保障整个物联网网络安全的基础。采用中心化的管理方案往往管理成本较高且接入设备的安全性难以检测。另外，感知层设备存在没有远程的安全防护方案，面临的安全风险多样化，包括设备固件版本过低、缺少安全补丁以及存在权限漏洞等问题。

网络层负责感知层与应用层之间安全、稳定、高效的数据交互，容易遭受中间人攻击、重放攻击、伪造数据包攻击等安全威胁，目前，一般采用数据加密、数字签名和深度包过滤等安全技术对数据传输安全加以保障。简单的对称加密技术虽然能够满足物联网对实时性的要求，但安全性不足。数字签名技术虽然利用极难的数学算法保证了安全性，但由于物联网的中心化结构，使得攻击者的攻击具有针对性，只需破坏或者欺骗相应的设备即可达到篡改、窃取数据的目的。对数据包做进一步解析的深度包过滤技术太过复杂，首先要对应用层协议进行解析，由于协议的多样性（甚至有些厂商专有协议的存在）使得协议解析工作量巨大。而且，在对数据包进行深度解析的过程中，数据包内容也存在泄露风险。

应用层负责物联网系统中数据的存储与处理，是物联网实现具体功能的关键点。如果用户管理不当或者采取的数据存储策略不合理将极易被不法分子入侵，进而窃取隐私数据甚至利用物联网应用安装后门接管整个物联网系统。目前，应用层采用的安全防护技术主要是传统的口令认证方式，攻击者可以采用暴力破解的方式获取用户口令或密码，从而取得对物联网系统的访问权限。与此同时，物联网应用数据的存储方式大多采用集中存储模式，一旦数据遭到破坏，恢复数据将变得困难。即使有些物联网系统采用分布式存储模式，但由于存储的数据之间没有进行关联，当某一历史数据被篡改时，系统也很难发现。

由此可见，现有的物联网信息安全防护技术还不足以保护物联网各层次的安全，需要引入新的技术范式（如区块链技术）来支撑物联网系统的安全发展。

区块链技术刚好可以弥补上述物联网安全领域的不足。区块链作为一种去中心化、数据不可篡改、可追溯、由多个参与方共同维护的分布式数据库，区块链实现了在没有第三方中介机构的协调下建立可靠信任机制。

由于物联网设备种类繁多、接口范式差异大且设备间缺乏信任机制，因此，区块链技术在物联网中的应用具有很大的发展空间。工业和信息化部发布的《2018年中国区块链产业白皮书》中指出：可以利用区块链的全网节点验证技术（如共识机制、非对称加密技术、智能合约技术以及数据分布式存储技术等）来降低物联网遭受黑客攻击的风险。

总之，物联网系统要求其信息安全技术具有去中心化、去信任化的特点，同时应该降低成本，尽量不引入额外的安全防护设备，区块链技术恰好符合这些要求。

7.2　区块链的基本概念

2008年，中本聪发表了一篇名为《比特币：一种点对点电子现金系统》的论文，其背后的支撑技术——区块链开始走进人们的视野，业界开始认识到区块链技术的价值。

7.2.1　区块链的产生与发展

区块链技术的发展经历了如下三个阶段:

1)区块链 1.0 时代。也称为区块链货币时代,以比特币为代表,目标是解决货币和支付手段的去中心化管理。

2)区块链 2.0 时代。也称为区块链合约时代,以智能合约为代表,更宏观地为整个互联网应用市场去中心化。在这个阶段,可以使用区块链技术实现数字资产的转换并创造数字资产的价值。所有的金融交易、数字资产都可以经过改造后在区块链上使用,包括股票、债券等金融产品,或者数字版权、证明、身份记录、专利等数字记录。

3)区块链 3.0 时代。也称为区块链治理时代。在这个阶段,区块链技术将和实体经济、实体产业相结合,将链式记账、智能合约和实体领域结合起来,实现去中心化的自治,发挥区块链的价值。

由此可见,区块链技术的价值在于构建了一个去中心化的自治社区。区块链技术一开始也不完美,在 10 多年的发展过程中不断地迭代,已经为其商业化落地做好了初步准备。

7.2.2　区块链的技术特征

区块链作为建立信任的机制,其本质上是一个分布式数据库。相比传统的分布式技术,区块链具有以下技术特征。

1. 区块 + 链式数据结构

采用区块 + 链式结构,可以有效保证数据的严谨性,并有效跟踪和防止数据被修改。区块链利用"区块 + 链"式数据结构来验证和存储数据,即每个区块都记录了一段时间内发生的所有交易信息和状态结果,并将上一个区块的哈希值与本区块进行关联,从而形成块链式的数据结构,实现当前账本的一次共识。

2. 分布式账本

区块链账本的记录和维护是由网络中所有节点共同完成的。每个节点都可以公平地参与记账,并保存一份完整的账本。全网节点通过共识机制来保持账本的一致性,杜绝了个别不诚实节点记假账的可能性。每个节点既是交易的参与者,也是交易合法性的监督者。因为网络中的每个节点都有一份完整的账本,所以从理论上说,只要还有一个节点在工作,账本就不会丢失,从而保证了账本数据的安全性。

3. 密码学

区块链系统利用密码学相关技术来保证数据传输和访问的安全。虽然存储在区块链上的交易信息是公开的,但是区块链通过非对称加密和授权技术确保账户拥有者的信息难以被非授权的第三方获得,保证了个人隐私和数据的安全性。在区块链系统中,集成了密码学中的对称加密、非对称加密和哈希算法的优点,并使用数字签名技术来保证交易的安全。

4. 分布式共识

在去中心化的不可信环境下，共识机制是保证数据一致性和安全性的重要技术手段。区块链作为一个分布式账本由多方共同维护。在区块链网络中，节点之间的协作由去中心化的共识机制维护。所谓分布式共识机制，就是使区块链系统中各个节点的账本达成一致的策略和方法。区块链系统利用分布式共识算法来生成和更新数据，取代了传统应用中用于保证信任和交易安全的第三方中介机构，解决了由于各方不信任而产生的第三方信用、时间成本和资源耗用等问题。目前，区块链技术已经有多种共识机制，可以适用于不同应用场景。

5. 智能合约

合约是一种双方都需要遵守的约定。比如，我们在银行设置的代扣水电气费用业务就是一种合约。当达到一定条件时，比如燃气公司将每月的燃气账单传送到银行时，银行就会按照约定将相应的费用从账户转至燃气公司。如果账户余额不足，就会通过短信等手段提醒用户；如果长期欠费，就会采取断气措施。不同的条件会触发不同的处理结果。

智能合约是一套以数字形式定义的承诺（Promise），包括合约参与方可以在上面执行这些承诺的协议。在网络化系统中，智能合约就是被部署在区块链上的可以根据一些条件和规则自动执行的程序，通过预先将双方的执行条款和违约责任写入软硬件之中，实现以数字方式控制合约执行的目标。

区块链不仅可以支持可编程合约，而且具有去中心化、不可篡改、过程透明可追踪等优点，天然地适合智能合约。

智能合约具有执行及时和有效等特点，不用担心系统在满足条件时不执行合约。同时，由于全网拥有完整记录的备份，因此可实现事后审计和追溯。

7.2.3　区块链的功能

区块链技术的去中心化、不可篡改、全程留痕、可以追溯、集体维护、公开透明等特征，为物联网及其产业发展提供了有力的功能支撑。

1. 为数据节点提供可靠保障

在区块链中没有中心化的结构，每个参与节点只作为区块链中的一部分，并且每个参与节点拥有相等的权利。物联网中的攻击者如果试图篡改或者破坏部分节点信息，对整个区块链来说并没有实质影响，而且参与节点越多该区块链越安全。

2. 为资产交换提供智能载体

区块链具有可编程的特性，并通过一系列辅助办法保证资产安全、交易真实可信。例如，对于工作量证明机制，要对区块链上的数据进行更改，必须拥有超过全网超 51% 的算力；对于智能合约机制，将合同用程序代替，一旦达到约定条件，网络会自动执行合约；对于互联网透明机制，网络中的账号全网公开，用户名则进行隐匿，并且交易信息不可逆；对于互联网共识机制，通过所有参与节点的共识来保证交易的正确性。

3. 为互联网交易建立信任关系

区块链可以在不需要人与人之间信任的前提下，通过纯计算的方式在交易方之间建立信任。各方之间建立信任的成本极低，原本较弱的信任关系可通过算法实现强信任的链接。

4. 减少人工对账过程

从概念上来讲，对区块链上的多个副本进行保存似乎比集中式数据库效率更低。但在很多现实的应用中，存在多方对同一交易信息进行保存的状况。大多数情况下，同一笔交易信息的相关数据可能不一致，所以各参与方可能需要很多时间进行核实。应用区块链技术之后可以减少人工对账过程，达到节约成本的效果。

5. 防止交易被篡改

信息系统一般会有一个中央处理器。从理论上讲，只要说服管理中央处理器的工作人员，就能达到篡改和删除系统中存储的数据的目的。相比之下，区块链技术采用的是无中心化系统，不存在中央处理器，要想对数据进行篡改或删除绝非易事。区块链技术防篡改的具体做法是将生产商、供应商、分销商、零售商及最终用户都纳入区块链这个系统应用当中，商品在正式上市销售之前，生产商先将该商品记录到区块链网络中。随后，在交易过程中，每运行一步都将交易记录到系统中。若用户发现商品存在某些问题，此时中间环节的某个交易商想要逃避责任，想删除自己的不法记录，也只能删除自己计算机上记录的信息，但不能改变其他参与成员计算机上存储的交易信息。

6. 支持可信追踪和溯源

供应链包含从商品生产、配送直到最终用户手中的所有环节，可以覆盖数以百计的阶段，跨越众多地理区域，所以难以追踪到商品的最初来源。另外，供应链上的商品数据交易信息分布在各个参与方手中，生产、物流及销售等环节信息都是分离的，生产商无法得到商品出仓之后的流向和客户反馈，消费者也没有途径得知商品的来源及过程。这时，可以将商品注入唯一不可复制的标识并将商品存储到区块链网络当中，使得每个商品都有一个数字身份，网络中的参与者共同维护商品的数字身份信息，最终实现验证效果。

7. 动态访问控制

基于区块链的共识机制和智能合约能够建立和实现无中心化的动态信任管理架构和访问控制策略，解决开放网络系统的可信管理问题。目前，研究工作主要集中在基于区块链的访问控制系统和区块链访问控制系统与其他领域的结合上。Ouaddah 等人提出了一种基于区块链技术的物联网访问控制框架，该框架将区块链作为 RBAC 访问控制策略的存储数据库，并由区块链完成策略表达式的求值，以此提供更强大和透明地访问控制工具。

7.2.4　区块链的分类

按照节点参与方式的不同，区块链体系可以分为四类，即公有链、私有链、联盟链和聚合链。

1. 公有链

公有链（Public Blockchain）又称公有区块链。公有区块链是全公开的，所有个人或组织都可以作为网络中的一个节点，不需要任何人授权，所有节点都可以参与网络中的共识过程争夺记账权。公有链是完全意义上的去中心化区块链，它借助密码学中的加密算法保证链上交易的安全。在公有区块链中，通常使用证明类共识机制，将经济奖励与加密数字验证相结合，达到去中心化和全网共识的目的。公有区块链的主要特点包括：

1）拓展性好。节点可以自由进出网络，不会对网络产生根本性影响，可以抵抗51% 的节点攻击，安全性有保证。

2）完全去中心化。节点之间的地位是相等的，每个节点都有权在链上进行操作，利益可以得到保护。

3）开放性强。数据完全透明、公开，每个节点都能看到所有账户的交易活动，但其匿名性可以很好地保护节点的隐私安全。

2. 私有链

私有链（Private Blockchain）即私有区块链，是指整个区块链上的所有权限完全掌握在一个人或一个组织手里。私有区块链其实不算是真正的区块链，它从本质上违背了区块链的去中心化思想，可以看作借助区块链概念的传统分布式系统。因此，私有区块链在共识算法的选择上也偏向传统的分布式一致性算法。私有链的主要特点如下：

1）交易延时短、速度快。由于交易验证由少量节点而非全部节点来完成，因此共识机制更加高效，交易确认延时更短，交易速度更快。

2）隐私安全强。由于网络中的节点权限受到限制，没有授权很难读取链上的数据，所以具有更好的隐私保护性，也更安全。

3）交易成本低。由于网络中节点的数量和状态可控，所以交易由算力高且诚信度高的几个节点来完成验证，使得交易成本大幅降低。

3. 联盟链

联盟链（（Consortium Blockchain)，即联盟区块链）不是完全去中心化的区块链，而是一种多中心化或者部分中心化的区块链。在区块链系统运行时，它的共识过程可能会受某些节点的控制。在联盟区块链中，只有授权的组织才可以加入区块链网络中，账本上的数据只有联盟成员节点才可以访问。对于区块链的各项权限、操作也需要由联盟成员节点共同决定。

相比公有链，联盟链更适用于不同商业机构间的协作场景，这里需要考虑信任问题和更高的安全与性能要求，一般选用拜占庭容错算法来进行全网共识。

相比私有链，联盟链由多个中心控制，在内部指定多名记账人共同决定每个块的生成。联盟区块链主要适用于多成员角色的应用场景。联盟链的应用有Corda、Hyperledger、摩根大通的Quorum等。广义上讲，联盟链也是私有链，只是私有程度不同，联盟链由多个记账人共同维护系统的稳定和发展。

公有链、私有链、联盟链的特性见表7-1。公有链因每一个节点都是公开的、每个人都可以参与区块链的计算，所以，拥有很好的价值流转共识，但这也导致其缺乏对成员准入的控制，隐私安全难以得到保障，且在性能等方面存在缺陷，尤其对企业级应用来说，难以满足商业应用的需求。联盟链虽然定位于企业级应用，拥有良好的隐私性且适合商业应用，但缺乏价值流转共识，目前仅实现了信息的安全共享，缺乏对价值流转的支撑，难以得到大规模应用。

表7-1　公有链、私有链、联盟链的特性对比

区块链名称 特征	公有链	私有链	联盟链
参与者	任何节点自由进出	个体或者集团内部	联盟节点
共识机制	PoW/PoS/DPoS	PBFT/Raft等	PBFT/Raft等
记账人	所有节点	自定义	联盟节点协商决定
激励机制	需要	不需要	可选
中心化程度	去中心化	（多）中心化	多中心化
突出特点	信任的自建立	透明可追溯	效率和成本优化
承载能力（笔/秒）	3～20	1000～10万	1000～10000
典型场景	虚拟货币	审计、发行	支付、结算

4. 聚合链

简单来说，聚合链是一种"联盟链+跨链+公有链"的全新区块链底层基础技术架构。这种全新的技术架构既融合了公有链的分布式价值流转特性，也具备联盟链的商业属性，是一种更具包容性的技术架构，可以实现联盟链与联盟链、联盟链与公有链之间的信息交互和价值流转。

区块链的发展无疑会呈现公有链和联盟链等多头并进的局面。可以预见，未来会有若干个公有链脱颖而出，同时，不同的产业集群又会形成千千万万个不同的联盟链和私有链，但这也意味着将产生千千万万个信息孤岛。

所以，要想将区块链在金融、社交、消费、教育、医疗等多领域进行商业应用落地，区块链底层基础设施就需要满足更多商业应用需求，而通过跨链技术整合联盟链与公有链等的聚合链技术架构无疑是一种最优的解决方案。聚合链技术架构可以打造一个稳定、高效、安全、可扩展的分布式智能价值网络。

7.3　区块链的结构与工作原理

区块链由一个个密码学关联的区块按照时间戳顺序排列组成，它是一种由若干区块有序链接起来形成的链式数据结构。其中，区块是指一段时间内系统中全部信息交流数据的集合，相关数据信息和记录都包含在其中。区块是形成区块链的基本单元。每个区块均带有时间戳作为标记，以保证区块链的可追溯性。

区块链的总体结构如图 7-1 所示。图中给出了三个相互连接的区块。每个区块由区块头和区块体两部分组成。其中，第 N 个区块的区块头信息链接到前一区块（第 N–1 区块），从而形成链式结构。区块体中记录了网络中的交易信息。

在区块链系统中，当同一个时刻有两个节点竞争到记账权时，将会出现链的分叉现象。为了解决这个问题，区块链系统约定所有节点在当前工作量最大的那条链上继续成块，从而保证最长链上总是有更大的算力并以更大的概率获得记账权。最终，长链将大大超过支链，支链则被舍弃。

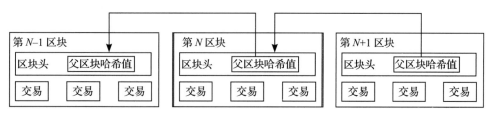

图 7-1　区块链示意图

7.3.1　区块的结构

图 7-2 给出了区块链中的区块结构，它包括区块头和区块体两部分。在区块链中，区块头内部的信息对整个区块链起决定作用，而区块体中记录的是该区块的交易数量以及交易数据信息。区块体的交易数据采用默克尔（Merkle）树进行记录。

从图 7-2 中可以看出，区块块头包含上一个区块的地址（父区块地址），它指向上一个区块，从而形成后一区块指向前一区块的链式结构。如果要篡改历史区块数据，需要将后续所有区块信息一并修改，这样做难度很大，几乎不可能实现。

区块头的大小为 80 个字节，其中包含区块的版本号（Version）、时间戳（Timestamp）、解随机数（Nonce）、目标哈希值（Bits）、前一个区块的哈希值（Prehash）以及默克尔树的根哈希值（Roothash）六个部分。区块头的各信息字段说明见表 7-2。

表 7-2　区块头字段表

字　段	大　小	描　述
版本号	4 字节	用于追踪最新版本
父区块哈希值	32 字节	上一个区块的哈希地址
默克尔树根	32 字节	该区块中交易的默克尔树根的哈希值
时间戳	4 字节	该区块的创建时间
难度目标	4 字节	工作量证明难度目标

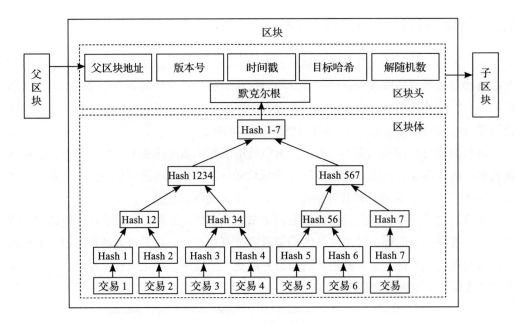

图 7-2　区块结构图

　　区块的主要功能是保存交易数据。在不同的系统中，区块的结构也不同。在比特币区块链中，以数据区块来存储交易数据。一个完整的区块体包括魔法数、区块大小、区块头、交易计数器、交易等信息，见表 7-3。为了防止资源浪费和 DOS 攻击，区块的大小被限制在 1MB 以内。

表 7-3　区块字段表

字　　段	大　　小	描　　述
魔法数	4 字节	固定值 0xD984BEF9
区块大小	1—9 字节	到区块结束的字节长度
区块头	80 字节	组成区块头的 6 个数据项
交易计数器	1—9 字节	Varint 编码（正整数），交易数量
交易	不确定	交易列表，具体的交易信息

　　区块链是一个去中心化的分布式账本数据库，由一串使用密码学方法所产生的数据块组成。每个数据块记录了一段时间内发生的交易及其状态，是对当前账本状态达成的一次共识。

　　新区块由挖矿产生，矿工在区块链网络上打包交易数据，然后计算找到满足条件的区块哈希值，最后将新区块通过字段 Prehash 链接到上一个区块上。挖矿成功后，一定量的数字代币就会被自动发送到该矿工的钱包地址作为挖矿奖励，而数字代币转账的操作需要钱包的私钥签名才能执行。为了调节新区块的生成速度，系统会根据全网节点算力自动调整挖矿难度。

　　区块生成后，需经全网节点验证并达成共识后才能记录到区块链上。因此，区块的创建、共识、记录上链等过程是区块链研究的重点，也是基于区块链的系统开发的重要内容。

7.3.2　默克尔树

区块链在成块时需要将一段时间内的交易信息打包成块。其中，对每一笔交易需计算一个哈希值以表示该笔交易，然后对这些哈希集合加以计算生成一个根哈希。计算方法是，首先使用默克尔树结构对当前块的所有交易进行分组哈希计算，然后将生成的新哈希值插入默克尔树中，直至得到一个根哈希，最后将这个根哈希作为区块头的默克尔根。

不同区块链应用系统中所采用的默克尔树结构稍有不同。

1. 比特币的默克尔树

比特币采用二叉默克尔树（如图 7-3 所示），每个哈希节点由底层相邻的两个哈希值计算得到。

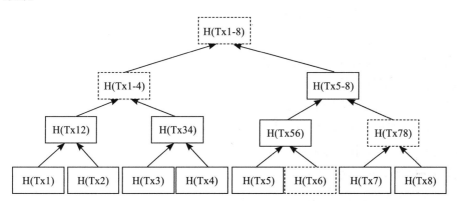

图 7-3　比特币的默克尔树结构

默克尔树中每个节点都是哈希值。其中，叶子节点是对区块内一笔交易运用 SHA256 算法计算得到的哈希值，中间节点是对两个子节点运用 SHA256 算法计算得到的哈希值。如果区块中有奇数个交易则复制最后一笔交易，这样两两执行直到生成交易树的默克尔根哈希。通过交易树的默克尔根能够快速验证区块中交易数据的完整性。

例如，如图 7-4 所示，包含 3 个交易记录，属于奇数个交易。这时，最后

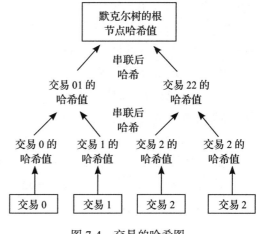

图 7-4　交易的哈希图

一个交易 2 需要自我复制，将二叉树的节点填满。通过这种方式，如果有人试图更改其

中任意一个交易记录，由于运用 SHA256 算法加密哈希的特性，会使默克尔树的根节点发生很大的变动，其他参与节点在对区块信息进行验证时将很容易发现内容被更改的情况。

此外，比特币还提供了简单支付验证（Simplified Payment Verification，SPV）技术。因此，要验证区块中交易数据的完整性，只需验证交易根哈希。若要验证某笔交易是否存在或者交易数据是否被篡改，只需找到一条从该交易节点到根节点的认证路径即可。

例如，为了验证交易如图 7-3 所示的交易 Tx5 是否存在，只需一条由交易 Tx6、Tx78、Tx1-4、Tx1-8 哈希值组成的默克尔认证路径，任何节点都能证明交易 Tx5 是否包含在默克尔树中。

与传统的分布式存储不同，区块链采用块链式结构存储完整的交易哈希记录，而不只是部分哈希数据。另外，数据的共识通过分布式共识机制来完成，这与传统的分布式存储通过中心节点向其他备份节点同步数据是不同的。

2. 以太坊的默克尔 Patricia 树

以太坊区块的数据结构比较复杂，除了包括交易数据之外还包括账户状态数据和交易执行过程中生成的日志数据。以太坊中的状态数据是由账户余额、随机数、合约代码和账户存储组成的。虽然区块中的交易数据不变，但是状态数据却经常发生改变。因此，默克尔树不适合存储以太坊数据。

以太坊中需要一种新的数据结构，在执行插入、删除等操作后能够快速计算树根而不需要计算树中每个节点的哈希值。默克尔 Patricia 树便具有这样的特性，构建区块时只需计算新区块中发生变化的账户状态，状态未发生变化的分支则可以直接引用。

默克尔 Patricia 树本质上是由默克尔树和前缀树结合而成，用来存储键值对，并且具有快速查找能力。当以一个以太坊账户地址作为查找路径时，能够快速从默克尔 Patricia 树根向下查找到叶子节点中账户的状态数据。

默克尔 Patricia 树的结构如图 7-5 所示。默克尔 Patricia 树包含扩展节点、分支节点和叶子节点。叶子节点是一个 <key，value> 键值对。其中，key 是账户地址的十六进制前缀编码，value 是以太坊账户状态的 RLP 编码。扩展节点也是一个 <key，value> 键值对，其中 key 包含最长的公共 key 前缀，value 是其他节点的哈希值或引用，通过该索引可以从数据库中取出对应节点的内容。

在默克尔 Patricia 树中，<key，value> 中的 key 被编码成特殊的十六进制表示，加上 value 形成长度为 17 的线性表 list，就构成了分支节点。前 16 个元素对应 key 中可能的十六进制字符，如果有一个 <key，value> 在分支节点终止，则该分支节点就成为叶子节点，否则就作为搜索路径的中间节点。

显然，在区块链网络当中，由于算法的约束条件，任何恶意欺骗行为都将被网络中其他参与节点排斥和压制，因此区块链网络中的交易信息是否被更改不依赖中央权威机构的可信度。这与传统的网络信任体系结构完全不同。在传统的网络信任体系结构中，参与者需要对中央机构有足够的信任，随着网络体系中参与者数目不断增加，信任关系的建立更加复杂，整个网络系统的安全性会不断下降。区块链技术恰恰相反，参与者不需要任何人的信任，并且随着网络中参与者数量不断递增，整个区块链网络中的安全性不仅不会下降，还会不断增加，同时交易数据可以做到完全公开透明。

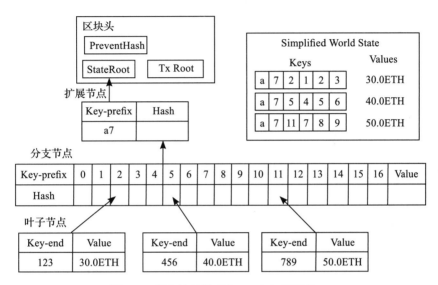

图 7-5　以太坊的默克尔 Patricia 树结构

7.3.3　区块链的工作原理

本质上，区块链是一个巨大的去中心化的分布式账本数据库，其工作原理包括以下几部分。

1. 区块建立

区块链技术的核心是链上所有参与节点共同维护链上存储的交易信息，交易信息基于密码学原理而不是基于信任，使得达成一致要求的交易双方能够相互进行交易，而无须第三方参与。

随着交易的不断增加，所有参与节点不断地对交易信息进行验证并找到合适的区块存储交易信息，并依照时间的顺序不断将信息添加到原有的区块链上，这个链式结构会不断增长和延长。

系统中已经达成交易的区块链接到一起会形成一条主链，所有参与计算的节点都记录了主链或者主链的一部分。一个区块包含三个部分，即交易信息、前一个区块的哈希值和随机数。

交易信息是区块中保存的任务数据，包含交易双方的交易数量、电子货币的数字签名等；前一个区块的哈希值用于将区块链接起来，将过往交易按时间顺序排列；随机数是保证交易达成的核心部分，所有网络节点会争先计算随机数的答案，先找到答案的网络节点拥有对新生成区块的记账权，将区块向网络中进行广播更新，从而完成了一笔交易。

2. 区块验证

每一个参与认证的节点都拥有一份完整的区块链备份记录，这些工作都是通过数据验证算法解密的区块链网络自动完成的。

区块链产生之后，当一个用户想要验证历史交易信息时，可以通过基于密码学与数据结构的一系列运算追踪交易所属的区块，进而完成认证。除此之外，可以通过调整随机数来控制区块产生的速度。私钥的保密性能保证实现匿名交易。对于存储的历史交易数据，可以通过剪枝实现硬盘空间回收，专家预测，经过完全剪枝的区块链一年只生成4.2MB 的数据量。

由此可见，区块链是分布式数据存储、点对点传输、共识机制、加密算法等技术的新型应用模式。区块链上存储的数据需由全网节点共同维护，可在缺乏信任的节点之间传递价值，因此也有人称其为"价值互联网"。

7.4　区块链共识机制的分类

要了解什么是共识机制，我们先看生活中的一个例子。比如，朋友聚餐时，可以采用什么方式来决定由谁买单呢？

大家可以约定最后一个到达的人买单，那么由最后一个到达的人买单就是这群朋友的共识，这个共识解决了谁买单的问题。区块链的共识是要解决谁有权记账以及权力多大的问题。

共识机制是区块链技术的基础和核心。共识机制决定参与节点以何种方式对特定的数据达成一致。共识机制分为经典分布式共识机制和区块链共识机制。共识机制是区块链系统中实现不同节点的账本一致性的数学算法，主要解决没有中心权威节点（即信任中心）可依赖情况下的分布式节点的可靠交易问题。

共识机制就是在信息传递有时间和空间障碍或者信息有干扰、延迟的 P2P 网络中，网络参与者为了针对某个信息达成共识而遵循的机制，主要解决区块链系统的数据如何记录和如何保存的问题。为了实现这个共识机制，在 P2P 网络中采用的算法称为共识算法。

区块链中常见的共识机制有 PoW、PoS 和 PBFT 等，各共识机制都有各自的特性以及适用场合。

PoW（Proof of Work，工作量证明机制）是指谁为区块链做了更多的计算，做了更多的工作的节点更有机会获得记账权。目前，比特币、以太坊、莱特币等主流加密数字货币都使用 PoW 共识机制。

PoS（Proof of Stake，权益证明机制）又是如何达成共识的呢？在 PoS 机制里，一个人所拥有的币越多，拥有的时间越长，他获得记账权的概率就越大。目前，一些较为成熟的数字货币使用了 PoS 机制。

DPoS（Delegated Proof of Stake，即股份授权证明机制）用通俗的话来说就是大家投票选出代表，让代表来记账。每个持币者都可以参与投票，票数最高的前几名被选为代表。目前采用 DPoS 共识算法的代表是 EOS 和比特股。

7.4.1　证明类共识机制

在公有链中，任意个人或组织都可以自由地加入区块链网络中并参与共识流程，所有人在网络中都是平等的，可以自由地竞争记账权。共识机制的一个核心特征就是完全的去中心化，通过选择证明来保证全网的一致性结果。主要算法包括 PoW 和 PoS。

1. PoW 算法

PoW 算法，简单来说就是一份证明，用来确认做过一定量的工作。监测整个工作过程通常是极为低效的，而通过对工作的结果进行认证来证明完成了相应的工作量则是一种非常高效的方式。比如，现实生活中的毕业证、驾驶证等就是通过检验结果的方式（通过相关的考试）所取得的证明。

PoW 算法通过计算来猜测一个随机数值，以解决规定的哈希计算问题来获得记账权。在工作量证明系统中，客户端需要做一定难度的工作得出一个结果，验证方很容易通过结果来检查客户端是不是做了相应的工作。这种方案的一个核心特征是不对称性，即工作量对于请求方是适中的，对于验证方是易于验证的。它与验证码不同，验证码的设计出发点是易于被人类解决而不易被计算机解决。

在区块链中，所有的节点都是平等的，即它们都有记账的权利。记账就是将节点交易池中的交易按时间顺序打包成区块。由于每个拥有记账权的节点都可以进行打包，而打包又因为网络延迟等问题存在一定的时间误差，这时整个网络中就会存在各种大同小异的账本。

如何在保证每个节点有记账权力的同时让全网共用一个账本？这就成为 PoW 共识算法设计的关键问题。

尽管 PoW 保证了在一定时限内只有少数节点可以获得记账权，但还是无法避免网络中有多个节点同时通过 PoW 验证得到了合法区块，从而导致链分叉的问题。当存在分叉的链时，每个节点选择最长链为正确的链。这就是 PoW 算法遵循的第一原则：最长链原则。

在区块链中，任何一个节点如果想生成一个新的区块并写入区块链，必须解决网络中的工作量证明的难题。这道难题的三个关键要素是工作量证明函数、区块及难度值。工作量证明函数是这道难题的计算方法，区块决定了这道难题的输入数据，难度值则决定了这道难题所需要的计算量。

一种解决方法是给记账加入工作成本，即区块链由各个区块按照时间先后排序，每个区块设立难度值。难度值根据不断变化的随机数进行哈希计算获得，这就增加了记账的难度。例如，一个合法的 PoW 区块可以表述为：Hash(B_{prev}，Nonce) ≤ Targe。其中，Hash 是哈希函数，B_{prev} 是上一个区块的哈希值，Nonce 是随机数，Target 是合格区块的目标值（即难度值），每个记账节点的 Target 可以相同。在记账节点利用哈希函数进行计算的过程中，需要不断调整 Nonce 的大小，使得计算结果符合 Target 的设置要求。

PoW 算法遵循的第二原则为记账激励原则，即成功获得合法区块可以得到网络的奖励，相应的，发起交易要收取一定比例的手续费。

PoW 的优势在于它的安全性，并且已有成功的案例证明 PoW 在公链中是可行的。这种机制让攻击者付出的代价极高。当然，PoW 的缺点也很明显，由于公链为了保证高度安全性，导致区块确认时间难以缩短，所以在效率方面有所欠缺。

2. PoS 算法

权益证明机制（PoS 算法）是于 2011 年提出的。

2013 年，该算法在 Peercoin 系统中应用，它类似于现实生活中的股东机制，拥有股份越多的人越容易获取记账权。

PoS 的核心概念为币龄，即持有货币的时间。例如，张三拥有 10 个币且持有 90 天，则币龄为 900 币天。在 PoS 中，还有一种特殊的概念称为利息币，即持有人可以消耗币龄获得利息，以此获得为网络产生区块的优先权。

在 PoW 中，记账权的获取主要通过算力进行竞争，即节点提供的算力越大，成功得到区块的概率也就越大；而在 PoS 中，记账权的获取依赖于节点的资产权重。一个合法的 PoS 区块可以表述为：Hash(B_{prev}, X, Timestamp) ≤ balance(X)∗Targe。其中，Hash 是哈希函数，B_{prev} 是上一个区块的哈希值，Timestamp 是时间戳，balance(X) 代表账户 X 的资产，Target 是一个预先定义的实数。每个区块合法的目标值由账户资产和 Target 参数共同决定，即账户资产越大，整体目标值（Target∗balance）越大，越容易获取记账权并完成出块。PoW 中 Nonce 的值域是无限的，而 PoS 中的 Timestamp 则是有限的。例如，可以设置尝试的时间戳不超过标准时间戳一小时，即一个节点可以尝试 7200 次来找到一个符合条件的 Timestamp，如果找不到即可放弃。这样大大减少了 PoW 算法中由于争夺记账权导致的大量资源浪费的问题。

与此同时，PoS 还运用了博弈论原理来限制恶意节点的不当行为。例如，如果恶意节点不当行为被发现，则没收恶意节点的部分甚至全部资产。另外，PoS 也借鉴了拜占庭容错算法，对于节点中可能存在的分叉进行 PoS 投票，全网超过 2/3 的资产所有者认同的链就是正确的区块链。

相比 PoW 算法，PoS 算法的优势在于减少了运算资源的消耗，在一定程度上也可以缩短达成共识的时间。但是在 PoS 机制下，会导致区块链生态系统里"穷者越穷而富者越富"，也增加了"中心化"的概率。因此，在公有链中，PoS 算法应用较少。

7.4.2　投票类共识机制

投票类共识机制包括传统的分布式一致性算法和类拜占庭容错算法，前者主要在传统的分布式系统中用于保证进程或者节点间日志的一致性，多用于私有链中实现共识机制；后者主要用于解决联盟链中保证跨机构协作的去信任问题。同时，两者最大的不同在于前者仅仅考虑宕机容错问题，后者还考虑了拜占庭容错问题。

1. DPoS 算法

DPoS 是一种区块链的共识算法，于 2014 年提出并应用。Dan 针对比特币共识算法 PoW 中存在算力过于集中、电力耗费过大等问题，DPoS 算法则更加快速、安全且能源消耗更小的算法。

在 DPoS 共识算法中，区块链的正常运转依赖于受托人（Delegate），这些受托人是完全等价的。受托人的职责主要包括：

1）提供一台服务器节点，保证节点的正常运行。

2）节点服务器收集网络里的交易；

3）节点验证交易，把交易打包到区块。

4）节点广播区块，其他节点验证后把区块添加到自己的数据库。

我们可以用一个生活中的例子来解释 DPoS 算法，假设有一家公司，公司员工总数有 1000 人，每个人都持有数额不等的公司股份。每隔一段时间，员工可以投票选择自己最认可的 10 个人来领导公司，其中每个员工的投票权和他手里持有的股份数成正比。所有人投完票以后，得票率最高的 10 个人成为公司的领导。如果有领导能力不佳或做了不利于公司的事，员工可以撤销对该领导的投票，从而使其退出管理层。DPoS 共识机制的原理也是如此。

DPoS 优点是出块时间短，提高了区块链的效率；但它降低了去中心化的程度，让区块链系统的记账权利掌握在少数人手中，使区块链系统的安全性有所下降。

2. Paxos 算法

Paxos 是 Leslie Lamport 于 1990 年提出的一种基于消息传递的一致性算法。Paxos 算法中包括三个角色：

1）提议者（Proposer）。处理客户端的请求并将之作为提案（Proposal）发送到集群中，以便确定哪个提案可以被批准（chosen），进而确认其中的提议（value）。

2）接收者（Acceptor）。负责处理接收到的提案，它们的回复就是一次投票。在一次算法过程中，它们只能对一个提议进行一次批准，只有当一个提案被超过半数的接收者批准时才能得到确认。

3）学习者（Learner）。最终决策的执行者，接收者告知的结果值由学习者接收。

实现一次 Paxos 的共识需要经历两个阶段四个过程。

第一阶段：准备（prepare）阶段

1）提议者选择一个编号为 n 的提案，并为之发送编号为 n 的准备消息给全网超过半数的接收者。

2）接收者收到准备消息后，如果该提案的编号值大于它已经回复的所有准备消息，则接收者将对这个消息做出正确响应并承诺不再回复编号值小于 n 的提案。

第二阶段：接收（accept）阶段

1）如果提议者收到来自大多数接收者的关于编号为 n 的准备请求的响应，则它向每个接收者发送一个接收请求，提出一个编号为 n 的提案，其值为 v，如果答复中没有任何异议，则为有价值的提案，v 值被接受。

2）如果接收者接收到编号为 n 的提案的接收请求，在不违背它对其他提议者的承诺的前提下，接收者接受这个提案。

Paxos 虽然获得了数学证明，但由于其过程复杂，导致算法难以理解，实现困难，于是出现了一种针对 Paxos 算法的改进算法，称为 Raft 算法。该算法包括三种角色：

1）领导者（Leader）。处理与客户端之间的信息交互，并负责日志的同步管理。

2）追随者（Follower）。作为普通选民响应领导者同步日志的请求，处于完全被动状态。

3）候选者（Candidate）。负责在选举中进行投票，自身可以被选举为新的领导人。

Raft 算法的两阶段协议比 Paxos 算法更加简单易懂。Raft 算法首先选举出领导者，然后领导者带领追随者进行日志管理等同步操作。

7.4.3　典型共识机制的对比

在区块链网络系统中，共识是多个参与方对一个交易是否提交到账本及提交的顺序达成一致的过程。共识往往会与一致性问题一起讨论，但实际上两者并不完全相同，共识解决的问题往往比一致性更宽泛。

1. 分布式一致算法

分布式一致性算法是分布式领域的经典问题，涉及两个重要原理：FLP 和 CAP。

（1）FLP 原理

根据 FLP 不可能原理（FLP impossibility），不存在一个可以解决一致性问题的确定共识算法，因此共识算法需要根据分布式系统的需求和使用场景进行选择，但这并不代表研究共识算法毫无意义。在这里，FLP 是提出该原理的三位作者 Fischer、Lynch 和 Patterson 姓名的首字母缩写。

在 FLP 原理中，存在互相独立的多个参与方（进程或者节点），异步指它们对于消息的处理速度或消息的网络延迟不做任何假设，共识指它们之间能容错并达成状态一致性结果。

FLP 原理假设异步网络的通信足够可靠，即消息存在延迟，但所有消息会且仅会被投递一次。这是一个很强的假设，现实中的网络几乎不能达到这样的可靠性。FLP 并不要求所有非故障节点都达成一致，只要有一个节点进入确定状态就算达成一致，需要达成的结果取值范围是 $\{0, 1\}$。即使是这样的接近理想的情况，FLP 定理还是指出不存在一个分布式一致性算法能够保证共识的达成，更不用说真实世界中存在的网络分区以及拜占庭节点了。

（2）CAP 原理

CAP 原理认为，分布式系统不可能同时保证一致性（Consistency）、可用性（Availability）、分区容忍性（Partition）三个特性。CAP 是上述三个特性首字母的缩写。

- 一致性。数据一致更新，所有数据变动都是同步的。
- 可用性。在有效时限内，任何非故障节点都能对请求进行应答，即良好的响应性能。
- 分区容忍性。网络可能发生分区，节点之间的通信不可保障，或者说数据存在不可靠性。

因此，针对具体的分布式应用场景，可以选择弱化系统的某一特性，在区块链网络中会选择弱化可用性或者弱化分区容忍性来提高共识算法的可行性，因此出现了多种共识算法。

其中，根据满足分区容忍性中的崩溃故障容错（Crash Fault Tolerance，CFT）还是拜占庭容错（Byzantine Fault Tolerance，BFT）特征，还可以将共识算法分为 CFT 和 BFT 两类。

2. 公有链共识算法

在物联网应用中，BFT 类算法的使用更加广泛。对于公有链而言，由于其平台的全球开放性和高度去中心化特征，因此需要更强的容错能力，以保障更好地接纳不可信节点或故障节点参与网络共识。

PoW 算法具有 50% 的容错能力，这是目前拜占庭容错共识算法中最高的。也就是说，PoW 算法需要拥有超过区块链网络 50% 的算力才能达到随意操纵网络的目的，这也是比特币网络即使面向全球用户也能够安全运行的原因。

但是，PoW 算法存在浪费算力的缺陷，以比特币的核心思想为基础发展而来的以太坊，采用了 BFT 类的 PoS 算法，容错能力为 49%。然而 PoS 算法存在一个缺陷，即持有虚拟货币最多的账户会具有更大的权力，造成权力不均，不利于虚拟货币市场的发展。

PoW 算法经过比特币多年运行的成功示范，可以说是目前公有链的最佳解决途径，其优点显而易见，即算法简单、容易实现。是完全去中心化的共识算法，节点可以自由地进出区块链网络。但其缺点也异常明显：首先是资源浪费的问题，全网节点同时竞争记账权，未获得记账权的节点所付出的算力和电力资源被浪费；其次是共识达成的周期较长，即一笔交易的响应时间存在不确定性，用户体验极不友好；另外，任何一个区块都会由于分叉存在回滚的可能性。

PoS 算法在原有 PoW 算法的基础上，利用节点资产对挖矿难度进行大幅调节，并用经济机制来保护全网的安全，其优点主要有：

1）具有处罚机制，经济安全责任明确。在 PoW 算法中，恶意节点的攻击没有成本，但在 PoS 中，会通过参数设置对恶意节点的拜占庭行为进行惩罚（如没收部分或全部资产），使恶意节点不再具有攻击能力。

2）节点集中化趋势下降。PoW 算法通过累加算力增加出块的可能性，而 PoS 算法由于直接和资产挂钩，节点间难以完全信任地转移资产，明显减轻了对规模经济的冲击和影响。

3）能源效率提高。PoS 算法由于引入处罚机制，大大减少了资源浪费。

虽然 PoS 算法相较 PoW 算法已经做了很多改进，尤其解决了资源消耗和防止恶意节点协同作弊问题，但 PoS 算法依然没有解决 PoW 算法的最终不确定性问题。而且，PoW 和 PoS 算法都脱离不了币的影响，即系统的正常运转必须有相应的奖励机制，系统的安全性实际上是由系统币的持有者来维护的。当区块链系统运用到商业应用中时，由其承载的资产价值可能远远超出系统币的价值，如果仅仅由币的持有者保证系统的安全性及稳定性将是不可靠的。

DPoS 算法的出现一定程度上解决了上述缺陷，其容错能力约为 47%。DPoS 算法使得区块链网络中各账户权力完全对等，可以方便地应用于联盟链之中。

3. 联盟链共识算法

上述公有链采用的共识算法虽然容错能力高、抗攻击能力强，但都存在资源消耗过高、效率较低、可用性不足的问题，因此不适合用于对实时性要求比较高的物联网环境。以超级账本为代表的联盟链仅允许联盟成员拥有对区块链的读写权限，整个区块链网络由联盟成员共同维护，参与节点比公有链少，因此，联盟链一般不采用 PoW 共识算法。

实用拜占庭容错（Practical Byzantine Fault Tolerant，PBFT）算法的提出解决了原始拜占庭容错算法效率不高的问题，是目前共识节点较少的联盟链常用的一种共识算法。

PBFT 具有 $n/(3n+1)$（n 为参与共识的节点数）的容错能力，与 PoW、POS 等算法相比虽然容错能力较弱，但算法复杂度低很多，可以在实际系统中得到广泛应用。

PBFT 算法采用了 RSA 签名、消息验证码和数字证书等密码学方法，能够确保信息在传递过程中无法被篡改，提高了数据传输的安全性和保密性。

PBFT 算法的主要优点包括：① 算法的可靠性有严格的数学证明；② 系统运行可以脱离币而存在，PBFT 算法的共识节点由业务参与方或者监管方组成，安全性与稳定性由业务相关方保证；③ 共识的时延具有可控性，可以基本达到商用过程的实时性要求；④ 共识效率高，可满足高频交易量的需求。

PBFT 的主要缺点包括：① 当有 1/3 或以上节点停止工作后，系统将无法提供服务；② 当有 1/3 或以上节点联合作恶，可以使系统出现分叉，但是会留下密码学证据。

4. 私有链共识算法

Raft 是 CFT 类共识算法，适用于非常可信的环境中，具有接近 1/3 的容错能力。尽管比 PoW 等算法的容错能力低，但对区块链网络平台的性能有质的提升。由于 Raft 算法在拜占庭问题上没有任何保障措施，因此不太适合在联盟链中使用，但可以应用在私有链中。

通过上面的分析，下面对区块链中常用的共识算法的性能及应用场景进行比较，见表 7-4。

表 7-4　共识算法的对比

共识算法	效率	节点规模	安全性 / 抗攻击性	应用场景
PoW	低	非常多	高	公有链
PoS	低	多	高	公有链
DPoS	高	多	高	公有链
PBFT	高	少	高	联盟联或私有链
Raft	非常高	少	低	私有链

从以上的比较可以看出，区块链的共识机制是一个难以两全的问题，在"去中心化"与"安全高效"两者之间只能选其一，要根据区块链的应用场景来选择相应的共识机制。除了以上提到的五种共识机制外，区块链开发者们还在不停地探索更多新的共识机制，比如 Pool 验证池、PoD（贡献度证明机制）、Casper 等。

7.5　区块链共识算法

下面介绍两种常见的区块链共识算法：工作量证明算法（PoW）和实用拜占庭容错算法（PBFT）。

7.5.1　工作量证明算法

工作量证明是一种应对拒绝服务攻击和其他服务滥用的实用的手段。它要求发起者进行一定量的运算，也就意味着需要消耗计算机一定的时间。工作量证明这个概念由 Cynthia Dwork 和 Moni Naor 于 1993 年首次提出，而工作量证明（PoW）这个名词则是于 1999 年在 Markus Jakobsson 和 Ari Juels 的文章中被真正提出。

1. 工作量证明函数

区块链主要依托计算数学难题来衡量工作量。和我们上节例子中用到的哈希函数一样，比特币系统中使用的工作量证明函数是 SHA256。

SHA 即安全哈希算法（Secure Hash Algorithm），是一组密码哈希函数。这一组函数由美国国家安全局（NSA）设计，由美国国家标准与技术研究院（NIST）发布，主要适用于数字签名标准。SHA256 是这组函数中的一员，是输出值为 256 位的哈希算法。到目前为止，还没有出现破解 SHA256 算法的有效方法。

2. 区块

每个区块在选定一定数量的交易记录之后，通过填充版本号、时间戳、难度值就生成了相应的默克尔根哈希。这些数值在选定交易记录以后都是确定的，唯一能够改变的只有随机数（Nonce）这个值。

比特币的区块由区块头及该区块所包含的交易列表组成。区块头的大小为80字节，由4字节的版本号、32字节的上一个区块的哈希值、32字节的默克尔根哈希、4字节的时间戳（当前时间）、4字节的当前难度值、4字节的随机数组成。区块包含的交易列表则附加在区块头后面。

具有80字节固定长度的区块头就是用于工作量证明的输入字符串。为了使区块头能体现区块包含的所有交易，在区块的构造过程中，需要将该区块要包含的交易列表通过默克尔树算法生成默克尔根哈希，并以此作为交易列表的摘要存储到区块头中。

3. 难度值

由于区块链系统的硬件运算速度不断增长和参与节点数不断变化，使得区块链系统的算力不断变化；而算力的不断变化又使得通过消耗算力获得符合要求的哈希值的速度不同。为了保证区块链中的区块产生速度的一致性，区块链系统需要根据算力的变化自动对工作难度进行调整。

在比特币中，难度值（Difficulty）决定了大约需要经过多少次哈希运算才能产生一个合法的区块。区块大约每10分钟生成一个，如果要在不同的全网算力条件下，保证新区块以这样的速率产生，那么必须根据全网算力的不同调整难度值。

难度值的调整是在每个节点上自动发生的。每隔2016个区块，所有节点会按统一的公式自动调整难度。如果区块产生的速率比10分钟快，则增加难度，比10分钟慢则降低难度。

这个公式可以总结为如下形式：

$$新难度值 = 旧难度值 \times （过去 2016 个区块花费时长 /20160 分钟）$$

其中，20160是两周时间的分钟数。通过该公式，区块链系统就能够保证所有节点计算出的难度值都基本一致，区块的形成时间保持在十分钟左右。例如，给定的一个基本字符串"Hello, world!"，可以在这个字符串后面添加一个叫作Nonce的整数值给出工作量要求，对变更后（添加Nonce）的字符串进行SHA256哈希运算，如果得到的哈希结果（以十六进制的形式表示）是以"0000"开头的则验证通过。为了达到这个工作量证明的目标，需要不停地递增Nonce值，对得到的新字符串进行SHA256哈希运算。按照这个规则，需要经过4251次计算才能找到恰好前4位为0的哈希值。

```
    "Hello, world!1" =>
e9afc424b79e4f6ab42d99c81156d3a17228d6e1eef4139be78e948a9332a7d8
    "Hello, world!2" =>
ae37343a357a8297591625e7134cbea22f5928be8ca2a32aa475cf05fd4266b7
    ...
    "Hello, world!4248" =>
6e110d98b388e77e9c6f042ac6b497cec46660deef75a55ebc7cfdf65cc0b965
    "Hello, world!4249" =>
```

```
c004190b822f1669cac8dc37e761cb73652e7832fb814565702245cf26ebb9e6
    "Hello, world!4250" =>
0000c3af42fc31103f1fdc0151fa747ff87349a4714df7cc52ea464e12dcd4e9
```

通过这个示例，读者可以对工作量证明机制有一个初步的理解。

有的人会认为如果工作量证明只是这样一个过程，那是不是只需要记住 Nonce 为 4521，计算能通过验证就行了？当然不是，这只是一个个例。

下面，将前面的简单输入变更为"Hello，world!＋整数值"，整数值取 1 ～ 1000，也就是说，将输入变成一个由 1000 个值组成的数组 [Hello, world!1、Hello, world!2……Hello, world!1000]，然后对数组中的每一个输入依次进行上面例子中要求的工作量证明，找到前导为 4 个 0 的哈希值。

容易算出，大概要进行 2^{16} 次尝试（哈希值的伪随机特性使得我们可以做概率估算）才能得到 4 个前导为 0 的哈希值。而统计一下刚才进行的 1000 次计算的实际结果，可以发现，进行计算的平均次数为 66958 次，十分接近 2^{16}（65536）。在这个例子中，数学期望的计算次数就是期望的"工作量"，重复多次进行的工作量证明是一个符合统计学规律的概率事件。

统计输入的字符串与对应得到目标结果实际使用的计算次数列表如下：

```
Hello, world!1 => 42153
Hello, world!2 => 2643
Hello, world!3 => 32825
Hello, world!4 => 250
Hello, world!5 => 7300
...
Hello, world!995 => 164819
Hello, world!996 => 178486
Hello, world!997 => 22798
Hello, world!998 => 68868
Hello, world!999 => 46821
```

在比特币体系里，工作量证明机制与上述示例类似，但要更复杂一些。

工作量证明需要有一个目标值。比特币工作量证明的目标值（Target）的计算公式如下：

$$目标值 = 最大目标值 / 难度值$$

其中，最大目标值为一个恒定值：

```
0x00000000FFFFFFFFFFFFFFFFFFFFFFFFFFFFFFFFFFFFFFFFFFFFFFFFFFFFFFFFFF
```

可见目标值的大小与难度值成反比。比特币工作量证明达成的标准就是区块哈希值必须小于目标值。

可以这样理解，比特币工作量证明的过程就是将不停变化的区块头（即尝试不同的 Nonce 值）作为输入进行 SHA256 哈希运算，找出一个特定格式哈希值的过程（即要求有一定数量的前导 0），而要求的前导 0 的个数越多代表难度越大。

4. 工作量证明机制的工作过程

工作量证明机制的工作过程如下:

1)区块链系统中某节点生成了一笔新的交易记录,并且该节点将这笔新的交易记录向全网广播。

2)全网各个节点收到这个交易记录并与其他准备打包进区块的交易记录共同组成交易记录列表。

3)在列表内先对所有交易进行两两哈希计算,再对已获得的哈希值进行哈希计算获得默克尔树和默克尔树的根值,再把默克尔树的根值及其他相关字段组装成区块头。

4)各个节点将区块头的 80 字节数据加上一个不停变化的区块头随机数一起进行哈希运算(实际上这是一个双重哈希运算)。

5)将哈希运算结果值与当前网络的目标值进行对比,直到哈希运算结果值小于目标值,就获得了符合要求的哈希值,工作量证明完成。

具体对比特币而言,矿工解工作量证明谜题的步骤大致归纳如下:

1)生成 Coinbase 交易并与其他所有准备打包进区块的交易组成交易列表,通过默克尔树算法生成默克尔根哈希。

2)把默克尔根哈希及其他相关字段组装成区块头,将区块头的 80 字节数据(Block Header)作为工作量证明的输入不停地变更区块头中的随机数的数值,并对每次变更后的区块头做双重 SHA256 运算(即 SHA256(SHA256(Block_Header))),将结果值与当前网络的目标值进行对比,如果小于目标值,则解题成功,工作量证明完成。

总之,比特币的工作量证明就是我们俗称"挖矿"所做的主要工作。理解工作量证明机制将为我们进一步理解比特币区块链的共识机制奠定基础。

5. 工作量证明机制特点

工作量证明机制的主要特点如下:

1)结果不可控制。依赖机器进行哈希函数的运算来获得结果,计算结果是一个随机数,没有人能直接控制计算的结果。

2)计算具有对称性。计算结果的获得和验收需要的工作量是不同的,计算出结果所需要的工作量远远大于验收结果所需要的工作量。

3)计算的难度自动控制。为了使区块的形成时间保持在十分钟左右,区块链系统自动控制每一个符合要求的哈希获得在十分钟左右。

工作量证明机制的主要优点是方法简单易行、系统容易达成共识、节点间信息交换量较少、系统可靠性强且篡改的成本巨大。

工作量证明机制的主要缺点是:消耗大量的算力,即需要耗费大量的能源和其他资源,区块的确认时间较长,并难以缩短,新创立的区块较少,容易受到集中性的算力攻击;区块链容易产生分叉,稳定的区块链需要多个确认,并且难以改进;算力日趋集中与去中心化需求之间存在矛盾。

7.5.2 实用拜占庭容错算法

实用拜占庭容错（Practical Byzantine Fault Tolerance，PBFT）算法是 Miguel Castro 和 Barbara Liskov 在 1999 年提出的，它在原始拜占庭容错算法的基础上解决了理论可行而实际效率低下的问题，真正实现了分布式异步共识系统中的拜占庭攻击问题，推动了拜占庭容错算法在实际系统中的应用。

PBFT 是一种分布式节点间的状态复制算法，即每个节点都是保证系统服务状态一致性的状态机，全网状态机的状态服务一致性使得状态机实现了一致化操作。在总节点数为 n 的情况下，它能在容错不超过 $(n–1)/3$ 的拜占庭节点使大多数状态复制机（Replica）保持一致的状态。

PBFT 算法包括三个协议：

1）三阶段共识协议。保证主节点打包的区块通过三阶段共识协议实现打包结果的一致性，并可防止拜占庭攻击。

2）视图变更协议。保证在主节点作恶的情况下，系统可以通过该协议选举出新的主节点进行共识，且不破坏原有的共识状态。

3）检查点机制。保证各节点经过确认的一致性状态得以持久化，并且内存中的垃圾容量保持在一定限度内。

相对于 Raft 算法来说，PBFT 算法就是在其领导者模型（Leader-based Model）的基础上解决了分布式系统的拜占庭攻击问题。

1. 拜占庭将军问题

拜占庭将军问题（Byzantine Failures）是由莱斯利·兰伯特提出的点对点通信中的基本问题。该问题是指在存在消息丢失的不可靠信道上，试图通过消息传递的方式达到一致性是不可能的。因此，在进行一致性研究时，一般假设信道是可靠的，或不存在拜占庭将军问题。

拜占庭将军问题实际上是一个协议问题。拜占庭帝国的将军们必须一致决定是否攻击某一支敌军。但是这些将军位于不同的地点，并且将军中存在叛徒。叛徒可以采取任意行动达到以下目标：

1）欺骗某些将军采取进攻行动。

2）促成一个不是所有将军都同意的决定，如当将军们不希望进攻时促成进攻行动。

3）迷惑某些将军，使他们无法做出决定。

如果叛徒达到了这些目标之一，则任何攻击行动都注定是要失败的，只有达成一致的努力才能获得胜利。

在网络世界里，拜占庭将军问题往往是由于硬件错误、网络拥塞或断开以及遭到恶意攻击所造成的，这时候计算机和网络可能出现不可预料的行为。因此，需要设计拜占庭容错协议来解决这些问题。

拜占庭容错协议设计的核心思想为：① 每一个将军必须获得相同的信息；② 如果

第 i 个将军不是叛徒，那么他发送的消息必须被每个不是叛徒的将军使用。

假设共有 n 个将军，其中包括 m 个叛徒。定义一个变量 f_i 作为其他将军收到的来自第 i 个将军的命令值。为不失一般性，不要求 f_i 为布尔值。同时，i 将军会将自己的判断作为 f_i。由于有叛徒将军，因此各个将军收到的 f_i 值不一定相同。

为了简化问题，我们假设 n 个将军中有 1 个主将，$n–1$ 个副将。当前发送指令给其他将军的为主将，其余 $n–1$ 个将军为副将，则拜占庭容错协议设计的核心思想变更为：

1）所有忠诚的副将遵守一个命令。

2）若主将忠诚，则每一个忠诚的副将都将遵守他发出的命令。

这两个条件就成为解决拜占庭问题的充分条件。

例如，当 $n=3$，$m=1$ 时，将出现如下不确定情况：

1）当主将不是叛徒时，主将向两个副将传递攻击的命令，但是其中叛变的将军对忠诚的将军宣称自己收到的是撤退的命令，则忠诚的将军无法根据两个不同的命令判断谁是叛徒，从而难以做出一致的决定。

2）当主将是叛徒时，主将向两个副将分别传递攻击和撤退的命令，但当两个忠诚的将军进行命令交互时，同样无法判断出谁是叛徒，并做出一致的决定。

但有学者证明，当叛变者不超过 1/3 时，就存在有效的算法，不论叛徒是否传递命令，忠诚的将军们总能达成一致的结果。也就是说，当系统中节点总数为 n，而恶意节点数为 m 时，若系统整体规模满足 $n \geq 3m+1$，则恶意节点的错误决定并不会对系统的正常运行产生影响。

2. PBFT 算法原理

PBFT 算法是拜占庭容错算法最为经典的实现。下面对该经典算法进行简要说明。

在一个基本的 PBFT 系统中，至少包含四个节点（Replica，也称副本节点），其中一个节点是主节点（Primary），一条请求从发起到响应的过程包括如图 7-6 所示：

1）客户端将交易 <Transaction> 发送给就近节点（如主节点或其他节点）。

2）就近节点将交易进行全网广播并打包成 Batch。

3）主节点将交易打包后通过三阶段协议完成共识流程并进行交易。而三阶段是指预准备（Pre-Prepare）、准备（Prepare）和提交（Commit）三个阶段。

4）各节点将共识结果写入区块链中。

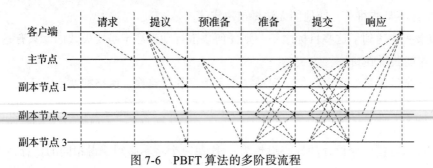

图 7-6　PBFT 算法的多阶段流程

PBFT 共识机制包含两部分：第一部分是分布式共识达成，第二部分是视图转换（View-Change）。第一部分是在主节点正常工作时，PBFT 通过预准备（Pre-Prepare）、准备（Prepare）和提交（Commit）三个步骤完成共识；第二部分是当主节点出现问题不能及时处理数据请求时，其他备份节点发起视图转换，转换成功后新的主节点开始工作。主节点以轮转 (Round Robin) 的方式交替更换。

（1）交易请求阶段

第 1 步：客户端（Client）通过向就近节点发送一个交易消息（<Transaction>）来请求执行操作。

<Transaction> 是指客户端 c 向主节点 p 发送 <Request, o, t, c> 请求。这里，o 表示请求的具体操作，t 表示请求时客户端追加的时间戳，c 是客户端标识。Request 包含消息内容 m 以及消息摘要 d(m)。其中，d(m) 用于对客户端的请求进行签名。

第 2 步：就近节点收到交易请求后将之广播给全网的节点，每个节点收到消息后都将其放到自己的交易池中。这样，所有节点的交易池中都会有全量的交易。这么做是为了应对主节点的拜占庭行为，例如，当恶意主节点故意不打包部分交易时能及时地被其他正确节点发现。

第 3 步：交易池的主节点在一个规定的时限内将交易打包成一个区块 Batch。这样处理可以避免过多的共识消息对区块链网络造成阻塞，例如，设置主节点每隔一秒收集 100 条交易，然后打包成一个 Batch。

第 4 步：当主节点完成一次交易打包后，主节点将该 Batch 向所有节点进行广播，由此进入三阶段协议（Three-phase Protocol）共识阶段，由主节点将该请求向所有副本节点进行广播。其中，预准备和准备阶段用于确保，即使是对 Batch 进行排序的主节点是恶意节点的情况下同一视图中 Batch 发送的时序正确性；准备和提交阶段用于确保提交的 Batch 在视图中是严格排序的。

（2）预准备阶段

第 1 步：主节点收到客户端的请求，进行校验，即校验客户端请求消息的签名是否正确。

第 2 步：如果不准确的话，则将请求丢弃；如果正确的话，则分配一个编号 n，该编号 n 主要用于对客户端的请求进行排序。

第 3 步：广播一条 <<Pre-Prepare, v, n, d>, m> 消息给其他副本节点。v 指视图编号，d 指客户端消息摘要，m 指消息内容。

第 4 步：利用 <Pre-Prepare, v, n, d> 进行主节点签名。

（3）准备阶段

第 1 步：副本节点 i 收到主节点的 Pre-Prepare 消息后需要进行以下校验。

● 主节点 Pre-Prepare 消息签名是否正确？

● 当前副本节点是否已经收到了一条在同一 v 下并且编号也是 n 但是签名不同的 Pre-Prepare 信息？

- d 与 m 的摘要是否一致？
- n 是否在区间 [h, H] 内？

第 2 步：如果非法，则请求被丢弃；如果正确，则副本节点 i 向其他节点包括主节点发送一条 <Prepare, v, n, d, i> 消息，v、n、d、m 与上述 Pre-Prepare 消息的内容相同，i 是当前副本节点编号。

第 3 步：利用 <Prepare, v, n, d, i> 进行副本节点 i 的签名。

第 4 步：将 Pre-Prepare 和 Prepare 消息记录到日志中，用于 View Change 过程中恢复未完成的请求操作。

（4）提交阶段

第 1 步：主节点和副本节点收到 Prepare 消息，需要进行以下校验：

- 副本节点 Prepare 消息签名是否正确？
- 当前副本节点是否已经收到了同一视图 v 下的 n？
- n 是否在区间 [h, H] 内？
- d 是否和当前已收到 Pre-Prepare 中的 d 相同？

第 2 步：如果非法，则请求丢弃；如果副本节点 i 收到了 2f+1 个验证通过的 Prepare 消息，则向其他节点包括主节点发送一条 <Commit, v, n, d, i> 消息，v、n、d、i 与上述 Prepare 消息内容相同。在这里，f 是恶意节点数。

第 3 步：利用 <Commit, v, n, d, i> 进行副本节点 i 的签名。

第 4 步：将 Commit 消息记录到日志中，用于 View Change 过程中恢复未完成的请求操作。

第 5 步：将其他副本节点发送的 Prepare 消息记录到日志中。

（5）响应阶段

第 1 步：主节点和副本节点收到 Commit 消息，进行以下校验：

- 副本节点 Commit 消息签名是否正确？
- 当前副本节点是否已经收到了同一视图 v 下的 n？
- d 与 m 的摘要是否一致？
- n 是否在区间 [h, H] 内？

第 2 步：如果非法，则请求被丢弃；如果副本节点 i 收到了 2f+1 个验证通过的 Commit 消息，说明当前网络中的大部分节点已经达成共识，运行客户端的请求操作 o，并返回 <Reply, v, t, c, i, r> 给客户端，r 是指请求操作结果，客户端如果收到 m+1 个相同的 Reply 消息，说明客户端发起的请求已经达成全网共识，否则客户端需要判断是否重新发送请求给主节点。

第 3 步：将其他副本节点发送的 Commit 消息记录到日志中。

（6）检查点机制

在 PBFT 中，存在检查点（Checkpoint）机制。由于每个消息都被赋予了一定的序列号，如消息 m 对应的序列号为 118，当不少于 2f +1 个节点组成消息 m 的承诺凭证、完成消息承诺之后，序列号 118 成为当前的稳定检查点（Stable Checkpoint）。检查点机制被用于实现存储删减，即当历史日志内容过多时，节点可以选择清除稳定检查点之前的数据，减少存储成本。另外稳定检查点在 PBFT 的视图转换中也起到了关键作用。

检查点机制不仅是用于存储系统稳定状态的手段，也是内存垃圾回收的基础。当一个检查点被确认为稳定检查点时，可以将内存中小于等于 n 的消息日志删除，从而达到进行内存垃圾回收的目的。通常为了防止内存占用量过大，应该合理设置整数 k 的值。同时，检查点协议可以用来更新水线的上下限值，使系统的稳定运行得以保障。

（7）视图变更协议

当主节点超时无响应或其他节点大多数认为其存在问题时，会进入视图转换过程。视图变更（View Change）协议保障了系统在主节点失效的时候仍然保持活性。在 PBFT 算法中，每一个主节点的在任即意味着一个视图，视图变更就意味着主节点的变更。通过当前系统的视图（View）和节点数（N）可以确认当前系统的主节点（Primary）的序列号（假设节点从 1 开始按序编号）。视图变更可以由超时触发，当一次三阶段共识过程没有在限定时间内完成时会引发超时，即防止备份节点无限期地等待请求执行；视图变更也可以由备份节点发现主节点存在私吞交易或者打包重复交易时引发，即防止主节点的拜占庭行为。

PBFT 的视图转换过程如下：

1）视图转换信息广播。备份节点 i 的当前视图 v，当前稳定检查点 S*，对于稳定检查点 S* 的凭证 C（即 2f + 1 个节点的有效承诺凭证），U 为节点 i 当前视图下序列号大于 S* 且已经形成准备凭证的消息集合。节点 i 计算视图转换消息 vc_i：（view-change，v + 1，S*，C，U，i），并将其在全网广播。

2）视图转换确认。备份节点收集对视图 v + 1 的转换消息并验证其合法性，验证通过后计算视图转换确认消息 vca_i：（view-change-ack，v+1，i，j，$H(vc_j)$）。其中，i 是当前备份节点，j 是发送视图转换消息 vc_j 的节点，$H(vc_j)$ 是视图转换消息的摘要。vca_i 消息相当于对每个节点发出的视图转换消息确认。备份节点将消息 vca_i 直接发送给视图 v + 1 对应的新的主节点。视图 v + 1 的主节点由轮转方式决定。

（3）新视图广播。对于每个视图转换消息，如节点 j 的消息 vc_j，如果 vc_j 合法，则其他节点将向主节点发送对 vc_j 的视图转换确认消息，因此，当主节点收集到 2f+1 个对 vc_j 的视图转换确认消息时，则可认为 vc_j 有效，并将 vc_j 和其对应的视图转换确认消息放入集合 S 中。主节点收集其他节点的有效视图转换消息，如果 S 中的消息不少于 2f 个，则主节点计算新视图消息 nv：(new-view，v + 1，S，U*)。其中 U* 包括当前的稳定检查点和稳定检查点之后序列号最小的预准备消息。

PBFT 中节点之间采用消息认证码（Message Authenticated Code，MAC）实现身份认证。MAC 是指在消息传输时，通过特定哈希函数计算消息摘要，然后将消息摘要和消息一并传输。任意两个节点之间存在一对会话密钥来计算消息的 MAC。会话密钥可以通过密钥交换协议来产生并实现动态更换。PBFT 实现了状态机复制的一致性和活性，在协议正常运行时，通信复杂度为 $O(n^3)$；在视图转换时，通信复杂度为 $O(n^4)$。

7.6   区块链智能合约

本章前几节主要对区块链整体架构、数据结构、共识机制进行了介绍，初步建立了对区块链的整体认识。下面引出智能合约的概念，主要介绍比特币和以太坊中智能合约的特性及合约模型。

7.6.1   智能合约的起源

合约是一种双方都需要遵守的合同约定。比如，在梅梅和梅梅爸爸打乒乓球时双方约定输的一方要买饮料，这是合约；卖西瓜的大爷对你说："买几个吧，不甜不要钱"，这是合约；你告诉自己打完这把游戏就学习，这是对自己的合约。

又比如，我们在银行设置的储蓄卡代扣水电气费用业务，也是一种合约。当一定条件达成时，比如燃气公司将每月的燃气支付账单传送到银行时，银行就会按照约定将相应的费用从账户里转账至燃气公司。如果账户余额不足，就会通过短信等手段进行提醒。如果长期欠费就会实行断气。不同的条件会触发不同的处理结果。

智能合约（Smart Contract）的出现是在 1993 年左右，远远早于区块链技术。它是由计算机科学家、加密大师尼克·萨博于 1993 年提出的，1994 年《智能合约》的论文发表。

智能合约一直没有得到广泛使用是因为需要底层协议的支持，还缺乏能支持可编程合约的数字系统和技术。

区块链不仅可以支持可编程合约，而且具有去中心化、不可篡改、过程透明可追踪等优点，天然适合于智能合约。在区块链中，数据无法删除、修改，不用担心合约内容会被篡改；执行合约及时、有效，不用担心系统在满足条件时不执行合约；同时，全网备份拥有完整记录，可实现事后审计和追溯历史。

智能合约本质上是部署在区块链上的可执行代码，即一段可执行的计算机程序。智能合约可不依赖中心机构自动化地代表各签署方执行合约，因其具有强制执行性、防篡改性和可验证性等特点，可以应用到很多场景中。过去几年中，智能合约迟迟没有应用到实际业务系统中，一是因为智能合约无法控制实物资产来保证合约的有效执行；二是因为智能合约缺少安全可信的执行环境。

智能合约以代码的形式锁定和传递契约与规则，大幅扩展了区块链的功能，使其有了更广阔的应用场景。具体方法是：数据链（区块链账本）由按照时间顺序不停增长的有序数据块（及区块）组成，每一个数据区块内都存储了交易信息、时间戳和上一个区块的哈希，通过这样的数据结构特征并按密码学方式确保存储数据的可追溯和不可篡改。

目前，智能合约已经经历了 1.0 时代（如比特币的脚本）和 2.0 时代（如以太坊中的智能合约）。

以太坊是个创新性的区块链平台，它的创新之处就是在区块链中封装代码和数据，允许任何人在平台中建立和使用通过区块链技术运行的去中心化应用。它既采用了区块链的原理，又增加了在区块链上创建智能合约的功能，试图实现一个总体上完全无须信任基础的智能合约平台。

7.6.2　智能合约的定义

按照萨博的定义，智能合约就是执行合约条款的可计算交易协议，并具有可见性、强制执行性、可验证性、隐私性等性质。

1997 年，萨博将智能合约定义为一套以数字形式定义的承诺（Promise），包括合约参与方可以在上面执行这些承诺的协议。承诺包括用于执行业务逻辑的合约条款和基于规则的操作，这些承诺定义了合约的本质和目的。数字形式意味着合约由代码组成，其输出可以预测并可以自动执行。协议是参与方必须遵守的一系列规则。

2008 年比特币出现之后，智能合约成为区块链的核心构成要素，它是由事件驱动的、具有状态的且运行在可复制的共享区块链数据账本上的计算机程序，能够实现主动或被动的数据处理功能，具有接收、存储和发送价值，以及控制和管理各类链上的智能资产等功能。

2016 年 10 月工信部发布的《中国区块链技术和应用发展白皮书》将智能合约视为一段部署在区块链上可自动运行的程序，涵盖范围包括编程语言、编译器、虚拟机、时间、状态机、容错机制等。

在金融区块链中，智能合约可以被认为是一种系统，一旦预先定义的规则得到满足，它就向所有或部分相关方发布数字资产。更广义地讲，智能合约是用编程语言编码的一组规则，一旦有满足这些规则的事件发生，就会触发智能合约中事先预设好的一系列操作，而不需要可信第三方参与。这一性质使得智能合约有着广泛的应用。目前已有不同的区块链平台可以用来开发智能合约，如 GitHub.com 平台等。与此同时，一些信息通信技术公司已经开始关注区块链和智能合约，大部分国家对推动区块链技术的发展也持积极态度。

智能合约的定义可以分为两类：智能合约代码（Smart Contract Code）和智能法律合约（Smart Legal Contract）。

1）智能合约代码是指在区块链中存储、验证和执行的代码。由于这些代码运行在区块链上，因此也具有区块链的一些特性，如不可篡改性和去中心化等。该程序本身也可以控制区块链资产，即可以存储和传输数字货币。

2）智能法律合约更像是智能合约代码的一种特例，是使用区块链技术补充或替代现有法律合同的一种方式，也可以说是智能合约代码和传统的法律语言的结合。

7.6.3 智能合约的工作原理

基于区块链的智能合约包括事件的保存和状态处理，它们都在区块链上完成。事件主要包含需要发送的数据，而时间则是这些数据的描述信息。如图 7-7 所示，当事务或事件信息传入智能合约后，合约资源集合中的资源状态会被更新，进而触发智能合约进行状态机判断。如果事件动作满足预置触发条件，则由状态机根据参与者的预设信息，选择合约动作自动、正确地执行。

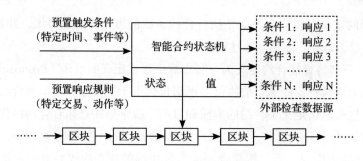

图 7-7　区块链系统上运行的智能合约

智能合约运行后自动产生智能合约账户，智能合约账户包括账户余额、存储等内容，存储在区块链中。区块链中的各个节点在虚拟机或者 Docker 容器中执行合约代码（也可称作调用智能合约），就执行结果达成共识，并相应地更新区块链上智能合约的状态。智能合约可以基于其收到的交易进而读 / 写用户私人存储，将"费用"存入其账户余额；也可以发送 / 接收消息或来自用户 / 其他智能合约的数字资产，甚至创建新的智能合约。

在区块链上，程序员可以通过编写代码创建新的数字资产，也可以通过编写智能合约的代码来创造非数字资产的转移交付功能。这意味着区块链交易远不止买卖货币，将会有更广泛的应用指令嵌入到区块链中。所以，在以太坊平台上创立新的应用场景就变得十分简便了。

智能合约自动执行约定的规则，强制执行或履行约定的方案，因而解决了要赖问题、不履行问题和信任问题。智能合约的条件和触发事件是可变的，可在合约内预先设定，因而有较好的灵活性。

7.6.4 比特币中的智能合约

比特币脚本是智能合约的雏形，包括比特币在内的数字货币大多采用非图灵完备的简单脚本代码编程控制交易过程。在比特币区块链中，交易是通过脚本来实现的，比特币脚本是区块链 1.0 时代的智能合约，被看作第一种可编程货币。

脚本是简单的、从左向右处理的、基于堆栈的执行语言。脚本语言非常有限，只包含一些基本的算术、逻辑和加密操作（如数字签名的验证和哈希），但是它为区块链可编程提供了一个原型，后续一些可编程区块链项目都是基于脚本的原理发展起来的。例如，以太坊就增强了脚本机制，脚本机制中不再是简单的 OP 指令，而是支持脚本的一套图灵完备语言。

1. 未花费的交易输出（UTXO）

大家都有通过微信或支付宝转账的经历。如一笔交易是这样的：张三给李四转 500 元，则张三账上减 500 元，李四账上加 500 元。

在比特币区块链中，交易不是这么简单，交易实际是通过脚本来完成的，这也是比特币被认为是一种"可编程的货币"的原因。

其实比特币的交易都是基于未花费的交易输出（Unspent Transaction Output，UTXO）的，即交易的输入是之前交易未花费的输出，这笔交易的输出可以被当作下一笔新交易的输入。

挖矿奖励属于特殊的交易（称为 Coinbase 交易），可以没有输入。UTXO 是交易的基本单元，不能再分割。在比特币中没有余额概念，只有分散到区块链里的 UTXO。钱从一个地址被移动到另一个地址的同时就形成了一条所有权链。

2. 比特币脚本

比特币交易时，首先要提供一个用于解锁 UTXO（用私钥去匹配锁定脚本）的脚本，常称为解锁脚本（Signature Script），也叫交易输入。交易的输出则是指向一个脚本，称为锁定脚本（PubKey Script），这个脚本解决谁的签名（签名是常见形式，并不一定必须是签名）能匹配这个输出地址钱就支付给谁的问题。

每一个比特币节点会通过同时执行解锁和锁定脚本（不是当前的锁定脚本，是指上一个交易的锁定脚本）来验证一笔交易，脚本组合结果为真，则为有效交易。

当解锁版脚本与锁定版脚本的设定条件相匹配时，执行组合脚本时才会显示结果为真。

最常见的比特币交易脚本是支付到公钥哈希（Pay-to-Public-Key-Hash，P2PKH）。P2PKH 组合脚本如图 7-8 所示。

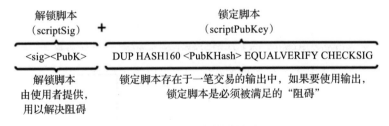

图 7-8 P2PKH 组合脚本

综上，比特币交易依赖于两类脚本来验证，即解锁脚本和锁定脚本。解锁脚本通常含有用户私钥生成的数字签名。锁定脚本指定了今后花费这笔交易必须满足的条件。解锁脚本与锁定脚本对应，只有满足锁定脚本的条件才允许花掉这个脚本上对应的资产。

比特币交易脚本语言是一种基于逆波兰表示法的基于栈的执行语言，包含基本算术计算、基本逻辑（比如 if…then）、报错以及返回结果和一些加密指令等，不支持循环。脚本语言通过从左至右地处理每个项目的方式执行脚本。

3. 智能合约的脚本类型

在最初几年的比特币版本中，开发者对可被标准客户端处理的脚本设定了一些限制。这些限制编码成一个函数 isStandard()，其中定义了 5 种类型的"标准"交易。这 5 种标准类型的交易脚本包括：支付到公钥哈希（P2PKH）、支付到公钥、多重签名（限定最多 15 个密钥）、支付到脚本哈希（P2SH），以及数据输出（OP_RETURN）。

（1）支付到公钥哈希（P2PKH）

在比特币网络上处理的绝大多数交易都是 P2PKH 交易。这种交易包含一个锁定脚本，锁定脚本通过公钥哈希（通常被称为比特币地址）阻碍交易输出。对公钥哈希进行支付的交易包含一个 P2PKH 脚本。一个被 P2PKH 脚本锁定的输出，可以通过提供公钥及与之对应的私钥签署的数字签名进行解锁。

（2）支付到公钥（Pay-to-Public-Key）

与支付到公钥哈希（P2PKH）相比，支付到公钥是一种较为简单的比特币支付形式。这种形式下，公钥本身被存储在锁定脚本中，而不是像 P2PKH 一样只存储公钥哈希，哈希值要比公钥短得多。支付到公钥哈希是中本聪发明的，是为了让比特币地址变得更短，便于使用。支付到公钥现在一般只会在铸币交易中看到，它们由老版本的挖矿软件创建。这些软件一直没有更新到可以使用 P2PKH 的版本。

（3）多重签名

多重签名脚本设定一个条件，使 N 个公钥被记录在脚本中，约定 N 个公钥中的至少 M 个提供签名才能解除阻碍。这种交易也被称为 M-of-N 方案，这里的 N 代表密钥的总数，而 M 是用于验证的签名的最少数目。举例来说，一个 2-of-3 的多重签名中，列表中的 3 个公钥代表 3 个潜在的签名人，他们中至少要有 2 人提供签名才能验证交易的有效性。

M-of-N 多重签名条件的锁定脚本的一般形式如下：

```
M <Public Key 1> <Public Key 2> ... <Public Key N> N OP_CHECKMULTISIG
```

其中，N 是全部列出的公钥数量，M 是用以解锁输出的最小签名数量。

一个设置了 2-of-3 多重签名条件的锁定脚本可以描述如下：

```
2 <Public Key A> <Public Key B> <Public Key C> 3 OP_CHECKMULTISIG
```

由于最初的 CHECKMULTISIG 实现中存在一个漏洞，会导致过多项目被推出栈顶，因此前缀 OP_0 是必需的，但是它仅充当占位符的作用，会被 CHECKMULTISIG 忽略。

验证脚本可以描述为：

```
OP_0 <Signature B> <Signature C> 2 <Public Key A> <Public Key B> <Public
Key C> 3 OP_CHECKMULTISIG
```

当且仅当解锁脚本符合锁定脚本设置的条件时,这个验证脚本的执行结果才为真。

(4)数据输出(OP_RETURN)

早期对比特币脚本语言的应用开发主要包括创建能够在区块链上记录数据的交易输出。比如,将文件的数字指纹记录到区块链上,使任何人都能通过引用交易,或在特定日期建立文件的存在性证明。

在比特币 0.9 版本中达成了一项共识,即引进了 OP_RETURN 操作符。OP_RETURN 允许开发者添加 40 字节与支付无关的数据到交易输出中。OP_RETURN 的输出记录在区块链上,需要消耗磁盘空间,会使区块链变大,但它们不存储在 UTXO 集合中,因而不会导致 UTXO 内存膨胀,从而节约了内存成本。

OP_RETURN 脚本的样式如下:

```
OP_RETURN <data>
```

其中,<data> 部分限定为 40 字节,通常为一个哈希值,比如 SHA256 算法的输出。很多应用程序会在数据前加一个前缀来标识应用,比如,存在证明(http://proofofexistence.com)数字公证服务使用 8 字节的前缀"DOCPROOF",这是个 ASCII 码的字符串,其十六进制的表示形式为 44f4350524f4f46。

必须记住,没有"解锁脚本"与 OP_RETURN 对应。OP_RETURN 通常是一个零比特币金额的输出,因为任何赋予这样一个输出的资金都会永久丢失。脚本验证软件碰到 OP_RETURN 操作符会立即停止验证脚本的执行,并将交易设为无效。所以,如果你的交易输入中不小心引用了一个 OP_RETURN 输出,交易就是无效的。

(5)支付到脚本哈希(P2SH)

2012 年引入的支付到脚本哈希(P2SH)是一个强大的新型交易脚本,它极大地简化了复杂的交易脚本。P2SH 锁定脚本包含一个赎回脚本的哈希,它不含任何赎回脚本内容的信息。

虽然多重签名脚本功能相当强大,但使用起来也很笨重。因为要使用这个脚本,我们不得不在客户付款前与他们一一沟通告之这个脚本,每个客户也不得不使用特殊的比特币钱包以生成交易脚本,客户还需要了解如何利用这个脚本来生成交易。此外,最终生成的交易比简单交易要大 5 倍,因为这个脚本包含了非常长的公钥。超大交易的负担将以交易费用的形式转嫁到客户头上。

引入支付到脚本哈希就是要解决上述问题,使复杂脚本的使用跟支付到比特币地址一样简单。对于 P2SH 支付,数字指纹(加密哈希)代替了复杂的锁定脚本。在 P2SH 交易中,被哈希替代的锁定脚本也被称为赎回脚本,它与锁定脚本不同,在赎回时才提供给系统。表 7-5 显示了不带 P2SH 的复杂脚本,表 7-6 显示的是具有同样功能的 P2SH 脚本。

表 7-5 不带 P2SH 的复杂脚本

锁定脚本	2 PubKey1 PubKey2 PubKey3 PubKey4 PubKey 55 OP_CHECKMULTISIG
解锁脚本	Sig1 Sig2

表 7-6　带 P2SH 的复杂脚本

赎回脚本	2 PubKey1 PubKey2 PubKey3 PubKey4 PubKey 55 OP_CHECKMULTISIG
锁定脚本	OP_HASH160 <20 – byte hash of redeem script > OP_EQUAL
解锁脚本	Sig1 Sig2 redeem script

从表 7-5 和表 7-6 可以看出，使用 P2SH 后，描述详细解锁条件的脚本（赎回脚本）并没有在锁定脚本中给出。相反，在锁定脚本中只出现了哈希值，而赎回脚本则在稍后交易输出被花费时，才作为解锁脚本的一部分出现。由此，额外交易费的负担和交易的复杂度从发送者转移到了接收者（花费者）。

P2SH 具有以下优势：

1）交易输出中的复杂脚本被更短的数字指纹替代，使得交易规模更小。

2）脚本可以被编码为一个地址，交易发送者不再需要复杂的代码去实现 P2SH。

3）P2SH 将构建脚本的工作任务从发起者转移给了接收者。

4）P2SH 将存储长脚本的工作负担从输出（在 UTXO 集合中，从而影响内存）转移到了输入（只存储在区块链上）。

5）P2SH 将长脚本数据存储的负担从当前（支付）转移到了未来（输出被花费时）。

6）P2SH 将长脚本交易费用的负担从发送者转移给了接收者，接收者在使用资金时必须包含赎回脚本。

4. 比特币中的智能合约

比特币中智能合约是通过脚本验证过程实现的。下面用两个图来说明常见类型的比特币交易脚本验证执行过程。

图 7-9 和图 7-10 显示了 P2PKH 脚本在堆栈式计算引擎中检验交易有效性的过程，其中 <sig> 和 <PubK> 是解锁脚本，其余的是锁定脚本。具体过程如下：

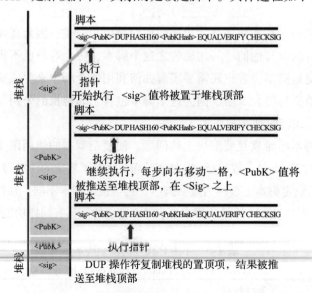

图 7-9　P2PKH 解锁脚本运行过程（入栈）

1）如图 7-9 所示，将 <sig> 和 <PubK> 压入堆栈中，执行 DUP，复制堆栈顶的 <PubK> 并压入堆栈。

2）如图 7-10 所示，执行 HASH160，弹出堆栈顶的 <PubK>，并用 HASH160 计算，将计算结果压入堆栈，然后将 <PubKHash> 压入堆栈。执行 EQUALVERIFY，比较堆栈顶的两个数值，如果不同，则验证出错，交易不合法；如果验证通过，堆栈只剩下 <sig> 和 <PubK>，CHECKSIG 将二者弹出，验证该交易签名是否是由该公钥对应用户使用其私钥签署的，如果是，交易合法，返回 True；否则，交易不合法。

图 7-10　P2PKH 锁定脚本运行过程（出栈）

7.6.5　以太坊中的智能合约

以太坊的目的是基于脚本、竞争币和链上元协议（on-chain meta-protocol）概念进行整合和提高，使开发者能够创建任意基于共识的、可扩展的、标准化的、特性完备的、易于开发的和协同的应用。账户是以太坊的核心操作对象。以太坊中的账户分为外部账户和合约账户两类，外部账户由公私钥对控制，是人为创建的能够存取货币的账户。合约账户由存储在账户中的代码控制，其地址是在创建合约时由合约创建者的地址和该地址发出过的交易数量计算得到的。

　　用于以太坊智能合约开发的语言主要有 Solidity、Serpent 和 LLL。在部署智能合约时，EVM 将用户编写的代码编译为基于堆栈的字节码语言，并存储在区块链上，在需要时通过 web3.js 库提供的 JavaScript API 接口来调用智能合约，并在 EVM 中运行。EVM本身没有存储在区块链内，而是和区块链一样同时存储在各个节点计算机上。每个参与以太坊网络的校验节点都会运行 EVM，并将其作为区块有效性协议的一部分。每个节点都会对智能合约的部署和调用进行相同的计算，并存储相同的数据，以确保将正确的结果记录在区块链内。为了防止恶意用户部署无限循环的智能合约，以太坊要求用户为所部署的智能合约的每一步执行支付费用，费用的基础单位是 gas。

　　以太坊智能合约是代码和数据的集合，以合约地址的形式存储在区块链中。与比特币脚本不同，以太坊智能合约不会预先设定好操作，用户可以按照自己的意愿创建复杂的合约逻辑。以太坊智能合约的开发语言 Solidity 类似于 JavaScript 脚本。Solidity 编写的智能合约，通过以太坊钱包客户端或者其他智能合约开发工具编译后，附加到交易中发送到以太坊网络，矿工节点验证并打包到区块中，区块达成共识后将合约部署到区块链上。

　　除了 Solidity 语言之外，Serpent 也是以太坊常用的开发语言之一。下面是 Serpent语言实现的一个令牌系统示例：从发送者中减去 X 个单位并将这 X 单位加到接收者中，前提条件是发送者在交易之前至少有 X 个单位并且发送者批准这笔交易。

```
from = msg.sender
to = msg.data[0]
value = msg.data[1]
If contract.storage[from] >= value:
contract.storage[from] >= value
contract.storage[to] = contract.storage[to] + value
```

　　以太坊智能合约是由事件驱动的、多方用户共同制定的响应规则，达成一致后将合约状态存储到区块链上。以太坊智能合约模型如图 7-11 所示。事件或者数据信息传入智能合约后更新合约状态，触发智能合约进行状态机判断。如果满足响应条件，状态机根据预置响应规则自动执行智能合约代码，合约执行的结果输出给用户，合约值和状态的改变则记录到区块链上。

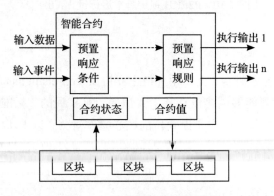

图 7-11　以太坊智能合约模型

7.6.6 智能合约存在的问题

虽然智能合约有很多优点，但在实际应用中还存在一些不足，包括编码问题、安全问题、隐私问题和性能问题等。

1. 编码问题

目前，以太坊智能合约基于程序语言。在程序语言中，代码是作为一系列步骤执行的，程序员必须指定应该做什么以及如何做。这使得使用这些语言编写智能合约的任务烦琐且容易出错。为了解决这个问题，可以使用基于逻辑的语言而不是程序语言。

2. 安全问题

一些智能合约需要区块链外部的信息（如数据馈送），但不能保证外部提供的信息是可信的，这时候可以在外部资源和智能合约之间引入一个可信的第三方，为智能合约提供经过验证的数据馈送；也可以使用以太坊自带的函数（如 SendIfReceived）来强制执行事务顺序，如果没有以正确的顺序执行智能合约，可能会得出错误的结果；还可以构建相关工具来检测以太坊智能合约是否存在被攻击的风险。

3. 隐私问题

在公有链系统中，所有交易和用户余额都可公开查看，缺乏交易隐私。因此，有研究人员构建了一个名为 Hawk 的工具，允许开发人员编写隐私保护的智能合约，无须实施任何加密技术。也有研究者建议在将智能合约部署到区块链之前加密智能合约，只有合约的参与者才能使用解密密钥访问智能合约。

当智能合约要求数据馈送操作时，它会向提供这些馈送的一方发送请求，但该请求会暴露给公众，缺乏数据隐私。为了解决这个问题，在发送请求之前，智能合约可以使用公钥对请求进行加密，收到加密请求后，再使用私钥对其进行解密，因此，可以保证请求的内容对区块链中的其他用户或者智能合约保密。

4. 性能问题

在区块链系统中，智能合约按顺序执行，每秒可执行的智能合约数量将受到限制。随着未来智能合约数量的增加，区块链系统将难以进行大规模扩展。

7.6.7 智能合约的应用

智能合约具有的区块链和实际应用场景相结合的重要特性是区块链能够被称为颠覆性技术的主要原因，是可编程金融、可编程货币的技术基础。

智能合约帮助区块链从理论走向实践，在今后可能会让人类社会结构产生重大变革。首先，智能合约可能成为全球经济的基本构件，任何人都可以接入到这一全球经济中，而不需要事前审查和预付成本；其次，智能合约无须要求用户彼此信任，因为智能合约不仅是由代码进行定义的，也是由代码强制执行的，完全自动且无法干预，也就是"代码即法律"。

在金融、拍卖、借贷、遗嘱、注册、众筹、股权、投票、保险等领域，智能合约都可以发挥其重要作用。这里，我们选择具有代表性的几个应用进行描述。

1. 医疗保险

在医疗保险领域，患者、医疗机构、保险提供商之间组成了一个三角关系。在交互中存在效率低下和服务复杂的问题。

1）对保险服务提供商来说，保险成本高企，特别是管理成本很高，很多精力花在合同的签订和管理、维护数据库、款项的支付和收取、索赔检查、资料审定等方面。

2）对患者而言，大多数患者及其家属面对医疗账单和第三方报销流程时充满了未知和恐惧。保险报销的复杂性使其流程变得冗长，患者也有很多疑问很难解决，比如，是否可以报销？如何报销？什么时候报销？

3）对医疗机构来说，每年也有相当长的时间花费在保险报销过程中，比如，病历资料的整理、保险服务提供机构和政府的审计等。

索赔支付和裁决是一个非常复杂的过程，涉及大量的管理费用和人工流程。需要验证所有利益相关者是否符合和遵守合同中约定的条件。绝大多数索赔并不复杂，可以在一个完全自动化的过程中用相对简单的逻辑来进行处理。

利用区块链的智能合约技术实现保险索赔的完全自动化的流程是可行的。在这类区块链项目中，需要运行两种类型的数据：一是医疗健康记录；二是保险合同。

由于医疗健康记录数据的安全性极为敏感，区块链技术的应用又极不成熟，所以医疗健康记录目前上链的难度还很大，但可以采用接口的方式将两者结合起来。比如将区块链和快速医疗互操作性资源（FHIR）的 API 接口相连接，将数据输出限制为只有智能合同执行所需的数据。与每个索赔相关联的临床护理细节可以作为参考地址存储在区块链中，但由符合 FHIR 的 API 提供。在区块链中存储临床信息的 URL 链接，而不是实际的临床医疗数据，从而最大限度地减少节点共享的敏感数据，同时仍然实现互操作性，并发挥区块链的优势。

有了数据后，基于智能合约的保险合同的智能执行成为关键。智能合约不仅仅局限于合同的执行，而是应该在满足某种条件后的自动执行。在智能合约的保护下，医疗数据输出到其他医院，由具有医生身份的用户进行一次性阅读，使用后便销毁，免除了医院对自己数据安全的担忧。也可以对慢性病用户持续上传的医疗数据进行监控，一旦指标超出标准，就提醒医生和患者双方注意，并完成自动挂号等行为，实现保险理赔。

2. 遗产分配

虽然智能合约仍处于初始阶段，但是其潜力显而易见。想象一下老人分配遗产的场景，通过智能合约会让决定谁得到多少遗产这件事变得非常简单。如果开发出足够简单的用户交互界面，它就能够解决许多法律难题，例如更新老人遗嘱等。一旦智能合约确认触发条件，如老人过世，合约自动开始执行，老人财产就按照事先约定的规则进行自动分割。也可以通过新的合约规则分配财产，如老人的某个孙辈到了 18 岁的某天，通过智能合约自动执行继承财产等。

为了实现上述功能，需要设置的第一个条件是：孙辈在 18 岁时收到一份继承资产，程序需要设置执行交易的具体日期，包括还要检查该项交易是否已经被执行；需要设置的第二个条件是：程序扫描一个在线的人员死亡登记数据库，或预先指定的某个在线报纸的讣告区，也可能是某种"预言"信息来证明老人已经过世。当智能合约确认了上述信息，它就能够自动发送财产资金。

3. 物联网

物联网正在不断发展，每天都有越来越多的智能设备连接到网络上。一些思想超前的开发者已经开始着手将物联网和区块链技术结合在一起，所以许多基于区块链的数字货币或者数字资产实际上就可以代表一个物体。这种通常以代币形式出现的数字资产就是所谓的智能财产（Smart Property）。萨博在他 1994 年的论文中已经预想到了"智能财产"，并写道："智能财产可能以将智能合约内置到物理实体的方式被创造出来。"他举的一个例子是汽车贷款，如果贷款者不还款，智能合约将自动收回发动汽车的数字钥匙。毫无疑问，智能合约这种用途对未来的汽车经销商很有吸引力。

使用智能合约进行住屋出租，房东和租房者不需要彼此信任，他们只需要信任智能合约。智能合约将使得以前需要信任的商业模式去中心化。如此一来，它将消除房屋中介所收取的高额费用。

智能合约技术虽然具有自动化、高效率和低成本的巨大潜力，但还是存在着一定的不足。比如公开的代码在部分行业中就不太合适，还需要在后续的发展中逐步进行功能的完善。

7.7　区块链的应用

全球区块链技术平台可以分为公开链和联盟链。公开链面向全球，任何人都能够接触使用，如比特币、以太坊等。联盟链则是由一些商业团体组织实现的行业专用链，如超级账本等。

比特币（BitCoin，BTC）作为金融历史上一次里程碑式的社会实验同时也是最早的区块链项目最先进入人们的视野。比特币项目的成功运行尤其是其背后的区块链技术刺激了相关企业开始考虑区块链的商业用途。

以太坊（Ethereum）项目则致力于实现一个图灵完备的区块链平台，智能合约的引入使得开发者可以使用以太坊官方提供的工具和开发语言 Solidity 开发运行于以太坊网络上的"去中心化"应用，极大地促进了区块链技术的发展及其应用领域的拓展。虽然以太坊是基于比特币网络的核心思想，但其独有的技术特点解决了比特币网络运行中的一些问题，而且其智能合约概念的提出使以太坊网络具备了更大的发展潜力。

以太坊、比特币等公有区块链平台的成功应用，充分证明了区块链技术去中心化及可持续发展的优势。

7.7.1　超级账本

超级账本是相关企业开发区块链商业价值的第一个尝试，该项目首次提出了面向联盟链场景的分布式账本平台，用以提高进行商业交易的效率，降低多方合作的成本。Fabric 作为最早加入超级账本中的顶级项目，其下又包括 Fabric CA、Fabric SDK 等子项目。不同于传统的区块链模型，Fabric 拥有可插入各种功能模块的设计架构，是一个非常利于学习和开发的开源区块链实施方案。

1. 超级账本的特征

目前，超级账本 Fabric 架构上的核心特征主要包括：

1）解耦了原子排序环节与其他复杂处理环节，消除了网络处理瓶颈，提高了可扩展性。

2）解耦交易处理节点的逻辑角色为背书节点（Endorser）、确认节点（Committer），可以根据负载进行灵活部署。

3）加强了身份证书管理服务，使其作为单独的 Fabric CA 项目，提供更多功能。

4）支持多通道特性，不同通道之间的数据彼此隔离，提高隔离安全性。

5）支持可拔插的架构，包括共识、权限管理、加解密、账本机制等模块，支持多种类型。

6）引入系统链码来实现区块链系统的处理，支持可编程和第三方实现。

2. 超级账本的结构

超级账本 Fabric 的整体架构如图 7-12a 所示。Fabric 为应用提供了 gRPC API 以及封装 API 的 SDK 供应用调用。应用可以通过 SDK 访问 Fabric 网络中的多种资源，包括账本、交易、链码、事件、权限管理等。应用开发者只需要跟这些资源打交道即可，无须关心如何实现。其中，账本是最核心的结构，用于记录应用信息，应用则通过发起交易来向账本中记录数据。交易执行的逻辑通过链码来承载。整个网络运行中发生的事件可以被应用访问，以触发外部流程甚至其他系统。权限管理则负责整个过程中的访问控制。账本和交易进一步地依赖核心的区块链结构、数据库、共识机制等技术；而链码依赖容器、状态机等技术；权限管理则利用了已有的 PKI 体系、数字证书、加解密算法等诸多安全技术。底层由多个节点组成 P2P 网络，通过 gRPC 通道进行交互，利用 Gossip 协议进行同步。

如图 7-12b 所示的层次化结构提高了 Fabric 架构的可扩展和可插拔性，方便开发者以模块为单位进行开发。用户可利用 Fabric 提供的 API 和封装了不同语言的 SDK（包括 Golang、Node.js、Java、Python 等）开发基于区块链的应用，访问 Fabric 区块链网络的多种资源。

在超级账本 Fabric 的层次化结构中，自下而上可以分为三层。

（1）面向系统管理人员的网络层

网络层通过软硬件设备，实现了对分布式账本结构的连通支持，包括节点、排序者、客户端等参与角色，还包括成员身份管理、Gossip 协议等支持组件。

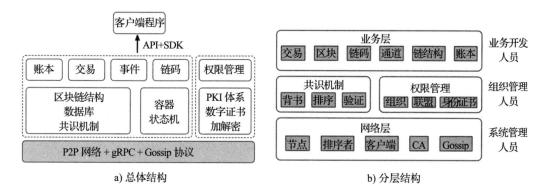

图 7-12　超级账本 Fabric 的整体架构

Peer（节点）的概念最早来自 P2P 分布式网络，意味着在网络中担任一定职能的服务或软件。节点功能可能是对等一致的，也可能是分工合作的。在超级账本 Fabric 网络中，Peer 意味着在网络中负责接受交易请求、维护一致账本的各个 fabric-peer 实例。这些实例可能运行在裸机、虚拟机甚至容器中。节点之间彼此通过 gRPC 消息进行通信。按照功能角色划分，Peer 可以分为三种类型。

- 背书节点。负责对来自客户端的交易提案进行检查和背书；
- 确认节点。负责检查交易请求，执行交易并维护区块链和账本结构；
- 提交节点。负责接收交易，转发给排序者，目前未单独出现。

这些角色是功能上的划分，彼此并不相互排斥。一般情况下，网络中所有节点都具备确认节点功能，部分节点具有背书节点功能，提交节点功能则往往集成在客户端（SDK）进行实现。

（2）面向组织管理人员的共识机制和权限管理

共识机制和权限管理是分布式账本的基础支撑。基于网络层的连通，权限管理中使用了成熟的 PKI 体系、加密解密算法等技术。

（3）面向业务开发人员的业务层

业务层基于分布式账本，包括支持链码、交易等跟业务相关的功能模块，提供更高一层的应用开发支持。业务层的链码（Chaincode）、交易（Transaction）和账本依赖于组织管理层的区块链结构、数据库和共识机制技术。

3. 超级账本的工作流程

超级账本 Fabric 根据交易过程中不同环节的功能，在逻辑上将节点角色解耦为背书节点和提交节点，让不同类型的节点可以关注处理不同类型的工作负载。典型的 Fabric 交易流程如图 7-13 所示。

（1）客户端应用程序

客户端是用户和应用跟区块链网络打交道的桥梁。客户端主要包括两大职能，即操作 Fabric 网络（包括更新网络配置、启停节点等）和操作运行在网络中的链码（包括安装、实例化、发起交易调用链码等）。

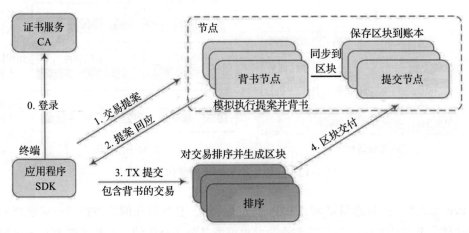

图 7-13　Fabric 的交易流程

这些操作需要跟背书节点、确认节点、提交节点和 Orderer（排序）节点打交道。特别是链码实例化、交易等涉及共识的操作，需要跟排序节点交互，因此，客户端往往也需要具备提交节点的能力。网络中的背书节点、确认节点、提交节点和排序等节点则对应提供了 gRPC 远程服务访问接口，供客户端进行调用。

目前，除了基于命令行的客户端之外，超级账本 Fabric 已经拥有了多种语言的 SDK。这些 SDK 封装了对底层 gRPC 接口的调用，可以提供更完善的客户端和开发支持，包括 Node.Js、Python、Java、Go 等多种实现。

客户端使用 SDK 跟 Fabric 网络打交道。首先，客户端应用程序从 CA 获取合法的身份证书（图中第 0 步）以加入网络内的应用通道。发起正式交易前，需要先构造交易提案（TX Proposal）提交给背书节点进行背书（图中第 1 步）。具体可以通过 EndorserClient 提供的 ProcessProposal 接口来实现；其次，客户端应用程序从背书节点收集背书（图中第 2 步），然后利用背书构造一个合法的交易请求，发给排序节点进行排序（图中第 3 步）。具体可以通过 BroadcastClient 提供的 Send（env *cb.Envelope）error 接口进行处理。

客户端应用程序还可以通过事件机制监听网络中的消息来获知交易是否被成功接收。

（2）背书节点

背书节点提供 ProcessProposal 方法供客户端应用程序调用，完成对交易提案的背书（目前主要是签名）处理。

背书节点收到来自客户端应用程序的交易提案后，首先进行合法性和 ACL 权限检查，检查通过则进行模拟运行交易，对交易导致的状态变化（包括所读状态的键和版本、所写状态的键值）进行背书并返回结果给客户端应用程序。特别要注意的是网络中可以只有部分节点担任背书节点角色。

（3）确认节点

确认节点负责维护区块链和账本结构（包括状态 DB、历史 DB、索引 DB 等）。该节点会定期地从排序节点获取排序后的批量交易区块结构，对这些交易进行落盘前的最终检查（包括交易消息结构、签名完整性、是否重复、读写集合版本是否匹配等）。检查通过后执行合法的交易，将结果写入账本，同时构造新的区块，更新区块中的 BlockMetadata（TRANSACTIONS_FILTER）记录交易是否合法等信息。同一个物理节点可以仅作为确认节点角色运行，也可以同时担任背书节点和确认节点这两种角色。

（4）排序

从功能上看，排序的目的是对网络中的交易分配全局唯一的序号，实际上并不需要交易相关的具体数据内容。因此为了进一步提高隐私性，发往排序节点的可以不是完整的交易数据而是部分信息，比如交易加密处理后的结果，或者仅仅是交易的 Hash 值、Id 信息等。这些改进设计会降低对排序节点可靠性和安全性的要求。

排序节点可以支持多通道。不同通道之间彼此隔离，通道内交易相关信息将只发往加入通道内的 Peer（同样基于 gRPC 消息），从而提高隐私性和安全性。在目前的设计中，所有的交易信息都会从排序节点经过，因此，排序节点在网络中必须处于可靠、可信的地位。

排序节点一般不需要跟账本和交易内容直接打交道，对外主要提供 Broadcast 和 Deliver 两个 RPC 方法。

（5）证书 CA

CA 节点负责对 Fabric 网络中的成员身份进行管理。Fabric 网络目前采用数字证书机制来实现对身份的鉴别和权限控制，CA 节点则实现了 PKI 服务，主要负责对身份证书进行管理，包括生成、撤销等。需要注意的是，CA 节点可以提前签发身份证书并发送给对应的成员实体，这些实体在部署证书后即可访问网络中的各项资源。后续访问过程中，实体无须再次向 CA 节点进行请求。因此，CA 节点的处理过程与网络中交易的处理过程是完全解耦的，不会造成性能瓶颈。

Fabric-CA 的主要代码在单独的 fabric-ca 项目中。CA 在签发证书后，自身不参与网络中的交易过程。

（6）Gossip 协议

Fabric 网络中的节点之间通过 Gossip 协议来进行状态同步和数据分发。Gossip 协议是 P2P 领域的常见协议，用于进行网络内多个节点之间的数据分发或信息交换。由于其设计简单且容易实现，同时容错性比较高，因而被广泛应用到了许多分布式系统，例如 Cassandra 采用它来实现集群失败检测和负载均衡。

Gossip 协议的基本思想十分简单，数据发送方从网络中随机选取若干节点，将数据发送过去，接收方重复这一过程（往往只选择发送方之外节点进行传播）。这一过程持续下去，网络中所有节点最终（时间复杂度为节点总个数的对数）都会达到一致。数据传输的方向可以是发送方发送或获取方拉取。

在 Fabric 网络中，节点会定期利用 Gossip 协议发送它看到的账本的最新的数据，并对发送消息进行签名认证。通过使用该协议，主要实现如下功能：

- 通道内成员的探测。新加入通道的节点可以获知其他节点的信息，并发送 Alive 信息宣布在线；离线节点经过一段时间后可以被其他节点感知。
- 节点之间同步数据。多个节点之间彼此同步数据，保持一致性。另外，Leader 节点从 Orderer 拉取区块数据后，也可以通过 Gossip 传播给通道内其他节点。

4. 超级账本中的智能合约

超级账本中共有 5 个项目支持智能合约，分别是 Burrow、Fabric、Indy、Iroha 和 Sawtooth。见表 7-7 列出了超级账本项目使用的智能合约技术、类型及主要编程语言。

表 7-7　超级账本中的智能合约实现

项　　目	智能合约技术	智能合约类型	智能合约编程语言
Hyperledger Burrow	智能合约应用引擎	链上智能合约	本地语言代码
Hyperledger Fabric	链上代码	安装的智能合约	Go（大于 v1.0）、JavaScript（大于 v1.1）
Hyperledger Indy	无	无	无
Hyperledger Iroha	链上代码	链上智能合约	本地语言代码
Hyperledger Sawtooth	交易集合	安装的智能合约和链上智能合约	JavaScript、C++、Java、Go、Python、Rust、Solidity

超级账本有两种不同类型的智能合约：安装的智能合约和链上智能合约。

1）安装的智能合约。在网络启动之前，安装的智能合约在网络中的验证器上安装业务逻辑。

2）链上智能合约。链上智能合约将业务逻辑部署为交易，提交给区块链，并由后续交易调用。通过链上智能合约定义业务逻辑的代码将成为账本的一部分。

Fabric 是以模块化架构为基础的分布式账本平台，具有高度的机密性（Confidentiality）、弹性（Resiliency）、灵活性（Flexibility）和可扩展性（Scalability）。在 Fabric 中，智能合约被称为链上代码（Chaincode，链码），是使用 Go、JavaScript（node.js）编写的，并在 Java 等编程语言中实现了指定的接口，由应用程序调用并与分布式账本交互。其实质是在验证节点（Validating Node）上运行的分布式交易程序，用于自动执行特定的业务规则，并最终更新账本的状态。

Fabric 使用 Docker 容器作为执行链码的环境，基于容器自身提供的隔离性和安全性保护宿主机不受容器中恶意合约的攻击，也防止了容器之间的相互影响。

Fabric 的链码分为应用程序链码（Application Chaincode）和系统链码（System Chaincode）。系统链码通常处理与系统相关的事务，如生命周期管理和策略配置，作用是简化节点和链码之间的通信成本，提升管理的灵活性。应用程序链码管理分类账本上的应用程序状态，包括数字资产或任意数据记录。由链码创建的状态仅限于该链码，不能由另一个链码直接访问。在同一网络中，给定适当的权限，链码可以调用另一个链码来访问其状态。链码有公开、保密和访问控制 3 种类型。公开链码可供任何一个成员调用，保密链码只能由验证成员（Validating Member）发起，访问控制型链码允许某些被批准的成员调用。

可以将链码、一个可选的实例化策略和拥有链码的实体签署的一组签名封装成链码包，链码包安装在交易方的网络节点上，节点通过向网络提交实例化事务激活链码。如果交易获得批准，链码进入活动（Active）状态。在此状态下，链码可以通过客户端应用程序接收来自用户的交易。任何经过验证的链码交易都会附加到共享账本中。链码实例化后可以随时通过更新事务进行升级。

7.7.2　区块链的其他应用

超级账本是区块链的一种典型应用，除此之外，区块链还可应用于军事、医疗等领域。

1. 军事应用

当前，区块链技术已成为与人工智能、量子信息、物联网同等重要并可能产生颠覆性影响的新一代信息技术。区块链技术的去中心化、不可篡改、全程留痕、可以追溯、集体维护、公开透明等特点，使其除了在数字货币、资产认证、供应链等民用领域得到应用外，在军事领域同样有潜在应用价值。

（1）分布式结构及去中心化的特性能够提供可靠的军事网络架构

现代军事对抗愈加激烈，指挥机构、通信枢纽及其存储的关键信息已经成为作战双方重点摧毁的首选目标，如何建立可靠的网络架构已成为未来战争制胜的关键因素之一。区块链技术采用分布式的对等网络，具有良好的抗毁性、容错性和扩展性，其具备的"去中心化"特性符合现代战场网络的部署特点。应用区块链技术可推动部队指挥结构从"树状结构"向"网状结构"转化，在该结构下，即使部分节点被破坏，仍可具备数据存储能力和网络计算能力，并通过共识算法维持网络的正常运行，从而有效避免相关损失。

（2）可追溯、不可篡改的特性能够提供可信的指挥信息

军事行动中的信息传输过程经常遭到敌方干扰、破坏和伪造，如何验证网络信息的真实性且保证信息安全准确地传输是一大难题。区块链在构建时就假定网络中各节点不是完全可信的，其设计就是解决在竞争性、不可靠的网络环境中运行维护数据，使数据改写过程全程可追溯的问题。恶意攻击者除非同时修改超过 51% 的节点才可能篡改或破坏信息。因此，区块链技术既有助于提升军事数据收集、传输、处理的能力，也为军事信息的传播提供了更加安全、可靠、便捷的技术通道，可避免敌人采取各种破坏手段发布假命令，扰乱指挥体系。

（3）透明开放、集体参与的特性能够提供安全的军事共享信息

区块链的任何参与者都是地位平等的节点，除各参与者的私有信息被加密外，数

据对所有人透明公开并基于协商一致的规范和协议，自动安全地验证和交换数据。新型区块链还引入了人工智能手段，对网络节点行为进行分析，智能识别网络中潜在的窃密者和攻击者。基于上述特点，如果将区块链应用到军事领域，每一作战单元或平台在可能遭受敌方软硬件复合攻击的非完全信任网络中，无须依赖第三方认证即可根据权限随时安全地获取和发布信息，从机制上打破各部门之间的信息壁垒，尽可能地优化资源配置，实现不同作战平台的系统融合，在更大程度上巩固己方的军事优势。

（4）智能合约、网络共识的特性能够提供高效的反应机制

在传统指挥体制下，由于军事行动信息采用树状网络结构，汇总、上报、下发、执行各环节均会产生延迟，甚至贻误战机。区块链技术通过快速网络运算、智能合约及网络共识机制，可减少指挥过程中人为因素带来的不确定性、多样性和复杂性，缩短决策——指挥——行动的周期，提升快速反应能力。

2. 医疗管理

随着生活水平的提升，大家对医疗越来越重视，但医疗管理中的信任问题一直未能很好地解决。以医疗数据为例，数据收集缺乏统一标准且数据分类模糊，无法形成患者完整画像；电子病历只是在几家医院之间流通，难以实现所有的医院之间的互联互通；病人完整的医疗数据只保存在医院，一旦病人在治疗过程中出现问题，就会因信息的不完全透明造成取证难等问题。

通过聚合链技术构建分布式医疗智能价值网络，能够完整记录包含生命体征、记录服药、诊断结果、病史、手术等在内的患者健康数据，这些数据与医护人员、地点、器械相关等数据共同形成电子病历，并可以实现多方数据共享。同时，可以从数据中挖掘出更有用的医学问题。由于电子病历和医疗数据通过私钥保存在个人手里，病人可以做自己数据的主人，消除了医疗数据不透明造成的信任危机。各医疗机构根据收集的完整数据链，再通过 Token 提取各自所需信息，克服了收集与数据处理没有统一标准的弊端，满足了获取患者历史数据以及将共享数据用于建模、图像检索、辅助医生治疗和健康咨询等需求。

另外，对于一些高级别核心信息，可以在几个核心医院与研究院之间建立联盟机制，形成联盟链，保护重要医疗研究成果及特殊数据的隐私安全。

比如，Azaria 等在 MedRec 中通过三种不同的智能合约把电子医疗记录中的病人 ID 与合约地址、数据指针和访问权限、提供者 ID 等联系起来，病历记录提供者可以修改数据，但需要征得病人的同意，病人可以分配访问病历数据的权限。

本章小结

本章讲解了区块链技术及其在物联网系统中的应用。首先介绍了区块链的基本概念，包括区块链与物联网安全、区块链的起源与发展、区块链的技术特征、区块链的定义与

结构、区块链的工作原理等；其次，介绍了区块链共识机制与算法，包括工作量证明算法和实用拜占庭容错算法的工作原理；然后，讲解了区块链智能合约的起源与发展、定义和工作原理，重点介绍了比特币中的智能合约和以太坊中的智能合约；最后，以Fabric 超级账本为例，介绍了区块链的典型应用，并介绍了区块链在军事和医疗领域的应用。

本章习题

7.1 简述区块链在物联网安全中的作用。

7.2 分析和调研区块链产生与发展历程。

7.3 简要说明区块链的技术特征。

7.4 调研公有链和联盟链的区别和联系。

7.5 在区块链的结构中，区块头的作用是什么？包括哪些内容？

7.6 使用默克尔树将交易链接在一起的目的是什么？当交易数量出现奇数时，如何防止出现作弊？

7.7 以比特币为例，说明区块链的工作原理。

7.8 区块链共识机制分为哪几类？各适合什么场景使用？

7.9 证明类共识算法和投票类共识算法各有什么优缺点？

7.10 什么是合约？什么是智能合约？两者有何不同？

7.11 编程实现工作量证明算法。

7.12 编程实现实用拜占庭容错算法。

7.13 简述智能合约的起源和发展历程。

7.14 举例说明智能合约的定义。

7.15 举例说明智能合约的工作原理。

7.16 分析比特币中的智能合约和以太坊中的智能合约的异同。

7.17 举例说明智能合约的典型应用。

7.18 简述超级账本 Fabric 的结构和工作过程。

参 考 文 献

[1] RSA 数据加密解密 [OL]. https://blog.csdn.net/wilsonpeng3/article/details/86636605.

[2] 在线 RSA 加密 / 解密工具 [OL]. http://tools.jb51.net/password/rsa_encode.

[3] 桂小林，张学军，赵建强，等 . 物联网信息安全 [M]. 北京：机械工业出版社，2014.

[4] 覃建诚，白中英 . 网络安全基础 [M]. 北京：科学出版社 . 2011.

[5] 戴英侠，连一峰，王航 . 系统安全与入侵检测 [M]. 北京：清华大学出版社 .

[6] 蒋建春，冯登国 . 网络入侵检测原理与技术 [M]. 北京：国防工业出版社 . 2001.

[7] 黄汝维，桂小林，余思，等 . 云环境中支持隐私保护的可计算加密方法 [J]. 计算机学报，2011, 34(12)：2391-2402.

[8] 周水庚，李丰，陶宇飞，肖晓奎 . 面向数据库应用的隐私保护研究综述 [J]. 计算机学报，2009, 32(5)：847-861.

[9] Xiao X, Tao Y. Anatomy: Simple and effective privacy preservation[C]. Proceedings of the 32nd Very Large Data Bases Conference. Seoul, Korea, 2006: 139-150.

[10] Sweeney L. k-anonymity: A model for protecting privacy[J]. International Journal on Uncertainty, Fuzziness and Knowledge-based System, 2002, 10(5): 557-570.

[11] Li N, Li T. t-closeness: Privacy beyond k-anonymity and l-diversity[C]. Proceedings of the 23nd International conference on Data Engineering. Istanbul, Turkey, 2007: 106-115.

[12] 周傲英，杨彬，金澈清，马强 . 基于位置的服务：架构与进展 [J]. 计算机学报，2011，34(7)：1155-1171.

[13] 霍峥，孟晓峰 . 轨迹隐私保护技术研究 [J]. 计算机学报，

2011，34(10):1820-1830.

[14] 潘晓，肖珍，孟小峰. 位置隐私研究综述 [J]. 计算机科学与探索. 2007，1(3):268-280.

[15] Khoshgozaran A, Shirani-Mehr H. Blind evaluation of location based queries using space transformation to preserve location privacy[J]. Geoinformatica, 2012, 11:1-36.

[16] Beresford A R, Stajano F. Location privacy in pervasive computing[J]. IEEE Pervasive Computing, 2003, 2(1):46-55.

[17] Ghinita G. Private queries and trajectory anonymization: A dual perspective on location privacy[J]. Transactions on Data Privacy, 2009, 2(1): 3-19.

[18] Krumm J. A survey of computational location privacy[J]. Personal and Ubiquitous Computing, 2008, 13(6): 391-399.

[19] Khoshgozaran A, Shahabi C, Shirani-Mehr H. Location privacy: going beyond K-anonymity, cloaking and anonymizers[J]. Knowledge and Information Systems, 2011, 26(3): 435-465.

[20] 郑琼琼. 基于 IPv6 的物联网感知层接入研究 [D]. 广州：华南理工大学，2012.

[21] 李晓记. 无线传感器网络同步与接入技术研究 [D]. 西安：西安电子科技大学，2012.

[22] 徐光侠，肖云鹏，刘宴兵. 物联网及其安全技术解析 [M]. 北京：电子工业出版社，2013.

[23] 冯林，孙焘，吴昊，袁斌. 基于手机和二维条码的无线身份认证方法 [J]. 计算机工程，2012，36(3): 167-170.

[24] Blaze M, Feigenbaum J, Ioannidis J, et al. The role of trust management in distributed systems security[M]. Berlin: Springer-Verlag, 1999. 185-210.

[25] 李小勇，桂小林. 大规模分布式环境下动态信任模型研究 [J]. 软件学报，2007，18(6): 1510-1521.

[26] 徐锋，吕建. Web 安全中的信任管里研究与进展 [J]. 软件学报，2002, 13(11): 2057-2064.

[27] 夏鸿斌，须文波，刘渊. 生物特征识别技术研究进展 [J]. 计算机工程与应用，2003，20:77-79.

[28] 吴永英，邓路，肖道举，陈晓苏. 一种基于 USB Key 的双因子身份认证与密钥交换 [J]. 计算机科学与工程，2007，29(5)：56-59.

[29] 颜儒. 基于步态的身份识别技术研究 [D]. 哈尔滨：哈尔滨工程大学，2011.

[30] 司天歌，张尧学，戴一奇. 局域网中的 L-BLP 安全模型 [J]. 电子学报，2007，35(5):1005-1008.

[31] Vern Paxson Bro.A System for Detecting Network Intruders in Real-Time[C]. Proceedings of the 7th USENIX Security Symposium. 1998.

[32] 张玉清，周威，彭安妮. 物联网安全综述 [J]. 计算机研究与发展，2017(10).

[33] 周世杰，张文清，罗嘉庆. 射频识别（RFID）隐私保护技术综述 [J]. 软件学报，2015，26(4)：960-976.

[34] 汪伟. 网络蠕虫检测技术研究与实现 [D]. 杭州：浙江大学，2006.

[35] 韩卫明. 基于指纹识别的文印管理系统身份认证研究 [D]. 广州：广东工业大学，2019.

[36] 李伟铭. 基于 Android 的声纹身份验证系统的研究与实现 [D]. 南京：东南大学，2014.

[37] 李学宝. 蜜罐与免疫入侵检测系统联动模型设计 [J]. 现代计算机（专业版）. 2011(04).

[38] 周建乐. 蜜罐系统在网络服务攻击防范中的研究 [D]. 上海：上海交通大学，2011.

[39] 徐兰云. 增强蜜罐系统安全性的相关技术研究 [D]. 长沙：湖南大学，2010.

[40] 刘世世. 虚拟分布式蜜罐技术在入侵检测中的应用 [D]. 天津：天津大学，2004.

[41] 潘新新. 基于重定向机制的蜜罐系统的研究与实现 [D]. 西安：西安电子科技大学，2008.

[42] 侯明. 定位服务中基于 k- 匿名的位置隐私保护技术研究 [D]. 哈尔滨：哈尔滨工业大学，2018.

[43] 武健. 位置服务中轨迹隐私保护方法研究 [D]. 秦皇岛：燕山大学，2018.

[44] 代兆胜. 基于移动特征分析的位置关联差分隐私保护方法研究 [D]. 西安：西安交通大学，2018.

[45] 郑宇清. 面向位置数据查询与发布的隐私保护方法研究 [D]. 西安：西安交通大学，2019.

[46] 胡卫，吴邱涵，顾晨阳. 基于二维码的物流业个人信息隐私保护方案设计 [J]. 通信技术，2017(9).

[47] 赵海. 基于加密二维码的隐私保护技术研究与实现 [D]. 西安：西安电子科技大学，2018.

[48] 李伟嘉. 面向个人医疗信息的隐私保护系统的设计与实现 [D]. 沈阳：东北大学，2015.

[49] 罗鑫. 基于区块链的可信存储系统设计与实现 [D]. 哈尔滨：黑龙江大学，2019.

[50] 张霄涵. 基于区块链的物联网设备身份认证协议研究 [D]. 合肥：中国科学技术大学，2019.

[51] 丁佳晨. 基于区块链的私有信息检索相关研究 [D]. 合肥：中国科学技术大学，2019.

[52] 解雯霏. 许可区块链高效共识及跨链机制研究 [D]. 济南：山东大学，2019.

[53] 张亚伟. 基于区块链的数字资产存证系统设计与实现 [D]. 济南：山东师范大学，2019.

[54] 黄方蕾. 联盟区块链中成员动态权限管理方法的设计与实现 [D]. 杭州：浙江大学，2018.

[55] 于仁飞. 基于区块链的物联网信息安全技术研究 [D]. 成都：电子科技大学，2019.

[56] 许雄. 区块链智能合约技术的研究 [D]. 成都：电子科技大学，2019.

[57] 王晨龙. 基于区块链的智能合约访问控制系统 [D]. 武汉：华中科技大学，2018.

[58] 杨茜. 基于区块链的智能合约研究与实现 [D]. 绵阳：西南科技大学，2018.

[59] 马春光，安婧，毕伟，袁琪. 区块链中的智能合约 [J]. 信息网络安全，2018(11).

高等学校物联网工程专业规范（2020版）

作者：教育部高等学校计算机类专业教学指导委员会 物联网工程专业教学研究专家组 编制
ISBN：978-7-111-66851-0

　　本书是教育部高等学校计算机类专业教学指导委员会与物联网工程专业教学研究专家组结合《普通高等学校本科专业类教学质量国家标准》和中国工程教育认证标准的要求，运用系统论方法，依据物联网技术发展和企业人才需求编写而成。

　　本书对物联网工程专业进行了顶层设计，界定了本专业学生的基本能力和毕业要求，总结出专业知识体系，设计了专业课程体系和实践教学体系，形成了符合技术发展和社会需求的物联网工程专业人才培养体系。与规范1.0版相比，规范2.0版做了大幅修订，主要体现在如下三个方面：

　　1）系统地梳理了物联网理论、技术和应用体系，重新界定了物联网工程专业人才的能力：思维能力（人机物融合思维能力）、设计能力（跨域物联系统设计能力）、分析与服务能力（数据处理与智能分析能力）、工程实践能力（物联网系统工程能力）。

　　2）按概念与模型、标识与感知、通信与定位、计算与平台、智能与控制、安全与隐私、工程与应用7个知识领域进行专业核心知识体系的梳理。

　　3）提出并建设形成了包括专业发展战略研究、专业规范制定与推广、物联网工程专业教学研讨、教学资源建设与共享、创新创业能力培养平台建设、产学合作协同育人专业建设项目等在内的物联网工程专业人才培养生态体系。

推荐阅读

推荐阅读

物联网导论

作者：[印度] 拉杰·卡马尔 译者：李涛 卢冶 佃前琨 ISBN：978-7-111-64097-4

可穿戴计算：基于人体传感器网络的可穿戴系统建模与实现

作者：[意] 詹卡洛·福尔蒂诺 拉法埃莱·格雷维纳 斯特凡诺·加尔扎拉诺

译者：冀臻 孙玉洁 ISBN：978-7-111-62274-1

信息物理系统应用与原理

作者：[印度] 拉杰·拉杰库马尔 [美] 迪奥尼西奥·德·尼茨 马克·克莱恩

译者：李士宁 张羽 李志刚 等 ISBN：978-7-111-59810-7

雾计算与边缘计算：原理及范式

作者：[澳大利亚] 拉库马·布亚 [爱沙尼亚] 萨蒂什·纳拉亚纳·斯里拉马 等

译者：彭木根 孙耀华 ISBN：978-7-111-64410-1